高等职业院校计算机教育规划教材
Gaodeng Zhiye Yuanxiao Jisuanji Jiaoyu Guihua Jiaocai

数据库技术与应用——Access 2003篇（第2版）

SHUJUKU JISHU YU YINGYONG——Access 2003 PIAN

郭力平 雷东升 高涵 编著

人民邮电出版社
北京

精品系列

图书在版编目（CIP）数据

数据库技术与应用：Access 2003篇 / 郭力平，雷东升，高涵编著．—2版．—北京：人民邮电出版社，2008.10（2015.1重印）
高等职业院校计算机教育规划教材
ISBN 978-7-115-18634-8

Ⅰ．数…　Ⅱ．①郭…②雷…③高…　Ⅲ．关系数据库—数据库管理系统，Access 2003—高等学校：技术学校—教材　Ⅳ．TP311.13

中国版本图书馆CIP数据核字（2008）第120895号

内 容 提 要

本书从培养应用型、技能型人才角度出发，以Access 2003为平台，全面系统地介绍了数据库的基本原理、数据库的创建与使用，表的创建与使用，查询、窗体、报表、页、宏和模块的设计与使用，应用系统集成等内容。本书各章均配有适量的练习题，并在全书最后安排了10个单元的实训，以满足教学和单元实训的要求；第13章把分散在各章的实例串连、综合，形成了两个综合应用实例，能够满足综合实训的要求。

本书按照"以能力培养为主"的原则，突出实用性、适用性和先进性，结合实例深入浅出、循序渐进地引导读者学习。本书适合作为高等职业院校"数据库技术与应用"课程的教材，也可以作为全国计算机等级考试二级Access数据库程序设计的培训或自学教材，并可供广大数据库从业人员参考阅读。

高等职业院校计算机教育规划教材
数据库技术与应用——Access 2003篇（第2版）

◆ 编　　著　郭力平　雷东升　高　涵
责任编辑　李　凯
◆ 人民邮电出版社出版发行　　北京市丰台区成寿寺路11号
邮编　100164　　电子邮件　315@ptpress.com.cn
网址　http://www.ptpress.com.cn
三河市海波印务有限公司印刷
◆ 开本：787×1092　1/16
印张：16.75　　2008年10月第2版
字数：428千字　　2015年1月河北第10次印刷

ISBN 978-7-115-18634-8/TP

定价：28.00元

读者服务热线：(010)81055256　印装质量热线：(010)81055316
反盗版热线：(010)81055315

丛书出版前言

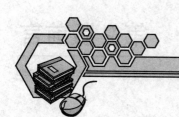

目前，高职高专教育已经成为我国普通高等教育的重要组成部分。在高职高专教育如火如荼的发展形势下，高职高专教材也百花齐放。根据教育部发布的《关于全面提高高等职业教育教学质量的若干意见》(简称 16 号文)的文件精神，本着为进一步提高高等教育的教学质量和服务的根本目的，同时针对高职高专院校计算机教学思路和方法的不断改革和创新，人民邮电出版社精心策划了这套高质量、实用型的教材——“高等职业院校计算机教育规划教材”。

本套教材中的绝大多数品种是我社多年来高职计算机精品教材的积淀，都经过了广泛的市场检验，赢得了广大师生的认可。为了适应新的教学要求，紧跟新的技术发展，我社再一次组织了广泛深入的调研，组织了上百名教师、专家对原有教材做认真的分析和研讨，在此基础上重新修订出版。

本套教材中虽然还有一部分品种是首次出版，但其原稿也经过实际教学的检验并不断完善。因此，本套教材集中反映了高职院校近几年来的教学改革成果，是教师们多年来教学经验的总结。本套教材中的每一部作品都特色鲜明，集高质量与实用性为一体。

本套教材的作者都具有丰富的教学经验和写作经验，思路清晰，文笔流畅。教材编写充分体现高职高专教学的特点，深入浅出，言简意赅。理论知识以“够用”为度，突出工作过程导向，突出实际技能的培养。

为方便教师授课，本套教材将提供完善的教学服务体系。教师可通过访问人民邮电出版社网站 http://www.ptpress.com.cn/download 下载相关资料。

欢迎广大教师对本套教材的不足之处提出批评和建议！

第 2 版前言

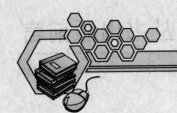

《数据库技术与应用——Access 2000 篇》自 2002 年 8 月出版以来，受到了许多高等职业院校师生的欢迎。作者结合近几年的课程教学改革实践和广大读者的反馈意见，在保留原书特色的基础上，对教材进行了全面的修订，这次修订的主要工作如下。

- 根据实际应用情况，将数据库平台从 Access 2000 升级到 Access 2003，以 Access 2003 为平台介绍数据库技术。
- 调整了部分章节的内容和例题。
- 增加了模块和综合应用实例两个章节。
- 增加了各章练习题的数量。
- 改写了部分实训内容。
- 教材内容进一步贴近“全国计算机等级考试二级 Access 数据库程序设计”。

修订后，本书以 Access 2003 为平台，从培养应用型、技能型人才的角度出发，全面系统地介绍数据库的基本原理，数据库的创建与使用，表的创建与使用，查询、窗体、报表、页、宏和模块的设计与使用，应用系统集成等内容。全书按照“以能力培养为主”的原则，突出实用性、适用性和先进性，结合实例深入浅出、循序渐进地引导学生学习。本书各章均配有习题，并在全书最后安排了 10 个单元的实训，能够满足教学和课程实训的要求；本书的第 13 章把分散在各章的实例串连、综合，形成了两个综合应用实例，能够满足综合实训的要求。本教材的参考学时为 64 学时，教师可适当安排课程实训和综合实训。

学习数据库技术，达到入门水平并非难事。但是，要精通并掌握数据库技术，将数据库技术应用于实际却并非易事。因此在使用本书学习“数据库技术与应用”课程时，应注重对基本原理、基本概念的学习和理解，特别是要注重学习和理解 Access 2003 提供的数据库对象，结合书中给出的例题加深对数据库对象作用的理解，并且能够结合实际灵活应用数据库对象。在学习和使用 Access 2003 提供的可视化开发工具时，应尽可能地了解开发工具的全貌，对其中各种设置以及参数、选项的含义和功能应该有清晰的了解。

教师在使用本书时，应本着“注重培养学生实际动手能力”的原则，在教学过程中结合更多的实例讲解数据库的基本原理、基本概念，特别是 Access 2003 数据库对象的各种用法与功能。

本书的编写得到北京工业大学教育教学研究项目资助。参加本书编写工作的有郭力平、雷东升、高涵。

由于编者水平有限，书中难免存在缺点和错误，恳请广大读者批评指正。

编　者

2008 年 8 月

目 录

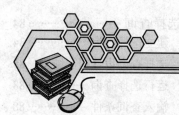

第1章 数据库基本原理

信息在现代社会和国民经济发展中所起的作用越来越大，信息资源的开发和利用水平已经成为衡量一个国家综合国力的重要标志之一。在计算机的 3 大主要应用领域（科学计算、数据处理和过程控制）中，数据处理是计算机应用的主要方面。数据库技术就是作为数据处理中的一门技术而发展起来的。

数据库技术所研究的问题就是如何科学地组织和存储数据，如何高效地获取和处理数据。数据库技术作为数据管理的主要技术目前已广泛应用于各个领域，数据库系统已成为计算机系统的重要组成部分。

1.1 数据库技术

数据库技术产生于 20 世纪 60 年代末 70 年代初，其主要目的是有效地管理和存取大量数据资源。数据库技术主要研究如何存储、使用和管理数据，是计算机数据管理技术发展的新阶段。

近年来，数据库技术和计算机网络技术的发展相互渗透、相互促进，已成为当今计算机领域发展迅速、应用广泛的两大领域。数据库技术不仅应用于事务处理，并且进一步应用到情报检索、人工智能、专家系统、计算机辅助设计等领域。

1.1.1 数据库的基本概念

数据库技术涉及到许多基本概念，主要包括：数据、数据处理、数据库、数据库管理系统以及数据库系统等。

1. 数据

数据是指存储在某一种媒体上能够识别的物理符号。数据的概念包括两个方面：其一是描述事物特性的数据内容；其二是存储在某一种媒体上的数据形式。由于描述事物特性必须借助一定的符号，这些符号就是数据形式。数据形式可以是多种多样的，例如某人的出生日期是“1964 年 2 月 17 日”，也可以将该形式改写为“02/17/64”，但其含义并没有改变。

数据的概念在数据处理领域已经大大地拓宽了。数据不仅仅指数字、字母、文字和其他特殊字符组成的文本形式的数据，而且还包括图形、图像、动画、影像、声音（包括语音、音乐）等多媒体数据。

2. 数据处理

数据处理是指对各种形式的数据进行收集、存储、加工和传播的一系列活动。数据处理的目的之一是从大量的、原始的数据中抽取、推导出对人们有价值的信息以作为行动和决策的依据；目的之二是为了借助计算机科学地保存和管理复杂的、大量的数据，以便人们能够方便而充分地利用这些宝贵的信息资源。

3. 数据库

数据库可以简单地理解为存放数据的仓库。只不过这个仓库是计算机的大容量存储器，例如硬盘就是一种最常见的计算机大容量存储设备。数据必须按一定的格式存放，因为它不仅需要存放，而且还要便于查找。

可以认为数据是被长期存放在计算机内、有组织的、可以表现为多种形式的可共享的数据集合。数据库技术使数据能按一定格式组织、描述和存储，且具有较小的冗余度、较高的数据独立性和易扩展性，并可为多个用户共享。

人们总是尽可能地收集各种各样的数据，然后对它们进行加工，目的是要从这些数据中得到有用的信息。在社会飞速发展的今天，人们接触的事物越来越多，反映这些事物的数据量也急剧增加。过去人们手工管理和处理数据，现在借助计算机来保存和管理复杂的大量的数据，这样就可能方便而充分地利用这些宝贵的数据资源。数据库技术正是在这一需求驱动下而发展起来的一种计算机软件技术。

4. 数据库管理系统

数据库管理系统（DataBase Management System，DBMS）是对数据库进行管理的系统软件，它的职能是有效地组织和存储数据、获取和管理数据，接受和完成用户提出的访问数据的各种请求。

DBMS 主要功能包括以下几个方面。

（1）数据定义功能。DBMS 提供了数据定义语言（Data Definition Language，DDL），用户通过它可以方便地对数据库中的相关内容进行定义。例如，对数据库、表、索引进行定义。

（2）数据操纵功能。DBMS 提供了数据操纵语言（Data Manipulation Language，DML），用户通过它可以实现对数据库的基本操作。例如，对表中数据的查询、插入、删除和修改。

（3）数据库运行控制功能。这是 DBMS 的核心部分，它包括并发控制（即处理多个用户同时使用某些数据时可能产生的问题）、安全性检查、完整性约束条件的检查和执行、数据库的内部维护（例如索引的自动维护）等。所有数据库的操作都要在这些控制程序的统一管理下进行，以保证数据的安全性、完整性以及多个用户对数据库的并发使用。

（4）数据库的建立和维护功能。数据库的建立和维护功能包括数据库初始数据的输入、转换功能，数据库的转储、恢复功能，数据库的重新组织功能和性能监视、分析功能等。这些功能通常是由一些实用程序完成的。它是数据库管理系统的一个重要组成部分。

5. 数据库系统

数据库系统是指拥有数据库技术支持的计算机系统，它可以实现有组织地、动态地存储大量相关数据，提供数据处理和信息资源共享服务。数据库系统不仅包括数据本身，即实际存储在计算机中的数据，还包括相应的硬件、软件和各类人员。

1.1.2 数据管理技术的发展

计算机对数据的管理是指对数据的组织、分类、编码、存储、检索和维护提供操作手段。

与其他技术的发展一样，计算机数据管理也经历了由低级到高级的发展过程。计算机数据管理随着计算机硬件、软件技术和计算机应用范围的发展而不断发展，多年来大致经历了如下 3 个阶段：

- 人工管理阶段；
- 文件系统阶段；
- 数据库系统阶段。

1. 人工管理阶段

在 20 世纪 50 年代以前，计算机主要用于数值计算。从当时的硬件看，外存只有纸带、卡片、磁带，没有直接存取设备；从软件看（实际上，当时还未形成软件的整体概念），没有操作系统及管理数据的软件；从数据看，数据量小，数据无结构，由用户直接管理，且数据间缺乏逻辑组织，数据依赖于特定的应用程序，缺乏独立性。图 1-1 所示为数据的人工管理示意图。

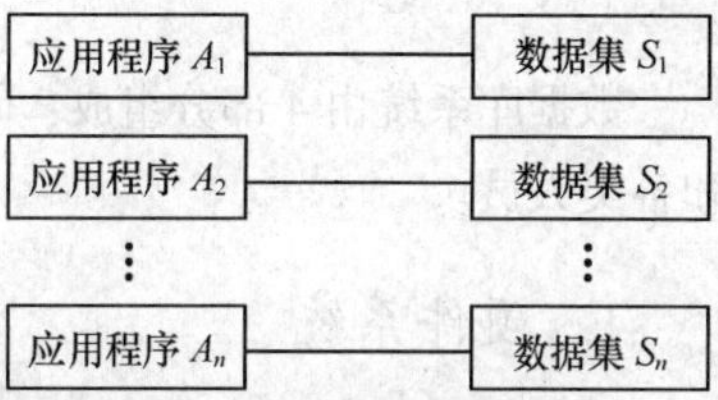

图 1-1　数据的人工管理

2. 文件系统阶段

20 世纪 50 年代中后期到 60 年代中期，计算机出现了磁鼓、磁盘等直接存取数据的存储设备。1954 年出现了第 1 台用于商业数据处理的电子计算机 UNIVACI，标志着计算机开始应用于以加工数据为主的事务处理阶段。计算机惊人的处理速度和大容量的存储能力，使得人们克服了从大量传统纸张文件中寻找数据的困难，这种基于计算机的数据处理系统也就从此迅速发展起来。

这种数据处理系统把计算机中的数据组织成相互独立的数据文件，系统可以按照文件的名称对其进行访问，对文件中的记录进行存取，并可以实现对文件的修改、插入和删除，这就是文件系统。文件系统实现了记录内的结构化，即给出了记录内各种数据间的关系。但是从整体来看，文件却是无结构的。其数据面向特定的应用程序，因此数据共享性、独立性差，且冗余度大，管理和维护的代价也很大。图 1-2 所示为数据的文件系统管理示意图。

3. 数据库系统阶段

20 世纪 60 年代后期，计算机性能得到提高，更重要的是出现了大容量磁盘，存储容量大大增加且价格大大降低。此时的计算机技术有可能克服文件系统管理数据时的不足，能满足和解决实际应用中多个用户、多个应用程序共享数据的要求，从而使数据能为尽可能多的应用程序服务，于是出现了数据库等的数据管理技术。数据库的特点是数据不再只针对某一特定应用，而是面向全组织，具有整体的结构性，共享性高，冗余度小，具有一定的程序与数据间的独立性，并且实现了对数据的统一控制。而且数据库技术的出现，使数据处理系统的研制从以加工数据为中心转向围绕共享数据来进行。数据库技术的应用使数据存储量猛增，用户增加；这样既便于数据的集中管理，又有利于应用程序的研制和维护，从而提高了数据的利用率和相容性，并且有可能从企业或组织的全局来利用数据，从而提高了决策的可靠性。图 1-3 所示为数据的数据库系统管理示意图。

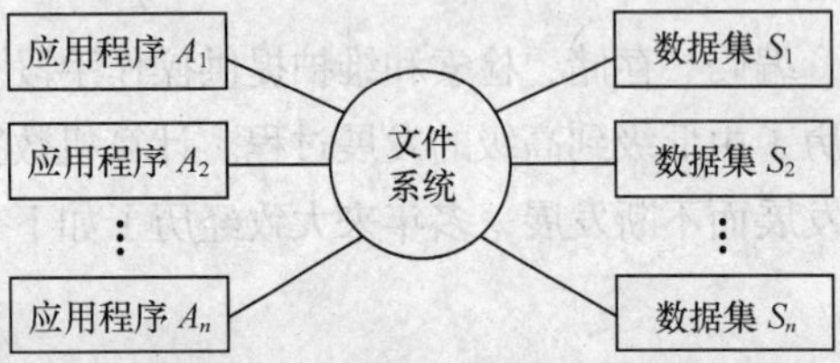

图 1-2　数据的文件系统管理

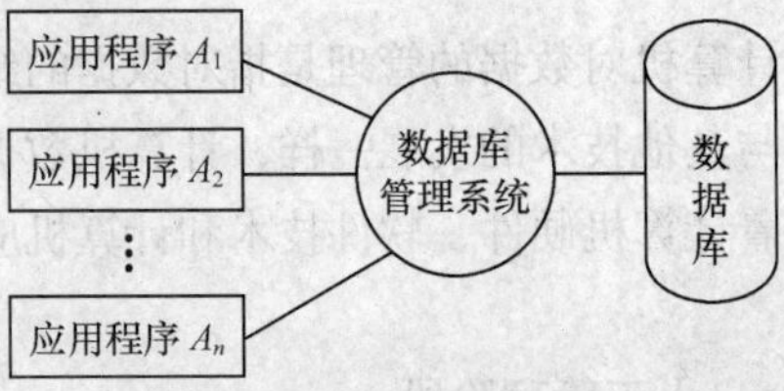

图 1-3　数据的数据库系统管理

从文件系统到数据库系统，标志着数据管理技术产生了质的飞跃。20 世纪 80 年代后，不仅在大、中型机上实现并应用了 DBMS 的变革，即使在微型计算机上也配置了经过功能简化的 DBMS（例如 Visual FoxPro 等），使数据库技术得到广泛的应用和普及。

1.1.3　数据库系统的组成

数据库系统由 4 部分组成：硬件系统、系统软件（包括操作系统、DBMS）、数据库应用系统和各类人员。

1. 硬件系统

由于一般数据库系统数据量很大，加之 DBMS 丰富的强有力的功能，因而整个数据库系统的体积很大，从而对硬件资源提出了较高的要求。

（1）有足够大的内存以存放操作系统、DBMS 的核心模块、数据缓冲区和应用程序。

（2）有足够大的直接存取设备（例如磁盘）以存放数据，有足够的其他存储设备来进行数据备份。

（3）要求计算机有较高的数据传输能力，以提高数据传送率。

2. 系统软件

系统软件主要包括操作系统、DBMS、与数据库接口的高级语言及其编译系统，以及以 DBMS 为核心的应用开发工具。

（1）操作系统是计算机系统必不可少的系统软件，也是支持 DBMS 运行的必备软件。

（2）DBMS 是数据库系统不可或缺的系统软件，它提供数据库的建立、使用和维护功能。

（3）一般来讲，DBMS 的数据处理能力较弱，所以需要提供与数据库接口的高级语言及其编译系统，以便于开发应用程序。

（4）以 DBMS 为核心的应用开发工具。应用开发工具是系统为应用开发人员和最终用户提供的高效率、多功能的应用生成器、第4代语言等各种软件工具。例如报表设计器、表单设计器等。它们为数据库系统的开发和应用提供了有力的支持。当前开发工具已成为数据库软件的重要组成部分。

3. 数据库应用系统

数据库应用系统是为特定应用开发的数据库应用软件。数据库管理系统为数据的定义、存储、查询和修改提供支持，而数据库应用系统是对数据库中的数据进行处理和加工的软件，它面向特定应用。例如，基于数据库的各种管理软件：管理信息系统、决策支持系统和办公自动化系统等都属于数据库应用系统。

4. 各类人员

参与分析、设计、管理、维护和使用数据库的人员均是数据库系统的组成部分。他们在数据库系统的开发、维护和应用中起着重要的作用。分析、设计、管理和使用数据库系统的人员主要有：数据库管理员、系统分析员、应用程序员和最终用户。

（1）数据库管理员（DataBase Administrator，DBA）。数据库是整个企业或组织的数据资源，因此企业或组织设立了专门的数据资源管理机构来管理数据库，DBA则是这个机构的一组人员，负责全面管理和控制数据库系统。具体的职责如下。

① 决定数据库的数据内容和结构。数据库中要存放哪些数据，是由系统需求来决定的。为了更好地对数据库系统进行有效的管理和维护，DBA应该参加或了解数据库设计的全过程，并与最终用户、应用程序员、系统分析员密切合作共同协商，搞好数据库设计。

② 决定数据库的存储结构和存取策略。DBA要综合最终用户的应用要求，和数据库设计人员共同决定数据库的存储策略，以求获得较高的存取效率和存储空间利用率。

③ 定义数据的安全性要求和完整性约束条件。DBA要保证数据库的安全性和完整性，即数据不被非法用户所获得，并且保证数据库中数据的正确性和数据间的相容性。因此DBA负责确定各个最终用户对数据库的存取权限、数据的保密级别和完整性约束条件。

④ 监控数据库的使用和运行。DBA还要监视数据库系统的运行情况，及时处理运行过程中出现的问题。当系统发生某些故障时，数据库中的数据会因此遭到不同程度的破坏，DBA必须在最短时间内将数据库恢复到某种一致状态，并尽可能不影响或少影响计算机系统其他部分的正常运行。为此，DBA要定义和实施适当的后援和恢复策略。例如，采用周期性的转储数据和维护日志文件等方法。

⑤ 数据库的改进和重组。DBA还负责在系统运行期间监视系统的存储空间利用率、处理效率等性能指标，对运行情况进行记录，统计分析、依靠工作实践并根据实际应用环境不断改进数据库设计。不少数据库产品都提供了对数据库运行情况进行监视和分析的实用程序，DBA可以方便地使用这些实用程序来完成工作。

⑥ 在数据库运行过程中，大量数据不断插入、删除、修改，随着运行时间的延长，在一定程度上会影响系统的性能。因此，DBA要定期对数据库进行重新组织，以提高系统的性能。

⑦ 当最终用户的需求增加或改变时，DBA还要对数据库进行较大的改造，包括修改部分设计，实现对数据库中数据的重新组织和加工。

（2）系统分析员。系统分析员是数据库系统建设期的主要参与人员，负责应用系统的需求分析和规范说明，要和最终用户相结合，确定系统的基本功能、数据库结构和应用程序的设计，以及软硬件的配置，并组织整个系统的开发。所以系统分析员是具有各领域业务和计算机知识的专家，在很大程度上影响着数据库系统的质量。

（3）应用程序员。应用程序员根据系统的功能需求负责设计和编写应用系统的程序模块，并参与对程序模块的测试。

（4）最终用户。数据库系统的最终用户是有不同层次的，不同层次的用户所需求的信息以及获得信息的方式也是不同的。一般可将最终用户分为操作层、管理层和决策层。他们通过应用系统的用户接口使用数据库。

1.2 数据模型

人们经常以模型来刻画现实世界中的实际事物。地图、沙盘、航模都是具体的实物模型，它们会使人们联想到真实生活中的事物，人们也可以用抽象的模型来描述事物及事物运动的规律。这里讨论的数据模型就是这一类模型，它是以实际事物的数据特征的抽象来刻画事物的，描述的是事物数据的表征及其特性。

数据库是某个企业或组织所涉及的数据的提取和综合，它不仅反映数据本身，而且反映数据之间的联系，也是事物之间的联系的反映。如何在数据库系统的形式化结构中抽象表示和处理现实世界中的数据是非常重要的问题。在数据库中是用数据模型对现实世界进行抽象的，现有的数据库系统均是基于某种数据模型的。因此，了解数据模型的基本概念是学习数据库的基础。

数据库中最常见的数据模型有 3 种，分别为：

- 层次模型；
- 网状模型；
- 关系模型。

1.2.1 层次模型

若用图来表示，层次模型是一棵倒立的树。在数据库中，满足以下两个条件的数据模型称为层次模型。

（1）有且仅有一个结点无父结点，这个结点称为根结点。

（2）其他结点有且仅有一个父结点。

在层次模型中，结点层次从根开始定义，根为第 1 层，根的子结点为第 2 层，根为其子结点的父结点，同一父结点的子结点称为兄弟结点，没有子结点的结点称为叶结点。

在图 1-4 所示的抽象层次模型中，R_1 为根结点；R_2 和 R_3 为兄弟结点，并且是 R_1 的子结点；R_4 和 R_5 为兄弟结点，并且是 R_2 的子结点；R_3、R_4 和 R_5 为叶结点。

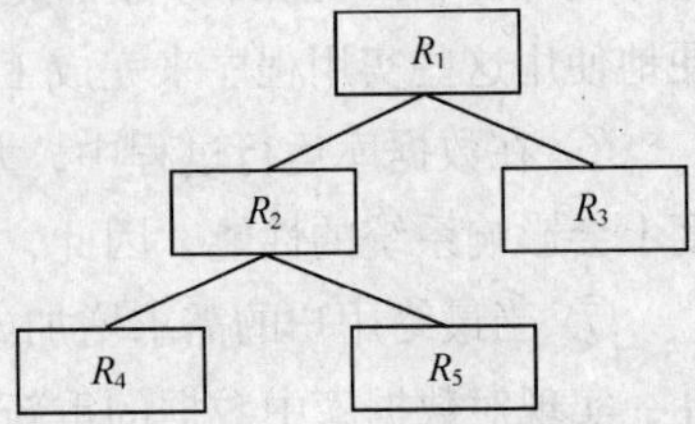

图 1-4　层次模型

层次模型对具有一对多层次关系的描述非常自然、直观、容易理解，这是层次数据库的突出优点。

层次数据库采用层次模型作为数据的组织方式。典型的层次数据库管理系统是 1968 年由 IBM

公司推出的 IMS 系统。

1.2.2　网状模型

若用图来表示，网状模型是一个网络。在数据库中，满足以下两个条件的数据模型称为网状模型。

（1）允许一个以上的结点无父结点。

（2）一个结点可以有多于一个的父结点。

由于在网状模型中子结点与父结点的联系不是唯一的，所以要为每个联系命名，并指出与该联系有关的父结点和子结点。图 1-5 给出了一个抽象的网状模型。

在图 1-5 所示的抽象网状模型中，R_1 与 R_4 之间的联系被命名为 L_1，R_1 与 R_3 之间的联系被命名为 L_2，R_2 与 R_3 之间的联系被命名为 L_3，R_3 与 R_5 之间的联系被命名为 L_4，R_4 与 R_5 之间的联系被命名为 L_5。R_1 为 R_3 和 R_4 的父结点，R_2 也是 R_3 的父结点。R_1 和 R_2 没有父结点。

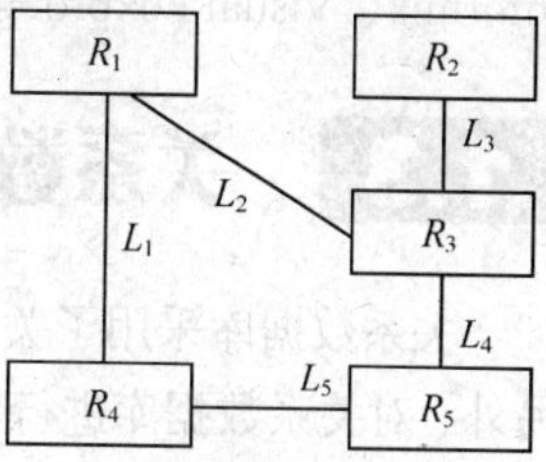

图 1-5　网状模型

网状模型允许一个以上的结点无父结点或某一个结点有一个以上的父结点，从而构成了比层次结构复杂的网状结构。

网状数据库采用网状模型作为数据的组织方式。网状数据库管理系统的典型代表是 20 世纪 70 年代由美国的数据系统研究会（Conference On Data System Language，CODASYL）下属的数据库任务组（DataBase Task Group，DBTG）提出的 DBTG 系统。

1.2.3　关系模型

在关系模型中，数据的逻辑结构是一张二维表。在数据库中，满足下列条件的二维表称为关系模型。

（1）每一列中的分量是类型相同的数据。

（2）列的顺序可以是任意的。

（3）行的顺序可以是任意的。

（4）表中的分量是不可再分割的最小数据项，即表中不允许有子表。

（5）表中的任意两行不能完全相同。

表 1-1 所示的 Student（学生）表便是一个关系模型。

表 1-1　Student 表

RecNo	student id	name	sex	birthday	total credit
1	05611101	赵文化	男	02-28-87	32
2	05611102	徐嘉骏	男	11-16-88	36
3	05611103	郭茜茜	女	11-17-87	38
4	05611201	钱　途	男	05-01-87	30
5	05611202	韩　涵	男	11-06-88	38
6	05611203	李晓鸣	女	11-17-88	24

关系数据库采用关系模型作为数据的组织方式。

层次数据库是数据库系统的先驱，而网状数据库则为数据库在概念、方法、技术上的发展奠定了基础。它们是数据库技术研究最早的两种数据库，曾得到广泛的应用。但是，这两种数据库管理系统存在着结构比较复杂、用户不易掌握、数据存取操作必须按照模型结构中已定义好的存取路径进行、操作比较复杂等缺点，限制了这两种数据库管理系统的发展。

关系数据库以其严格的数学理论、使用简单灵活、数据独立性强等特点，而被公认为是最有前途的一种数据库管理系统。它的发展十分迅速，目前已成为占据主导地位的数据库管理系统。自 20 世纪 80 年代以来，作为商品推出的数据库管理系统几乎都是关系型的。例如，Oracle、Sybase、Informix、Visual Foxpro 等。

1.3 关系数据库

关系数据库采用了关系模型作为数据的组织方式，这就涉及到关系模型中的一些基本概念。另外，对关系数据库进行查询时，若要找到用户关心的数据，就需要对关系进行一定的关系运算。

1.3.1 关系数据库的基本概念

在关系数据库中，经常会提到关系、属性等关系模型中的一些基本概念。为了进一步了解关系数据库，首先给出关系模型中的一些基本概念。

（1）关系：一个关系就是一张二维表，每个关系都有一个关系名。在计算机中，一个关系可以存储为一个文件。在 Visual FoxPro 中，一个关系就是一个表文件。

（2）属性：二维表中垂直方向的列称为属性，有时也叫做一个字段。

（3）域：一个属性的取值范围叫做一个域。

（4）元组：二维表中水平方向的行称为元组，有时也叫做一条记录。

（5）码：又称为关键字。二维表中的某个属性，若它的值唯一地标识了一个元组，则称该属性为候选码。若一个关系有多个候选码，则选定其中一个为主码，这个属性称为主属性。

（6）分量：元组中的一个属性值叫做元组的一个分量。

（7）关系模式：是对关系的描述，它包括关系名、组成该关系的属性名、属性到域的映像。通常简记为：关系名（属性名 1，属性名 2，…，属性名 *n*）属性到域的映像通常直接说明为属性的类型、长度等。

采用关系模式作为数据的组织方式的数据库叫做关系数据库。对关系数据库的描述，称为关系数据库的型，它包括若干域的定义以及在这些域上定义的若干关系模式。这些关系模式在某一时刻对应的关系的集合，称为关系数据库的值。

表 1-1 中的关系是一个学生基本情况表。表中的每一行是一条学生记录，是关系的一个元组，student id（学号）、name（姓名）、sex（性别）、birthday（出生日期）、total credit（总学分）等均是属性。其中学号是唯一识别一条记录的属性，因此称为主码。对于学号这一属性，域是“000001”~“999999”；对于姓名属性，域是由 2 ~ 4 个汉字组成的字符串；对于性别属性，域是“男”、“女”。

学生基本情况表的关系模式可记为：

```
Student（student id, name, sex, birthday, totalcredit）
```

一个关系模式在某一时刻的内容（称为相应模式的状态）是元组的集合，称为关系。在不至于引起混淆的情况下，往往将关系模式和关系统称为关系。

1.3.2　关系运算

对关系数据库进行查询时，若要找到用户关心的数据，就需要对关系进行一定的关系运算。关系运算有两种：一种是传统的集合运算（并、差、交、广义笛卡儿积等）；另一种是专门的关系运算（选择、投影、连接）。

传统的集合运算（并、差、交、广义笛卡儿积）不仅涉及关系的水平方向（即二维表的行），而且涉及关系的垂直方向（即二维表的列）。

关系运算的操作对象是关系，运算的结果仍为关系。

对于大家所熟悉的传统集合运算这里不再介绍，仅介绍专门的关系运算。

（1）选择。选择运算即在关系中选择满足某些条件的元组。也就是说，选择运算是在二维表中选择满足指定条件的行。例如，在 Student 表中，若要找出所有女学生的元组，就可以使用选择运算来实现，条件是：sex=“女”。

（2）投影。投影运算是在关系中选择某些属性列。例如，在 Student 表中，若要仅显示所有学生的 studentid（学号）、name（姓名）和 sex（性别），那么可以使用投影运算来实现。

（3）连接。连接运算是从两个关系的笛卡儿积中选取属性间满足一定条件的元组。

假设现有两个关系：关系 *R* 和关系 *S*，关系 *R* 如表 1-2 所示，关系 *S* 如表 1-3 所示。现在对关系 *R* 和关系 *S* 进行广义笛卡儿积运算，运算结果为表 1-4 所示的关系 T。

表 1-2　　关系 *R*

studentid	name	sex
05611102	徐嘉骏	男
05611103	郭茜茜	女
05611202	韩涵	男

表 1-3　　关系 *S*

studentid	courseid	score
05611102	1021	100
05611103	1031	98
05611101	1011	88
05611202	1021	90

表 1-4　　关系 *T*

studentid	name	sex	studentid	courseid	score
05611102	徐嘉骏	男	05611102	1021	100
05611102	徐嘉骏	男	05611103	1031	98
05611102	徐嘉骏	男	05611101	1011	88
05611102	徐嘉骏	男	05611202	1021	90
05611103	郭茜茜	女	05611102	1021	100
05611103	郭茜茜	女	05611103	1031	98
05611103	郭茜茜	女	05611101	1011	88
05611103	郭茜茜	女	05611202	1021	90
05611202	韩　涵	男	05611102	1021	100
05611202	韩　涵	男	05611103	1031	98
05611202	韩　涵	男	05611101	1011	88
05611202	韩　涵	男	05611202	1021	90

如果进行条件为“R.studentid=S.studentid”的连接运算，那么连接结果为关系 *U*，如表 1-5

所示。从表 1-5 可以看出，关系 *U* 是关系 *T* 的一个子集。

表 1-5　　　　关系 *U*

studentid	name	sex	studentid	courseid	score
05611102	徐嘉骏	男	05611102	1021	100
05611103	郭茜茜	女	05611103	1031	98
05611202	韩涵	男	05611202	1021	90

连接条件中的属性称为连接属性，两个关系中的连接属性应该有相同的数据类型，以保证其是可比的。当连接条件中的关系运算符为“=”时，表示等值连接。表 1-5 中的关系 *U* 为关系 *R* 和关系 *S* 在条件“R. studentid=S. studentid”下的等值连接。若在等值连接的关系 U 中去掉重复的属性（或属性组），则此连接称为自然连接。表 1-6 所示的关系 *V* 是关系 *R* 和关系 *S* 在条件“R. studentid=S. studentid”下的自然连接。

对关系数据库的实际操作，往往是以上几种操作的综合应用。例如：对关系 *V* 再进行投影运算，可以得到仅有属性 studentid（学号）、name（姓名）、courseid（课程编号）和 score（成绩）的关系 *W*，如表 1-7 所示。

表 1-6　　　　关系 *V*

studentid	name	sex	courseid	score
05611102	徐嘉骏	男	1021	100
05611103	郭茜茜	女	1031	98
05611202	韩　涵	男	1021	90

表 1-7　　　　关系 *W*

studentid	name	courseid	score
05611102	徐嘉骏	1021	100
05611103	郭茜茜	1031	98
05611202	韩　涵	1021	90

以上这些关系运算，在关系数据库管理系统中都有相应的操作命令。

练习题

一、选择题

1. 一般说来，数据库管理系统主要适合于用作（　　）。

　A. 文字处理　　B. 数据管理　　C. 表格计算　　D. 数据通信

2. 数据库、数据库管理系统、数据库系统三者之间的关系是（　　）。

　A. 数据库系统包含数据库和数据库管理系统

　B. 数据库管理系统包含数据库和数据库系统

　C. 数据库包含数据库管理系统和数据库系统

D. 数据库系统是一个数据库，也是一个数据库管理系统

3. 数据库管理系统的功能包括数据定义、数据操纵、数据库运行控制和（　　）。

A. 数据库维护　　B. 数据库安全防范

C. 数据库连接　　D. 数据库并发控制

4. 在一个结构化的数据集合中，允许一个以上的结点无父结点，并且一个结点可以有多个父结点，该数据集合的数据模型是（　　）。

A. 对象模型　　B. 关系模型　　C. 层次模型　　D. 网状模型

5. 在一个结构化的数据集合中，有且仅有一个结点无父结点，其他结点有且仅有一个父结点，该数据集合的数据模型是（　　）。

A. 对象模型　　B. 关系模型　　C. 层次模型　　D. 网状模型

6. 关系数据库中的关系必须满足其每一个属性都是（　　）。

A. 互不相关的　　B. 不可分解的　　C. 不可计算的　　D. 互相关联的

7. 如果关系中的一个属性或属性组能够唯一地标识一个元组，那么可称该属性或属性组为（　　）。

A. 域　　B. 码　　C. 属性值　　D. 关系名

8. 若将关系看成是一张二维表，那么下列对关系描述错误的是（　　）。

A. 表中不允许出现完全相同的行

B. 表中每一列所拥有的数据的数据类型可以不同

C. 表中任意两行的次序可以交换

D. 表中任意两列的次序可以交换

9. 传统的集合运算包括（　　）。

A. 并、差、交　　B. 选择、投影、连接

C. 选择、投影、等值连接　　D. 选择、投影、自然连接

10. 关系数据库管理系统的3种基本关系操作是（　　）。

A. 选择、投影与连接　　B. 输入、编辑与浏览

C. 添加、删除与修改　　D. 排序、索引与查询

二、填空题

1. 数据库管理系统的主要功能包括：________、________、数据库的建立和维护功能以及数据库运行控制功能。

2. 数据管理技术经历了人工处理阶段、________和________ 3个发展阶段。

3. 在关系数据库中，一个关系就是一张二维表。在这张二维表中，每一列被称为关系的一个________，也被称为一个________；每一行被称为关系的一个________，也被称为一条________。

4. 在一个关系中，如果存在一个或几个字段，它（们）的值可以唯一地标识一条记录，这样的字段被称为________。

5. 在关系中，一个属性的取值范围叫做一个________。

6. 关系模式是对关系的描述，它包括关系名、组成该关系的________、________。

7. 关系运算的对象是________，运算的结果是________。

8. 要改变关系中属性的排列顺序，应使用关系运算的________运算。

9. 从关系中抽取满足条件的元组的操作称为_______，从关系中抽取指定的属性的操作称为_______。

10. 在两个关系中，将具有某个相同属性值的元组连接到一起而形成新的关系的操作称为________，若在这样形成的新的关系中去掉重复的属性或属性组，则此种连接称为________。

三、简答题

1. 什么是数据库、数据库管理系统和数据库系统？它们之间有何种联系？
2. 什么是关系、元组和属性？
3. 数据库系统由哪几部分组成？
4. 常用的数据模型有哪 3 种？各有什么特点？
5. 任意一张二维表是否都是关系？为什么？

第2章 Access关系数据库概述

Microsoft Access for Windows 是 Microsoft 公司推出的面向办公自动化、功能强大的关系数据库管理系统。自从 1992 年 11 月正式推出 Access 1.0 以来，Microsoft 公司一直在不断地完善、增强 Access 的功能，先后推出了 Access 1.1、Access 2.0、Access 7.0、Access 97、Access 2000、Access 2002 和 Access 2003。1994 年推出的 Access 2.0 相对于 Access 1.0 有了较大的改动，75%以上的内容都是新增的或是改进的。1995 年，随着 Windows 95 的推出，Microsoft 公司又将 Access 2.0 升级为 Access 7.0。1997 年推出了 Access 97，Microsoft 公司首次对 Access 97 进行了汉化，推出了 Access 97 中文版。随后 Microsoft 公司又陆续推出了 Access 2000、Access 2002 和 Access 2003。

本章将简要介绍 Access 关系数据库的体系结构、基本概念、基本功能及其工作环境。

2.1 Access 关系数据库

Access 是一种关系数据库管理系统（RDBMS）。顾名思义，关系数据库管理系统是数据库管理软件，它的职能是维护数据库、接受和完成用户提出的访问数据库的各种请求。

数据库是与特定主题或目的相关的数据的集合。在 Access 关系数据库中，大多数数据存放在各种不同结构的表中。表是有结构的数据的集合。每个表都拥有自己的表名和结构。在表中，数据是按行按列存储的，相当于由行和列组成的二维表格，一行数据称为一条记录，每一列的列头称为一个字段。

Access 关系数据库是数据库对象的集合。数据库对象包括：表（Table）、查询（Query）、窗体（Form）、报表（Report）、页（Page）、宏（Macro）和模块（Module）。在任何时刻，Access 只能打开并运行一个数据库。但是，在每一个数据库中，可以拥有众多的表、查询、窗体、报表、页、宏和模块。这些数据库对象都存储在同一个以 MDB 为扩展名的数据库文件中。

如果用户对 dBASE、FoxBASE 或 FoxPro 2.5/2.6 很熟悉，那么 dBASE、FoxBASE 或 FoxPro 2.5/2.6 的一个数据库文件（*.dbf）仅仅相当于 Access 的一个表。

在 Access 关系数据库中，关系数据库具有以下两个主要特征。

（1）关系数据库中的每一个表具有单一且唯一的主题。

（2）关系数据库中相关的两个表可以建立起关系，从而作为一个整体进行操作。

2.2 Access 的特点

Access 是一个中、小型关系数据库管理系统，适合于开发中、小型管理信息系统。Access 又是一个完全面向对象，采用事件驱动机制的最新关系数据库管理系统，使得数据库的应用与开发更加便捷、灵活。

Access 是一个同时面向数据库最终用户和数据库开发人员的关系数据库管理系统。对于数据库最终用户，Access 提供了许多便捷的可视化操作工具（例如表设计器、查询设计器、窗体设计器、报表设计器等）和向导（例如表向导、查询向导、窗体向导、报表向导等）。数据库最终用户利用这些工具和向导，不用编程即可构造简单实用的管理信息系统。对于数据库开发人员，Access 提供了 Visual Basic for Application（简称 VBA）语言。数据库开发人员利用该语言以及 Access 提供的可视化操作工具和向导，可以快速构造具有一定规模、较为复杂的管理信息系统。

Access 是一个典型的开放式数据库管理系统，通过 ODBC（开放式数据库互连）能与其他数据库（例如 Oracle、Sybase、Visual FoxPro 等）相连，实现数据交换与共享。另外，Access 作为 Microsoft Office 套装办公软件专业版的一个组件，承担了数据处理、查询和管理的责任。它与 Excel、Word、PowerPoint 等办公软件进行数据交换与数据共享更加容易，构成了一个集文字处理、图表生成和数据管理于一体的高级综合办公平台。

Access 支持多媒体的应用与开发。在 Access 数据库中，可以嵌入和链接诸如声音、图表和图像等多媒体数据，并通过 OLE（对象链接与嵌入）技术来管理。因此，Access 又被称为多媒体关系数据库管理系统。

Access 既可以在单用户环境下工作，也可以在多用户环境下工作，并且具有完善的安全管理机制。

Access 内置了大量的函数，其中包括数据库函数、算术函数、文本函数、日期 / 时间函数、财务函数等。用户可以利用这些函数在窗体、报表和查询中建立计算表达式。

Access 提供了许多宏操作。宏操作在用户不介入的情况下能够执行许多常规的操作。例如打开表或窗体、操纵记录等。用户只要按照一定的顺序组织 Access 提供的宏操作，就能够实现工作的自动化，这对于数据库最终用户来说是非常方便的。Access 提供的宏操作使得用户不用编程也能实现工作的自动化。

Access 提供了联机帮助功能。不论何时，当用户在应用中遇到难于理解的问题时，只需按一下 F1 功能键或单击“Microsoft Office Access 帮助”按钮，Access 即可提供联机帮助，答疑解惑。

2.3 Access 的数据库对象

Access 为用户提供了一个功能强大、易于使用的数据库工作环境。在这个环境下开发数据库应用系统只需写很少的代码，甚至可以不写任何代码就能实现。为此，Access 将数据库中的各项功能成分进行分离、抽象，然后将其对象化，把数据管理的常用功能封装在各类对象的方法或属性之中，通过对象的方法或属性来完成对数据库的设计与管理，充分利用对象化的概念来简化用户的工作。

Access 提供了 7 种数据库对象（表、查询、窗体、报表、页、宏和模块）用以构成一个关系数据库。这 7 种数据库对象高度概括了数据库应用开发中的实际需要。例如，数据库结构的创建、数据的录入与存储、查询的设计与应用、数据输入输出界面和应用系统控制界面的设计与应用、数据打印输出的设计与应用等。下面将从概念与基本功能方面对 Access 的 7 种数据库对象进行介绍。

2.3.1 表（Table）对象

在 Access 关系数据库中，表是有结构的数据的集合，是数据库应用系统的数据“仓库”，用于存储和管理基本数据。在开发数据库应用系统时，开发者的首要工作是要分析应用系统的数据需求，然后根据分析的结果建立适合于系统要求的表结构以及表间关系。表结构与表间关系将直接影响后续开发工作的效率，甚至影响到系统的质量。

在 Access 关系数据库中，有关表的操作都是通过表对象来实现的。表对象可以管理表的结构（包括字段名称、数据类型、字段属性等）以及表中存储的记录。也就是说，一个表对象是由两部分组成的，一部分反映了表的结构，一部分反映了表中存储的记录。这两部分不能在同一个窗口中显示，Access 为表对象安排了两种显示窗口，用户不能同时打开同一个表对象的两种显示窗口，但可以在这两种显示窗口之间来回切换。

用于显示和编辑表对象的字段名称、数据类型和字段属性的窗口称为设计视图，如图 2-1 所示。用于显示、编辑和输入记录的窗口称为数据表视图，如图 2-2 所示。显然，用户有关表结构的设计工作应在设计视图中完成，而数据录入工作应在数据表视图中完成。一般情况下，在系统开发阶段为一个表对象录入数据是为了给后续开发工作中的系统功能测试提供方便。另外，这种数据的输入也可能是为系统提供初始化数据，数据库投入运行后将依赖于这些数据才能发挥作用。

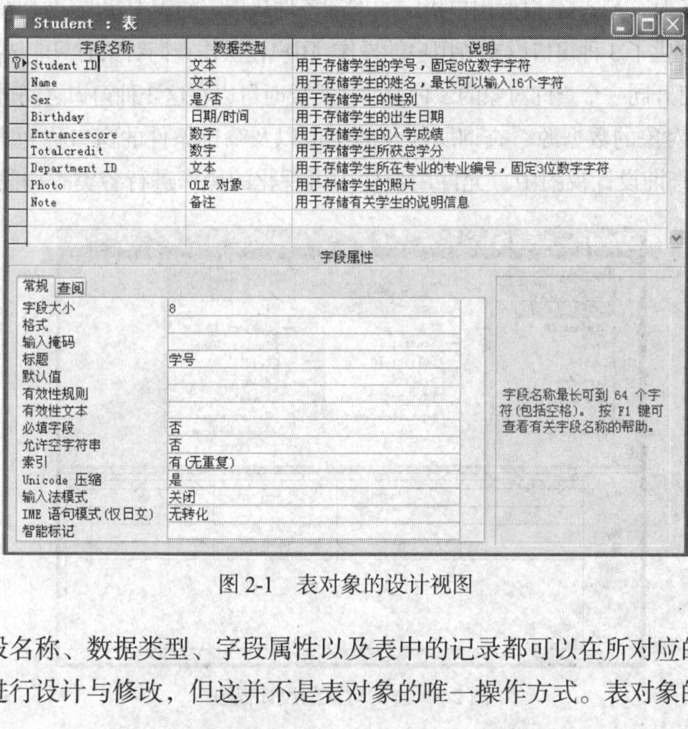

图 2-1 表对象的设计视图

表对象的字段名称、数据类型、字段属性以及表中的记录都可以在所对应的视图中，采用可视化的操作方式进行设计与修改，但这并不是表对象的唯一操作方式。表对象的另一种操作方式是采用 VBA 代码进行操作。事实上，应用系统投入运行后也需要对表的结构与记录进行维护，此时对表的动态维护可以用代码方式完成。

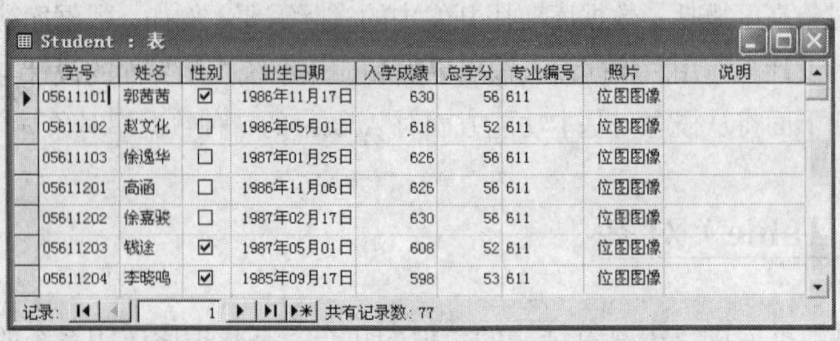

图 2-2　表对象的数据表视图

表对象在 Access 的 7 种对象中处于核心地位，它是一切数据库操作的目标和前提。Access 的其他 6 种对象都会和表对象打交道。用户的数据输出、数据查询从根本上来说都是以表对象作为数据源，用户数据输入的最终目的地也是表对象。

2.3.2　查询（Query）对象

数据库存在的价值体现在数据的查询上，一个性能优良的数据库应用系统应该能根据用户提出的各种合理的数据查询要求进行快速有效的查询，并把查询所得数据准确、完整地输出。开发数据库和建立数据库的最终目的是数据查询，数据库质量的优劣也主要由系统查询功能的好坏来评判。

在 Access 关系数据库中，有关查询的操作都是通过查询对象来实现的。Access 允许用户在前台（屏幕上显示的查询设计视图）通过直观的操作构造查询要求，Access 自动在后台生成对应的结构化查询语句（SQL 语句）。也就是说，Access 允许用户不用编写程序，仅通过直观的操作即可生成结构化查询语句。当运行查询对象时，Access 根据用户指定的查询条件从指定的表中获取记录并将其组成动态集。Access 为查询对象提供了 3 种窗口以支持用户的操作。用户在操作查询对象时只能选择使用其中的一种窗口，而不能同时打开同一个查询对象的 3 种窗口，需要时可以在这 3 种窗口之间进行切换。

用于设置查询对象的数据源、查询所涉及的字段以及筛选条件的窗口称为查询的设计视图，如图 2-3 所示。在查询设计视图中，允许用户使用可视化的操作进行各类查询的设计。

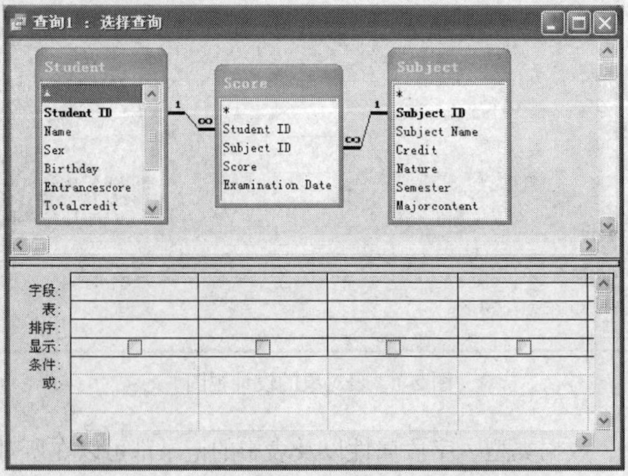

图 2-3　查询对象的设计视图

用于显示和编辑查询对象所对应的 SQL 语句的窗口称为 SQL 视图，如图 2-4 所示。在 SQL 视图中，用户可以直接编辑 SQL 语句的各个子句，但这种操作容易出错，只有熟悉 SQL 句法的用户才能使用 SQL 视图。

用于显示查询对象执行结果的窗口称为数据表视图，如图 2-5 所示。数据表视图中的记录是从指定的表中根据用户给定的查询条件获取的，这些记录组成了一个动态集。当关闭数据表视图时，动态集将随之消失。查询对象执行以后所获得的动态集并不仅仅作为查询的结果，还可以用于验证查询设计的正确性，帮助用户调整、修改查询的结构与属性。查询对象执行以后所获得的动态集还可以用于构成一个新的表对象，或者用于增加、删除、修改表对象中的记录。

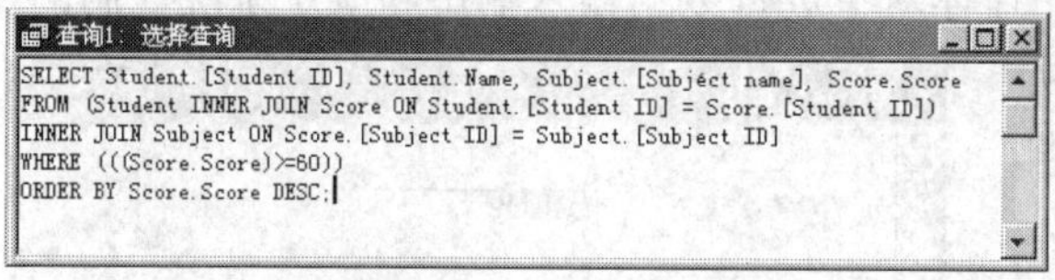

图 2-4　查询对象的 SQL 视图

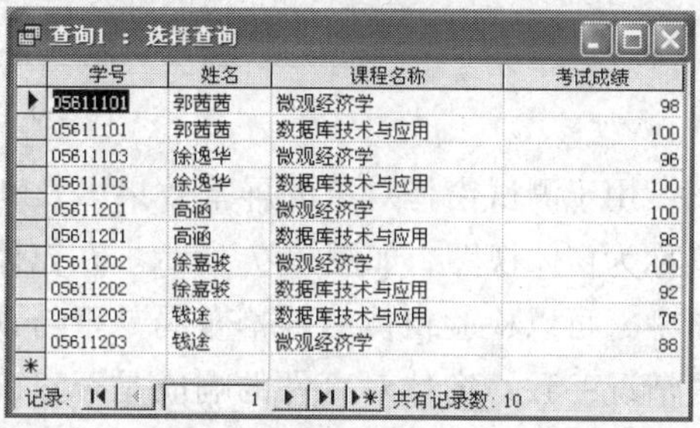

图 2-5　查询对象的数据表视图

在 Access 关系数据库中，查询对象占有重要的地位。它跟表对象一样，是 Access 数据库不可缺少的基本对象。

查询对象执行之后所获得的动态集与打开表对象所获得的记录集有很多相似的地方，所以在有些场合下，适用于表对象的数据操作往往也适用于查询对象。例如，一个窗体对象可以用表对象作为数据源，也可以用查询对象作为数据源。

2.3.3　窗体（Form）对象

一个高质量的数据库应用系统不仅要有高质量的数据管理和数据查询，而且要有高质量的数据输入、输出界面和应用系统控制界面。良好的数据输入、输出界面和应用系统控制界面可以引导用户进行正确有效的数据输入和方便灵活的数据输出，帮助用户高效便捷地使用系统完成任务。在数据库应用系统的实际开发工作中，数据输入、输出界面和应用系统控制界面的设计占有很大的比重。在 Access 中，有关数据输入、输出界面和应用系统控制界面的设计都是通过窗体对象来实现的。窗体对象允许用户采用可视化的直观操作，设计数据输入、输出界面和应用系统控制界面的结构和布局。Access 为方便用户设计窗体提供了若干个控件（Control），每一个控件均被视为独立的对象。用户可以通过直观的操作在窗体中设置控件，调整控件的大小和布局。

Access 为窗体对象提供了 3 种窗口。用户在设计和使用窗体对象时只能选择使用其中的一种窗口，而不能同时打开同一个窗体对象的 3 种窗口，需要时可以在 3 种窗口之间进行切换。

用于设计窗体对象的结构、布局和属性的窗口称为窗体的设计视图，如图 2-6 所示。窗体设计视图为用户提供了各种可视化的设计手段，可使用户轻松愉快地完成各式各样的窗体设计工作。用户所做的窗体设计工作是否达到了预期的目标是无法在窗体设计视图中看到的。

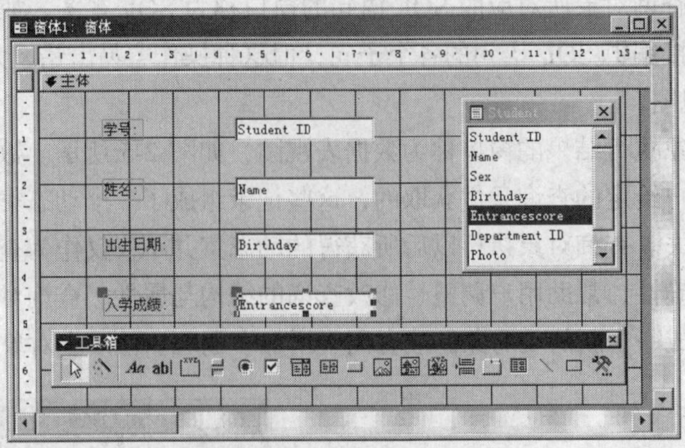

图 2-6　窗体对象的设计视图

用于测试窗体对象的屏幕效果以及利用窗体对象进行数据输入输出和应用系统控制的窗口称为窗体视图，如图 2-7 所示。在窗体视图中，可以检验窗体的屏幕布局是否与预期的情况一致、窗体对事件的响应是否正确、窗体对数据的输出处理是否正确、窗体对数据的输入处理是否正确等。

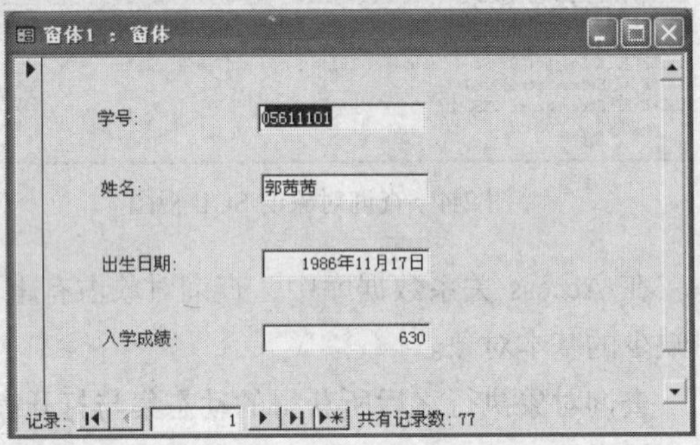

图 2-7　窗体对象的窗体视图

用于查看窗体对象数据源的窗口称为数据表视图。窗体对象总是以表或者查询作为数据源。窗体对象的功能执行是否正常，最终要看它对数据的操作是否正确，这就必须直接检查与窗体对象有关的数据源（表或查询）。窗体对象的数据表视图正是用于这一目的。用户在进行窗体对象的设计工作时常常采用这样一种模式：首先在窗体设计视图中进行窗体设计，然后切换到窗体视图中对窗体进行测试。为了检查窗体对象处理数据的正确性，需要再切换到数据表视图中查看窗体对象的数据源，如果数据有问题，可以重新回到窗体设计视图中对错误进行修改。

在 Access 关系数据库中，窗体对象不但是用户的数据输入、输出界面，而且也是调用执行宏对象、模块对象的系统控制界面。窗体对象是 Windows 的窗口对象，具有消息循环检测和事件响应功能。窗体对象通过消息映射（在窗体对象的事件属性中填写一个宏对象名称或模块对象名称）可以执行指定的宏对象或模块对象。

由于窗体可以驱动宏与模块对象，而宏与模块对象又可以驱动其他数据库对象，所以窗体能将 Access 关系数据库中的所有数据库对象组织成一个有机整体，使得 Access 关系数据库应用系统成为一个控制良好、逻辑清晰、结构完整的应用程序。

对于一个高质量的关系数据库应用系统来说，普通用户所要做的大部分工作大都是通过窗体来完成的，而不是直接操作数据库中的各种数据库对象。窗体对于普通用户来说是唯一可见的部分，数据库中的其他数据库对象都不直接面向用户，它们是数据库应用系统的不可见部分。理解这一点对于在 Access 关系数据库环境下进行应用与开发是至关重要的。

在 Access 关系数据库应用系统中，一般来说需要构造多个窗体对象，这些窗体对象在逻辑上是有层次之分的。最高层次的窗体对象一般只有一个，它是应用系统的总控驱动界面。

2.3.4　报表（Report）对象

数据库应用系统一般都应给用户配置完善的打印输出功能。在传统的关系数据库开发环境中，程序员必须通过烦琐的编程实现报表的打印。在 Access 关系数据库中，报表对象允许用户不用编程，仅通过可视化的直观操作就可以设计报表打印格式。报表对象不但能够提供方便快捷、功能强大的报表打印格式，而且能够对数据进行分组统计和计算。

报表对象的整个设计过程都是在可视化操作环境下进行的，Access 为报表对象提供了 3 种可视化的操作窗口。用户在设计报表对象时只能选择使用其中的一种窗口，而不能同时打开同一个报表对象的 3 种窗口，需要时可以在这 3 种窗口之间进行切换。

用于设计报表对象的结构、布局、数据的分组与汇总特性的窗口称为报表的设计视图，如图 2-8 所示。

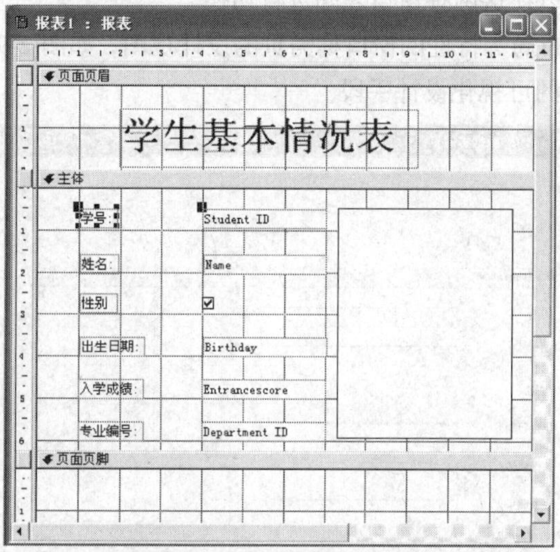

图 2-8　报表对象的设计视图

在报表设计视图中，Access 为用户提供了丰富的可视化设计手段。用户可以不用编程，仅通过可视化的直观操作就可以快速、高质量地完成实用、美观的报表设计。与窗体对象一样，报表对象也可以对事件进行响应，不过它所能响应的事件比较少，但对于打印控制而言已经足够。

用户所做的报表设计工作是否达到了预期的打印效果是无法在报表设计视图中看到的。用于测试报表对象打印效果的窗口称为打印预览视图。在打印预览视图中，用户可以在屏幕上检查报表的布局是否与预期的一致、报表对事件的响应是否正确、报表对数据的格式化是否正确、报表对数据的输出排版处理是否正确等。Access 提供的打印预览视图所显示的报表布局和打印内容与实际打印结果是一致的，即所见即所得。

报表对象还为用户提供了另一种测试报表对象打印效果的窗口，叫做版面预览视图。报表对象一般是以表或者查询作为数据源，当表中的记录较多的时候，或者查询的运算量特别大的时候，采用打印预览视图来检验报表的布局和功能实现情况会占用很长时间，从而影响报表设计的工作效率。为了让用户能够预览报表对象的打印效果，又不至于等待太长的时间，Access 为报表对象安排了版面预览视图。版面预览视图与打印预览视图的基本特点是相同的，唯一的区别是版面预览视图只对数据源中的部分数据进行数据格式化。如果数据源是查询时，还将忽略其中的连接和筛选条件，从而提高了报表的预览速度。

2.3.5 页（Page）对象

页是 Access 数据库中的新对象。通过页可以将数据库中的记录发布到 Internet 或 Intranet，并使用浏览器进行记录的维护和操作。

页是用于在 Internet 或 Intranet 上浏览的 Web 页，可以用来输入、编辑、浏览 Access 数据库中的记录。

页能够进行记录的维护工作，例如添加、编辑和删除记录，这一点类似于 Access 的窗体对象。页还可以浏览和打印记录，这一点类似于 Access 的报表对象。

页的整个设计过程是在可视化操作环境下进行的，Access 为页提供了两种可视化的操作窗口：设计视图和页视图。用户在设计使用页时只能选择使用其中的一种窗口，而不能同时打开同一个页的两种窗口，需要时可以在这两种窗口之间进行切换。

用于设计页的结构、布局等特性的窗口称为页的设计视图，如图 2-9 所示。在页设计视图中，Access 为用户提供了丰富的可视化设计手段。

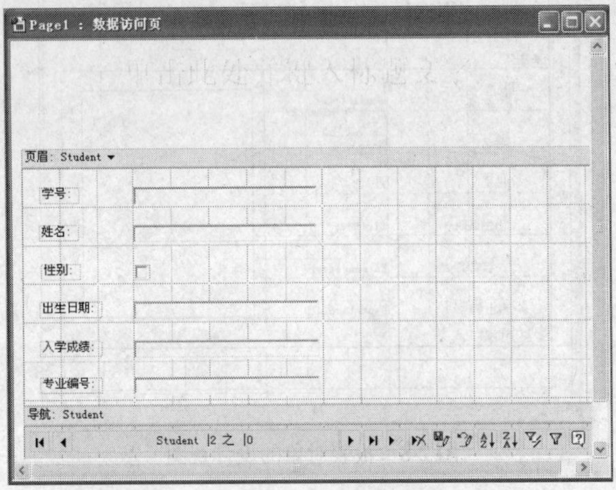

图 2-9　页的设计视图

用于测试页的屏幕效果以及利用页在 Internet 或 Intranet 上使用浏览器进行数据输入输出的窗口称为页视图，如图 2-10 所示。在页视图中，可以检验页的屏幕布局是否与预期的情况一致、页对数据的输出处理是否正确、页对数据的输入处理是否正确等。

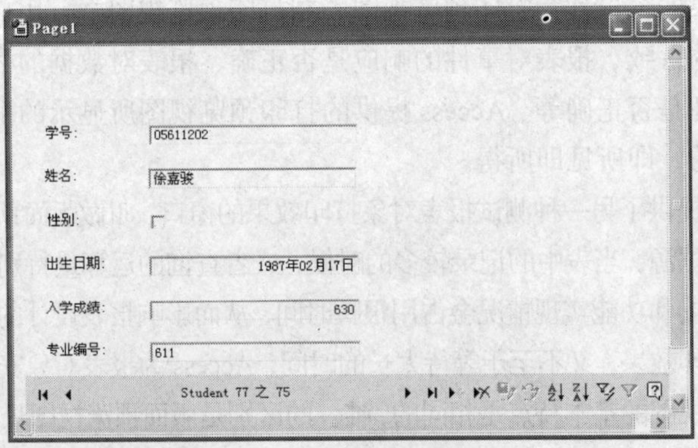

图 2-10　页的页视图

2.3.6　宏（Macro）对象

在 Access 关系数据库中，宏对象是一个或多个宏操作的集合，其中的每一个宏操作执行特定的、单一功能的数据库操作。用户可以将这些宏操作组织起来形成宏对象以执行特定的任务。Access 提供了许多宏操作，这些宏操作可以完成日常的数据库管理工作，例如，打开某一个窗体对象、执行特定的查询、在表对象中进行记录定位等。

Access 为宏对象提供了宏对象编辑窗口，如图 2-11 所示。宏对象编辑窗口用于顺序组织集合宏操作，从而形成宏对象以执行较复杂的任务。

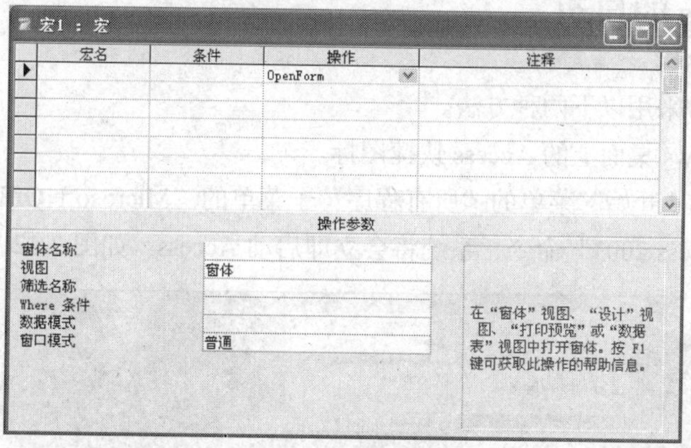

图 2-11　宏对象编辑窗口

宏对象的执行可以在数据库窗口中直接单击“运行”按钮来实现，也可以将其放置在窗体对象、报表对象及其控件的相关事件属性中以对事件作出响应，即采用事件驱动机制执行指定的宏对象。一般来说，用户创建的宏对象通常采用事件驱动的机制来执行。窗体对象和报表对象的控制功能正是由此得以体现。

2.3.7　模块（Module）对象

模块对象是将编写宏语言 VBA 的过程和声明作为一个整体进行保存的过程的集合。模块对象中的每一个过程可以是一个函数过程，也可以是一个子过程。模块对象有两个基本类型：类模块和标准模块。类模块包括窗体模块和报表模块，它们分别与某一窗体或报表对象相关联。窗体模块和报表模块通常含有事件过程，用以响应窗体或报表中的事件。标准模块包括通用过程和常用过程。通用过程不与任何对象相关联，常用过程可以在数据库中的任何位置执行。在 Access 关系数据库中，宏和模块对象用以自动完成特定的任务，特别是模块对象允许用户利用宏语言 VBA 来编写特定的过程，以执行较复杂的任务。

Access 的宏语言 VBA 的体系结构与 Visual Basic 类似，只不过它特别提供了许多数据库对象，用户可以利用宏语言 VBA 通过编写程序的方式完成数据库的所有管理任务。用户通过各种数据库对象的属性、方法的使用，实现宏对象所无法完成的许多数据库操作。宏对象虽然功能强大、使用方便，但无法实现深入细致的操作和复杂的控制过程，模块对象在这些方面则可以大显身手。

Access 提供的上述 7 种对象分工极为明确，从功能和彼此间的关系角度考虑，可将这 7 种对象分为 3 个层次：第 1 层次是表对象和查询对象，它们是数据库的基本对象，用于在数据库中存储数据和查询数据；第 2 层次是窗体对象、报表对象和页，它们是直接面向用户的对象，用于数据的输入输出和应用系统的驱动控制；第 3 层次是宏对象和模块对象，它们是代码类型的对象，用于通过组织宏操作或编写程序来完成复杂的数据库管理工作并使得数据库管理工作自动化。

2.4 Access 的启动与退出

要使用 Access，首先应启动 Access；在 Access 中工作完毕以后，应正常退出 Access。

2.4.1 Access 的启动

启动 Access 通常采用以下两种方法。

（1）双击 Windows 桌面上的 Access 快捷图标。

（2）从 Windows“开始”菜单的“所有程序”子菜单的“Microsoft Office”级联菜单中选择“Microsoft Office Access 2003”命令，系统将会立即启动 Access，如图 2-12 所示。

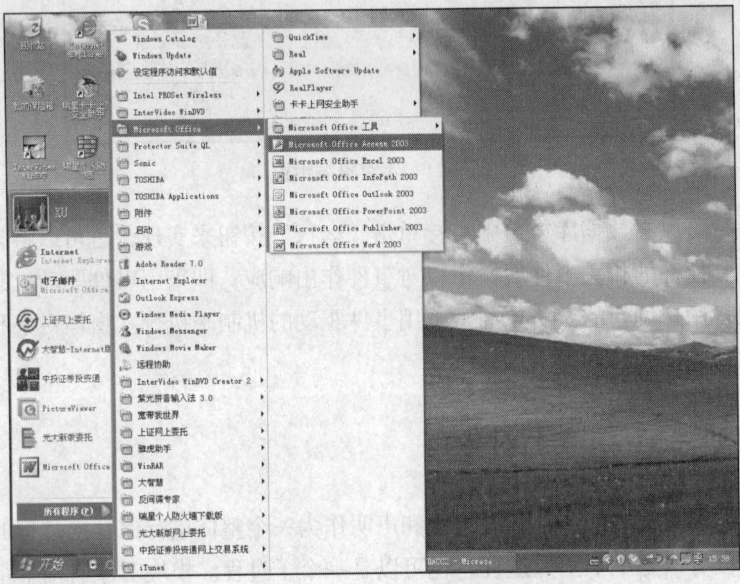

图 2-12 Windows 的“开始”菜单

2.4.2 Access 的退出

在 Access 中工作完毕以后，应退出 Access。退出 Access 可以采用以下四种方法（如图 2-13 所示）。

（1）从“文件”菜单中选择“退出”命令。

（2）单击 Microsoft Access 应用程序窗口右上角的“关闭”按钮。

（3）双击 Microsoft Access 应用程序窗口左上角的应用程序控制菜单图标。

（4）按 Alt+F4 组合键。

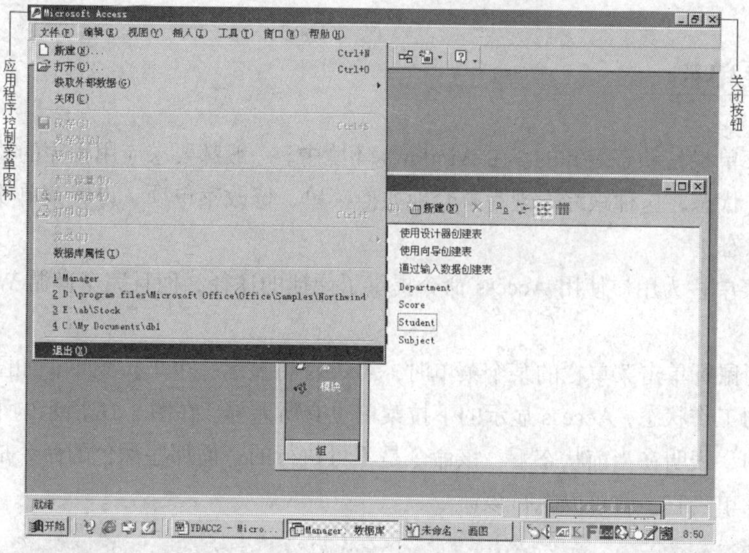

图 2-13　退出 Access 的途径

在退出 Access 的时候，如果 Access 发现打开的数据库对象已被修改，那么 Access 将弹出退出提示信息框（如图 2-14 所示），要求用户决定是否保存对数据库对象所做的修改。若单击“是”按钮，Access 将保存对当前数据库对象所做的修改；若单击“否”按钮，Access 将放弃对当前数据库对象所做的修改；若单击“取消”按钮，Access 将取消退出，返回到 Access 应用程序。

图 2-14　Access 退出提示信息框

2.5 Access 的工作环境

启动 Access 以后，屏幕即显示 Access 的工作环境，如图 2-15 所示。Access 的工作环境由 4 部分组成，即菜单栏、工具栏、状态栏和数据库窗口。

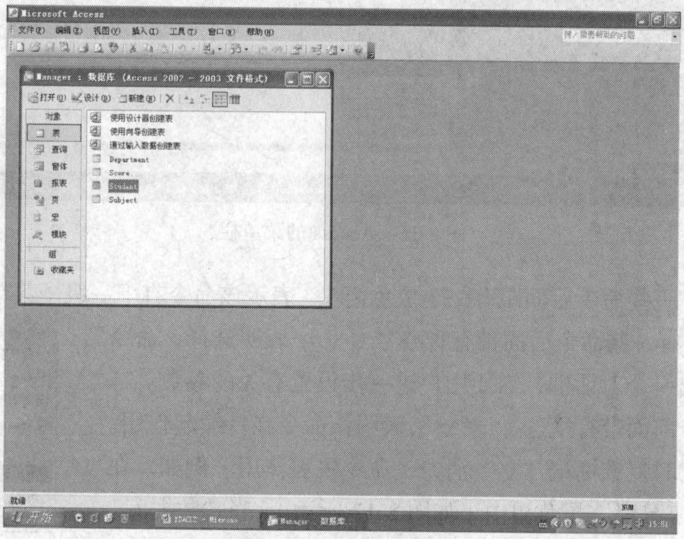

图 2-15　Access 的工作环境

2.5.1 菜单栏

Access 的菜单栏是动态装卸的。在 Windows 环境中，一般都要求应用程序的菜单栏实时跟踪用户的当前工作状态，这种跟踪表现为整套地撤换菜单、修改菜单项、设置菜单项的状态（可用状态和不可用状态）。

Access 的菜单栏为用户使用 Access 命令提供了便捷的途径，而且完全遵循 Windows 对菜单的有关规范。

当用户使用鼠标单击菜单栏的某个菜单时，Access 将显示一个下拉菜单，如图 2-16 所示。

根据不同的工作状态，Access 显示的下拉菜单也有所差异。在图 2-16 所示的下拉菜单中，有些命令是浅色的，表明在当前状态下，该命令是不可执行的；而那些深色的命令是可以执行的，用户只需用鼠标单击它，就可以执行该命令。

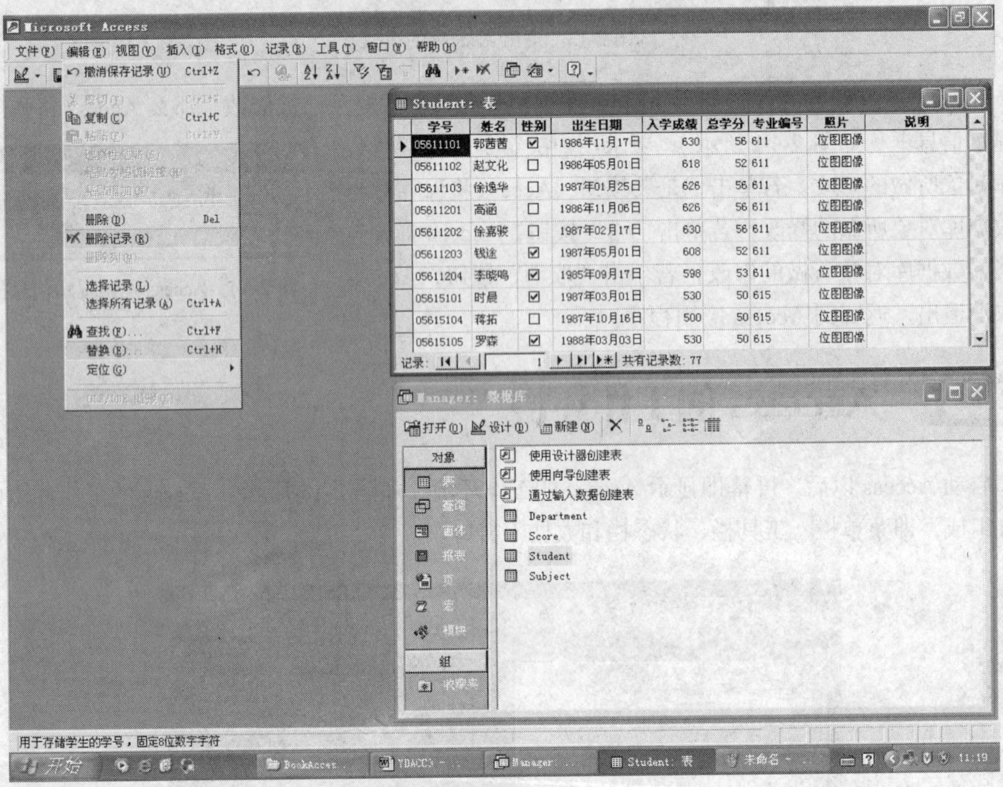

图 2-16　Access 的菜单栏

下拉菜单中有一些命令后面跟有一个黑色箭头，表示该命令有下一级子菜单；选择该命令后，还要进一步选择。有一些命令后面带有省略号（…），表明选择该命令后，Access 将弹出一个对话框，需要用户进一步设置有关的参数。

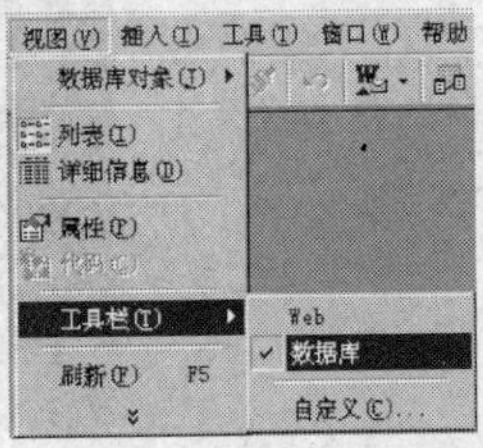

图 2-17　“视图”菜单

还有一些命令前面带有复选标记“√”，表明该命令在持续起作用。当用户再次选择它时复选标记“√”消失，命令失去作用。例如，在“视图”菜单的“工具栏”子菜单中（如图 2-17 所示），当“数据库”命令前面带有复选标记“√”的时候，表明该命令在持续起作用（Access

显示“数据库”工具栏）。当用户再次选择这条命令时，复选标记“√”消失，命令失去作用（Access 隐藏“数据库”工具栏）。

在每个菜单和命令中，都有一个字母下面设置有下划线，这个字母是它所在菜单或命令的特征字母。如果将 Alt 键与该字母键同时按下，将会显示相应的下拉菜单或执行相应的命令。

有些命令具有快捷键组合，位于命令的最右边。例如，“编辑”菜单的“复制”命令的右边写有 Ctrl+C，它就是“复制”命令的快捷键。如果用户能很好地利用快捷键，可以节省很多时间。

另外，在 Access 工作环境的适当位置单击鼠标右键，Access 可以立即显示出一个快捷菜单，该菜单中的命令都是与当前位置相关的。例如，当把鼠标指针放置在数据库窗口上并单击鼠标右键时，Access 立即显示出一个快捷菜单。该菜单中的命令与数据库对象相关，如图 2-18 所示。

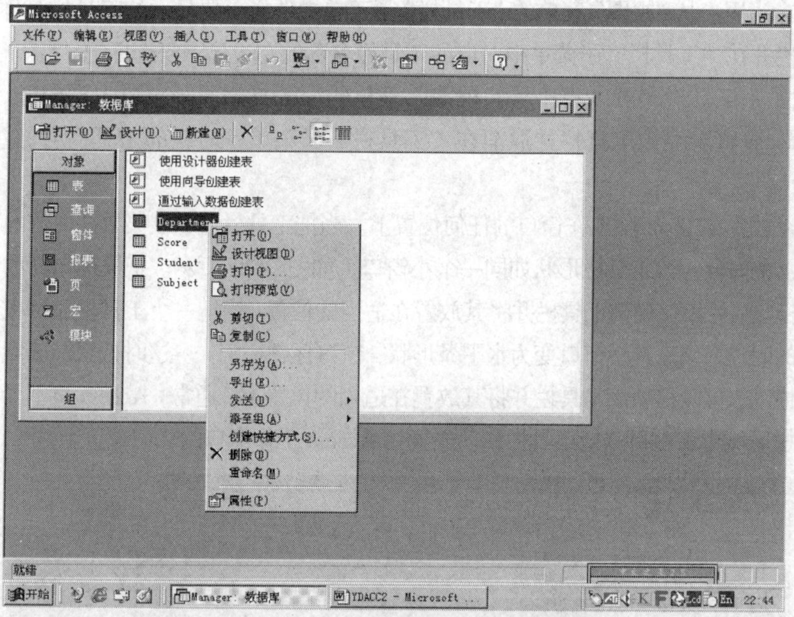

图 2-18　单击鼠标右键弹出的快捷菜单

2.5.2　工具栏

在菜单栏下方由按钮组成的每一行就是一个工具栏。工具栏是专为使用鼠标设置的，用于快速选择执行常用的命令。工具栏中的每一个按钮对应一条命令，若要执行某条命令，只需用鼠标单击相应的命令按钮即可。当把鼠标指针放置在按钮上停留 0.75 秒时，Access 即显示一个文本框，以提示该按钮的作用。

Access 的工具栏是根据当前的工作环境动态显示或隐藏的。例如，在打开数据库窗口时，Access 自动显示“数据库”工具栏；而在打开一个表的数据表视图时，Access 自动显示“表（数据表视图）”工具栏，隐藏“数据库”工具栏。在大多数情况下，Access 自动显示的工具栏是唯一的。

Access 的工具栏提供了使用鼠标快速执行任务的能力。对于某一特定任务，用户只需在工具栏上单击相应的按钮即可，这比在菜单中选择命令要快捷得多。

在进入 Access 以后，Access 的工作窗口在默认状态下总是显示“数据库”工具栏。但除了“数据库”工具栏以外，Access 还提供了其他的工具栏，这些工具栏由于显示屏幕的限制被隐藏起来。要使用被隐藏的工具栏，应首先将其在屏幕上显示出来，Access 提供了显示工具栏的便捷操作。

若要显示一个当前可用的工具栏，可以直接从“视图”菜单的“工具栏”子菜单中选择要显示的工具栏名称。

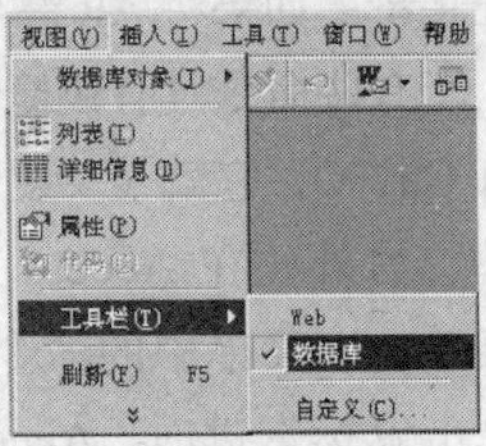

图 2-19　“工具栏”子菜单

在图 2-19 所示的“视图”菜单的“工具栏”子菜单中列出了 Access 提供的有关当前对象可用的工具栏名称。其中有些工具栏名称的左边显示有复选标记“√”，表明目前该工具栏已显示出来。例如，如果目前“数据库”工具栏已显示出来，那么“数据库”工具栏名称的左边将会出现复选标记“√”。当用户从“视图”菜单的“工具栏”子菜单中选择了要显示的工具栏名称以后，Access 将显示该工具栏并在“工具栏”子菜单中对应的工具栏名称的左边显示复选标记“√”。

若要隐藏一个工具栏，可以直接从“视图”菜单的“工具栏”子菜单中再次选择已显示的工具栏名称，Access 将隐藏该工具栏并取消在“工具栏”子菜单中对应的工具栏名称左边显示的复选标记“√”。

工具栏可以放置在 Access 工作窗口的任何位置上。当把工具栏显示在菜单栏下方的工具栏区域以外的任何位置上的时候，该工具栏形状如同一个小窗口，如图 2-20 所示。把鼠标指针放置在工具栏窗口的标题栏上拖动，可以移动该工具栏并将其放置在适当的位置。当把一个工具栏显示在菜单栏下方的工具栏区域中的时候，该工具栏窗口变为水平条形状，窗口标题栏消失。这时把鼠标放置在工具栏中按钮空隙的地方拖动，可以移动该工具栏并将其放置在适当的位置上。通常，Access 将工具栏放置在菜单栏下方的工具栏区域中，也可以把工具栏移动放置在 Access 工作窗口的任何位置上。

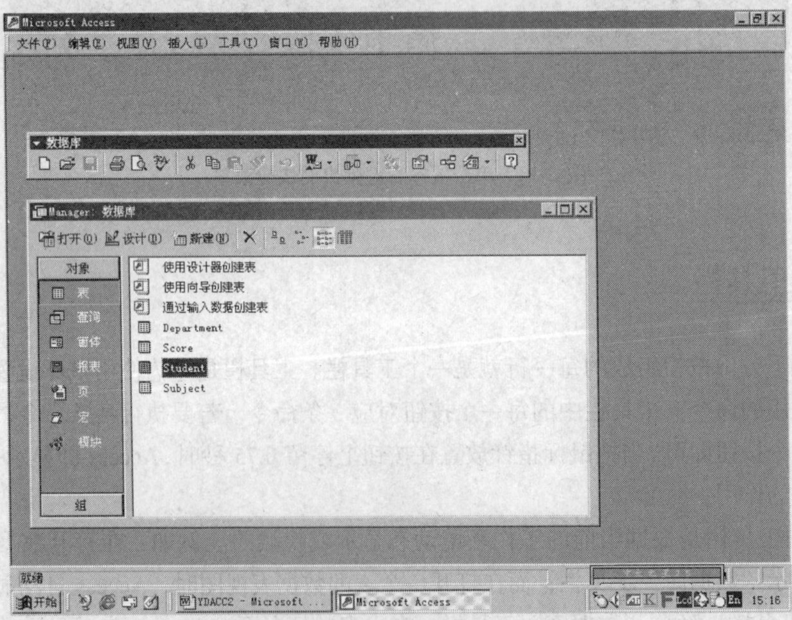

图 2-20　工具栏可以放置在不同的位置上

尽管 Access 提供了许多预先定义好的系统工具栏，但还是允许用户创建自己的用户工具栏。这有利于用户根据工作需要创建适合自己的用户工具栏按钮，提高工作效率。另外，无论是 Access

预先定义的系统工具栏还是用户自己创建的用户工具栏，Access 都允许对它们进行自定义。例如，为某一工具栏添加或删除按钮或重画某一按钮上的图案。

2.5.3 状态栏

状态栏位于 Access 工作环境的最下方，用于显示当前的工作状态。例如，若用户打开了某一个表的设计视图，那么状态栏将显示“设计视图”字样。状态栏的右半部分用于显示键盘上的某些特殊键的开关模式，以提醒用户键盘的状态。

2.5.4 数据库窗口

Access 关系数据库是典型的 Windows 应用程序，无论是外观风格还是操作模式都与 Windows 系统高度协调一致。熟悉 Windows 的用户可以在很短的时间内掌握 Access 的使用。另外，Access 是一个典型的多文档界面应用程序，不仅可以同时打开多个文档，而且也可以同时打开不同类型的文档。每个文档可以多次打开并对应一个或多个窗口，打开的多个文档窗口一般在同一时刻只能有一个作为当前窗口完全显示在屏幕上。

数据库窗口的特殊之处在于，在 Access 关系数据库中的任何一时刻只能打开一个数据库窗口。打开一个数据库窗口就意味着打开了一个数据库，创建一个新的数据库窗口也就意味创建了一个新的数据库。同样，关闭一个数据库窗口就意味着关闭了一个数据库。

数据库窗口除具有一般 Windows 窗口所具有的最小化按钮、最大化按钮、关闭按钮、标题栏（显示数据库文件名称）和窗口控制菜单框以外，还设置了 7 个数据库对象选项卡、对象列表区和命令按钮，如图 2-21 所示。

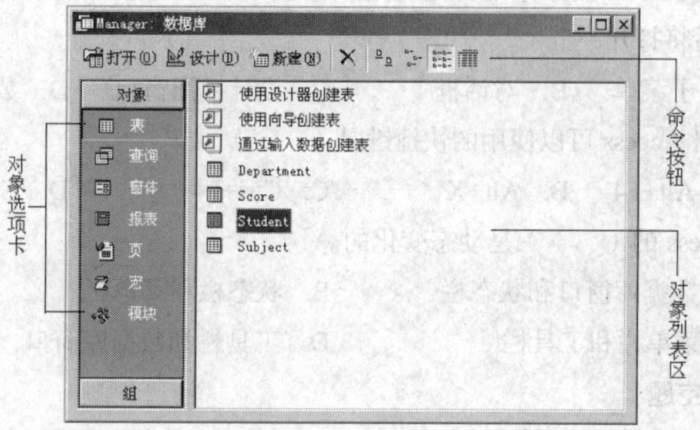

图 2-21 数据库窗口

数据库对象选项卡包括：表、查询、窗体、报表、页、宏和模块选项卡。上述 7 个数据库对象选项卡分别管理着数据库中的 7 种数据库对象（表、查询、窗体、报表、页、宏和模块对象）。用户可以通过单击相应的数据库对象选项卡，在 7 种数据库对象中快速切换选择。数据库窗口打开的时候，Access 通常总是显示表对象选项卡。

对象列表区总是显示被选中的某一特定对象所拥有的对象。在图 2-21 所示的数据库窗口中，被选中的表对象拥有四个表：Student、Subject、Score 和 Department。

在数据库窗口顶端行设置有命令按钮，其中前三个命令按钮随着被选中的数据库对象的不同而有所改变。在选中表、查询、窗体或页数据库对象时，命令按钮是："打开"（打开一个现有的表、查询、窗体或页）、"设计"（编辑修改一个现有的表、查询、窗体或页）和"新建"（建立新的表、查询、窗体或页）；在选中报表对象时，命令按钮是："预览"（预览一个现有的报表）、"设计"（编辑修改一个现有的报表）和"新建"（建立新的报表）；当选中宏或模块对象时，命令按钮是："运行"（运行一个现有的宏或模块）、"设计"（编辑修改一个现有的宏或模块）和"新建"（建立新的宏或模块）。

在单击"打开"、"设计"、"预览"或"运行"按钮之前，应首先选中一个数据库对象。例如，在图 2-21 的表对象列表区中应首先选择 Student 表，然后单击"打开"按钮，Access 将打开 Student 表。

练习题

一、选择题

1. Access 是一个（　　）。

   A. 数据库　B. 关系数据库　C. 数据库系统　D. 关系数据库管理系统

2. Access 关系数据库是（　　）的集合。

   A. 数据　B. 数据库　C. 数据库对象　D. 文件

3. 表、查询、窗体和报表对象均有（　　）。

   A. 设计视图　B. 数据表视图　C. 页视图　D. 版面预览视图

4. 在 Windows 对菜单的有关规范中规定，如果命令的后面带有"…"，那么选择该命令后将打开一个（　　）。

   A. 子菜单　B. 对话框　C. 设计视图窗口　D. 数据表视图窗口

5. 退出 Access 可以使用的快捷键是（　　）。

   A. Alt+F4　B. Alt+X　C. Ctrl+F4　D. Ctrl+X

6. Access 的（　　）是动态变化的。

   A. 数据库窗口和状态栏　B. 状态栏和菜单栏

   C. 菜单栏和工具栏　D. 工具栏和数据库窗口

二、填空题

1. 关系数据库管理系统的职能是________数据库、接受和完成用户提出的________数据库的各种请求。

2. 数据库是与特定________相关的数据的集合。

3. Access 数据库对象包括：________、________、________、________、________、________和模块。

4. 表对象可以管理表的________以及表中存储的________。

5. 用于显示和编辑表对象的字段名称、数据类型和字段属性的窗口称为________；用于显示、编辑和输入记录的窗口称为________。

6. 用于设置查询对象的________、查询所涉及的________以及筛选条件的窗口称为查询的________。
7. 窗体对象的数据表视图用于查看窗体的________。
8. 报表对象的打印预览视图用于在________测试报表对象的________。
9. 宏对象是________宏操作的集合，其中的每一个宏操作执行特定的、单一功能的________。
10. Access 工作环境由________、________、________和状态栏 4 部分组成。

三、简答题

1. Access 关系数据库包括哪几个数据库对象？它们的作用是什么？
2. 为什么说 Access 是一个同时面向数据库最终用户和数据库开发人员的关系数据库管理系统？
3. 关系数据库的主要特征是什么？
4. 简要叙述报表的打印预览视图和版面预览视图的异同。

第3章 创建数据库

Access 数据库是与特定主题或目的相关的数据的集合，是包含有多种数据库对象的容器。Access 数据库对象包括：表（Table）、查询（Query）、窗体（Form）、报表（Report）、页（Page）、宏（Macro）和模块（Module）。

Access 数据库是一个独立的文件，其扩展名为.mdb。需要注意的是：用户创建的数据库是由表、查询、窗体、报表、页、宏和模块等数据库对象构成的，这些数据库对象都存储在同一个以 MDB 为扩展名的数据库文件中，即数据库对象不是独立的文件。

在任何时刻，Access 只能打开运行一个数据库。但是，在每一个数据库中，可以拥有众多的表、查询、窗体、报表、页、宏和模块。用户可以同时打开、运行多个数据库对象，例如，可以同时打开多个表。

本章将学习怎样创建数据库，如何打开已建立的数据库，如何维护和管理数据库。

3.1 创建数据库

在进入 Access 以后，用户所能做的第 1 件事就是对数据库进行操作。如果需要使用的数据库已经建立好了就可直接打开，否则需要自己动手创建。

在 Access 中，可以采用两种方式创建数据库：

- 人工创建数据库；
- 利用向导创建数据库。

3.1.1 人工创建数据库

Access 启动以后，若要人工创建数据库，应按下列步骤操作。

（1）单击“数据库”工具栏的“新建”按钮或从“文件”菜单中选择“新建”命令，系统将弹出“新建文件”对话框，如图 3-1 所示。

在“新建文件”对话框中，用户可以选择“空数据库”单选项，建立新的数据库；也可以选择“本机上的模板”单选项，由数据库向导引导用户利用 Access 提供的数据库模板生成用户需要的数据库。

（2）在“新建文件”对话框中选择“空数据库”单选项，Access 弹出“文件新建数据库”对话框。

（3）在“文件新建数据库”对话框的“文件名”组合框中输入要创建的数据库文件名。

（4）单击“创建”按钮，Access 创建一个新的数据库，如图 3-2 所示。

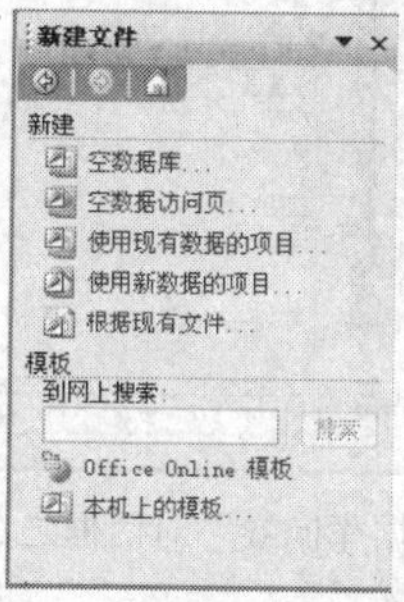

图 3-1　“新建文件”对话框

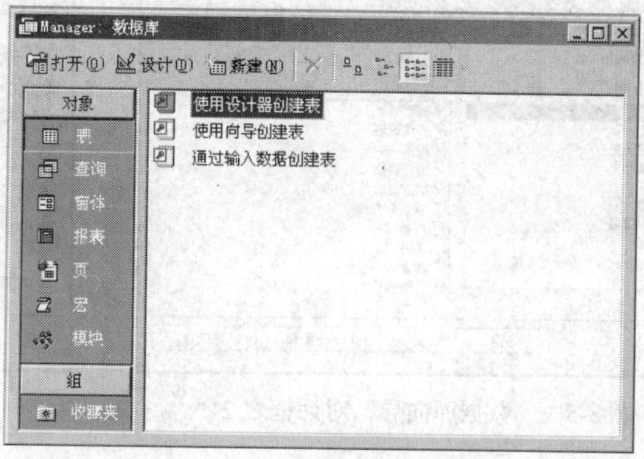

图 3-2　新建的数据库

3.1.2　利用向导创建数据库

利用数据库向导创建数据库应按下列步骤操作。

（1）单击“数据库”工具栏的“新建”按钮或从“文件”菜单中选择“新建”命令，系统将弹出“新建文件”对话框。

（2）在“新建文件”对话框中选择“本机上的模板”单选项，Access 弹出“模板”对话框，如图 3-3 所示。

（3）在“模板”对话框的“数据库”选项卡中，显示了 Access 提供的数据库模板。用户可以从中选择想要使用的模板，最后单击“确定”按钮。Access 弹出“文件新建数据库”对话框。

（4）在“文件新建数据库”对话框中，用户可在“文件名”组合框中为要创建的数据库命名；然后单击“创建”按钮，Access 弹出第 1 个“数据库向导”对话框，如图 3-4 所示。

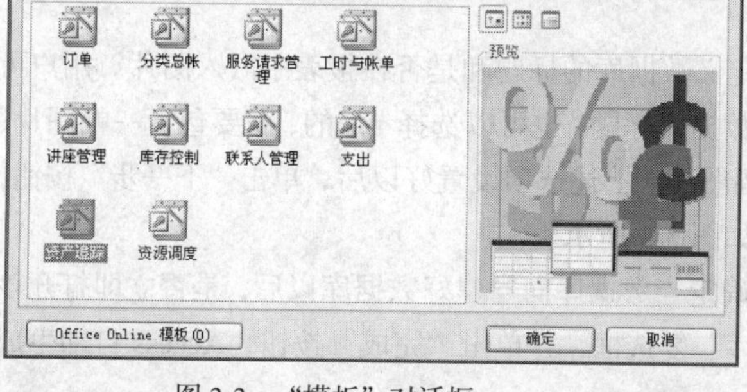

图 3-3　“模板”对话框

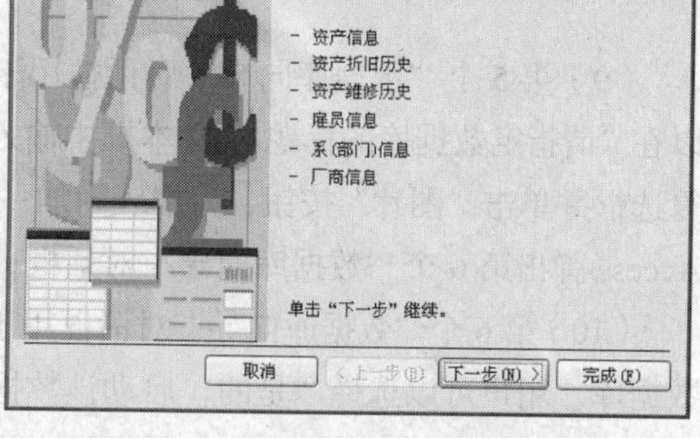

图 3-4　“数据库向导”对话框之 1

（5）在第 1 个“数据库向导”对话框中，显示出了用户所选数据库模板所存储的信息。当单击“下一步”按钮时，Access 弹出第 2 个“数据库向导”对话框，如图 3-5 所示。

（6）在第 2 个“数据库向导”对话框中，“数据库中的表：”列表框显示出了用户所选数据库模板所拥有的表；在“表中的字段：”列表框中，Access 允许用户重新选择每一个表所拥有的字段。在选择好每一个表所拥有的字段以后，单击“下一步”按钮，Access 弹出第 3 个“数据库向导”对话框，如图 3-6 所示。

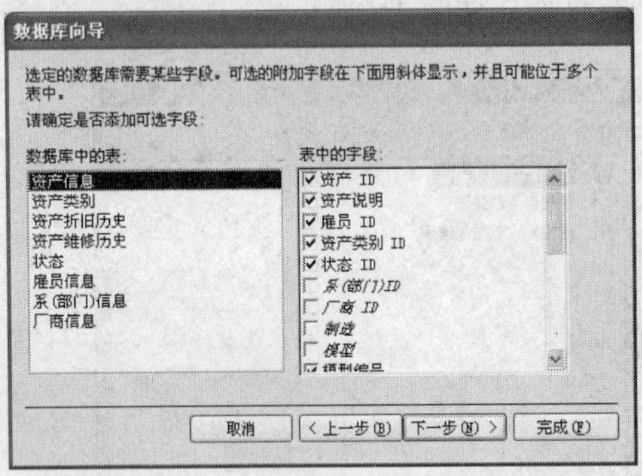

图 3-5　“数据库向导”对话框之 2

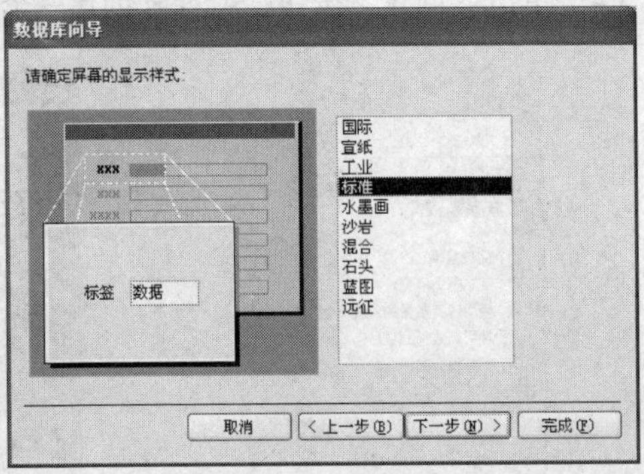

图 3-6　“数据库向导”对话框之 3

（7）第 3 个“数据库向导”对话框用于定义屏幕显示风格。在对话框右边的列表框中选择一种屏幕显示风格，然后单击“下一步”按钮，Access 弹出第 4 个“数据库向导”对话框，如图 3-7 所示。

（8）第 4 个“数据库向导”对话框用于定义报表打印风格。在对话框右边的列表框中选择一种报表打印风格，然后单击“下一步”按钮，Access 弹出第 5 个“数据库向导”对话框，如图 3-8 所示。

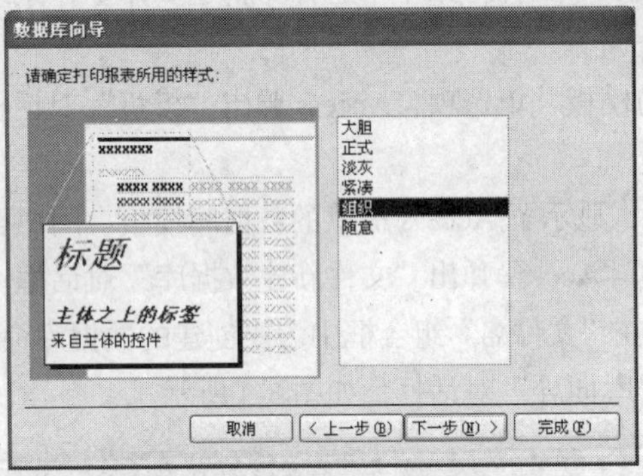

图 3-7　“数据库向导”对话框之 4

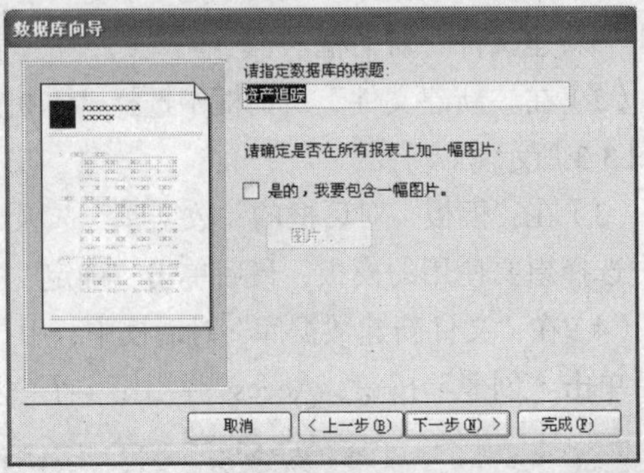

图 3-8　“数据库向导”对话框之 5

（9）第 5 个“数据库向导”对话框用于定义数据库的标题和是否在报表中嵌入图片。用户可以在“请指定数据库的标题：”文本框中输入数据库标题，也可以选择“是的，我要包含一幅图片”复选框并单击“图片”按钮，为报表附加一幅图片。上述选项设置好以后，单击“下一步”按钮，Access 弹出第 6 个“数据库向导”对话框，如图 3-9 所示。

（10）第 6 个“数据库向导”对话框用于确定当数据库向导建好数据库以后，是否立即打开该数据库。用户可以选择“是的，启动该数据库”复选框，并单击“完成”按钮，Access 自动生成所定义的数据库并将其打开，如图 3-10 所示。

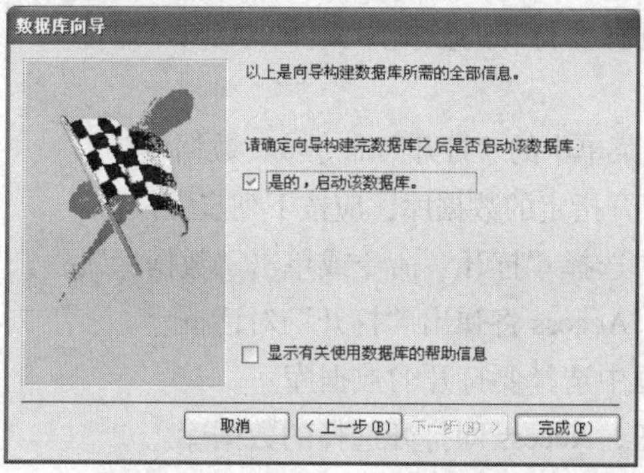

图 3-9　“数据库向导”对话框之 6

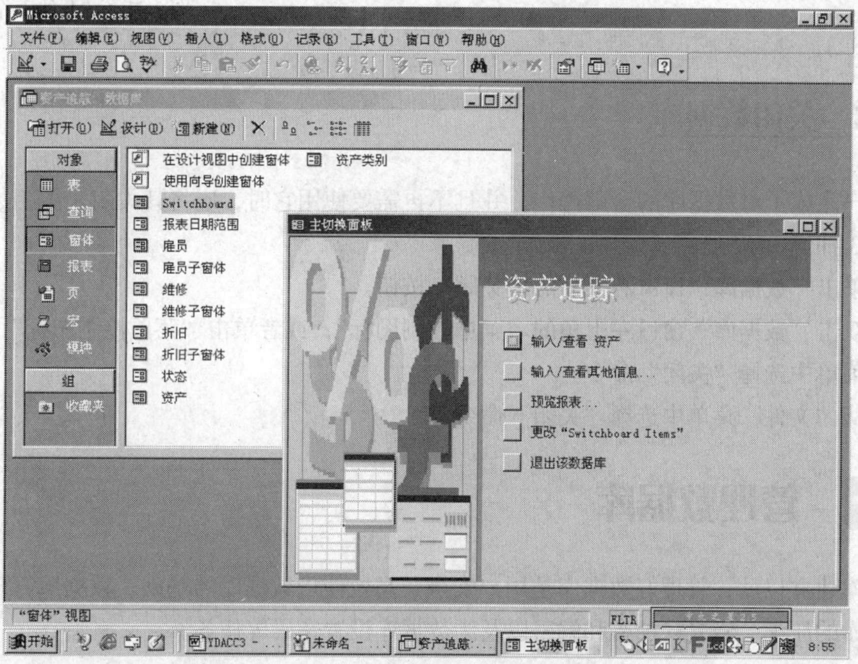

图 3-10　利用数据库向导创建的数据库

至此，利用数据库向导建立新数据库的工作已完成。

3.2 打开及关闭数据库

当用户要使用已经建立好的数据库时，必须首先确认它是否已被打开。如果还没有打开要使用的数据库，应首先打开它。当用户完成了对数据库的全部操作，并且不再需要使用它时，应将其关闭。

3.2.1　打开数据库

打开数据库的方法除了可以在启动 Access 时利用“开始工作”对话框来完成之外，也可以随时利用“文件”菜单中的“打开”命令或“数据库”工具栏中的“打开”按钮来完成。

在启动 Access 以后，系统将自动弹出“开始工作”对话框，如图 3-11 所示。在“开始工作”对话框的“打开”区域中选择要打开的数据库文件，Access 即打开选择的数据库。

图 3-11 “开始工作”对话框

若要随时利用“文件”菜单中的“打开”命令或“数据库”工具栏中的“打开”按钮来打开指定的数据库，应按下列步骤操作。

（1）从“文件”菜单中选择“打开”命令或单击“数据库”工具栏上的“打开”按钮，Access 将弹出“打开”对话框。

（2）在“打开”对话框中选择要打开的数据库。

（3）单击“打开”按钮，Access 即打开选择的数据库。

需要注意的是：在任何时刻，Access 只能打开唯一的一个数据库。若要打开另外一个数据库，必须首先关闭目前已打开的数据库。

3.2.2 关闭数据库

当用户完成了对数据库的全部操作，并且不再需要使用它时，应将其关闭。关闭数据库的方法有以下 3 种。

（1）单击“数据库”窗口右上角的“关闭”按钮。

（2）双击“数据库”窗口左上角的“菜单控制图标”；或者单击“菜单控制图标”，然后从弹出的下拉菜单中选择“关闭”命令。

（3）从“文件”菜单中选择“关闭”命令。

3.3 管理数据库

数据库建立以后，管理好数据库是用户安全、高效使用数据库的基础。数据库管理工作主要包括数据库的压缩、修复、加密和解密以及为数据库设置密码等任务。

3.3.1 压缩和修复数据库

在表中添加、删除记录或者删除数据库对象，可能会使数据库所占用的磁盘空间变成许多无法有效利用的碎片，从而降低了系统的执行速度，并且浪费了宝贵的磁盘空间。为了解决这一问题，用户可以定期压缩数据库。Access 能够识别数据库占用的空间，重新利用浪费的磁盘空间。

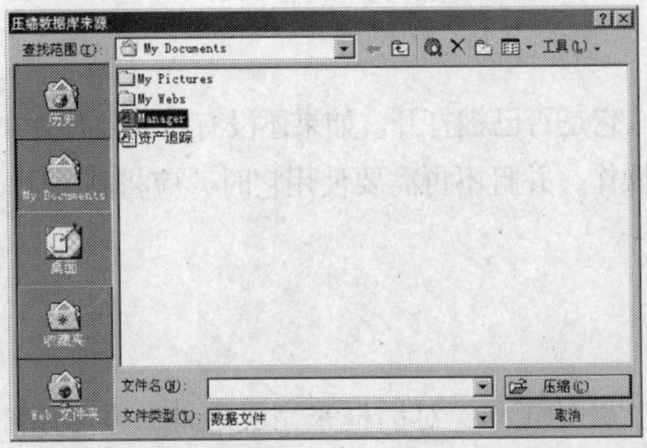

图 3-12 “压缩数据库来源”对话框

压缩数据库应按下列步骤操作。

（1）首先关闭要压缩的数据库。

（2）在“工具”菜单的“数据库实用工具”子菜单中选择“压缩和修复数据库”命令，Access 弹出“压缩数据库来源”对话框，如图 3-12 所示。

（3）在“压缩数据库来源”对话框中选择要压缩的数据库。

（4）单击“压缩”按钮，Access 弹出“将数据库压缩为”对话框。

（5）在“将数据库压缩为”对话框中指定压缩以后的数据库文件名称。用户可以在“文件名”组合框中输入压缩以后新的数据库文件名称，也可以选择原有的数据库文件名称作为压缩以后的数据库文件名称。

（6）单击“保存”按钮，Access 开始压缩指定的数据库。如果用户选择原有的数据库文件名称作为压缩以后的数据库文件名称，那么，Access 将弹出“Microsoft Access”提示框，要求用户确定是否用压缩以后的数据库文件替换原有的数据库文件。若单击“是”按钮，Access 将压缩以后的数据库以原有的数据库文件名称保存。

在用户使用数据库时，如果发生了断电或其他意外事故，数据库有可能被损坏。大多数情况下，当用户打开、压缩、加密或解密被损坏的数据库时，Access 能够自动探测并修复损坏了的数据库。

3.3.2 编码和解码数据库

用户可以随时对数据库进行编码，以确保数据库只能在 Access 下打开和使用。尽管编码数据库不能阻止其他用户篡改该数据库，但是能够阻止任何人使用其他应用程序来窥视或破坏该数据库。

解码是编码的逆过程。用户虽然可以不经解码而打开一个编码了的数据库，但是运行速度会较慢。因此，如果要使用编码了的数据库，最好在使用前对该数据库进行解码。

Access 能够自动判断用户指定的数据库是否已进行了编码。如果用户指定的数据库没有编码，Access 将对其编码；如果用户指定的数据库已经编码，Access 将对其解码。

编码或解码数据库应按下列步骤操作。

（1）首先关闭要编码或解码的数据库。

（2）从“工具”菜单的“安全”子菜单中选择“编码/解码数据库”命令，Access 弹出“编码/解码数据库”对话框，如图 3-13 所示。

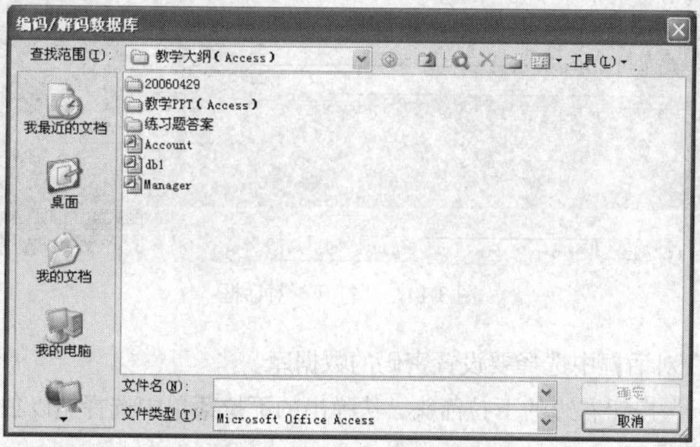

图 3-13　“编码/解码数据库”对话框

（3）在“编码/解码数据库”对话框中选择要编码或解码的数据库。

（4）单击“确定”按钮，Access 弹出“数据库编码后另存为”对话框或“数据库解码后另存为”对话框。

（5）在“数据库编码后另存为”对话框或“数据库解码后另存为”对话框中指定编码或解码以后的数据库文件名称。用户可以在“文件名”组合框中输入编码或解码以后新的数据库文件名称，也可以选择原有的数据库文件名称作为编码或解码以后的数据库文件名称。

（6）单击“保存”按钮，Access 开始编码或解码指定的数据库。如果用户选择原有的数据库文件名称作为编码或解码以后的数据库文件名称，那么，Access 将弹出“Microsoft Access”提示框，要求用户确定是否用编码或解码以后的数据库文件替换原有的数据库文件。若单击“是”按钮，Access 将编码或解码以后的数据库以原有的数据库文件名称保存。

3.3.3 为数据库设置密码

为数据库设置密码可以防止非法用户使用数据库，是简便易行的数据库安全保护措施。这种方法仅适用于在单用户环境下对数据库进行保护，不适用于网络多用户环境，因为它无法区分每一个用户。

为数据库设置密码应按下列步骤操作。

（1）从“文件”菜单中选择“打开”命令或直接单击“打开”按钮，Access 弹出“打开”对话框，如图 3-14 所示。

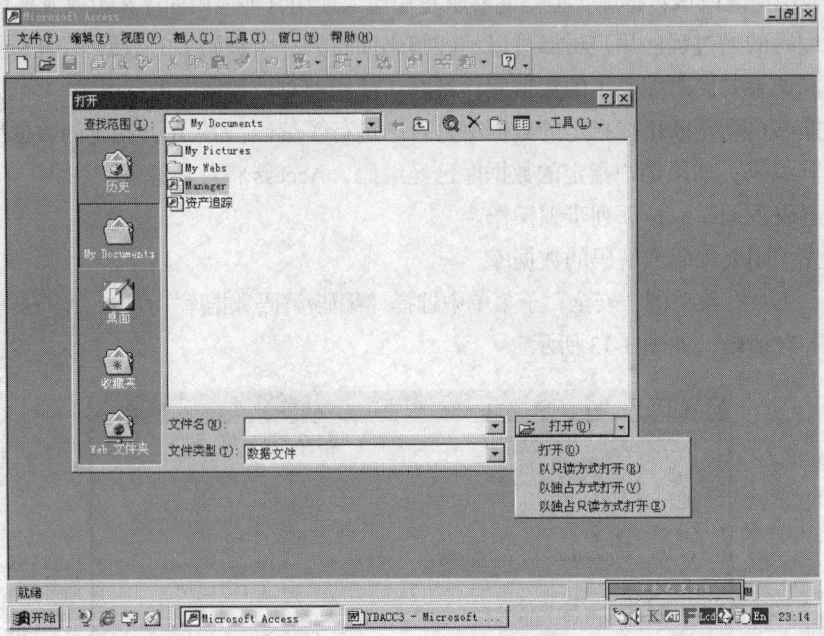

图 3-14 “打开”对话框

（2）在“打开”对话框中选择要设置密码的数据库。

（3）单击“打开”按钮右边的下拉箭头，从弹出的下拉菜单中选择“以独占方式打开”命令，Access 打开选择的数据库。

（4）从“工具”菜单的“安全”子菜单中选择“设置数据库密码”命令，Access 弹出“设置数据库密码”对话框，如图 3-15 所示。

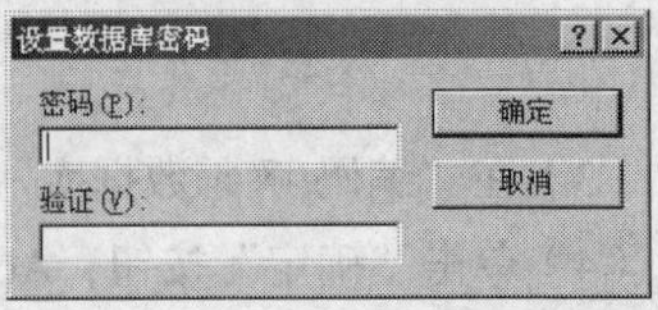

图 3-15 “设置数据库密码”对话框

（5）在“设置数据库密码”对话框的“密码”和“验

证”文本框中输入相同的密码两次。

（6）最后单击“确定”按钮。

若要撤销数据库密码，也需要先以独占方式打开指定的数据库，然后从“工具”菜单的“安全”子菜单中选择“撤销数据库密码”命令即可。

练习题

一、选择题

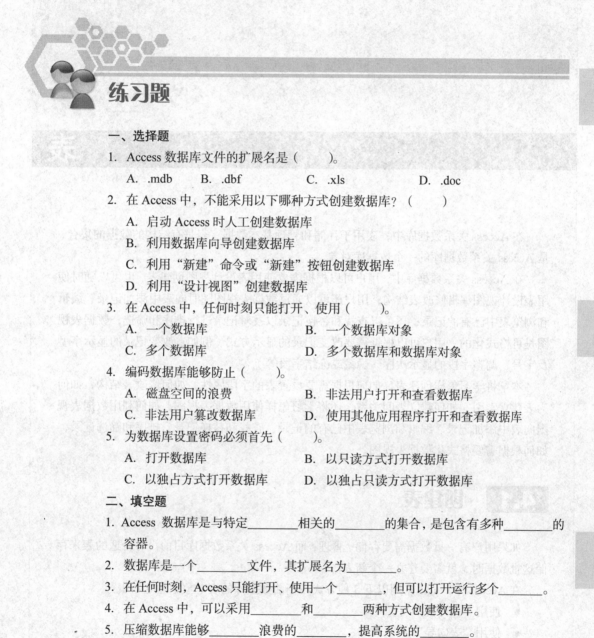

1. Access 数据库文件的扩展名是（　　）。

   A. .mdb　　B. .dbf　　C. .xls　　D. .doc

2. 在 Access 中，不能采用以下哪种方式创建数据库？（　　）

   A. 启动 Access 时人工创建数据库
   B. 利用数据库向导创建数据库
   C. 利用“新建”命令或“新建”按钮创建数据库
   D. 利用“设计视图”创建数据库

3. 在 Access 中，任何时刻只能打开、使用（　　）。

   A. 一个数据库　　B. 一个数据库对象
   C. 多个数据库　　D. 多个数据库和数据库对象

4. 编码数据库能够防止（　　）。

   A. 磁盘空间的浪费　　B. 非法用户打开和查看数据库
   C. 非法用户篡改数据库　　D. 使用其他应用程序打开和查看数据库

5. 为数据库设置密码必须首先（　　）。

   A. 打开数据库　　B. 以只读方式打开数据库
   C. 以独占方式打开数据库　　D. 以独占只读方式打开数据库

二、填空题

1. Access 数据库是与特定________相关的________的集合，是包含有多种________的容器。
2. 数据库是一个________文件，其扩展名为________。
3. 在任何时刻，Access 只能打开、使用一个________，但可以打开运行多个________。
4. 在 Access 中，可以采用________和________两种方式创建数据库。
5. 压缩数据库能够________浪费的________，提高系统的________。

第4章 表

在 Access 关系数据库中，表用于存储和管理基本数据。表是有结构的数据的集合，是 Access 关系数据库的一个数据库对象。

在 Access 关系数据库中，用户可以根据需要使用表设计视图创建表，也可以随时使用表设计视图编辑修改表结构；用户还可以通过数据表视图随时向表中添加记录、编辑和浏览表中已有的记录；还可以查找和替换记录以及对记录进行排序和筛选；数据表视图是可格式化的，用户可以根据需要改变记录的显示方式（例如，改变记录的显示字型及字号、调整字段的显示次序、隐藏或冻结字段等）。

本章将学习怎样创建表，如何根据需要设置表的字段属性，如何修改表结构，如何为表建立索引，如何建立表间关系。还将学习怎样使用数据表视图，如何利用数据表视图向表中添加记录、编辑和浏览表中已有的记录、查找和替换记录、排序和筛选记录，如何根据需要格式化数据表视图。

4.1 创建表

如果用户有一批数据需要存储、管理，而 Access 关系数据库目前没有合适的表来存储这批数据时，就需要建立一个新表。

在 Access 中，可以采用以下 5 种方式在当前数据库的表对象中建立新表：

- 使用“设计视图”；
- 使用“表向导”；
- 使用“数据表视图”；
- 使用“导入表”；
- 使用“链接表”。

4.1.1　使用“设计视图”创建表

使用“设计视图”创建一个新表应按下列步骤操作。

（1）在要创建表的“数据库”窗口中选择“表”选项卡。

（2）单击“新建”按钮，Access 弹出“新建表”对话框，如图 4-1 所示。

（3）在“新建表”对话框中选择“设计视图”选项。

（4）单击“确定”按钮，Access 打开表的设计视图，如图 4-2 所示。表的设计视图由字段输入区域和字段属性区域两部分组成。在上半部分的字段输入区域中，用户可以定义字段名称、数据类型和说明。在下半部分的字段属性区域中，用户可以设置字段的属性值。表的设计视图允许用户采用自定义方式建立表的结构。

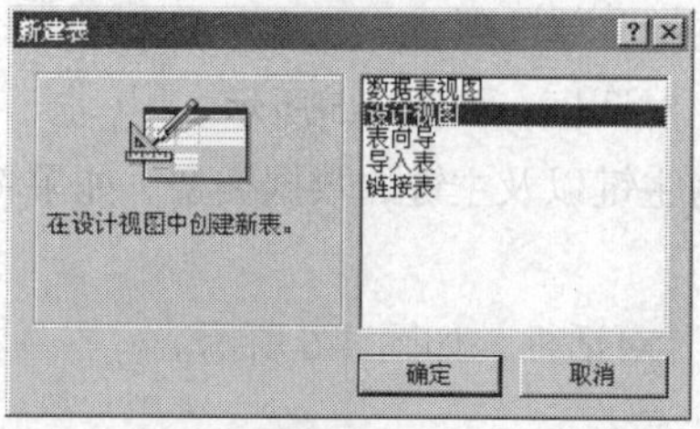

图 4-1　“新建表”对话框

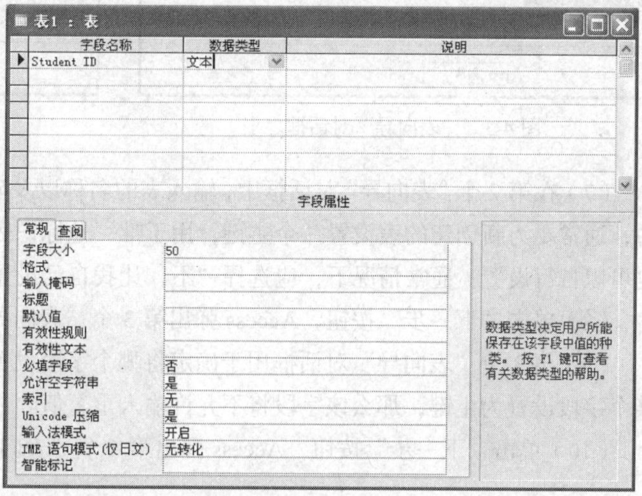

图 4-2　表的设计视图

（5）在设计视图中输入表的字段名、数据类型、说明和字段属性。

（6）单击“保存”按钮，Access 弹出“另存为”对话框。

（7）在“另存为”对话框中输入新表的名称。

（8）单击“确定”按钮，Access 保存新创建的表。

4.1.2　使用“表向导”创建表

使用“表向导”创建一个新表应按下列步骤操作。

（1）在要创建表的“数据库”窗口中选择“表”选项卡。

（2）单击“新建”按钮，Access 弹出“新建表”对话框。

（3）在“新建表”对话框中选择“表向导”选项。

（4）单击“确定”按钮，Access 弹出第 1 个“表向导”对话框，如图 4-3 所示。

（5）在第 1 个“表向导”对话框中，Access 提供了多个示例表。用户可以首先在“示例表”列表框中选择与要创建的新表相近的示例表；然后在“示例字段”列表框中选择要使用的字段；

最后单击“>”按钮将其添加到“新表中的字段”列表框中。如果需要撤销选择的某个字段，可以首先在“新表中的字段”列表框中选择该字段，然后单击“<”按钮。如果需要重命名选择的某个字段，可以首先在“新表中的字段” 列表框中选择该字段，然后单击“重命名字段”按钮。

（6）选择完新表中的字段以后，单击“下一步”按钮，Access 弹出第 2 个“表向导”对话框，如图 4-4 所示。

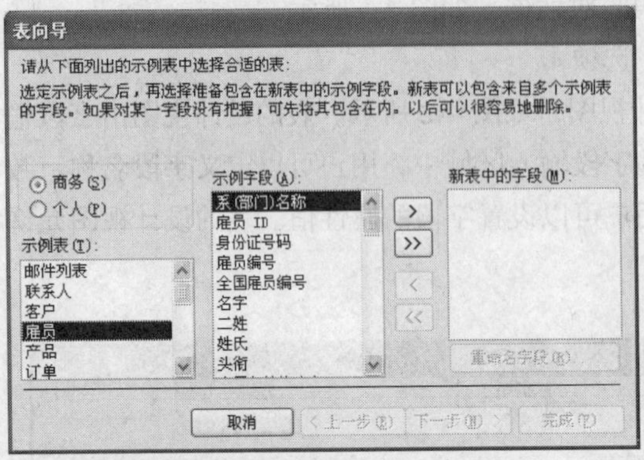

图 4-3 “表向导”对话框之 1

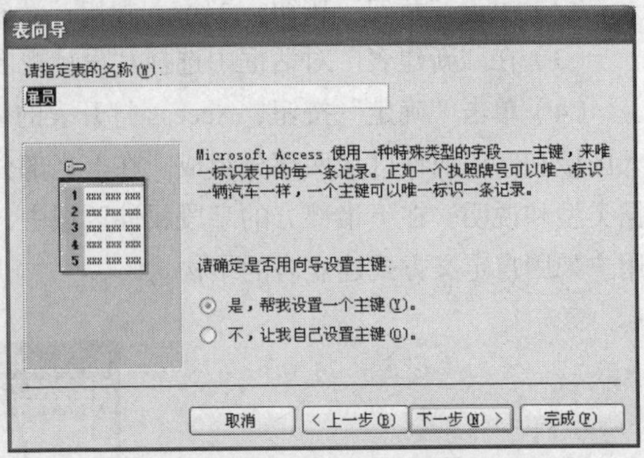

图 4-4 “表向导”对话框之 2

（7）在第 2 个“表向导”对话框中，输入表的名称以及确定是否由表向导设置主键。在 Access 中，通常要为新创建的表设置一个主键，用于唯一地标识表中的记录。主键可以由表向导设置，也可以自行设置。通常情况下，应选择“不，让我自己设置主键”单选项。

（8）单击“下一步”按钮，Access 弹出第 3 个“表向导”对话框，如图 4-5 所示。

（9）第 3 个“表向导”对话框用于确定将哪个字段设置为主键以及主键的数据类型。如果将某个字段设置为主键，那么该字段将不允许输入重复值。

（10）单击“下一步”按钮，Access 弹出第 4 个“表向导”对话框，如图 4-6 所示。

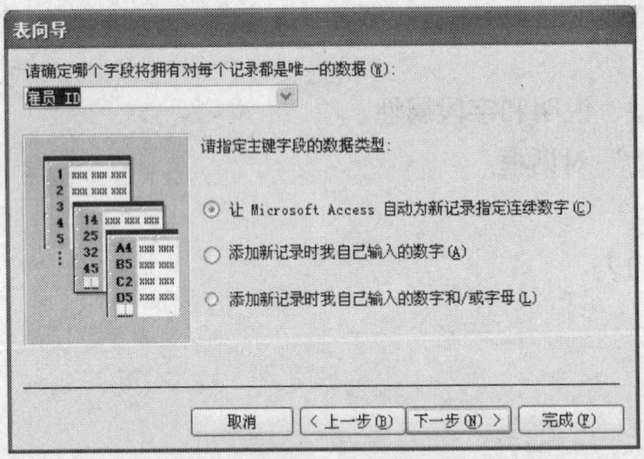

图 4-5 “表向导”对话框之 3

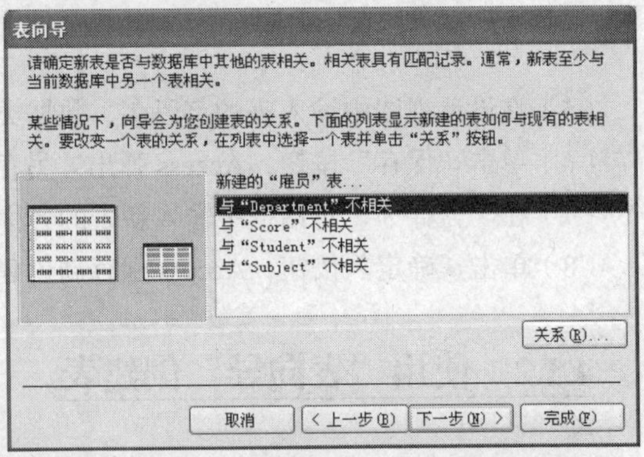

图 4-6 “表向导”对话框之 4

（11）第 4 个“表向导”对话框用于确定新表是否与当前数据库中的表存在关系。如果某个表与新表存在关系，那么应首先在列表框中选择该表；然后单击“关系”按钮，Access 弹出“关系”对话框，如图 4-7 所示。

（12）“关系”对话框用于确定新表是否与选择的表存在一对多的关系。这里将 Department 表与雇员表建立起一对多的关系。

（13）单击“确定”按钮，Access 返回到第 4 个“表向导”对话框。在该对话框中用户可以看到新表与选择的表建立的关系。

（14）单击“下一步”按钮，Access 弹出第 5 个“表向导”对话框，如图 4-8 所示。

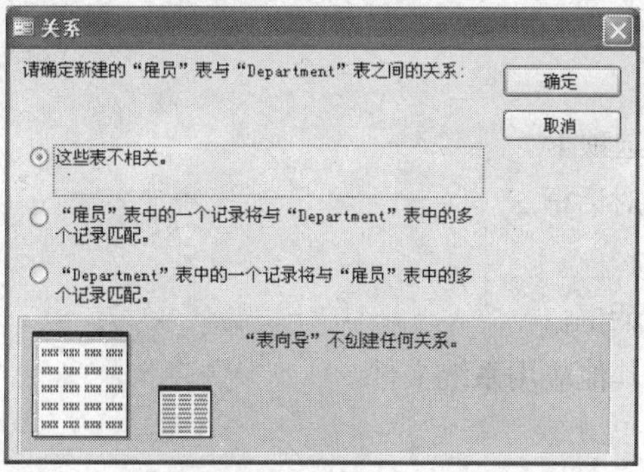

图 4-7 “关系”对话框

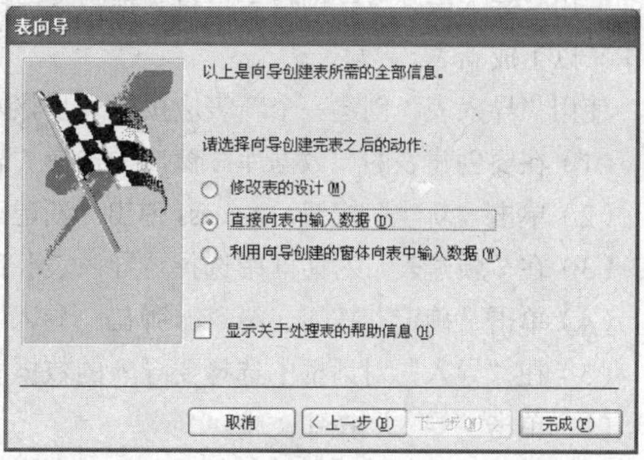

图 4-8 “表向导”对话框之 5

（15）第 5 个“表向导”对话框用于确定创建好新表以后是打开表的设计视图进一步修改表结构，还是直接向表中输入数据。

（16）单击“完成”按钮，Access 完成新表的创建。

4.1.3 使用“数据表视图”创建表

使用“数据表视图”创建一个新表应按下列步骤操作。

（1）在要创建表的“数据库”窗口中选择“表”选项卡。

（2）单击“新建”按钮，Access 弹出“新建表”对话框。

（3）在“新建表”对话框中选择“数据表视图”选项。

（4）单击“确定”按钮，Access 打开数据表视图，如图 4-9 所示。

图 4-9 数据表视图

（5）在数据表视图中，输入要存储的记录。

（6）输入完记录以后单击“保存”按钮，Access 弹出“另存为”对话框。

（7）在“另存为”对话框中输入表的名称，然后单击“确定”按钮，Access 根据输入的记录创建新表。

需要注意的是：采用这种方式建立的新表，其字段名依次为“字段 1”、“字段 2”、“字段 3”、……，并且字段的数目及其数据类型是由输入的记录决定的。

4.1.4 使用“导入表”创建表

使用“导入表”方式创建表是将其他数据库中的表或其他应用系统中的文件导入到当前数据库中来以生成新表。

使用“导入表”创建一个新表应按下列步骤操作。

（1）在要创建表的“数据库”窗口中选择“表”选项卡。

（2）单击“新建”按钮，Access 弹出“新建表”对话框。

（3）在“新建表”对话框中选择“导入表”选项。

（4）单击“确定”按钮，Access 弹出“导入”对话框。

（5）在“导入”对话框中选择要导入的数据库或其他应用系统文件。

（6）单击“导入”按钮。

（7）如果用户选择要导入的是 Access 数据库文件，那么，系统将弹出“导入对象”对话框，如图 4-10 所示。

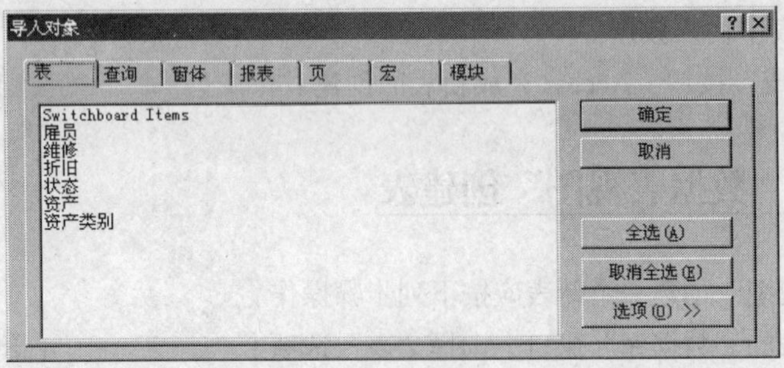

图 4-10 “导入对象”对话框

（8）在“导入对象”对话框中选择要导入的表，最后单击“确定“按钮，Access 将选定的表导入到当前数据库中。

【例 4-1】 试将在 Visual FoxPro 6.0 中生成的 Student.dbf 表导入到 Access 当前数据库中以生成新表。

若要将在 Visual FoxPro 6.0 中生成的 Student.dbf 表导入到 Access 的当前数据库中，应按下列步骤操作。

（1）在要添加 Student.dbf 表的“数据库”窗口中选择“表”选项卡。

（2）单击“新建”按钮，Access 弹出“新建表”对话框。

（3）在“新建表”对话框中选择“导入表”选项。

（4）单击“确定”按钮，Access 弹出“导入”对话框。

（5）在“导入”对话框的“文件类型”组合框中选择“dBASE 5”选项，在“查找范围”组合框中指定 Student.dbf 表所在的路径并选择 Student.dbf 表。

（6）单击“导入”按钮，Access 将 Student.dbf 表导入到 Access 的当前数据库中，并生成同名的 Student 表。

需要注意的是：虽然导入生成的新表与源表具有相同的结构和记录，但它们彼此是相互独立的，即在源表中对记录的添加、更新和删除操作不会反映到新表中。反之亦然。

4.1.5 使用“链接表”创建表

使用“链接表”方式创建表是将其他数据库中的表或其他应用系统中的文件链接到当前数据库中来以生成新表。“链接表”方式生成的新表与源表具有相同的结构和记录，并且在源表中对记录的添加、更新和删除操作将会反映到新表中。反之亦然。

使用“链接表”创建一个新表应按下列步骤操作。

（1）在要创建表的“数据库”窗口中选择“表”选项卡。

（2）单击“新建”按钮，Access 弹出“新建表”对话框。

（3）在“新建表”对话框中选择“链接表”选项。

（4）单击“确定”按钮，Access 弹出“链接”对话框。

（5）在“链接”对话框中选择要链接的数据库或其他应用系统文件。

（6）单击“链接”按钮。

（7）如果用户要链接的是 Access 数据库文件，则系统将弹出“链接表”对话框。

（8）在“链接表”对话框中选择要链接的表，最后单击“确定”按钮，Access 将选定的表链接到当前数据库中。

【例 4-2】 试将在 Visual FoxPro 6.0 中生成的 Department.dbf 表链接到 Access 当前数据库中以生成新表。

若要将在 Visual FoxPro 6.0 中生成的 Department.dbf 表链接到 Access 的当前数据库中，应按下列步骤操作。

（1）在要添加 Department.dbf 表的“数据库”窗口中选择“表”选项卡。

（2）单击“新建”按钮，Access 弹出“新建表”对话框。

（3）在“新建表”对话框中选择“链接表”选项。

（4）单击“确定”按钮，Access 弹出“链接”对话框。

（5）在“链接”对话框的“文件类型”组合框中选择“dBASE 5”选项；在“查找范围”组合框中指定 Department.dbf 表所在的路径并选择 Department.dbf 表，如图 4-11 所示。

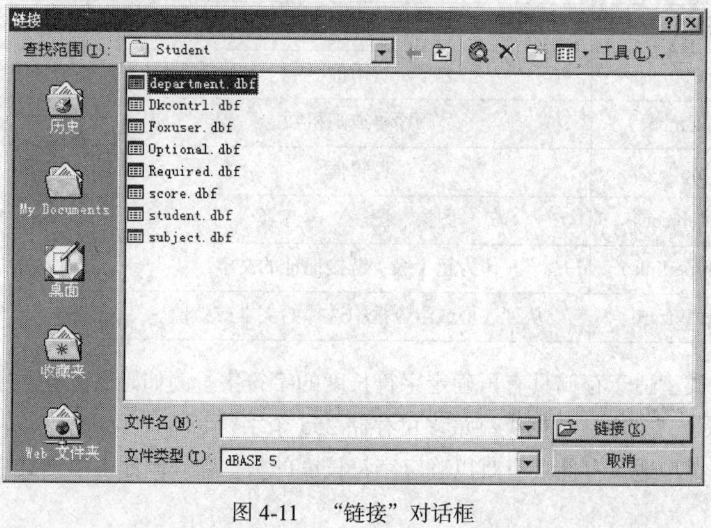

图 4-11 “链接”对话框

（6）单击“链接”按钮，Access 将 Department.dbf 表链接到 Access 的当前数据库中，并生成同名的 Department 表。

4.1.6 字段名称

字段是表的基本存储单元，为字段命名可以方便地使用和识别字段。字段名称在表中应是唯一的，最好使用便于理解的字段名称。

在表的设计视图中，输入字段名称的方法是：将鼠标定位在“字段名称”列中的第 1 个空白位置上并单击鼠标左键，然后输入有效的字段名称。

在 Access 中，字段名称应遵循如下命名规则。

（1）字段名称的长度最多可达 64 个字符。

（2）字段名称可以包含字母、汉字、数字、空格和其他字符。

（3）不能将空格作为字段名称的第 1 个字符。

（4）字段名称不能包含句号(。)、惊叹号(!)、方括号(［ ］)和重音符号(｀)。

（5）不能使用控制字符（ASCⅡ值从 0～31 的控制字符）。

4.1.7 数据类型

命名字段名称后，必须决定赋予该字段何种数据类型。数据类型决定了该字段能存储什么样的数据。Access 有 10 种数据类型，如表 4-1 所示。

表 4-1 字段的数据类型

数据类型	可存储的数据	大小
文本（Text）	文字、数字型字符	最多可存储 255 个字符
备注（Memo）	文字、数字型字符	最多可存储 65 535 个字符
数字（Number）	数值	1、2、4 或 8 字节
日期/时间 （Date / Time）	日期时间值	8 字节
货币（Currency）	货币值	8 字节
自动编号（Auto Number）	顺序号或随机数	4 字节
是/否（Yes / no）	逻辑值	1 位
OLE 对象（OLE Object）	图象、图表、声音等	最大为 1G 字节
超（级）链接（Hyperlink）	作为超（级）链接地址的文本	最大为 2 048 × 3 个字符
查阅向导（Lookup Wizard）	从列表框或组合框中选择的文本或数值	4 个字节

“文本”数据类型适于存储具有可确定字符长度的字符集。例如姓名、电话号码、身份证号码等。需要注意的是：“文本”数据类型最多可存储 255 个字符。

“备注”数据类型适于存储具有难以确定字符长度的数据集。例如人事档案中的奖惩情况、工作简历等。

"数字"数据类型适于存储数值。而"货币"数据类型适于存储具有货币格式的数值。

"日期/时间"数据类型适于存储日期、时间或日期时间的组合值。

"自动编号"数据类型适于存储整数型顺序号（该整数随新记录的增加而自动加 1）和随机数（该随机数随新记录的增加而自动随机产生）。

"是/否"数据类型适于存储具有二值的数据集。例如人的性别。

"OLE 对象"数据类型适于存储多媒体数据。例如图像、图表、声音、视频等。

"超（级）链接"数据类型适于存储用作超（级）链接地址的文本。超（级）链接地址最多由 3 部分构成（在字段或控件中显示的文本、到文件或页面的路径以及在文件或页面中的地址），每部分最多只能包含 2 048 个字符。

"查阅向导"数据类型利用向导为选定的字段在数据表视图中设置组合框或列表框的显示方式。例如，当为某个字段选择"查阅向导"数据类型时，Access 弹出"查阅向导"对话框，使用向导引导用户为该字段在数据表视图中设置组合框或列表框的显示方式。

4.1.8 字段说明

在表的设计视图中，字段输入区域的"说明"列用于帮助用户了解字段的用途、数据的输入方式以及该字段对输入数据格式的要求。例如，可以为 Student ID（学号）字段在"说明"列输入"用于存储学生的学号，固定 8 位数字字符"字段说明，如图 4-12 所示。这样，当用户在数据表视图中使用 Student ID（学号）字段时，该字段说明总是显示在状态栏中。

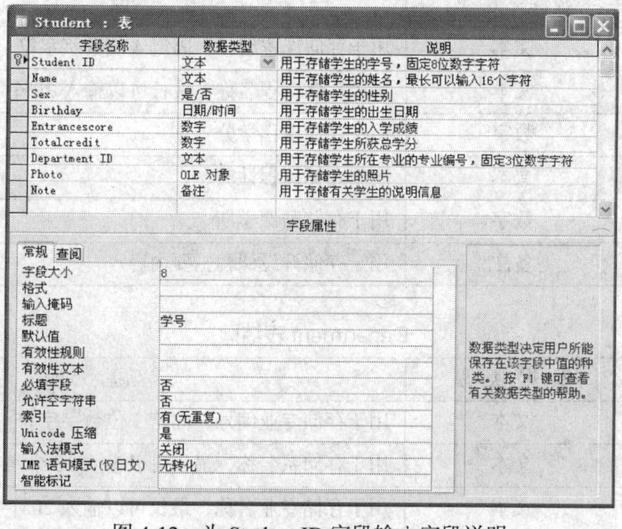

图 4-12 为 Student ID 字段输入字段说明

4.1.9 几个常用的表结构

表 4-2 ~ 表 4-5 分别列出了书中经常使用的 Student、Score、Subject 和 Department 表的表结构。Student 表用于存储学生的基本信息，Score 表用于存储学生的选课信息，Subject 表用于存储开设的课程信息，Department 表用于存储学校各系部的基本信息。

表 4-2　　Student 表结构

字段名称	数据类型	说　明
Student ID	文本	用于存储学生的学号，固定 8 位数字字符
Name	文本	用于存储学生的姓名，最长可以输入 16 个字符
Sex	是/否	用于存储学生的性别
Birthday	日期/时间	用于存储学生的出生日期
Entrancescore	数字	用于存储学生的入学成绩
Totalcredit	数字	用于存储学生所获总学分
Department ID	文本	用于存储学生所在专业的专业编号，固定 3 位数字字符
Photo	OLE 对象	用于存储学生的照片
Note	备注	用于存储有关学生的说明信息

表 4-3　　Score 表结构

字段名称	数据类型	说　明
Student ID	文本	用于存储学生的学号，固定 8 位数字字符
Subject ID	文本	用于存储课程编号，固定 4 位数字字符
Score	数字	用于存储学生的考试成绩
Examination Date	日期/时间	用于存储考试日期

表 4-4　　Subject 表结构

字段名称	数据类型	说　明
Subject ID	文本	用于存储课程编号，固定 4 位数字字符
Subject Name	文本	用于存储课程名称，最长可以输入 20 个字符
Credit	数字	用于存储课程学分
Nature	文本	用于存储课程性质
Semester	数字	用于存储开课学期
Majorcontent	备注	用于存储开设课程主要内容

表 4-5　　Department 表结构

字段名称	数据类型	说　明
Department ID	文本	用于存储专业编号，固定 3 位数字字符
Department Name	文本	用于存储系名称，最长可以输入 20 个字符
Professional Name	文本	用于存储专业名称，最长可以输入 20 个字符
Telephone	文本	用于存储系或专业联系电话，最长可以输入 20 个字符

4.2 设置字段属性

在为字段定义了字段名称、数据类型以及说明以后，Access 进一步要求用户定义字段属性，即确定字段的属性。每一个字段或多或少都拥有字段属性，而不同的数据类型所拥有的字段属性各不相同。

Access 在字段属性区域中设置了“常规”和“查阅”两个选项卡。表 4-6 列出了“常规”选项卡中的所有属性，这些属性并不全部适用于每一种数据类型的字段。

表 4-6 字段属性

属性	用途
字段大小（Field Size）	定义“文本”、“数字”或“自动编号”数据类型字段的长度
格式（Format）	定义数据的显示格式和打印格式
输入掩码（Input Mask）	定义数据的输入格式
小数位数（Decimal Places）	定义数值的小数位数
标题（Caption）	在数据表视图，窗体和报表中替换字段名
默认值（Default Value）	定义字段的缺省值
有效性规则（Validation Rule）	定义字段的校验规则
有效性文本（Validation Text）	当输入或修改的数据没有通过字段的有效性规则时，所要显示的信息
必填字段（Required）	确定数据是否必须被输入到字段中
允许空字符串（Allow Zero Length ）	定义“文本”、“备注”和“超级链接”数据类型字段是否允许输入零长度字符串
索引（Indexed）	定义是否建立单一字段索引
新值（New Values）	定义“自动编号”数据类型字段的数值递增方式
输入法模式（IMEMode）	定义焦点移至字段时是否开启输入法
Unicode 压缩（Unicode）	定义是否允许对“文本”、“备注”和“超级链接”数据类型字段进行 Unicode 压缩

4.2.1 “字段大小”属性

“字段大小”属性可以指定“文本”、“数字”或“自动编号”数据类型字段的长度。“文本”数据类型字段的长度最长可以达到 255 个字符，缺省长度为 50 个字符。对于“数字”数据类型，“字段大小”属性有 7 个选项，如表 4-7 所示。

表 4-7 “数字”数据类型的“字段大小”属性

属性值	数值范围	小数位	所占字节
字节（Byte）	0 ~ 255	无	1 个字节
整型（Integer）	-32 768 ~ 32 767	无	2 个字节
长整型（Long Integer）	-2 147 483 648 ~ 2 147 483 647	无	4 个字节
单精度型（Single）	$-3.4 \times 10^{38} \sim 3.4 \times 10^{38}$	7	4 个字节
双精度型（Double）	$-1.797 \times 10^{308} \sim 1.797 \times 10^{308}$	15	8 个字节
同步复制 ID (Replication ID）	全局唯一标识符（GUID）	无	16 个字节
小数（Decimal）	$-10^{38}-1 \sim 10^{38}-1$	28	12 个字节

对于“自动编号”数据类型，“字段大小”属性可以设置为“长整型”或“同步复制 ID”。

“字段大小”属性值的选择应根据实际需要而定，但应尽量设置最小的“字段大小”属性值，因为较小的字段运行速度较快并且节约存储空间。

【例 4-3】 在 Student 表中，Student ID（学号）字段保存固定 8 位数字字符的学生学号，应将

Student ID 字段的“字段大小”属性设置为 8。

【例 4-4】 在 Score 表中，Score（成绩）字段保存学生的考试成绩，考试成绩取值范围是 0 ~ 100，应将 Score 字段的“字段大小”属性设置为“字节”，如图 4-13 所示。

上述两个例子既满足了存储要求，同时又节约了存储空间。

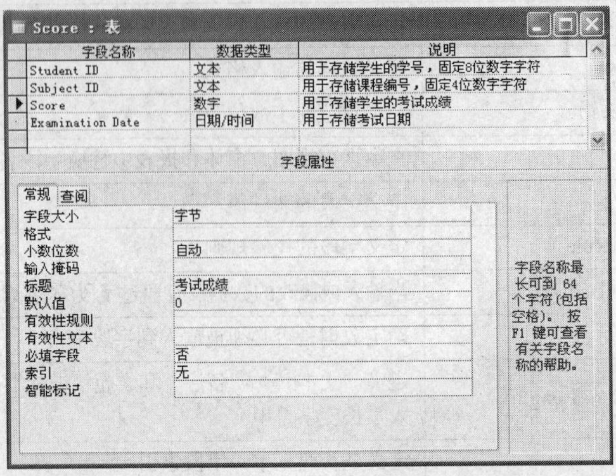

图 4-13 设置 Score 字段的“字段大小”属性

4.2.2 “格式”属性

“格式”属性用于定义数据的显示和打印格式。Access 为某些数据类型的字段预定义了“格式”属性，也允许用户为某些数据类型的字段自定义“格式”属性。“格式”属性只影响数据的显示格式而不会影响数据的存储和输入。

“格式”属性适用于“文本”、“备注”、“数字”、“货币”、“日期/时间”、“是/否”、“自动编号”和“超级链接”数据类型。Access 为设置“格式”属性提供了特殊的格式化字符。

1. “文本”和“备注”数据类型字段的“格式”属性

“文本”和“备注” 数据类型字段的自定义“格式”属性最多由两部分组成，各部分之间需用分号分隔。第 1 部分用于定义文本的显示格式，第 2 部分用于定义空字符串及 NULL 值的显示格式。

表 4-8 列出了适用于“文本”和“备注”数据类型字段的自定义格式化字符。需要注意的是：如果未对显示的文本值指定“格式”属性，Access 将以左对齐方式显示数据。

表 4-8 “文本”和“备注”数据类型的格式化字符

格式化字符	用 途
@	字符占位符。用于在该位置显示任意可用字符或空格
&	字符占位符。用于在该位置显示任意可用字符。如果没有可用字符要显示，Access 将忽略该占位符
<	使所有字符显示为小写
>	使所有字符显示为大写
-、+、$、()、空格	可以在“格式”属性中的任何位置使用这些字符并且将这些字符原文照印

续表

格式化字符	用　途
"Text"	可以在“格式”属性中的任何位置使用双引号括起的文本并且原文照印
\	将其后跟随的第一个字符原文照印
!	用于执行左对齐
*	将其后跟随的第一个字符作为填充字符
［颜色］	用方括号中的颜色参数指定文本的显示颜色。有效颜色参数为：黑色、蓝色、绿色、青色、红色、紫红色、黄色和白色。颜色参数必须与其他字符一起使用

【例 4-5】 若在 Department 表的 Telephone 字段的“格式”属性中输入“Tel：”(@@@) @@@@-@@@@［红色］,然后在该表的数据表视图的 Telephone 字段中输入 01065763331，Access 将在该字段中显示红色的数据：Tel:(010)6576-3331。

2. “数字”和“货币”数据类型字段的“格式”属性

对于“数字”和“货币”数据类型的字段，Access 预定义了 7 种“格式”属性，如表 4-9 所示。

表 4-9　　“数字”和“货币”数据类型字段预定义的“格式”属性

格式类型	输入数字	显示数字	定义格式
常规数字	87654.321	87 654.321	######.###
货币	876543.21	￥876 543.21	￥#,##0.00
欧元	876543.21	876 543.21	#,##0.00
固定	87654.32	87 654.32	######.##
标准	87654.32	87 654.32	###,###.##
百分比	0.876	87.6%	###.##%
科学记数	87654.32	8.765 432E+04	#.####E+00

如果没有为数值或货币值指定“格式”属性，Access 将以“常规数字”格式显示数值，以“货币”格式显示货币值。

如果上述 7 种预定义格式不能满足用户的需要，Access 允许用户自定义“格式”属性。自定义“格式”属性最多可以由 4 部分组成，各部分之间需用分号分隔。第 1 部分用于定义正数的显示格式，第 2 部分用于定义负数的显示格式，第 3 部分用于定义零值的显示格式，第 4 部分用于定义 Null 值的显示格式。

表 4-10 列出了“数字”和“货币”数据类型字段的格式化字符。

表 4-10　　“数字”和“货币”数据类型字段的格式化字符

格式化字符	用　途
.	用来显示放置小数点的位置
,	用来显示千位分隔符的位置
0	数字占位符。如果在这个位置没有数字输入，则 Access 显示 0
#	数字占位符。如果在这个位置没有数字输入，则 Access 忽略该数字占位符
-、+、$、()、空格	可以在“格式”属性中的任何位置使用这些字符并且将这些字符原文照印

续表

格式化字符	用　途
"Text"	可以在“格式”属性中的任何位置使用双引号括起来的文本并且原文照印
\	将其后跟随的第 1 个字符原文照印
*	将其后跟随的第 1 个字符作为填充字符
%	将数值乘以 100，并在数值尾部添加百分号
!	用于执行左对齐
E−或 e−	用科学记数法显示数字。在负指数前显示一个减号，在正指数前不显示加号。它必须同其他格式化字符一起使用。例如：0.00E-00
E+或 e+	用科学记数法显示数字。在负指数前显示 1 个减号，在正指数前显示 1 个加号。它必须同其他格式化字符一起使用。例如：0.00E+00
［颜色］	用方括号中的颜色参数指定文本的显示颜色。有效颜色参数为：黑色、蓝色、绿色、青色、红色、紫红色、黄色和白色。颜色参数必须与其他字符一起使用

【例 4-6】 如果在某一个字段中显示的数值要求精确到小数点后两位，正数值显示千位分隔符，负数值同样显示千位分隔符并用红色显示，零值时显示“Zero”，Null 值时显示“Not Entered”。那么可在该字段的“格式”属性中进行如下设置：

```
#,##0.00；#,##0.00［红色］；“Zero”；“Not Entered”
```

【例 4-7】 在 Student 表的数据表视图中，Entrancescore 字段列较宽，但其数值较小。为了数字的安全，要在数字的前面添充“*”号以充满整个 Entrancescore 字段列。若要这样做，应将该字段的“格式”属性设置为：**#,##0。

3. “日期/时间”数据类型字段的“格式”属性

Access 为“日期/时间”数据类型字段预定义了 7 种“格式”属性，如表 4-11 所示。

表 4-11　“日期/时间”数据类型字段预定义的“格式”属性

格式类型	显示格式	说　明
常规日期	64-2-17 18:30:36	前半部分显示日期，后半部分显示时间。如果只输入了时间没有输入日期，那么只显示时间。反之，只显示日期
长日期	1964 年 2 月 17 日	与 Windows 95/98 控制面板的“区域设置属性”对话框的“日期”选项卡的“长日期”设置相同
中日期	64-02-17	以 yy-mm-dd 形式显示日期
短日期	64-2-17	与 Windows 95/98 控制面板的“区域设置属性”对话框的“日期”选项卡的“短日期”设置相同
长时间	18:30:36	与 Windows 95/98 控制面板的“区域设置属性”对话框的“时间”选项卡的“时间”设置相同
中时间	6:30	把时间显示为小时和分钟，并以 12 小时时钟方式计数
短时间	18:30	把时间显示为小时和分钟，并以 24 小时时钟方式计数

如果没有为“日期/时间”数据类型字段设置“格式”属性，Access 将以“常规日期”格式显示日期/时间值。

如果上述 7 种预定义的“格式”属性不能满足用户的需要，Access 允许用户自定义“日期/时间”数据类型字段的“格式”属性。自定义的“格式”属性最多可由两部分组成，它们之间需用分号分隔。第 1 部分用于定义日期/时间的显示格式，第 2 部分用于定义 Null 值的显示格式。

表 4-12 列出了“日期/时间”数据类型字段的格式化字符。

表 4-12　“日期/时间”数据类型字段的格式化字符

格式化字符	说　明
:	时间分隔符
/	日期分隔符
C	用于显示“常规日期”格式
d	用于把某天显示成一位或两位数字
dd	用于把某天显示成固定的两位数字
ddd	显示星期的英文缩写（Sun 到 Sat）
dddd	显示星期的英文全称（Sunday 到 Saturday）
ddddd	用于显示“短日期”格式
dddddd	用于显示“长日期”格式
w	用于显示星期中的日（1 ~ 7）
ww	用于显示年中的星期（1 ~ 53）
m	把月份显示成一位或两位数字
mm	把月份显示成固定的两位数字
mmm	显示月份的英文缩写（Jan—Dec）
mmmm	显示月份的英文全称（January 到 December）
q	用于显示季节（1 ~ 4）
Y	用于显示年中的天数（1 ~ 366）
YY	用于显示年号后两位数（01 ~ 99）
YYYY	用于显示完整年号（0100 ~ 9999）
h	把小时显示成一位或两位数字
hh	把小时显示成固定的两位数字
n	把分钟显示成一位或两位数字
nn	把分钟显示成固定的两位数字
s	把秒显示成一位或两位数字
ss	把秒显示成固定的两位数字
tttt	用于显示“长时间”格式
AM/PM,am/pm	用适当的 AM/PM 或 am/pm 显示 12 小时制时钟值
A/P,a/p	用适当的 A/P 或 a/p 显示 12 小时制时钟值
AMPM	采用 Windows 95/98 控制面板的“区域设置属性”对话框的“时间”选项卡所定义的带有相应的“上午/下午”指示器的 12 小时时钟
-、+、$、()、空格	可以在“格式”属性中的任何位置使用这些字符并且将这些字符原文照印
"Text"	可以在“格式”属性中的任何位置使用双引号括起来的文本并且原文照印
\	将其后跟随的第 1 个字符原文照印
!	用于执行左对齐
*	将其后跟随的第 1 个字符作为填充字符
［颜色］	用方括号中的颜色参数指定文本的显示颜色。有效颜色参数为：黑色、蓝色、绿色、青色、红色、紫红色、黄色和白色。颜色参数必须与其他字符一起使用

【例 4-8】 由于为 Student 表的 Birthday（出生日期）字段设置了预定义的“格式”属性“长日期”，则在图 4-14 所示的 Student 表的数据表视图中可以看到出生日期的显示格式。该显示格式所显示的日期值长短不一。为了显示定长的日期格式，应为 Birthday 字段设置自定义的“格式”属性：YYYY“年”MM“月”DD“日”。

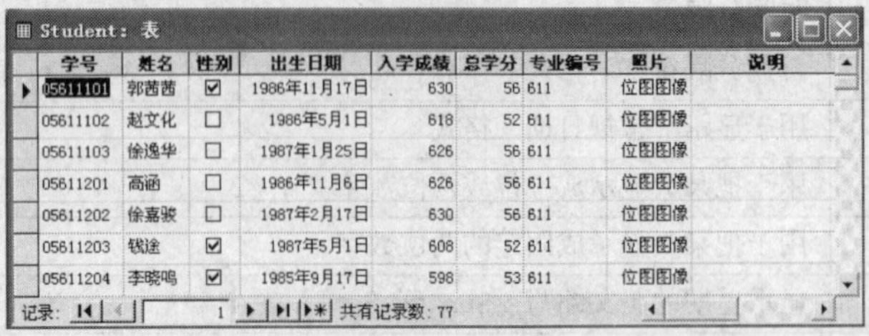

图 4-14 为 Birthday 字段设置预定义“格式”属性后的数据表视图

为 Birthday 字段设置自定义“格式”属性以后的数据表视图，如图 4-15 所示。从图中可以看到，日期格式整齐划一。

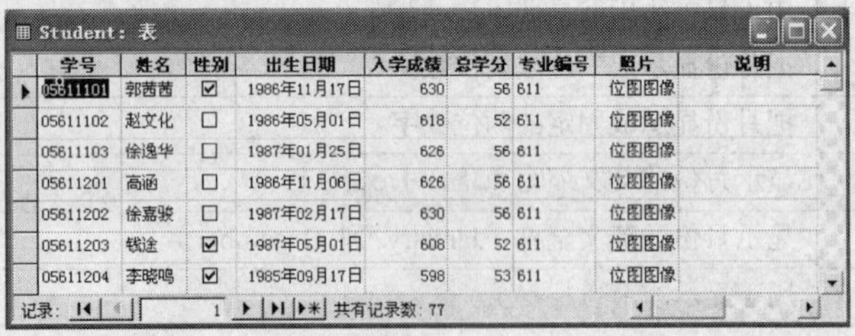

图 4-15 为 Birthday 字段设置自定义“格式”属性后的数据表视图

4. “是/否”数据类型字段的“格式”属性

Access 为“是/否”数据类型字段预定义了 3 种“格式”属性，如表 4-13 所示。

表 4-13 “是/否”数据类型字段预定义的“格式”属性

格式类型	显示格式	说明
是/否	Yes/No	系统默认设置。Access 在字段内部将“Yes”存储为-1，“No”存储为 0
真/假	True/False	Access 在字段内部将“True”存储为-1，“False”存储为 0
开/关	On/Off	Access 在字段内部将“On”存储为-1，“Off”存储为 0

如果上述 3 种预定义的“格式”属性不能满足用户的需要，Access 允许用户自定义“是/否”数据类型字段的“格式”属性。自定义的“格式”属性最多可以由 3 部分组成，它们之间需用分号分隔。第 1 部分空缺；第 2 部分用于定义逻辑真值的显示格式，通常为逻辑真值指定一个包括在双引号中的字符串（可以含有[颜色]格式化字符）；第 3 部分用于定义逻辑假值的显示格式，通常为逻辑假值指定一个包括在双引号中的字符串（可以含有[颜色]格式化字符）。

【例 4-9】 由于为 Student 表的 Sex（性别）字段设置了预定义的“格式”属性“是/否”，并且在设计视图的“查阅”选项卡中将“显示控件”属性设置为“文本框”，因此在图 4-16 所示的 Student 表的数据表视图中可以看到 Sex（性别）字段的显示格式（这里“Yes”代表“女”，“No”代表“男”）。该显示格式所显示的性别不直观。

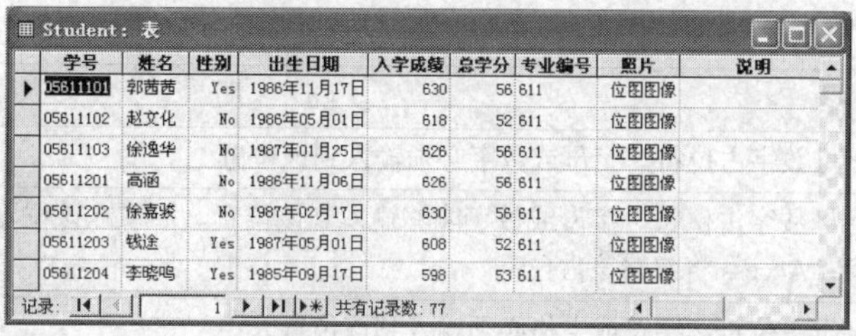

Student：表

学号	姓名	性别	出生日期	入学成绩	总学分	专业编号	照片	说明
05611101	郭茜茜	Yes	1986年11月17日	630	56	611	位图图像	
05611102	赵文化	No	1986年05月01日	618	52	611	位图图像	
05611103	徐逸华	No	1987年01月25日	626	56	611	位图图像	
05611201	高涵	No	1986年11月06日	626	56	611	位图图像	
05611202	徐嘉骏	No	1987年02月17日	630	56	611	位图图像	
05611203	钱途	Yes	1987年05月01日	608	52	611	位图图像	
05611204	李晓鸣	Yes	1985年09月17日	598	53	611	位图图像	

记录：1 共有记录数：77

图 4-16　为 Sex 字段设置预定义“格式”属性后的数据表视图

为了显示直观的“男”、“女”性别格式，应自定义 Sex 字段的“格式”属性。该字段的自定义“格式”属性为：; "女"［绿色］; "男"［红色］。

为 Sex 字段设置自定义“格式”属性后的数据表视图，如图 4-17 所示。从图中可以看到，红色表示“男”，绿色表示“女”。

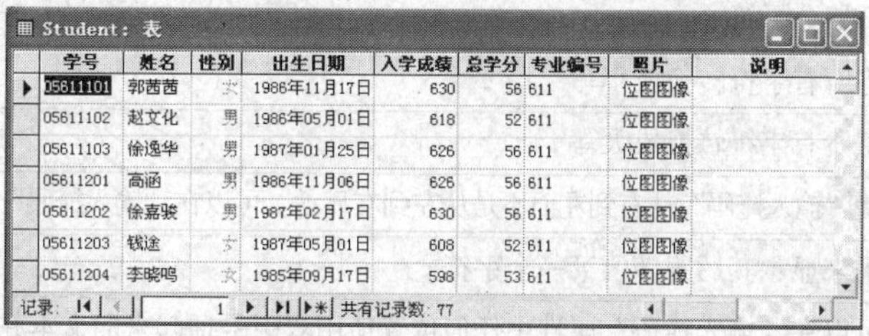

Student：表

学号	姓名	性别	出生日期	入学成绩	总学分	专业编号	照片	说明
05611101	郭茜茜	女	1986年11月17日	630	56	611	位图图像	
05611102	赵文化	男	1986年05月01日	618	52	611	位图图像	
05611103	徐逸华	男	1987年01月25日	626	56	611	位图图像	
05611201	高涵	男	1986年11月06日	626	56	611	位图图像	
05611202	徐嘉骏	男	1987年02月17日	630	56	611	位图图像	
05611203	钱途	女	1987年05月01日	608	52	611	位图图像	
05611204	李晓鸣	女	1985年09月17日	598	53	611	位图图像	

记录：1 共有记录数：77

图 4-17　为 Sex 字段设置自定义“格式”属性后的数据表视图

4.2.3　“输入掩码”属性

“输入掩码”属性用于定义数据的输入格式以及输入数据的某一位上允许输入的数据类型。Access 允许为除了“备注”、“OLE 对象”和“自动编号”数据类型之外的任何数据类型字段定义“输入掩码”属性。需要注意的是，如果为某个字段同时定义了“输入掩码”和“格式”属性，那么在该字段存储的数据被显示时，“格式”属性生效；在为该字段输入数据时，“输入掩码”属性生效。

“输入掩码”属性最多可以由 3 部分组成，各部分之间要用分号分隔。第 1 部分定义数据的输入格式。第 2 部分定义是否按显示方式在表中存储数据，若设置为 0，则按显示方式存储；若设置为 1 或将第 2 部分空缺，则只存储输入的数据。第 3 部分定义一个占位符以显示数据输入的位置。用户可以定义一个单一字符作为占位符，缺省占位符是一个下划线。

表 4-14 列出了用于设置“输入掩码”属性的输入掩码字符。

表 4-14　输入掩码字符

输入掩码字符	说　明
0	数字占位符。数字（0～9）必须输入到该位置，不允许输入“+”和“−”符号
9	数字占位符。可以将数字（0～9）或空格输入到该位置，不允许输入“+”和“−”符号。如果在该位置没有输入任何数字或空格时，Access 将忽略该占位符
#	数字占位符。数字、空格、“+”和“−”符号都可以输入到该位置。如果在该位置没有输入任何数字，Access 将认为输入的是空格
L	字母占位符。字母必须输入到该位置
?	字母占位符。字母能够输入到该位置。如果在该位置没有输入任何字母，Access 将忽略该占位符

续表

输入掩码字符	说　明
A	字母数字占位符。字母或数字必须输入到该位置
a	字母数字占位符。字母或数字能够输入到该位置。如果在该位置没有输入任何字母或数字，Access 将忽略该占位符
&	字符占位符。字符或空格必须输入到该位置
C	字符占位符。字符或空格能够输入到该位置。如果在该位置没有输入任何字符，Access 将忽略该占位符
.	小数点占位符
,	千位分隔符
:	时间分隔符
/	日期分隔符
<	将所有字符转换成小写
>	将所有字符转换成大写
!	使“输入掩码”从右到左而不是从左到右显示。可以在“输入掩码”的任何位置上放置惊叹号
\	用来显示其后跟随的第一个字符
"Text"	可以在“输入掩码”属性中任何位置使用双引号括起来的文本并且原文照印

【例 4-10】 在 Student 表中，如果 Student ID（学号）字段必须输入固定的 8 位字符，并且第 1 个字符必须为字母，第 2 至第 8 个字符必须为数字，那么，应为 Student ID 字段在表的设计视图中设置如下“输入掩码”属性：L0000000；1；*。

这样，当在 Student 表的数据表视图中输入新记录并且将光标定位在 Student ID 字段上时，Access 将显示输入掩码格式，如图 4-18 所示。

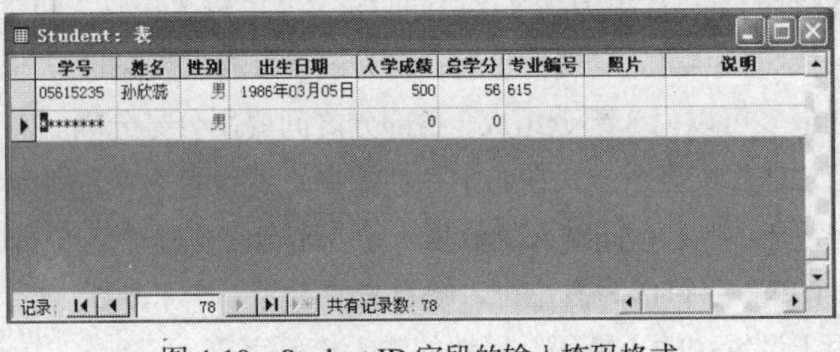

图 4-18　Student ID 字段的输入掩码格式

在 Student ID（学号）字段上显示的 8 个占位符“*”标志着必须为 Student ID 字段输入固定的 8 位字符，并且第 1 个字符必须为大写字母，第 2 至第 8 个字符必须为数字。

除了可以使用表 4-14 提供的输入掩码字符自定义“输入掩码”属性以外，Access 还提供了“输入掩码向导”引导用户定义“输入掩码”属性。

若要使用“输入掩码向导”定义字段的“输入掩码”属性，应按下列步骤操作。

（1）在表的设计视图中，首先将鼠标定位在某个字段的“输入掩码”属性网格中，Access 将在“输入掩码”属性网格的右边显示一个带有 3 个点的按钮，该按钮被称为“生成器”按钮，如图 4-19 所示。

（2）单击“生成器”按钮，Access 弹出“输入掩码向导”的第 1 个对话框，如图 4-20 所示。

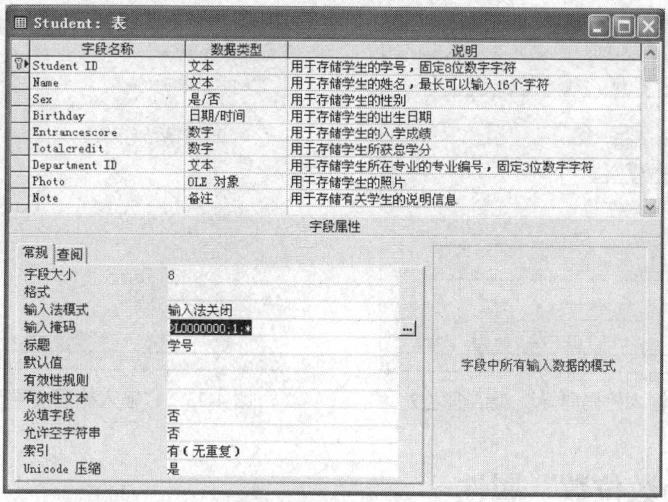

图 4-19　“输入掩码”属性网格右边的“生成器”按钮

（3）在“输入掩码向导”的第 1 个对话框中，Access 给出了许多预先定义好的输入掩码示例，用户可以从这些预先定义好的输入掩码示例中进行选择。如果单击“尝试”文本框，可以看到数据将怎样输入。

（4）如果在预先定义好的输入掩码示例中没有可用的输入掩码，那么可以单击“编辑列表”按钮，在弹出的“自定义‘输入掩码向导’”对话框中自定义输入掩码示例，如图 4-21 所示。

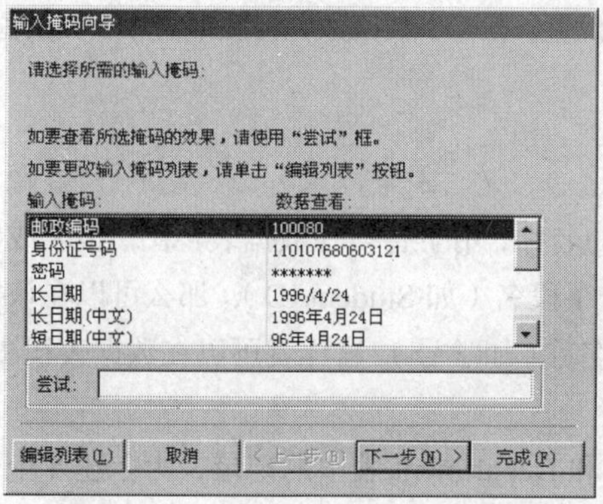

图 4-20　“输入掩码向导”对话框之 1

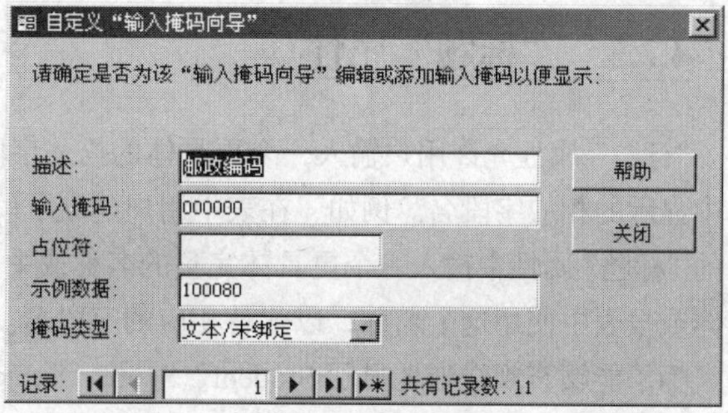

图 4-21　“自定义‘输入掩码向导’”对话框

（5）自定义完输入掩码示例以后，单击“关闭”按钮，Access 返回“输入掩码向导”的第 1 个对话框。在该对话框中可以看到用户自定义的输入掩码示例。

（6）单击“下一步”按钮，Access 弹出“输入掩码向导”的第 2 个对话框，如图 4-22 所示。

（7）在“输入掩码向导”的第 2 个对话框中，用户可以看到推荐的输入掩码和一个用来挑选占位符的组合框。在该对话框中，Access 允许用户定制输入掩码并确定占位符。

（8）单击“下一步”按钮，Access 弹出“输入掩码向导”的第 3 个对话框，如图 4-23 所示。

（9）在“输入掩码向导”的第 3 个对话框中，用户可以选择在字段中是否存储包含格式的数据。为了节省存储空间，通常选择不存储包含格式的数据，即选择“像这样不使用掩码中的符号”单选项。

（10）单击“完成”按钮，Access 将“输入掩码”属性值存储在“输入掩码”属性网格中。

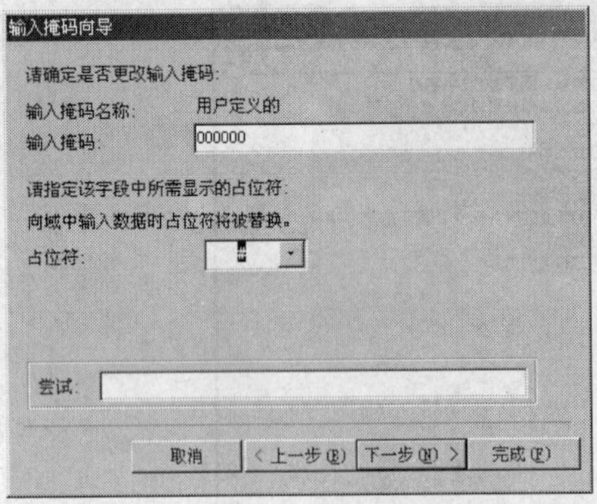

图 4-22 “输入掩码向导”对话框之 2

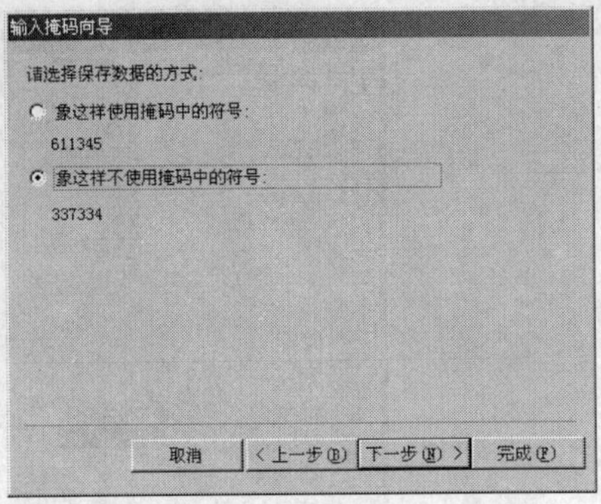

图 4-23 “输入掩码向导”对话框之 3

4.2.4 “小数位数”属性

“小数位数”属性仅对“数字”和“货币”数据类型字段有效。小数位的数目为 0 ~ 15，这取决于“数字”或“货币”数据类型字段的大小。对于“字段大小”属性为“字节”、“整型”或“长整型”的字段，“小数位数”属性值为 0。对于“字段大小”属性为“单精度型”的字段，“小数位数”属性值可以设置为 0 ~ 7 位小数。对于“字段大小”属性为“双精度型”的字段，“小数位数”属性值可以设置为 0 ~ 15 位小数。

如果用户将某个字段的数据类型定义为“货币”或在该字段的“格式”属性中使用了预定义的“货币”格式，则小数位数固定为两位。但用户可以超越这一设置，在“小数位数”属性中输入不同的值。

4.2.5 “标题”属性

“标题”属性允许用户输入一个更具体的描述字段的名称，用于替换在数据表视图、报表或窗体中显示的相应字段名。例如，在表中用户建立了一个字段名（如 Student ID），那么可以在该字段的“标题”属性中输入一个更具体完整的名称或中文名称（如学号），这样就可以在数据表视图、窗体或报表中使用这个名称，以代替相应的字段名。

为了能够直观清晰地显示 Student、Score、Subject 和 Department 表中的记录，为上述 4 个表的每个字段设置了“标题”属性，如表 4-15 ~ 表 4-18 所示。

表 4-15 Student 表的“标题”属性

字 段 名	“标题”属性
Student ID	学号
Name	姓名
Sex	性别
Birthday	出生日期
Entrancescore	入学成绩
Totalcredit	总学分
Department ID	专业编号
Photo	照片
Note	说明

表 4-16 Score 表的“标题”属性

字 段 名	“标题”属性
Student ID	学号
Subject ID	课程编号
Score	考试成绩
Examination Date	考试日期

表 4-17 Subject 表的“标题”属性

字 段 名	“标题”属性
Subject ID	课程编号
Subject Name	课程名称
Credit	学分
Nature	课程性质
Semester	开课学期
Majorcontent	课程主要内容

表 4-18 Department 表的“标题”属性

字 段 名	“标题”属性
Department ID	专业编号
Department Name	系名称
Professional Name	专业名称
Telephone	联系电话

这样一来，当打开表的数据表视图时，Access 将显示每一个字段的“标题”属性值，而不再显示字段名。图 4-24 显示的是 Student 表的数据表视图。从图中可以看到，Access 不再显示 Student 表的字段名，而显示每一个字段的“标题”属性值。

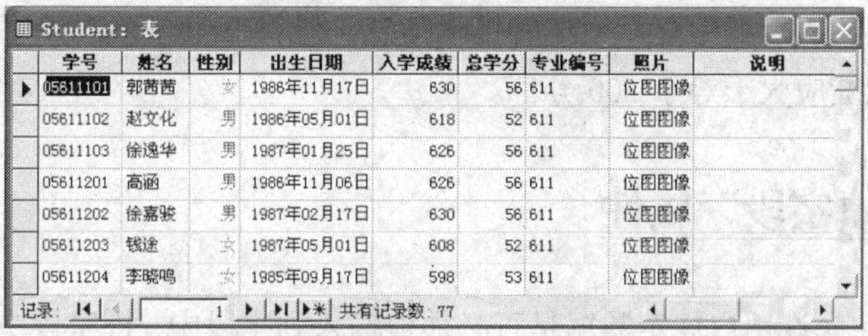

Student：表

学号	姓名	性别	出生日期	入学成绩	总学分	专业编号	照片	说明
05611101	郭茜茜	女	1986年11月17日	630	56	611	位图图像	
05611102	赵文化	男	1986年05月01日	618	52	611	位图图像	
05611103	徐逸华	男	1987年01月25日	626	56	611	位图图像	
05611201	高涵	男	1986年11月06日	626	56	611	位图图像	
05611202	徐嘉骏	男	1987年02月17日	630	56	611	位图图像	
05611203	钱途	女	1987年05月01日	608	52	611	位图图像	
05611204	李晓鸣	女	1985年09月17日	598	53	611	位图图像	

记录：1 共有记录数：77

图 4-24 在数据表视图中显示每一个字段的“标题”属性值

4.2.6 “默认值”属性

“默认值”属性可以为除了“自动编号”和“OLE 对象”数据类型以外的所有字段指定一个默认值。默认值是在新的记录被添加到表中时自动地为字段设置的，它可以是与字段的数据类型相匹配的任何值。对于“数字”和“货币”数据类型字段，Access 初始设置“默认值”属性为 0。对于“文本”和“备注”数据类型字段，Access 初始设置“默认值”属性为 Null（空）。用户可以在“默认值”属性网格中重新设置默认值。

【例 4-11】 在 Student 表中，如果女同学比男同学多，那么可以为 Sex（性别）字段设置“默认值”属性。反之亦然。由于 Sex 字段的数据类型为“是/否”，并假定逻辑真（在字段内部存储为-1）代表女同学，那么 Sex 字段的“默认值”属性应设置为-1。这样，当添加新记录时，如果是女同学，对于 Sex 字段可以直接按 Enter 键。

4.2.7 “有效性规则”属性

“有效性规则”属性允许用户输入一个表达式来限定被接受进入字段的值。一般情况下，表达式由运算符和比较值构成。例如，在某一“数字”数据类型字段的“有效性规则”属性中输入有效性规则“>18”，则确定了该字段输入的数字必须大于 18。如果“有效性规则”属性没有包括运算符，Access 将认为是一个等号运算符，即 Access 缺省运算符为“=”。

用户也可以通过逻辑运算符连接多个关系表达式，构成较复杂的有效性规则。例如，在某一“数字”数据类型字段的“有效性规则”属性中输入有效性规则“>=18 AND <=35”，则表明能够输入到该字段的数值必须大于等于 18 并且小于等于 35。

【例 4-12】 在 Student 表中，学生的入学成绩不会低于 500 分，否则应禁止输入，因此应将 Entrancescore（入学成绩）字段的“有效性规则”属性设置为“>=500”。

4.2.8 “有效性文本”属性

“有效性文本”属性允许用户输入一段提示文字，当输入的数据没有通过设定的有效性规则时，Access 自动弹出一个提示框显示该段提示文字。“有效性文本”属性要与“有效性规则”属性搭配使用。

【例 4-13】 在例 4-12 中，如果为 Entrancescore 字段输入的数据未能通过有效性规则，那么 Access 将弹出一个系统提示框提示用户输入的数据非法。但这个系统提示框提示的信息较复杂，不够简洁。为了能够在提示框中显示简洁的提示信息，应将 Entrancescore 字段的“有效性文本”属性设置为“入学成绩应大于等于 500 分!”。

4.2.9 “必填字段”属性

“必填字段”属性允许用户规定数据是否必须被输入到字段中，即字段中是否允许有 Null 值。如果数据必须被输入到字段中，即不允许有 Null 值，应设置“必填字段”属性值为“是”。“必填字段”属性值是一个逻辑值，默认值为“否”。

4.2.10 “允许空字符串”属性

“允许空字符串”属性用于定义对于“文本”和“备注”数据类型的字段是否允许空字符串(“ ”)输入。如果允许，应把空字符串(“ ”)和 Null 值区别开。空字符串是长度为零的特殊字符串。“允许空字符串”属性值是一个逻辑值，默认值为“否”。

4.2.11 “索引”属性

“索引”属性允许用户选择是否建立单一字段索引。对于“文本”、“数字”、“日期/时间”、“货币”和“自动编号”数据类型字段，建立索引可以更快地处理数据。如果将某字段的“索引”属性设置为“有（有重复）”，那么Access将根据该字段建立允许有重复键值的索引；如果将某字段的“索引”属性设置为“有（无重复）”，那么Access将根据该字段建立无重复键值的索引。无重复键值的索引一旦建立，那么该字段将不允许输入重复值。“索引”属性的默认值为“否”。

4.2.12 “新值”属性

“新值”属性用于指定在表中添加新记录时，“自动编号”数据类型字段的递增方式。用户可以将“新值”属性设置为“递增”，这样Access每增加一条记录，“自动编号”数据类型的字段值加1；也可以将“新值”属性设置为“随机”，这样Access每增加一条记录，“自动编号”数据类型的字段值被指定为一个随机数。

4.2.13 “输入法模式”属性

“输入法模式”属性用于定义当焦点移至字段时是否开启输入法。“输入法模式”属性仅适用于“文本”、“备注”、“日期/时间”数据类型的字段。

4.2.14 “Unicode压缩”属性

“Unicode压缩”属性用于定义是否允许对“文本”、“备注”和“超（级）链接”数据类型字段进行Unicode压缩。Unicode是一个字符编码方案，该方案使用两个字节代表一个字符。因此它比使用一个字节代表一个字符的编码方案需要更多的存储空间。为了弥补Unicode字符表达方式所造成的影响，以确保得到优化的性能，可以将“Unicode压缩”属性设置为“是”。“Unicode压缩”属性值是一个逻辑值，默认值为“是”。

4.2.15 “显示控件”属性

除了上述14个字段属性以外，Access还在字段属性区域的“查阅”选项卡中设置了“显示控件”属性。该属性仅适用于“文本”、“是/否”和“数字”数据类型字段。“显示控件”属性用于设置这3种字段的显示方式，即将这3种字段与何种显示控件绑定以显示其中的数据。表4-19列出了这3种数据类型所拥有的显示控件属性值。

从表4-19可以看到，对于“文本”和“数字”数据类型的字段，可以与“文本框”、“列表框”和“组合框”控件绑定，默认控件为“文本框”；对于“是/否”数据类型的字段，可以与“文本框”、“复选框”和“组合框”控件绑定，默认控件为“复选框”。至于要将某个字段与何种控件绑定，主要应从方便使用的角度考虑。

表 4-19　　“显示控件”属性值

数据类型 \ 显示控件 属性值	文本框	复选框	列表框	组合框
文本	√		√	√
是/否	√	√		√
数字	√		√	√

【例 4-14】 在 Student 表中，Department ID（专业编号）字段用于存储学生所在专业的专业编号。对于专业编号来说，其值是相对固定的，个数是有限的。为了方便用户输入学生所在专业的专业编号，可以将 Department ID 字段与“组合框”控件绑定。

将 Department ID 字段与“组合框”控件绑定应按下列步骤操作。

（1）在 Student 表的设计视图中，首先选择 Department ID 字段。

（2）选择“查阅”选项卡，并将“显示控件”属性设置为“组合框”，如图 4-25 所示。

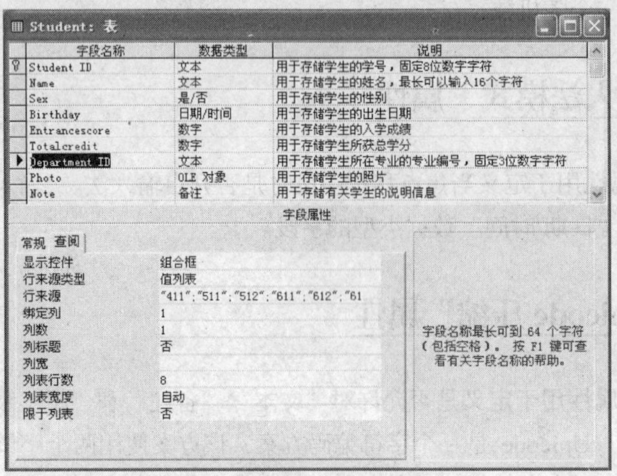

图 4-25　Student 表的设计视图

（3）将“行来源类型”属性设置为“值列表”。

（4）假设专业编号共有 9 个，它们是：“411”、“511”、“512”、“611”、“612”、“613”、“614”、“615”和“711”。那么，应将“行来源”属性设置为：“411”；“511”；“512”；“611”；“612”；“613”；“614”；“615”；“711”。

至此，完成了将 Department ID 字段与“组合框”控件的绑定工作。在 Student 表的数据表视图中，可以使用组合框为 Department ID 字段选择专业编号，如图 4-26 所示。

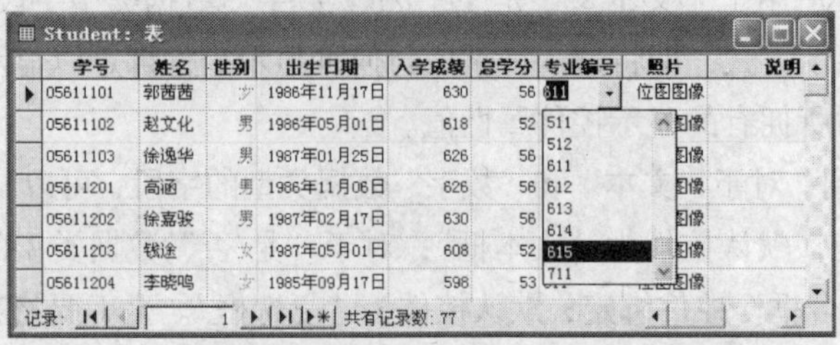

图 4-26　使用组合框为 Department ID 字段选择专业编号

【例 4-15】 在图 4-26 所示的 Student 表的数据表视图中，Department ID 字段组合框中的选项是手工一次性键入的。如果专业编号发生了变化，还要修改 Department ID 字段的“行来源”属性值，很不方便。实际上，专业编号已作为记录保存在 Department 表中。用户可以将 Department 表相应字段中的数据作为 Department ID 字段组合框中的选项。这样一来，无论专业编号如何变化，都不需要修改 Department ID 字段的属性值。

将 Department ID 字段与“组合框”控件绑定并且使组合框中的选项来自于 Department 表相应字段中的数据，应按下列步骤操作。

（1）在 Student 表的设计视图中，首先选择 Department ID 字段。

（2）选择“查阅”选项卡，并将“显示控件”属性设置为“组合框”。

（3）将“行来源类型”属性设置为“表/查询”。

（4）将“行来源”属性设置为：SELECT Department.[Department ID] FROM Department;。

至此，完成了将 Department ID 字段与“组合框”控件的绑定工作，并且组合框中的选项是 Department 表的 Department ID 字段中的数据。如果专业编号发生了变化，只需修改 Department 表的记录即可。

对于【例 4-14】和【例 4-15】所做的将 Department ID 字段与“组合框”控件绑定的工作，也可以使用“查阅向导”完成。

使用“查阅向导”将 Department ID 字段与“组合框”控件绑定，应按下列步骤操作。

（1）在 Student 表的设计视图中，首先选择 Department ID 字段。

（2）在该字段的“数据类型”组合框中选择“查阅向导”选项，Access 弹出“查阅向导”的第 1 个对话框，如图 4-27 所示。

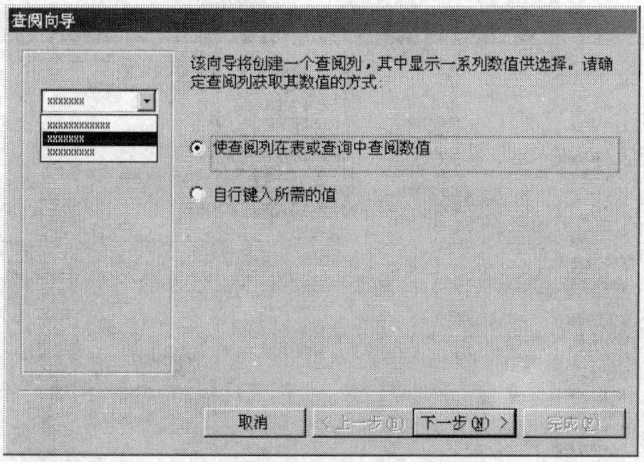

图 4-27 “查阅向导”对话框

（3）在第 1 个“查阅向导”对话框中，如果组合框的选项来自于表或查询，应选择第一个单选项；如果组合框的选项来自于手工一次性键入，应选择第 2 个单选项。

（4）如果选择的是第 1 个单选项，那么在单击“下一步”按钮以后，Access 将弹出后续“查阅向导”对话框，要求用户指定组合框的选项来自于哪个表的哪个字段；如果选择的是第 2 个单选项，那么在单击“下一步”按钮以后，Access 将弹出后续“查阅向导”对话框，要求用户手工一次性键入选项值。

（5）单击“完成”按钮，Access 即完成将字段与“组合框”控件的绑定工作。

4.3 定义主键

在 Access 中，最好为创建的每一个表定义一个主键。主键可以由一个或多个字段组成，用于标识表中的每一条记录。作为主键的字段，其值是唯一的。例如，可以将 Student 表的 Student ID（学号）字段定义为主键，因为表中的每条记录的学号都是不同的。定义主键的目的就是要保证表中的所有记录都是唯一可识别的。如果表中没有单一的字段能够使记录具有唯一性，那么可以使用多个字段的组合使记录具有唯一性。

在建立新表的时候，如果用户没有定义主键，Access 在保存表时会弹出提示框以询问是否要建立主键。若单击“是”按钮，Access 将自动为表建立一个字段并将其定义为主键。该主键具有“自动编号”数据类型。对于每条记录，Access 将在该主键字段中自动设置一个连续数字。

在表中定义主键除了可以保证表中的记录具有唯一可识别性以外，还能加快查询、检索以及排序的速度，因为主键实际上是一个索引。另外在表中建立主键有利于建立一对一、一对多的表间关系。

需要注意的是：如果在表中建立了主键，那么在添加记录时，必须为主键字段输入数据。Access 不允许在主键中存在 Null 值，也不允许在主键字段中出现重复的数据。

在表中建立主键应按下列步骤操作。

（1）在表设计视图中，单击字段名左边的“字段选择器”按钮，可以选择要建立主键的字段。如果要指定多个字段作为主键，应在按下 Ctrl 键以后单击要建立主键的“字段选择器”按钮。

（2）单击“表设计”工具栏上的“主键”按钮或从“编辑”菜单中选择“主键”命令，Access 即在表中根据指定的字段建立主键。其标志是在主键的字段选择器上显示有一把钥匙，如图 4-28 所示。

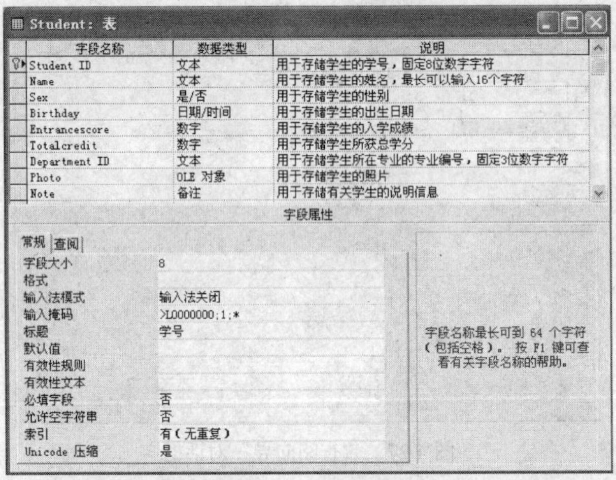

图 4-28 在主键的字段选择器上显示有一把钥匙

4.4 建立索引

索引类似于书的目录。书的目录通常以章节的顺序列出该书包含的所有主题，并显示每一个主题在该书中的起始页号。利用书的目录来查阅所需的内容要比将整本书逐页翻阅快捷得多。同样，表的索引可以按照一定的规则重新排列表中的记录，从而加快数据的检索速度。索引实际上是一个二维列表，其中仅有二列数据：关键字值和记录的物理位置。关键字值是包含有字段的排序规则表达式，记录的物理位置指向关键字值在表中所在的物理位置。

在 Access 中，用户可以根据一个字段建立单一字段索引，也可以根据多个字段的组合建立多字段索引。

4.4.1　单一字段索引

如果要建立单一字段索引，必须首先打开表的设计视图，然后选择要建立单一字段索引的字段，并为其设置“索引”属性。如果将某字段的“索引”属性设置为“有（有重复）”，那么 Access 将根据该字段建立允许有重复键值的索引；如果将某字段的“索引”属性设置为“有（无重复）”，那么 Access 将根据该字段建立无重复键值的索引。无重复键值的索引一旦建立，那么该字段将不允许输入重复值。

4.4.2　多字段索引

在现实生活中，有时面临的查询任务可能是复杂的，往往需要涉及到若干个字段。例如，可能要检索某门课程某次考试成绩优秀的学生。对于这一任务，如果为 Score 表建立了包含 Subject ID、Examination Date 和 Score 这 3 个字段组合的索引，Access 就能快速地进行查询。

如果要建立多字段索引，必须首先打开表的设计视图，然后单击“表设计”工具栏上的“索引”按钮或从“视图”菜单中选择“索引”命令，Access 弹出“索引”窗口，如图 4-29 所示。

从图 4-29 所示的“索引”窗口可以看到 Score 表上已建立的索引（根据 Student ID 和 Subject ID 字段建立的两个索引）。

为了建立一个多字段索引，应首先将鼠标定位到“索引”窗口的第一个空白“索引名称”列中，然后键入多字段索引名称，这里键入 SubExa。在同一行的“字段名称”组合框中选择 Subject ID 字段。在紧接下来的两行中，分别在“字段名称”组合框中选择 Examination Date 和 Score 字段。在“排序次序”列中为上述 3 个字段选择“升序”，如图 4-30 所示。

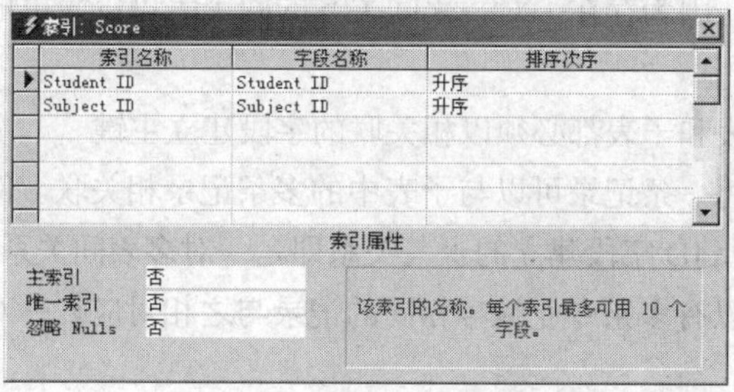

图 4-29　“索引”窗口

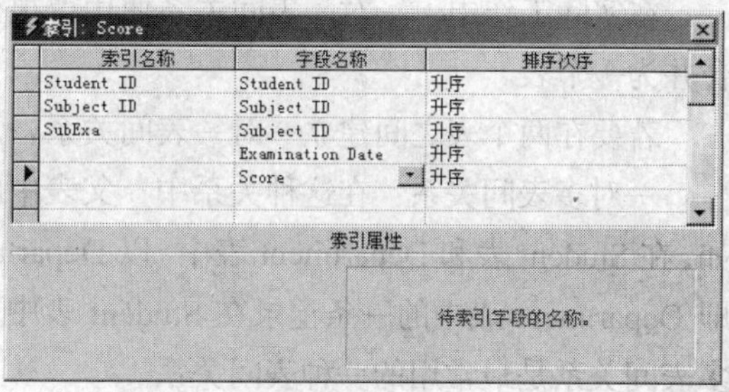

图 4-30　定义一个多字段索引

在“索引”窗口中，可以编辑修改建立的索引。如果要删除某一索引，只需首先单击“索引”窗口最左边的“选择器”按钮，然后按下 Delete 键即可。在重新定义和删除了索引以后，应单击“保存”按钮，才能保存最新定义的索引。

在查询中，只要提供的查询准则是以多字段索引中的第 1 个字段作为起始并为连续字段提供查询准则，Access 就可以使用多字段索引进行查询。但是在使用多字段索引时有一个附加限制：

只有最后一个准则可以使用不等式。下面列出的查询条件都可以使用上述多字段索引。

```
Subject ID="3101"
Subject ID="3101" AND Examination Date=#7/18/06#
Subject ID="3101" AND Examination Date>#7/18/06#
Subject ID="3101" AND Examination Date=#7/18/06# AND Score>90
```

如果要进行如下查询，Access 不能使用建立的 SubExa 多字段索引。

```
Subject ID="3101" AND Score>90                &&不能跳过 Examination Date 字段
Subject ID="3101" AND Examination Date>#7/18/06# AND Score>90
&&只有最后一个字段可以使用不等式
Score>90                   &&一定要从第 1 字段开始，并依次描述其余字段
```

4.5 建立表间关系

在 Access 中，数据库拥有众多的表。这些表虽然都处在同一个数据库中，但彼此是独立存在的，相互间还没有建立起关系。关系数据库系统的特点是可以为表建立表间关系，从而真实地反映客观世界丰富多变的特点以及错综复杂的联系，减少数据的冗余。例如，Student 表只反映了学生的基本情况，Score 表只反映了学生的选课情况，而 Subject 表也只记录了学校开设的课程。对于单个表来说，信息是有限的。但是，如果建立了表间关系，就可以在一个表中访问另外一个相关表中的数据，也就可以反映比较复杂的情况，例如学生的成绩与所获学分等信息。

两个表之间只有存在相关联的字段才能在二者之间建立关系。例如，Student 表和 Department 表之间可以建立关系，因为二者都有相关联的 Department ID 字段，但这两个字段所担当的角色并不一样。在 Department 表中，Department ID 字段的值必须唯一且要包含所有可能的取值，起着相当于函数定义域的作用。而在 Student 表中，Department ID 字段的值可以重复但必须在 Department 表中存在，显然是处于引用者的角色。

在两个相关表中，起着定义相关字段取值范围作用的表称为父表（如 Department 表），而另一个引用父表中相关字段的表称为子表（如 Student 表）。

在关系数据库中，表间关系通常分为三种：一对一表间关系、一对多表间关系和多对多表间关系。

一对一表间关系：在这种关系中，父表中的每一条记录最多只与子表中的一条记录相关联。

在实际工作中，一对一表间关系使用得很少，因为存在一对一表间关系的两个表可以简单地合并为一个表。

若要在两个表之间建立一对一表间关系，父表和子表都必须以相关联的字段建立主键。

一对多表间关系：在这种关系中，父表中的每一条记录可以与子表中的多条记录相关联。例如，在 Student 表和 Department 表中，以 Department ID 字段建立的永久关系即是一对多表间关系，即 Department 表中的一条记录在 Student 表中可以有多条专业编号相同的记录与之相对应。一对多表间关系是最常用的一种表间关系。

若要在两个表之间建立一对多表间关系，父表必须根据相关联的字段建立主键。

多对多表间关系：假设 A 表和 B 表存在多对多表间关系，在这种关系中，A 表中的一条记录可以与 B 表中的多条记录相关联；同样，B 表中的一条记录可以与 A 表中的多条记录相关联。多对多表间关系在实际应用中通常被转化为两个一对多表间关系。

在定义了多个表以后，如果这些表相互之间存在着关系，那么应为这些相互关联的表建立表间关系。两个表之间若要建立表间关系，这两个表必须拥有数据类型相同的字段。

在 Access 中，为了定义表间关系，应关闭所有打开的窗口，仅仅激活表所在的数据库窗口；然后从“工具”菜单中选择“关系”命令或单击“数据库”工具栏上的“关系”按钮，打开“关系”窗口，如果这是首次定义关系，Access 会同时打开“显示表”对话框，如图 4-31 所示。

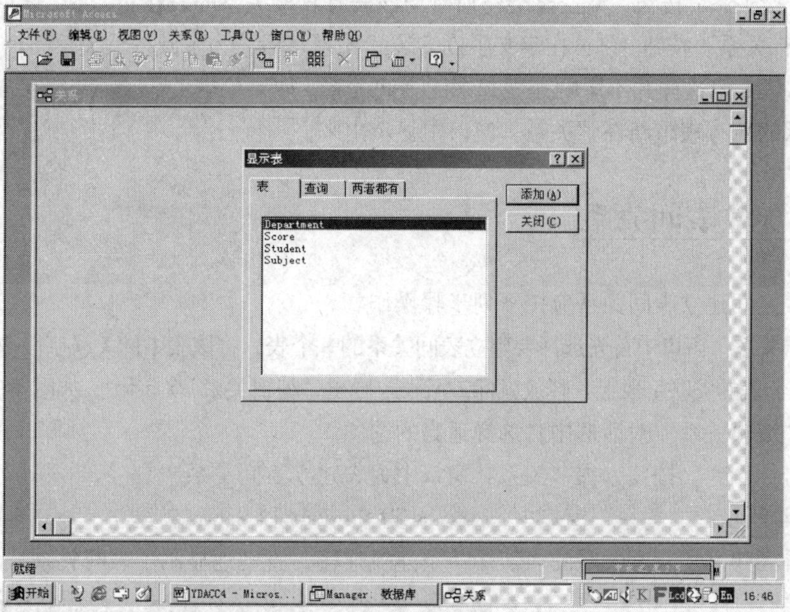

图 4-31　“关系”窗口以及“显示表”对话框

在“显示表”对话框中，选择想要建立关系的表并单击“添加”按钮或直接双击表，将其添加到“关系”窗口中。这里选择 4 个表（Student、Subject、Score 和 Department 表）来建立彼此之间的关系。在选择完表之后，单击“关闭”按钮，“显示表”对话框关闭。

在图 4-32 所示的“关系”窗口中，每个表都拥有自己的窗口，窗口的标题就是表名。如果在“显示表”对话框中选错了一个表，可以单击该表并按下 Delete 键，将其从“关系”窗口中删除。

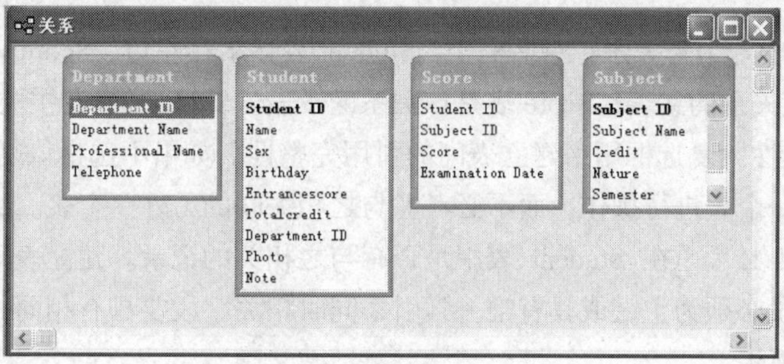

图 4-32　含有 Student、Subject、Score 和 Department 表的“关系”窗口

4.5.1　“关系”工具栏

打开“关系”窗口以后，Access 将显示“关系”工具栏。现将与建立关系有关的几个按钮的功能介绍如下。

“显示表”按钮 ：单击该按钮，Access 打开“显示表”对话框，可以随时在“关系”窗口中添加表。

“显示直接关系”按钮 ：在定义了许多表间关系之后，为了减少“关系”窗口显示的表，可以删除一些表，但这并不影响建立起来的表间关系。如果在余下的表中首先选择一个表，然后单击“显示直接关系”按钮，Access 会将所有与该表有直接关系的表在“关系”窗口中显示出来。

“显示所有关系”按钮 ：在定义了许多表间关系之后，为了减少“关系”窗口显示的表，可以删除一些表，但这样并不影响建立起来的表间关系。如果单击“显示所有关系”按钮，Access 会将未被显示的所有表重新在“关系”窗口中显示出来。

4.5.2　建立表间关系

在两个表之间建立表间关系应按下列步骤操作。

（1）在“关系”窗口中首先选择要建立表间关系的一个表，将该表中的关联字段拖曳到要建立表间关系的另一个表的关联字段上。释放鼠标，Access 弹出“编辑关系”对话框，如图 4-33 所示。

（2）在“编辑关系”对话框中，选择适当的选项。

（3）单击“创建”按钮，在“关系”窗口中为表建立表间关系。

在图 4-34 所示的“关系”窗口中，Access 为 Student 和 Score 表建立了一对多的表间关系。从图中可以看到建立了表间关系的表使用一条连线连接，直观地显示了表间关系。

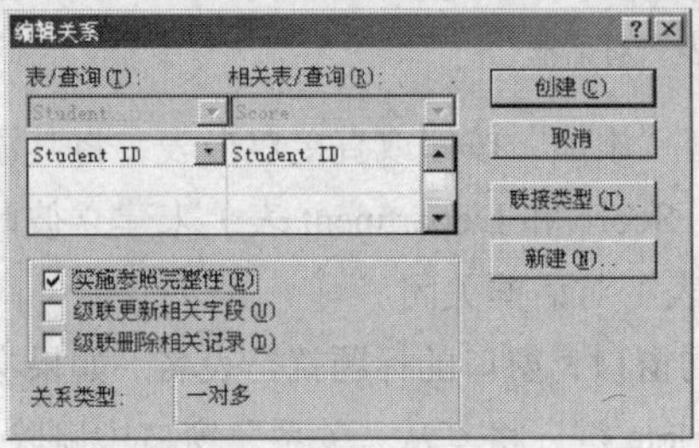

图 4-33　“编辑关系”对话框

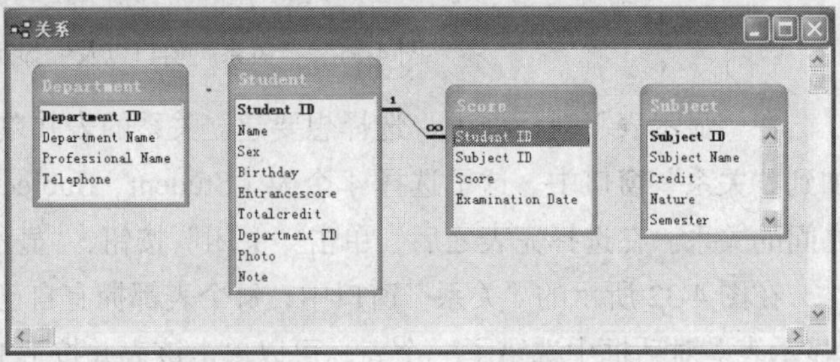

图 4-34　在“关系”窗口中为 Student 和 Score 表建立了一对多表间关系

在图 4-33 所示的“编辑关系”对话框中，Student 表显示在左边，Score 表显示在右边。这意味着 Student 表是该关系的父表，Score 表是该关系的子表。Student ID 是关联字段。

“实施参照完整性”复选框用来建立表间的引用完整性。如果不选择该复选框，Access 可以单独对其中的任何一个表进行操作，而不必考虑与之相关联的另外一个表。例如，在 Score 表中添加一条记录，而不必考虑在 Student 表中是否有与之相关的记录。建立表间引用完整性的前提是：主表的相关字段必须为主键或具有唯一索引，同时相关字段要具有相同的数据类型，且必须保存在同一个数据库中。

选择了“实施参照完整性”复选框以后，再选择“级联更新相关字段”复选框，Access 将在用户改变了主表的主键值以后，自动更新相关表中对应字段的值。若选择“级联删除相关记录”复选框，Access 将在用户删除了主表中的记录以后，自动删除相关表中的记录。

【例 4-16】 为 Department 和 Student 表建立表间关系应按下列步骤操作。

（1）在“关系”窗口中首先选择 Department 表的 Department ID 字段。

（2）将 Department 表的 Department ID 字段拖曳到 Student 表的 Department ID 字段上。

（3）释放鼠标，Access 弹出“编辑关系”对话框。

（4）在“编辑关系”对话框中，选择“实施参照完整性”复选框、“级联更新相关字段”复选框和“级联删除相关记录”复选框。

（5）单击“创建”按钮，Access 在“关系”窗口中为 Department 和 Student 表建立一对多的表间关系。

4.5.3 编辑表间关系

在“关系”窗口中，如果要删除已有的表间关系，只需单击要删除的关系的连接线并按下 Delete 键，然后在 Access 弹出的“Microsoft Access”提示框中单击“是”按钮即可。

在“关系”窗口中，如果要编辑修改已有的表间关系，只需双击要修改的关系的连接线，Access 弹出“编辑关系”对话框，允许用户编辑修改已有的表间关系。

4.6 使用数据表视图

在 Access 关系数据库中，用户定义了表结构以后可以随时使用数据表视图为该表输入记录、编辑和浏览表中的记录。

若要使用某个表的数据表视图，应首先在“数据库”窗口的“表”选项卡中选择要使用的表，然后单击“打开”按钮，Access 打开该表的数据表视图，如图 4-35 所示。

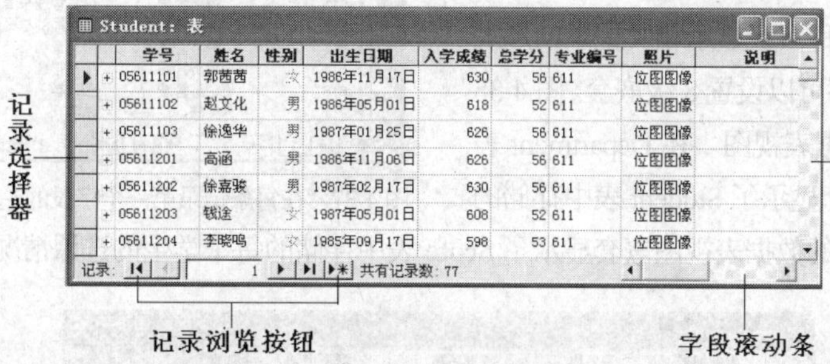

图 4-35 数据表视图

图 4-35 所示为 Student 表的数据表视图。在数据表视图中，每一条记录显示在一行中，字段名显示在列头上。如果为字段设置了“标题”属性，那么在数据表视图中，“标题”属性将替换字段名。图 4-35 显示的即是各字段的“标题”属性。

在数据表视图中，设置有记录选择器、记录滚动条、字段滚动条和记录浏览按钮。记录选择器用于选择记录以及显示当前记录的工作状态。记录滚动条用于滚动显示未显示出来的其他记录。字段滚动条用于滚动显示未显示出来的其他字段。记录浏览按钮用于指定并显示当前记录。它包含 6 个控件，从左到右依次为：“首记录”按钮、“上一记录”按钮、记录号框、“下一记录”按钮、“尾记录”按钮以及“新记录”按钮。

数据表视图和表设计视图是可以相互切换的。例如，用户在表设计视图中定义表结构时，可以随时单击工具栏上的“数据表视图”按钮切换到数据表视图上来。反之，也可以在数据表视图中单击“设计视图”按钮切换到表设计视图中去。

在数据表视图最左边的记录选择器上可看到 4 种不同的标记，如图 4-36 所示。这 4 种标记描述了数据表视图中标记所在行的记录状态。“当前记录”标记指明该行记录为当前记录；“编辑记录”标记指明用户正在编辑修改该行记录；“新记录”标记指明用户要输入新记录应在该行完成；“锁定记录”标记指明该行记录被锁定，其他用户无法使用该记录（适用于多用户系统）。

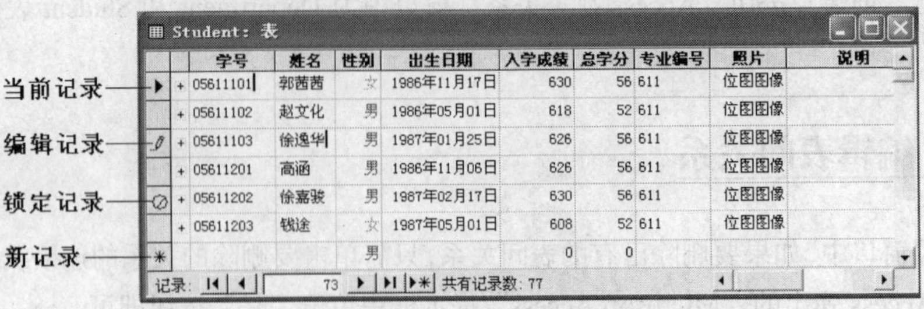

图 4-36　记录的四种状态标记

在数据表视图中，若要为表添加新记录，应首先单击工具栏上的“新记录”按钮或直接单击数据表视图中的“新记录”按钮，Access 即将光标定位在新记录行上。新记录行的记录选择器上显示有“新记录”标记，一旦用户开始输入新记录，记录选择器上将显示“编辑记录”标记，直到输入完新记录后光标移动到下一行。

在数据表视图中，如果打开的表与其他表存在一对多表间关系，Access 将会在数据表视图中为每条记录在第 1 个字段的左边设置一个“+”号，如图 4-37 所示。

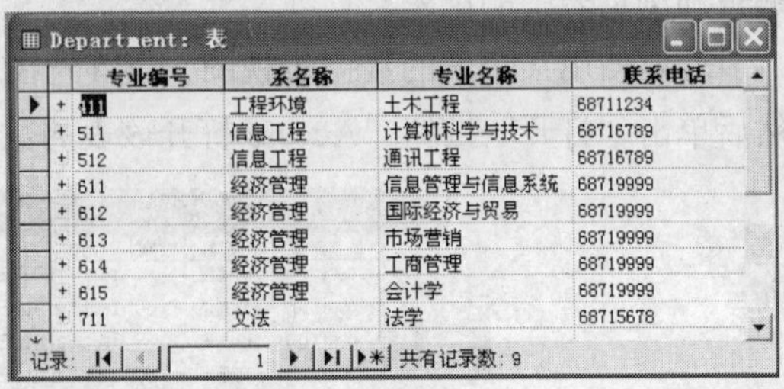

图 4-37　在每条记录第一个字段的左边设置一个“+”号

单击“+”号可以显示与该记录相关的子表记录。在 Access 中，这种多级显示相关记录的形式是可以嵌套的，但最多可以设置 8 级嵌套。图 4-38 显示了 3 级嵌套的数据表视图。在 Department 表的数据表视图中，嵌套显示了 Student 表中存储的各系学生，Student 表的数据表视图嵌套显示了 Score 表中存储的每个学生的选课情况。

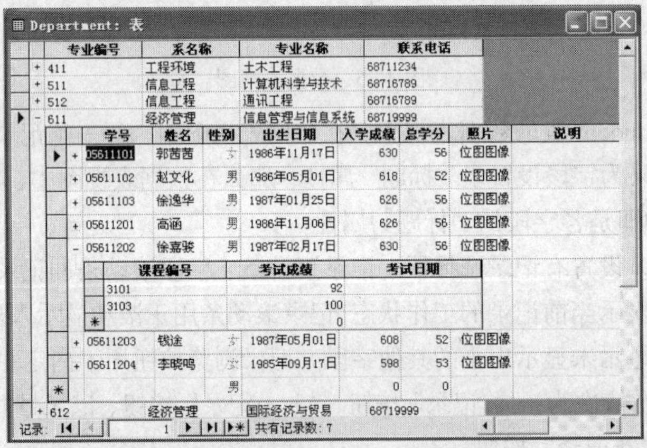

图 4-38　显示有 3 级嵌套的数据表视图

4.7　编辑修改记录

对于表中的记录，用户可以很容易地在数据表视图中进行编辑修改。对于要编辑修改的数据，用户必须首先选择它，然后才能进行编辑修改。

若要用新值替换某一字段中的旧值或删除旧值，应首先将光标放在该字段的左下角，此时光标变为“+”字形，单击鼠标左键，Access 即选择整个字段值，被选择的整个字段高亮显示。此时键入新值即可替换原有旧值或按 Delete 键删除整个字段值。

若要替换或删除字段中的某一个字，应首先将鼠标放置在该字上，然后双击鼠标以选择该字，被选择的字高亮显示。此时键入新值即可替换原有字或按 Delete 键删除该字。

若要替换或删除字段中的某一部分数据，应首先将鼠标放置在该部分数据的起始位置，然后拖曳鼠标到该部分数据的最后，释放鼠标，Access 即选择该部分数据，被选择的数据高亮显示。键入新值即可替换原有数据或按 Delete 键删除该部分数据。

若要在字段中插入数据，应首先将鼠标定位在某字符前面，进入插入模式。当键入新值时，新值被插到该字符前面，该字符后面的所有字符均右移。当鼠标定位在字段中时，可按 Backspace 键删除光标左边的字符，按 Delete 键删除光标右边的字符。

在开始编辑修改记录时，该记录最左边的记录选择器上出现笔形“编辑记录”标记；直到编辑修改完该记录并将该记录写入表中，“编辑记录”标记才会消失。在出现“编辑记录”标记时，即在开始编辑修改记录时，通常不能使用的“撤销”按钮现在可以使用了。这个按钮用于取消对字段的编辑修改。

在将数据键入到字段中时，可以从“编辑”菜单中选择“撤销键入”命令或单击工具栏上的“撤销键入”按钮来取消在当前字段中的输入。“撤销键入”命令也可以取消对前面字段值的修改、取消对未经保存的当前记录的全部修改以及取消记录被保存以后的全部修改。

也可以使用 Esc 键来取消对记录的编辑修改。按下 Esc 键可以取消最近一次的编辑修改。两次按下 Esc 键将取消对当前记录的全部修改。

在编辑修改记录时，用户可以利用“选项”命令控制光标键和 Enter 键的工作方式。从“工具”菜单中选择“选项”命令，Access 弹出“选项”对话框，如图 4-39 所示。

在“选项”对话框的“键盘”选项卡中，为了使用光标键（→或←键）来控制光标在字段中移动的方式，可以在“箭头键行为”区域中选择“下一个字段”或“下一个字符”单选项。若选中“下一个字段”单选项，Access 在移动光标时将光标从当前字段移动到下一字段。选中“下一个字符”单选项，Access 在移动光标时将光标从当前字符移动到下一个字符。

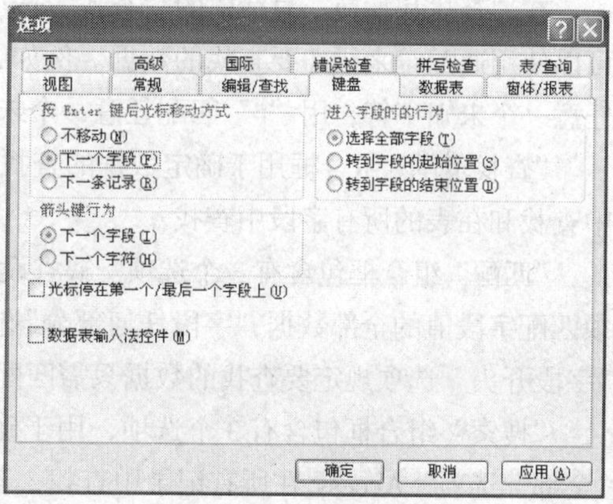

图 4-39　“选项”对话框

在“按 Enter 键后光标移动方式”区域中，如果选择“下一个字段”单选项，用户在按 Enter 键以后就可以将光标移到下一个字段；如果选择“下一条记录”单选项，用户在按 Enter 键以后就可以将光标移到下一条记录。如果选择“不移动”单选项，用户在按 Enter 键以后将选择当前字段，光标不会移动。

4.8 查找和替换记录

在数据表视图中，如果记录很多，那么要查找指定的记录就不是一件容易的事情。为了快速查找指定的记录，Access 提供了“查找”命令。在数据表视图中，有时需要用新的数据替换多条记录中的原有数据。为了快速替换数据，Access 提供了“替换”命令。

4.8.1 查找记录

在数据表视图中，如果记录很多，那么查找到指定的的记录就不是一件容易的事情。为了快速查找到指定的记录，用户可以使用“查找”命令。

使用“查找”命令查找指定的记录应按下列步骤操作。

（1）如果要根据某个字段值的特征查找记录，那么应首先选择该字段。

（2）从“编辑”菜单中选择“查找”命令或单击“查找”按钮，Access 弹出“查找和替换”对话框，如图 4-40 所示。

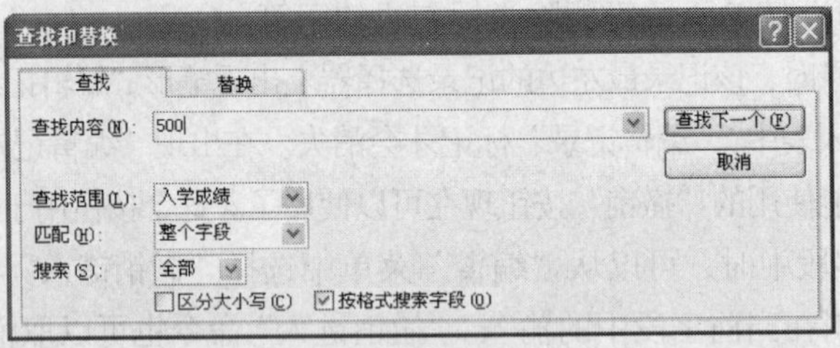

图 4-40 “查找和替换”对话框

（3）在“查找和替换”对话框中选择“查找”选项卡。

（4）在“查找”选项卡中设置适当的选项。

（5）单击“查找下一个”按钮，Access 开始查找记录。

在“查找和替换”对话框的“查找”选项卡中，“查找内容”组合框用于输入要查找的数据。可以使用通配符来描述要查找的数据。例如，用“*”匹配任意长度的未知字符串，用“?”匹配任意一个未知字符，用“#”匹配任意一个未知数字。

“查找范围”组合框用于确定数据的查找范围。该组合框仅有两个选项：仅在当前选择的字段中查找和在表的所有字段中查找。

“匹配”组合框包含有 3 个选项。缺省设置为“整个字段”选项，该选项规定要查找的数据必须匹配字段值的全部数据；“字段任何部分”选项规定要查找的数据只需匹配字段值的一部分即可；“字段开头”选项规定要查找的数据只需匹配字段值的开始部分即可。

“搜索”组合框包含有 3 个选项，用于确定数据的查找方向。缺省设置为“全部”。若选择了“全部”选项，Access 在所有记录中查找；若选择了“向上”选项，Access 从当前记录开始向上查找；若选择了“向下”选项，Access 从当前记录开始向下查找。

“区分大小写”复选框用于确定查找记录时是否区分大小写。

“按格式搜索字段”复选框用于确定查找是否按数据的显示格式进行。需要注意的是，使用“按格式搜索字段”可能降低查找速度。

单击“查找下一个”按钮，Access 将从当前记录处开始查找。如果找到要找的数据，Access 将高亮显示该数据。

【例 4-17】 在 Student 表中，若要查找 05 级的学生，应按下列步骤操作。

（1）在 Student 表的数据表视图中，首先选择 Student ID 字段。

（2）从“编辑”菜单中选择“查找”命令或单击“查找”按钮，Access 弹出“查找和替换”对话框。

（3）在“查找和替换”对话框中选择“查找”选项卡。

（4）在“查找”选项卡的“查找内容”组合框中键入：05*。

（5）单击“查找下一个”按钮，Access 开始查找 05 级的学生。

4.8.2 替换记录

在数据表视图中，如果有多条记录的某一个字段的相同值要作同样的修改，可以使用“替换”命令。

使用“替换”命令替换指定的数据应按下列步骤操作。

（1）如果要替换某个字段中的数据，应首先选择该字段。

（2）从“编辑”菜单中选择“替换”命令或单击“查找”按钮，Access 弹出“查找和替换”对话框，如图 4-41 所示。

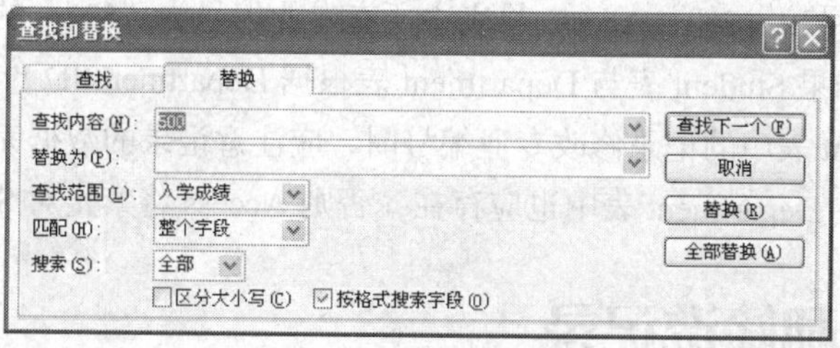

图 4-41 “查找和替换”对话框

（3）在“查找和替换”对话框中选择“替换”选项卡。

（4）在“替换”选项卡的“查找内容”组合框中输入要查找的数据。

（5）在“替换”选项卡的“替换值”组合框中输入要替换的新数据。

（6）在“替换”选项卡中设置适当的其他选项。

（7）单击“查找下一个”按钮，Access 开始查找记录。

（8）找到要替换的记录以后，如果单击“替换”按钮，Access 替换当前记录的指定数据；如果单击“全部替换”按钮，Access 替换表中所有满足条件的记录的指定数据。

在“查找和替换”对话框的“替换”选项卡中，“查找内容”组合框用于输入要被替换的数据，“替换值”组合框用于输入要替换的新数据。

“查找范围”组合框用于确定数据的查找范围。该组合框仅有两个选项：仅在当前选择的字段中查找和在表的所有字段中查找。

“匹配”组合框包含有 3 个选项。缺省设置为“整个字段”选项，该选项规定要查找的数据必须匹配字段值的全部数据；“字段任何部分”选项规定要查找的数据只需匹配字段值的一部分即可；“字段开头”选项规定要查找的数据只需匹配字段值的开始部分即可。

“搜索”组合框包含有 3 个选项，用于确定数据的查找方向。缺省设置为“全部”。若选择了“全部”选项，Access 在所有记录中查找；若选择了“向上”选项，Access 从当前记录开始向上查找；若选择了“向下”选项，Access 从当前记录开始向下查找。

“区分大小写”复选框用于确定查找记录时是否区分大小写。

“按格式搜索字段”复选框用于确定查找是否按数据的显示格式进行。需要注意的是，使用“按格式搜索字段”可能降低查找速度。

“查找下一个”按钮用于查找与“查找内容”组合框中的数据相匹配的数据。单击该按钮以后，若找到相匹配的数据，Access 将高亮显示该数据。此时，单击“替换”按钮，Access 将用“替换值”组合框中的数据替换高亮显示的数据；单击“全部替换”按钮，Access 将用“替换值”组合框中的数据替换所有与“查找内容”组合框中的数据相匹配的所有记录指定字段的数据。

【例 4-18】 在 Student 表中，若要将专业编号为“511”的所有学生的专业编号修改为“611”，应按下列步骤操作。

（1）在 Student 表的数据表视图中，首先选择 Department ID 字段。

（2）从“编辑”菜单中选择“替换”命令或单击“查找”按钮，Access 弹出“查找和替换”对话框。

（3）在“查找和替换”对话框中选择“替换”选项卡。

（4）在“替换”选项卡的“查找内容”组合框中输入要查找的数据“511”。

（5）在“替换”选项卡的“替换值”组合框中输入要替换的新数据“611”。

（6）单击“全部替换”按钮，Access 将表中所有专业编号为“511”的数据替换为“611”。

需要注意的是：如果 Student 表与 Department 表根据 Department ID（专业编号）字段建立了关联，那么在为 Student 表中的记录修改专业编号时，应注意记录的数据完整性。即在 Student 表中修改的专业编号值在 Department 表中也应存在，否则 Access 将禁止对 Student 表进行替换。

4.9 排序和筛选记录

在数据表视图中，可以对记录进行排序，即根据指定字段值的大小重新排列显示记录；也可以对记录进行筛选，即仅将满足给定条件的记录显示在数据表视图中。在数据表视图中排序和筛选记录，有利于用户清晰地了解数据，分析数据和获取有用的数据。

4.9.1 排序记录

在数据表视图中，可以对记录进行排序，即根据指定字段值的大小重新排列显示记录。在打开表的数据表视图时，Access 一般是以表中定义的主键值的大小按升序的方式排序显示记录。如果在表中没有定义主键，那么，Access 将按照记录在表中的物理位置顺序来显示记录。如果用户需要改变记录的显示顺序，应在数据表视图中对记录进行排序。

在数据表视图中，如果需要根据某一字段对记录进行简单排序，用户可以使用“升序”或“降序”按钮。

根据某一字段对记录进行简单排序应按下列步骤操作。

（1）打开表的数据表视图。

（2）在数据表视图中选择某一字段，Access 将根据该字段进行排序。

（3）单击“升序”或“降序”按钮，Access 将根据选择的字段快速地对记录进行排序，并将排序结果显示在数据表视图中。

如果要根据几个字段的组合对记录进行排序，同样可以使用“升序”或“降序”按钮。但是这几个字段必须是相邻的（如果不相邻，可通过调整字段使它们邻接），而且这几个字段必须按照一致的升序或降序来排序。

如果要根据几个字段的组合对记录进行排序，并且这几个字段的排序方向不一致时，用户必须使用“记录”菜单的“筛选”子菜单中的“高级筛选/排序”命令和“记录”菜单中的“应用筛选/排序”命令来对记录进行复杂排序。

根据某几个字段的组合对记录进行复杂排序应按下列步骤操作。

（1）打开表的数据表视图。

（2）从“记录”菜单的“筛选”子菜单中选择“高级筛选/排序”命令，Access 弹出“筛选”窗口，如图 4-42 所示。

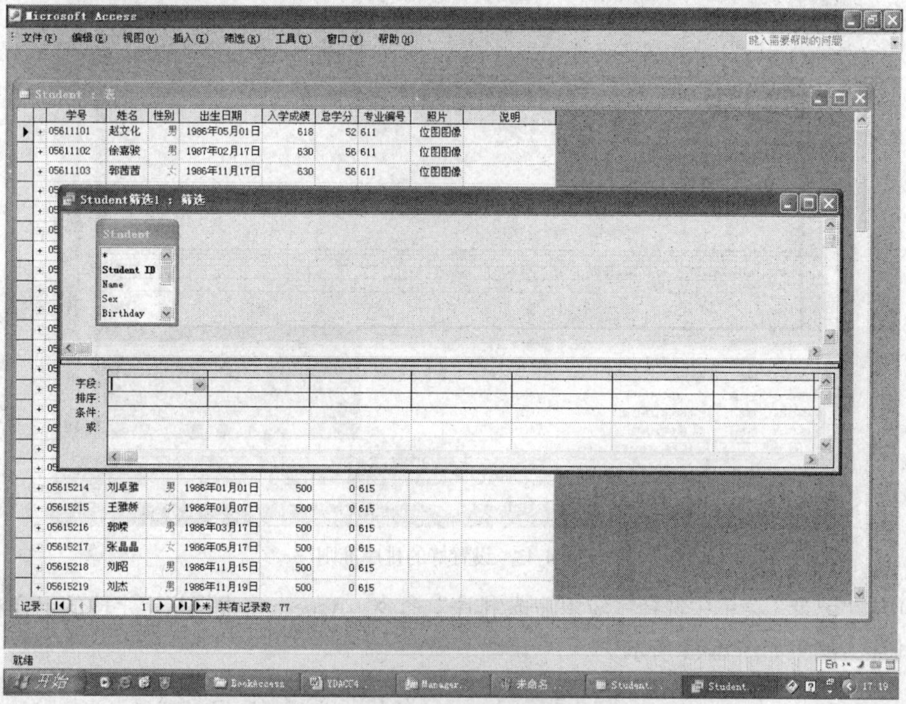

图 4-42 “筛选”窗口

筛选窗口分为上下两部分。上面一部分叫做表输入区，用于显示当前表；下面一部分叫做 QBE 设计网格，用于为排序或筛选指定字段、设置排序方式和筛选条件。

（3）在“筛选”窗口中指定要排序的字段。方法是：将要排序的字段用鼠标拖曳到 QBE 设计网格的“字段”行中。

（4）在选择了一个排序字段后，应指定该字段的排序方式（升序或降序）。方法是：单击该字段“排序”行所对应的 QBE 设计网格，Access 显示一个下拉列表，用户可从中选择“升序”或“降序”选项。

（5）重复第（3）、（4）步操作，以指定多个字段的组合来进行排序。

（6）从“记录”菜单中选择“应用筛选/排序”命令，Access 将根据指定字段的组合对记录进行复杂排序。

【例 4-19】 在 Student 表的数据表视图中，希望首先根据入学成绩从大到小（降序）的顺序排序显示记录；如果入学成绩相同，再按照专业编号从小到大（升序）的顺序排序显示记录。

若要这样做，应按下列步骤操作。

（1）打开表的数据表视图。

（2）从“记录”菜单的“筛选”子菜单中选择“高级筛选/排序”命令，Access 弹出“筛选”窗口。

（3）在“筛选”窗口中将 Entrancescore 字段拖曳到 QBE 设计网格“字段”行的第 1 个空白列中。

（4）在“排序”行的第 1 个空白列中选择“降序”选项。

（5）在“筛选”窗口中将 Department ID 字段拖曳到 QBE 设计网格“字段”行的第 2 个空白列中。

（6）在“排序”行的第 2 个空白列中选择“升序”选项，如图 4-43 所示。

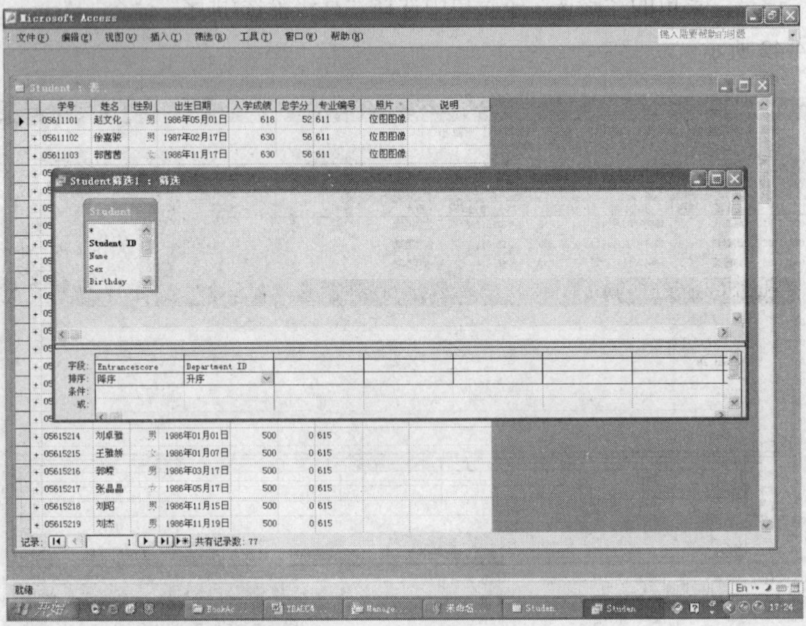

图 4-43　设置好的排序准则

（7）从“记录”菜单中选择“应用筛选/排序”命令，Access 将根据指定字段的组合对记录进行复杂排序，结果如图 4-44 所示。

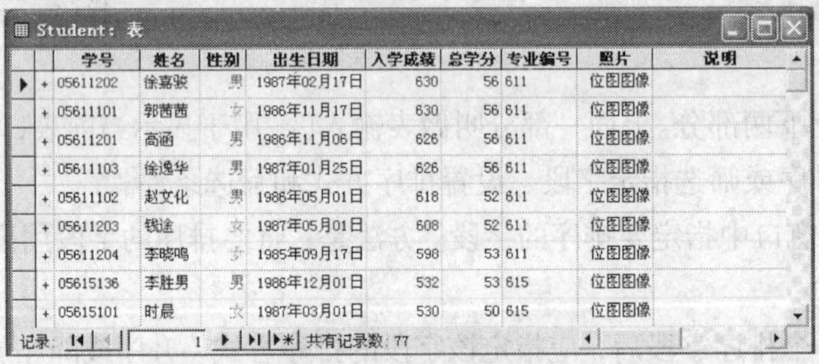

图 4-44　排序后的数据表视图

若要取消排序，可以从“记录”菜单中选择“取消筛选/排序”命令，Access 将按照该表的原有顺序显示记录。

4.9.2　筛选记录

在数据表视图中，可以对记录进行筛选，即仅将满足给定条件的记录显示在数据表视图中。对记录进行筛选的操作与对记录进行多字段排序的操作相似，不同的是：在筛选窗口中，指定了要筛选的字段以后，还要将筛选条件输入到 QBE 设计网格中的“条件”行和“或”行中。

在“条件”行和“或”行中，Access 规定：在同一行中设置的多个筛选条件，它们之间存在逻辑与的关系。在不同行中设置的多个筛选条件，它们之间存在逻辑或的关系。

在数据表视图中，可以方便地根据某一字段的值对记录进行简单的筛选。

对记录进行简单的筛选应按下列步骤操作。

（1）选择要筛选的某一字段的值。例如，选择 Department ID 字段值为“611”的某条记录。

（2）从“记录”菜单的“筛选”子菜单中选择“按选定内容筛选”命令，Access 将根据指定字段的值对记录进行筛选，筛选结果如图 4-45 所示。

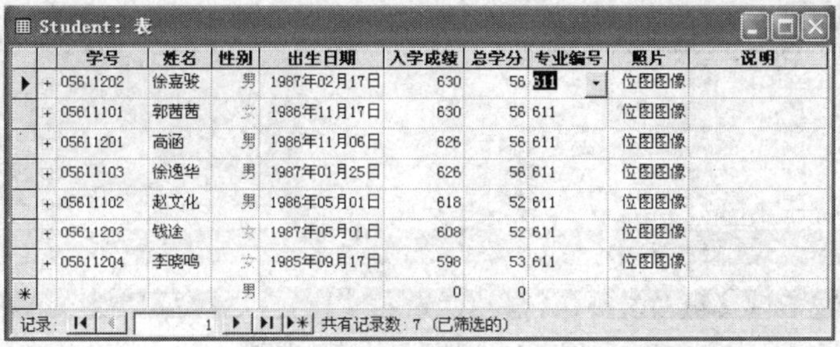
Student：表

学号	姓名	性别	出生日期	入学成绩	总学分	专业编号	照片	说明
05611202	徐嘉骏	男	1987年02月17日	630	56	611	位图图像	
05611101	郭茜茜	女	1986年11月17日	630	56	611	位图图像	
05611201	高涵	男	1986年11月06日	626	56	611	位图图像	
05611103	徐逸华	男	1987年01月25日	626	56	611	位图图像	
05611102	赵文化	男	1986年05月01日	618	52	611	位图图像	
05611203	钱途	女	1987年05月01日	608	52	611	位图图像	
05611204	李晓鸣	女	1985年09月17日	598	53	611	位图图像	
		男		0	0			

记录：1　共有记录数：7（已筛选的）

图 4-45　经过筛选的数据表视图

根据某几个字段的组合对记录进行复杂筛选应按下列步骤操作。

（1）打开表的数据表视图。

（2）从“记录”菜单的“筛选”子菜单中选择“高级筛选/排序”命令，Access 弹出“筛选”窗口。

（3）在“筛选”窗口中指定要筛选的字段。方法是：将要筛选的字段用鼠标拖曳到 QBE 设计网格的“字段”行中。

（4）在选择了一个筛选字段以后，应指定该字段的排序方式（升序或降序）。方法是：单击该字段“排序”行所对应的 QBE 设计网格，Access 显示一个下拉列表，用户可从中选择“升序”或“降序”选项。

（5）在“条件”和“或”行中设置筛选条件。

（6）重复第（3）、（4）、（5）步操作，以指定多个字段的组合来进行筛选。

（7）从“记录”菜单中选择“应用筛选/排序”命令，Access 将根据指定字段的组合对记录进行复杂筛选。

【例 4-20】 在 Student 表的数据表视图中，希望筛选信息管理与信息系统专业（Department ID="611"）入学成绩大于等于 620 分的学生。

若要这样做，应按下列步骤操作。

（1）打开 Student 表的数据表视图。

（2）从“记录”菜单的“筛选”子菜单中选择“高级筛选/排序”命令，Access 弹出“筛选”窗口。

（3）在“筛选”窗口中将 Entrancescore 字段拖曳到 QBE 设计网格“字段”行的第 1 个空白列中。

（4）在“排序”行的第 1 个空白列中选择“降序”选项。

（5）在“条件”行的第 1 个空白列中设置筛选条件：>=620。

（6）在“筛选”窗口中将 Department ID 字段拖曳到 QBE 设计网格“字段”行的第 2 个空白列中。

（7）在“条件”行的第 2 个空白列中设置筛选条件：=“611”，如图 4-46 所示。

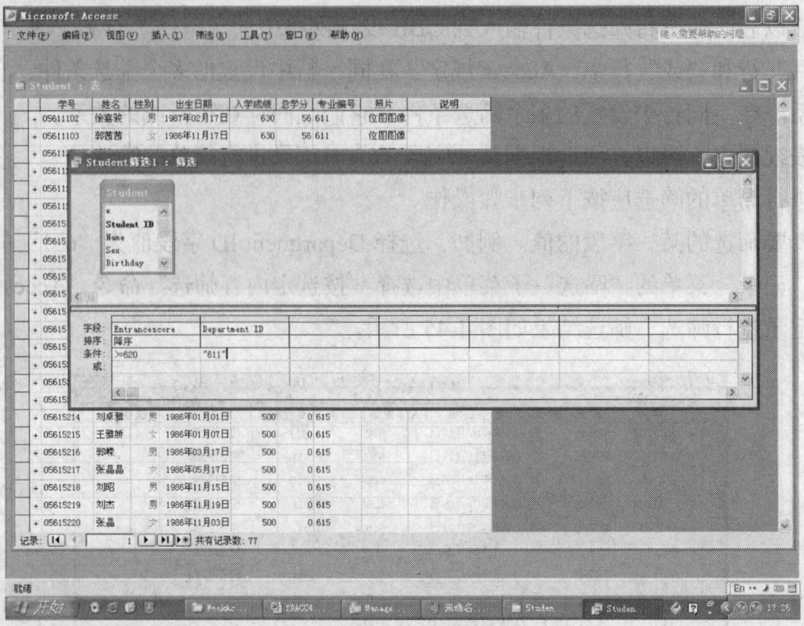

图 4-46　设置好的筛选准则

（8）从“记录”菜单中选择“应用筛选/排序”命令，Access 将根据指定字段的组合对记录进行复杂筛选，结果如图 4-47 所示。

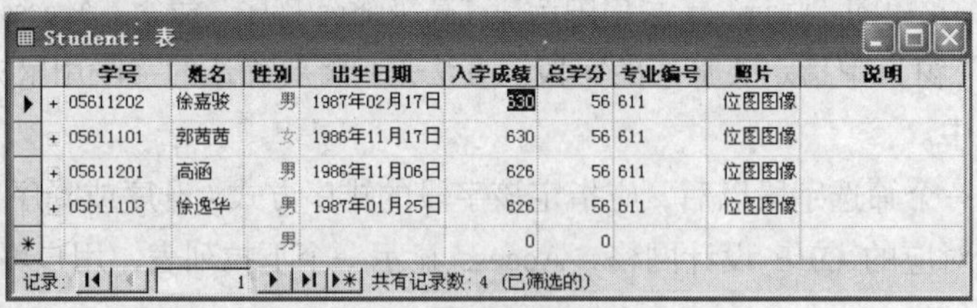

学号	姓名	性别	出生日期	入学成绩	总学分	专业编号	照片	说明
05611202	徐嘉骏	男	1987年02月17日	630	56	611	位图图像	
05611101	郭茜茜	女	1986年11月17日	630	56	611	位图图像	
05611201	高涵	男	1986年11月06日	626	56	611	位图图像	
05611103	徐逸华	男	1987年01月25日	626	56	611	位图图像	
		男		0	0			

记录: 1 共有记录数: 4（已筛选的）

图 4-47　经过筛选的数据表视图

若要取消筛选，可以从“记录”菜单中选择“取消筛选/排序”命令，Access 将显示该表中的所有记录。

4.10　格式化数据表视图

在数据表视图中，用户可以重新调整字段的显示顺序、隐藏或冻结字段、改变显示数据的字型字号以及字段列的宽度和记录行的高度。上述这些操作称其为格式化数据表视图。

4.10.1　改变列宽和行高

在数据表视图中，Access 通常以缺省的列宽和行高来显示所有的列和行。标准的列宽对于字段宽度较小的列也许足够了，甚至可能还会宽一些，但对于字段宽度较大的列来说就不够宽了。同样对于行高也存在高度是否合适的问题。所幸的是，Access 允许用户调整列宽和行高。

调整列宽的一种方法是把鼠标指针放置在数据表视图顶部的字段选择器分隔线上，当鼠标指针变成双箭头时，拖曳鼠标即可调整字段列的宽度。

使用鼠标调整字段列的宽度操作起来很方便，但精确度不高。

精确地调整列宽应按下列步骤操作。

（1）首先选择想改变列宽的字段，将光标定位在该字段的任一记录上。

（2）从“格式”菜单中选择“列宽”命令，Access 弹出“列宽”对话框，如图 4-48 所示。

（3）在“列宽”对话框的“列宽”文本框中键入新的列宽值。

（4）单击“确定”按钮，Access 将精确调整列宽。

在“列宽”对话框中，如果选中“标准宽度”复选框，Access 将把该列设置为缺省的宽度。如果单击“最佳匹配”按钮，Access 就会把宽度设置成适合该字段列最大显示数据长度的列宽。

同调整列宽一样，用户也可以使用鼠标调整行的高度。方法是：把鼠标指针放置在数据表视图左边的记录选择器分隔线上，当鼠标指针变成双箭头时，拖曳鼠标即可调整记录行的高度。

同精确调整列宽一样，Access 也可以精确调整行高。

精确地调整行高应按下列步骤操作。

（1）在数据表视图中将光标定位在任一记录上。

（2）从“格式”菜单中选择“行高”命令，Access 弹出“行高”对话框，如图 4-49 所示。

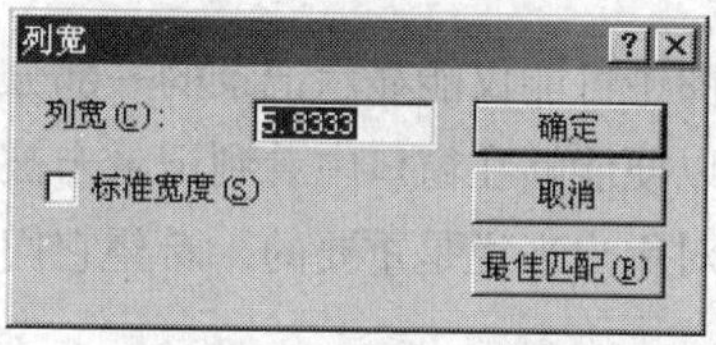

图 4-48 “列宽”对话框

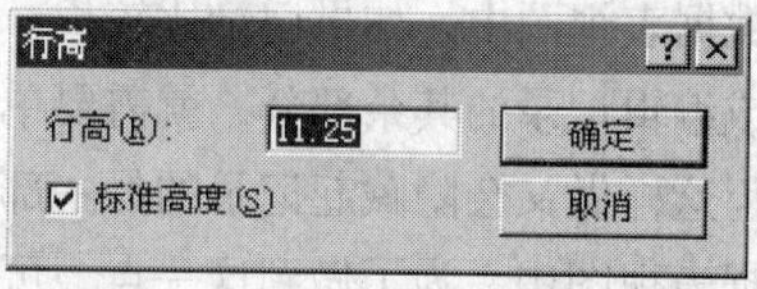

图 4-49 “行高”对话框

（3）在“行高”对话框的“行高”文本框中键入新的行高值。

（4）单击“确定”按钮，Access 将精确调整行高。

在“行高”对话框中，“标准高度”复选框被选中以后，记录行即被设置为标准行高。需要注意的是：记录行高度的调整对数据表视图中的所有记录有效。

4.10.2 编排列

在数据表视图中，字段从左到右的缺省显示顺序是由在表设计视图中定义字段的顺序所决定的。但是，用户可以改变这一显示顺序，重新编排列。

改变字段的显示顺序应按下列步骤操作。

（1）单击字段选择器以选择要移动的列，Access 高亮显示选择的列；也可以在字段选择器上拖曳鼠标以选择要移动的多列，Access 高亮显示选择的这些列。

（2）将鼠标放置在选择的字段列选择器上拖曳。

（3）到达目的地后释放鼠标，Access 将改变字段的显示顺序。

4.10.3 隐藏和显示列

在数据表视图中，Access 一般总是显示表中所有的字段。如果表中的字段比较多或数据较长，则可能要单击字段滚动条才能看到它们中的某些列。如果用户不想浏览表中的所有字段，可以把它们中的一部分隐藏起来。

隐藏列的一个简单方法是将鼠标放置在某一字段选择器右分隔线上，当鼠标指针变为双向箭头时，向右拖曳鼠标到该字段的左分隔线处，释放鼠标该列即消失。也可以首先选择要隐藏的一个或多个列，然后从“格式”菜单中选择“隐藏列”命令，Access 将隐藏所选择的列。

被隐藏的列并没有从表中删除，只是在数据表视图中暂时不显示而已。用户可以随时从“格式”菜单中选择“取消隐藏列”命令来再现被隐藏的列。在用户选择“取消隐藏列”命令时，Access 弹出“取消隐藏列”对话框，如图 4-50 所示。

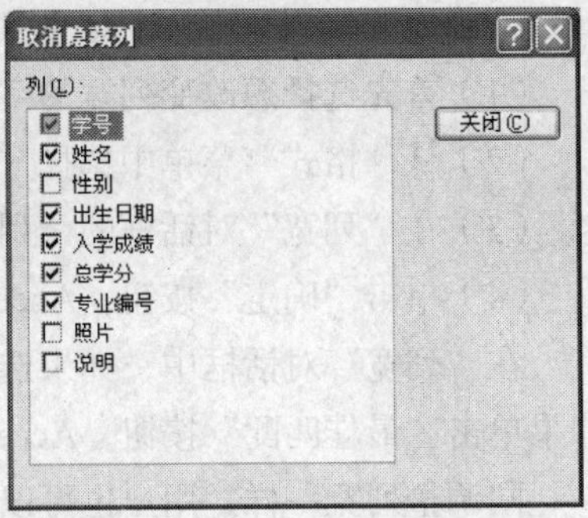
取消隐藏列
列(L):
关闭(C)
学号
姓名
性别
出生日期
入学成绩
总学分
专业编号
照片
说明

图 4-50　“取消隐藏列”对话框

在“取消隐藏列”对话框的“列”列表框中，用户可以看到表所拥有的全部字段名。那些字段名左边没有出现“√”的字段已被隐藏起来。要想恢复被隐藏的列，只需单击它即可。

4.10.4　冻结列

在数据表视图中，如果记录比较长，那么在数据表视图中可能仅能显示记录的一部分。如果要浏览或编辑记录的其余部分，就需要单击字段滚动条，以便能够在窗口中看到记录未被显示的部分，但这样做又会隐藏起记录的另一部分。也许有些列对用户来说是重要的，希望它们总是显示在数据表视图中。为了做到这一点，可冻结这些列。

若要冻结列，应首先选择要冻结的列（可以是一列，也可以是多列），然后从“格式”菜单中选择“冻结列”命令，Access 将把选择的列移到窗口最左边并冻结它们，且该列右边线以深色显示，如图 4-51 所示。当单击字段滚动条向右或向左滚动记录时，被冻结的列始终固定显示在最左边。

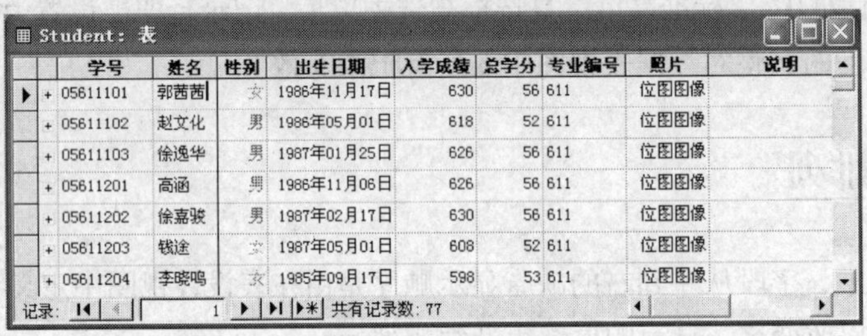
Student：表
学号 姓名 性别 出生日期 入学成绩 总学分 专业编号 照片 说明
05611101 郭茜茜 女 1986年11月17日 630 56 611 位图图像
05611102 赵文化 男 1986年05月01日 618 52 611 位图图像
05611103 徐逸华 男 1987年01月25日 626 56 611 位图图像
05611201 高涵 男 1986年11月06日 626 56 611 位图图像
05611202 徐嘉骏 男 1987年02月17日 630 56 611 位图图像
05611203 钱途 女 1987年05月01日 608 52 611 位图图像
05611204 李晓鸣 女 1985年09月17日 598 53 611 位图图像
记录: 1 共有记录数: 77

图 4-51　在数据表视图中被冻结的列

在图 4-51 所示的数据表视图中，用户冻结了 Student ID 列和 Name 列。

为了释放冻结列，可以从“格式”菜单中选择“取消对所有列的冻结”命令。

4.10.5　设置网格线

在数据表视图中，在记录行和字段列之间通常设置有网格线，构成了直观的二维表格。Access 允许用户重新设置或隐藏网格线。

重新设置或隐藏网格线应按下列步骤操作。

（1）从“格式”菜单中选择“数据表”命令，Access 将弹出“设置数据表格式”对话框，如图 4-52 所示。

（2）在“设置数据表格式”对话框中，选择适当的选项。

（3）单击“确定”按钮，Access 将重新设置或隐藏网格线。

在“设置数据表格式”对话框中，当用户选择了“平面”单选项以后，可以通过选择“水平方向”和“垂直方向”复选框来控制是否在数据表视图中显示水平或垂直网格线。“背景颜色”组合框可以控制数据表视图的背景颜色。“网格线颜色”组合框可以控制网格线的颜色。“边框和线条样式”组合框可以控制“数据表边框”、“水平网格线”、“垂直网格线”的线型。

图 4-53 所示为在“设置数据表格式”对话框中仅选择“水平方向”复选框，不选择“垂直方向”复选框的数据表视图。

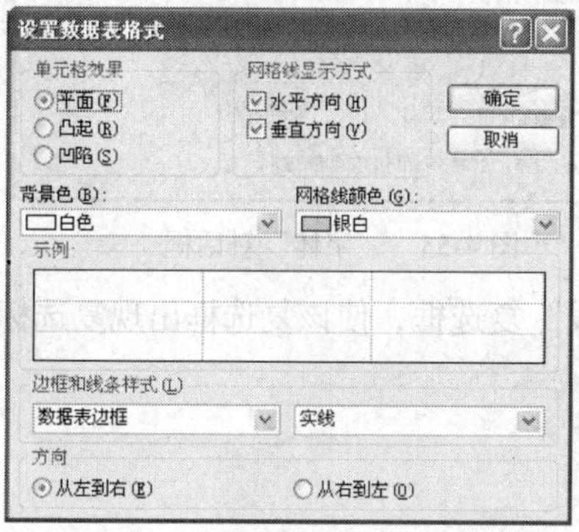

图 4-52　“设置数据表格式”对话框

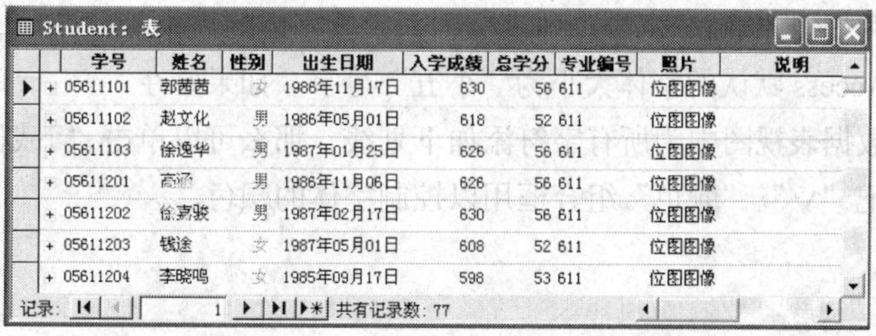

图 4-53　仅显示水平网格线的数据表视图

4.10.6　设置立体效果

通常，Access 以二维平面效果显示数据表视图。但为了美化数据表视图，Access 也允许用户重新设置数据表视图，从而可以以三维的立体效果显示数据表视图。

设置数据表视图的立体效果应按下列步骤操作。

（1）从“格式”菜单中选择“数据表”命令，Access 弹出“设置数据表格式”对话框。

（2）在“设置数据表格式”对话框中，选择“凸起”或“凹陷”单选项。

（3）单击“确定”按钮，Access 将以三维立体效果显示数据表视图。

图 4-54 所示为在“设置数据表格式”对话框中选择“凸起” 单选项以后的三维立体数据表视图。

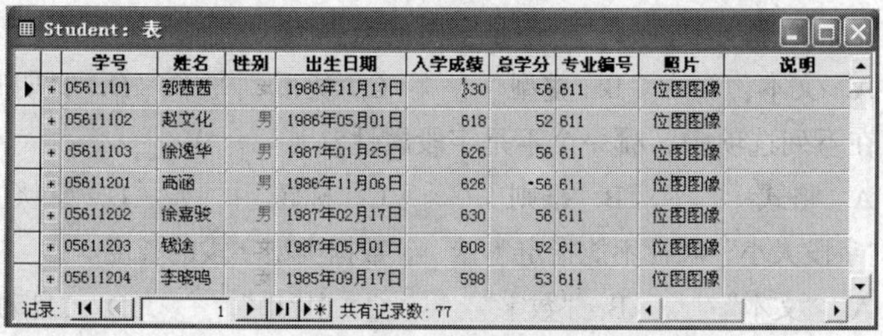

图 4-54　采用三维立体效果显示的数据表视图

4.10.7　选择字体

在数据表视图中，如果系统设置的字体、字型以及字号满足不了用户的需要，Access 允许用户重新设置。

重新设置数据表视图的字体、字型以及字号，应按下列步骤操作。

（1）从“格式”菜单中选择“字体”命令，Access 弹出“字体”对话框，如图 4-55 所示。

（2）在“字体”对话框中选择适当的选项。

（3）单击“确定”按钮，Access 将重新设置数据表视图的字体、字型以及字号等样式。

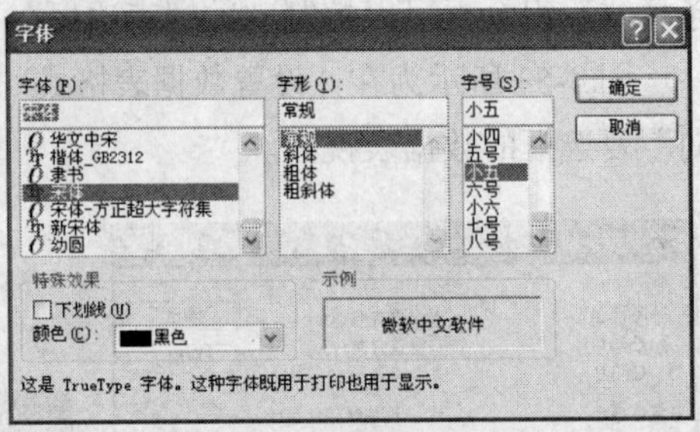

图 4-55　“字体”对话框

在“字体”对话框中，“字体”列表框用来选择字体。用户可以在该列表框中看到在 Windows 系统中设置的所有字体。“字形”列表框用来选择字型，例如斜体字。“字号”列表框用来设置字体的大小。Access 默认的字体大小为“小五”号字。如果要在数据表视图中为所有字符添加下划线，那么可以单击“下划线”复选框，使该复选框出现复选标记“√”。“颜色”组合框用以控制字体的颜色。

练习题

一、选择题

1. 在 Access 中，不能采用以下哪种方式创建表？（　　）

   A. 使用“设计视图”　　B. 使用“数据表视图”

   C. 使用“交叉表”　　D. 使用“链接表”

2. 在下列选项中，哪一个不是字段名称应遵循的命名规则？（　　）

   A. 字段名称的长度最多可达 64 个字符

   B. 字段名称可以包含字母、汉字、数字、空格和其他字符

   C. 空格可以作为字段名称的首字符

   D. 字段名称不能包含句号(。)、惊叹号(!)、方括号([ ])和重音符号(`)

3. 在下列选项中，哪一个不是字段的数据类型？（　　）

   A. 文本　　B. 整型　　C. 货币　　D. 日期/时间

4. 在下列选项中，哪一个不是字段属性？（　　）

   A. 格式　　B. 准则　　C. 标题　　D. 默认值

5. “字段大小”属性不能指定（　　）数据类型字段的长度。

   A. “文本”　　B. “数字”　　C. “货币”　　D. “自动编号”

6. “格式”属性不能为（　　）数据类型的字段定义数据的显示和打印格式。

A. “文本” B. “数字” C. “货币” D. “OLE 对象”

7. Subject 表的（ ）字段适合作为主键。

A. Examination Way B. Credit C. Subject Name D. Subject ID

8. Department 表和 Student 表（ ）表间关系。

A. 存在一对一 B. 存在多对多 C. 存在一对多 D. 不存在

9. Student 表和 Score 表（ ）表间关系。

A. 存在一对一 B. 存在多对多 C. 存在一对多 D. 不存在

10. 在下列有关建立表间关系的描述中，哪一个是错误的？（ ）

A. 一个表可以同时与多个表建立表间关系

B. 关系数据库可以为表建立表间关系，从而反映客观世界的复杂联系

C. 可以为表建立一对一或一对多的表间关系

D. 两个表之间若要建立表间关系，其关联字段的数据类型可以相同也可以不同

二、填空题

1. 表是________的数据库对象。
2. 表的设计视图由字段输入区域和________区域两部分组成。
3. 在表的设计视图中，字段输入区域可以定义________、________和说明。
4. 采用________方式创建的新表与源表具有相同的结构和记录，并且在源表中对记录的添加、更新和删除操作将会反映到新表中。
5. 采用________方式创建的新表与源表具有相同的结构和记录，但是它们彼此是相互独立的，即在源表中对记录的添加、更新和删除操作不会反映到新表中。
6. 定义为“OLE 对象”数据类型的字段适合于存储________数据。
7. 定义为“文本”数据类型的字段最多可以存储________个字符。
8. 字段的“格式”属性用于定义数据的________格式和打印格式。
9. 字段的“默认值”属性用于定义字段的________值。
10. 字段的“输入掩码”属性用于定义数据的________格式。
11. 字段的“有效性规则”属性用于定义字段的________规则。
12. 在 Subject 表中，Credit 字段用于存储课程学分，取值范围为 1 ~ 18。为了节省存储空间，应将该字段的“字段大小”属性设置为________。
13. 在 Subject 表中，Examination Way 字段用于存储课程的考试类型。要求当在该字段输入逻辑真值时，能够显示“周内”字样；输入逻辑假值时，能够显示“周外”字样。为了实现上述要求，应将该字段的“格式”属性设置为________。
14. 在 Student 表中，Sex 字段用于存储学生的性别。要求当在该字段输入逻辑真值时，能够显示“男”字样；输入逻辑假值时，能够显示“女”字样。为了实现上述要求，应将该字段的“格式”属性设置为________。
15. 在 Subject 表中，Subject ID 字段用于存储课程编号。课程编号的首字符必须是字母，第 2 个字符必须是数字，第 3、4 个字符可以是字母或数字。为了实现上述要求，应将该字段的“输入掩码”属性设置为________。
16. 在 Department 表中，Department ID 字段用于存储专业编号。专业编号的首字符必须是字母，第 2 个字符必须是数字，第 3 个字符可以是字母或数字。为了实现上述要求，应将该字段的“输

入掩码”属性设置为________。

17. ________可以按照一定的规则重新排列表中的记录，从而加快数据的检索速度。

18. ________可以由一个或多个字段组成，用于标识表中的每一条记录。

19. 若要在两个表之间建立一对一关系，________必须以相关联的字段建立________。

20. 若要在两个表之间建立一对多表间关系，________必须根据相关联的字段建立________。

21. 使用数据表视图可以随时________、________和________表中已有的记录，还可以________和________记录以及对记录进行________和________。

22. 记录选择器用于________记录以及显示________记录的________。

23. 记录滚动条用于滚动显示________其他________。字段滚动条用于滚动显示________其他________。

24. 记录浏览按钮用于指定并显示________。

25. 在数据表视图中，如果每条记录第 1 个字段的左边显示有“+”号，则表明打开的表与其他表存在________关系。

26. 在打开表的数据表视图时，Access 一般是以表中定义的________的大小按升序的方式排序显示记录。如果在表中没有定义________，Access 将按照记录在表中的物理位置顺序来显示记录。

27. 在数据表视图中使用“升序”或“降序”按钮，根据几个字段的组合对记录进行排序的条件是这几个字段必须是________，而且这几个字段必须按照________升序或降序来排序。

28. 在数据表视图中，筛选是仅将________记录显示在数据表视图中。

29. 在数据表视图中，可以调整行高列宽。用户可以单独调整某一________，但是不能单独调整某一________。

30. 在数据表视图中，可以________列、________列、________列。

三、简答题

1. 在 Access 中，可以采用哪几种方式创建表？采用“导入表”和“链接表”方式创建的新表在使用上有何差异？

2. 在 Subject 表中，Credit 字段的数据类型为“数字”，取值范围是 0 ~ 18。为了节省存储空间，如何设置该字段的字段属性？

3. 在 Student 表中，Sex 字段的数据类型为“是/否”，假设逻辑真代表“女”，逻辑假代表“男”，那么如何设置 Sex 字段的字段属性，才能在数据表视图中直观地显示学生的“男”、“女”性别？

4. 在 Score 表中，Examination Date 字段的数据类型为“日期/时间”。如果要求在该字段中输入日期值（例如，输入 3-13-2004）以后，Access 除了能够显示输入的日期以外还能够显示该日前的星期英文缩写（例如，显示 3-13-2004 Sat），应如何设置 Examination Date 字段的字段属性？

5. 在 Subject 表中，Subject ID 字段的数据类型为“文本”。如果要为该字段输入固定 4 位长度的数据，并且首位必须是大写字母，第 2 至第 4 位可以是任意的字符，应如何设置 Subject ID 字段的字段属性？

6. Access 为何要为表定义主键？在创建表时是否一定要为表定义主键？

7. 在表中建立索引的目的是什么？如何建立多字段组合索引？

8. 在 Access 中，为表建立一对一和一对多表间关系的条件分别是什么？

四、应用题

1. 试在 Score 表的数据表视图中查找 07 级学生所选的全部课程。

2. 试在 Student 表的数据表视图中，将学号前五位为“07611”的所有学生的前 5 位学号替换为“07612”。

3. 试在 Score 表的数据表视图中，筛选课程编号为“3103”并且考试成绩大于等于 85 分的学生选课记录。

第5章 查询

在 Access 关系数据库中，查询（Query）是根据用户给定条件，在指定的表中筛选记录或者进一步对筛选出来的记录做某种操作的数据库对象。查询可以进一步分为选择查询、参数查询、交叉表查询、操作查询和 SQL 查询。

选择查询可以从指定的表中获取满足给定条件的记录，也可以对筛选出来的记录进行分组，并且对记录作总计、计数、平均值以及其他类型的汇总计算。

参数查询是一种特殊的选择查询。在参数查询中通常用查询参数代替筛选条件中的常量，在参数查询运行时才要求为查询参数输入具体的值，这样做增加了查询的灵活性，适应面更广。

交叉表查询也是一种特殊的选择查询。交叉表查询首先对记录作总计、计数、平均值以及其他类型的汇总计算，然后重新组织汇总结果的数据输出结构，以二维表的形式输出汇总数据，这样可以更加方便地分析数据。

操作查询是建立在选择查询基础之上的查询。操作查询不只是从指定的表或查询中根据用户给定的条件筛选记录以形成动态集，还要对动态集进行某种操作并将操作结果返回到指定的表中。操作查询可以从指定的表中筛选记录以生成一个新表或者对指定的表进行记录的添加、更新或删除操作。Access 提供了 4 种操作查询：更新（Update）查询、生成表（Make Table）查询、追加（Append）查询和删除（Delete）查询。

SQL 查询是直接使用 SQL 语句创建的查询，用户可以使用结构化查询语言 SQL 来检索、更新和管理 Access 关系数据库。有关结构化查询语言 SQL 的详细内容请参阅“第 6 章　结构化查询语言（SQL）”。

本章将简要介绍查询的特点，学习如何创建选择查询，如何建立汇总查询和交叉表查询，如何建立参数查询以增加查询的灵活性和适应性，如何建立多表查询以及如何使用查询向导建立特殊的查询。还将学习怎样创建和使用更新查询、生成表查询、追加查询和删除查询。

5.1 查询的特点

在 Access 关系数据库中，查询是在数据库的表对象中根据给定的条件筛选记录或者进一步对筛选出来的记录做某种操作的数据库对象。查询可以从一个表或多个相互关联的表中筛选记录，也可以从已有的查询中进一步筛选记录。在 Access 关系数据库中，查询可以进一步分为选择查询、参数查询、交叉表查询、操作查询和 SQL 查询。用户可以使用选择查询从指定的表中获取满足给定条件的记录，也可以使用操作查询从指定的表中筛选记录，以生成一个新表或者对指定的表进行记录的更新、添加或删除操作。

Access 允许用户在前台（查询设计视图窗口）通过直观的操作构造查询，系统自动在后台（SQL 视图窗口）生成对应的 SQL 语句。当运行建立好的查询时，Access 将从指定的表中根据给定条件筛选记录。筛选出来的记录组成为一个动态集（Dynaset），并以数据表视图的方式显示。动态集是一个临时表，当用户关闭动态集数据表视图的时候，动态集消失。需要注意的是：动态集并不保存在查询中，查询对象仅仅保存查询的结构——查询所涉及的表和字段、排序准则、筛选条件等。

在查询中，用户可以方便地从单表或彼此相关的多表中获取记录并形成一个动态集，也可以方便地确定动态集由表的哪些字段组成。在查询中，用户可以通过设置筛选条件来选择在动态集中显示的记录，也可以根据指定的字段对动态集进行排序。在查询中，用户可以进一步对筛选出来的记录进行计算，并将结果返回到动态集中。

运行查询所生成的动态集具有很大的灵活性，适合作为报表和窗体的数据源。使用基于查询的窗体和报表，在每一次打开窗体或打印报表时，查询都将从指定的表中获取大量的最新的记录。

Access 提供的选择查询仅仅能够根据用户给定的条件，从指定的表中筛选出有用的记录，而操作查询不仅能根据用户给定的条件从指定的表中筛选出有用的记录，还能够对筛选出来的记录进行某种操作。例如，对筛选出来的记录进行更新、添加或删除操作。

5.2 建立选择查询

Access 的选择查询可以在指定的表或已建好的其他查询中获取满足给定条件的记录，有效地解决了数据的检索问题。Access 允许用户在前台（选择查询设计视图窗口）通过直观的操作构造查询，系统自动在后台（SQL 视图窗口）生成相应的 SQL 语句。由此可见，建立选择查询并不是一件难事。

5.2.1 建立选择查询

建立选择查询应按下列步骤操作。

（1）在“数据库”窗口中单击“查询”对象。

（2）单击“新建”按钮，Access 弹出“新建查询”对话框，如图 5-1 所示。

（3）在“新建查询”对话框中选择“设计视图”选项，然后单击“确定”按钮，Access 将打开选择查询设计视图并弹出“显示表”对话框，如图 5-2 所示。

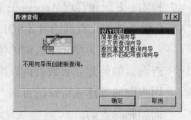

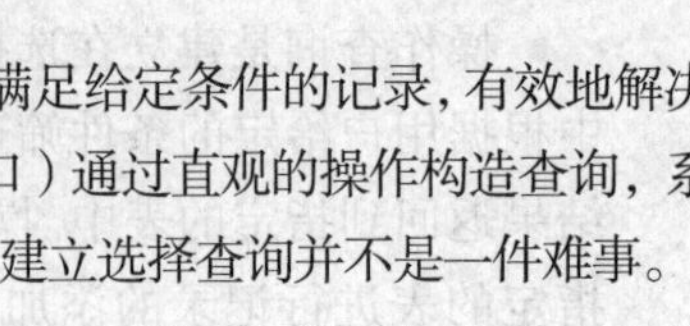

图 5-1 “新建查询”对话框

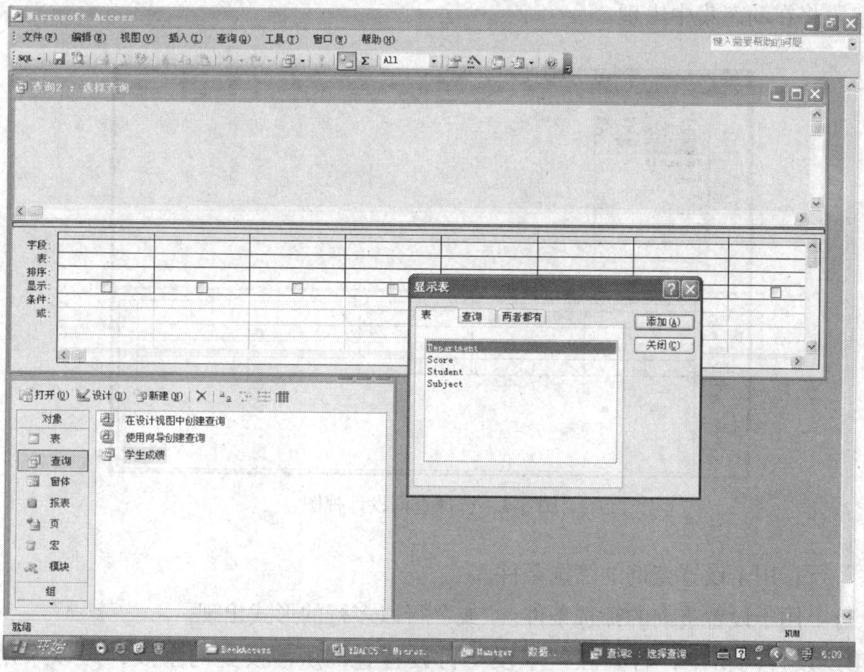

图 5-2　选择查询设计视图和“显示表”对话框

（4）在“显示表”对话框中选择查询所涉及的表或已建好的其他查询。每选择好一个表或查询以后，应单击“添加”按钮以将其添加到选择查询设计视图。

（5）选择完查询所涉及的表或已建好的其他查询以后，单击“关闭”按钮，Access 关闭“显示表”对话框并返回到选择查询设计视图。在选择查询设计视图中，若要再添加其他的表或查询，可以随时单击工具栏上的“显示表”按钮，在弹出的“显示表”对话框中加以选择。

（6）在选择查询设计视图中，通过直观的操作构造查询（设置查询所涉及的字段以及排序和筛选准则等）。

（7）单击“保存”按钮，Access 弹出“另存为”对话框，如图 5-3 所示。

（8）在“另存为”对话框中键入选择查询的名称。

（9）单击“确定”按钮，Access 保存建立好的查询。

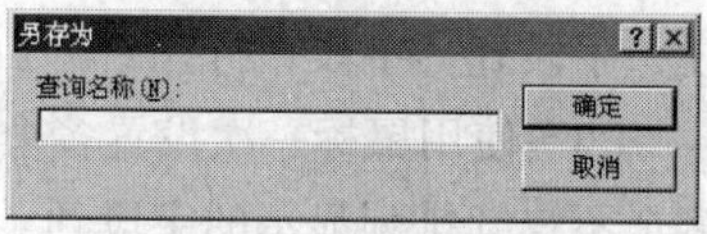

图 5-3　“另存为”对话框

5.2.2　选择查询设计视图结构

图 5-4 显示了含有 Student 表的选择查询设计视图。该视图分为上下两部分，上半部分称为表/查询输入区，用于显示查询要使用的表或其他查询；下半部分称为范例查询（QBE）设计网格，用于确定动态集所拥有的字段和筛选条件等。

在 QBE 设计网格中，Access 初始设置了如下几行。

“字段”行：可在此行设置字段名或字段表达式，用于设置查询所涉及到的字段。

“表”行：可在此行显示字段来自于哪一个表，用于指明字段所归属的表。

“排序”行：用于设置查询的排序准则。

“显示”行：用于确定相关字段是否在动态集中出现。它以复选框的形式出现，当复选框选中时，相关字段将在动态集中出现。

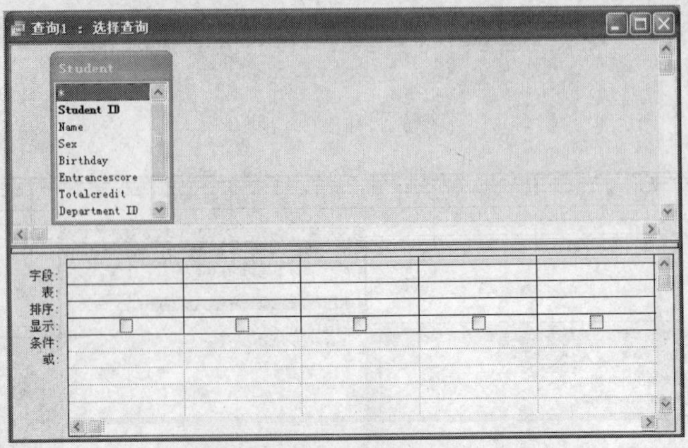

图 5-4　选择查询设计视图

“条件”行：用于设置查询的筛选条件。

“或”行：用于设置查询的筛选条件。“或”行以多行的形式出现。

在 QBE 设计网格中，若要在“字段”行设置查询所涉及到的字段，可以采用以下几种方法。

（1）使用鼠标设置一个字段。直接在表/查询输入区中拖曳表的某一字段到“字段”行的第一个空列中。

（2）在空“字段”列的组合框中选择一个字段。首先单击“字段”行的第一个空列，然后在空列中出现的组合框中选择要设置的字段。

（3）使用鼠标一次设置多个连续字段。如果要在表/查询输入区显示的表窗口中一次拖曳多个连续排列显示的字段到“字段”行，可以首先单击要设置的第一个字段，然后按下 Shift 键并单击要设置的最后一个字段，Access 选中这些连续排列显示的字段，最后使用鼠标拖曳其中的任一字段到“字段”行。

（4）使用鼠标一次设置多个不连续字段。如果要在表/查询输入区显示的表窗口中一次拖曳多个不连续排列显示的字段到“字段”行，可以首先单击要设置的第一个字段，然后按下 Ctrl 键并单击要设置的每一个字段，Access 将选中这些不连续排列显示的字段，最后使用鼠标拖曳其中的任一字段到“字段”行。

（5）使用鼠标采用缩写的形式一次设置指定表的全部字段。在 QBE 设计网格的“字段”行中，如果要使用鼠标拖曳的方式一次设置指定表的全部字段，可以在表/查询输入区显示的表窗口中拖曳“*”到“字段”行，Access 即以缩写的形式（表名.*）设置指定表的全部字段。采用缩写形式设置指定表的全部字段，虽然实现容易、形式简洁，但要根据某个字段设置排序准则或筛选条件，还需要在“字段”行中再次设置该字段。例如，若要根据 Score 字段设置筛选条件 Score>=60，还需要在“字段”行的空列中再次设置该字段，并撤销该字段在“显示”行复选框的复选标记“√”，如图 5-5 所示。

（6）使用鼠标一次设置指定表的全部字段。在 QBE 设计网格的“字段”行中，如果要使用鼠标拖曳的方式一次设置指定表的全部字段，应首先在表/查询输入区中双击表窗口的标题栏，Access 即选中表的全部字段，最后使用鼠标拖曳其中的任一字段到“字段”行。

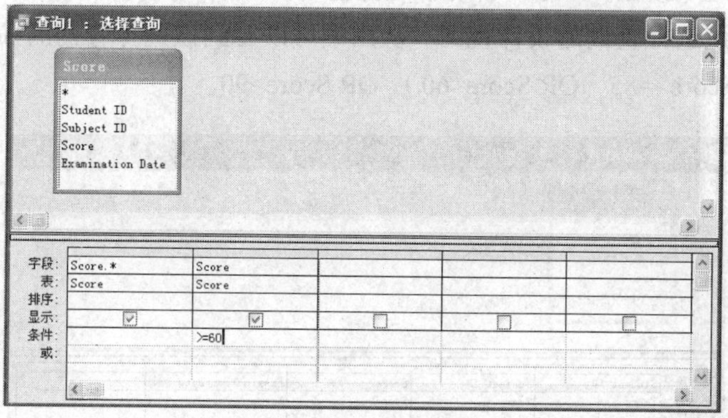

图 5-5　以缩写的形式设置指定表的全部字段并设置筛选条件

在为“字段”行选择字段的同时，Access 自动在“表”行显示用户所选择的字段所归属的表的表名。这对于多表查询是很有用的，因为在多个相关表中，有些字段可能同名，“表”行中显示的表名有助于用户识别字段来自哪一个表。

“排序”行用来确定在动态集中是否按同一列中指定的字段进行排序。单击“排序”行的任意一列，并单击向下箭头，Access 允许用户为同一列中指定的字段选择“升序”或“降序”。

在“显示”行中，用户可以使用复选框来确定将在动态集中显示的字段。在默认情况下，Access 显示所有在 QBE 设计网格中选择的字段。如果需要根据某一字段设置排序准则或筛选条件，但又不需要在动态集中显示该字段，那么可以单击该字段所对应的“显示”复选框，去掉复选标记“√”。

在 QBE 设计网格中设置有一个“条件”行和多个“或”行。在“条件”行和多个“或”行中，用户可以设置记录的筛选条件。相邻行的筛选条件彼此之间存在逻辑或的关系，同一行的筛选条件彼此之间存在逻辑与的关系。

【例 5-1】 试建立选择查询以筛选 Score 表中课程代码为“3101”并且成绩大于等于 85 或小于 60 的学生选课记录，以及成绩大于 90 的所有学生选课记录。

完成上述任务应按下列步骤操作。

（1）在“数据库”窗口中单击“查询”对象。

（2）单击“新建”按钮，Access 弹出“新建查询”对话框。

（3）在“新建查询”对话框中选择“设计视图”选项，然后单击“确定”按钮，Access 将打开选择查询设计视图并弹出“显示表”对话框。

（4）在“显示表”对话框中选择 Score 表，然后单击“添加”按钮。

（5）单击“关闭”按钮，Access 关闭“显示表”对话框并返回到选择查询设计视图。

（6）在选择查询设计视图的表/查询输入区中双击 Score 表的标题栏，Access 选中该表的全部字段。

（7）拖曳其中的任一字段到“字段”行，Access 在“字段”行设置该表的全部字段。

（8）在“条件”行的 Subject ID 字段列中设置：“3101”。在 Score 字段列中设置：>=85 Or <60。在“或”行的 Score 字段列中设置：>90。

（9）单击“保存”按钮，Access 弹出“另存为”对话框。

（10）在“另存为”对话框中键入该选择查询的名称 SelectScore。

（11）单击“确定”按钮，Access 保存该选择查询。

图 5-6 显示了该选择查询的设计视图。从图中可以看到该选择查询的筛选条件为：Subject ID="3101" AND （Score>=85 OR Score<60） OR Score>90。

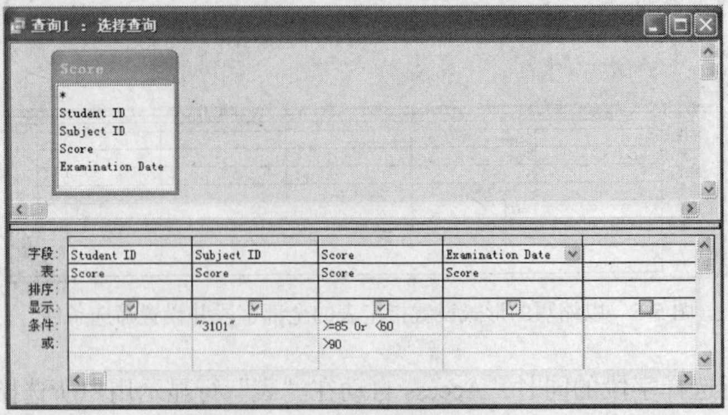

图 5-6 在多行多列中输入筛选条件

5.2.3 运行选择查询

当选择查询创建好以后，用户可以运行该选择查询以获得查询结果。运行选择查询的方法大体有如下 3 种。

（1）在选择查询设计视图中直接单击工具栏上的“运行”按钮，Access 运行该选择查询，将筛选出来的记录组成为一个动态集，如图 5-7 所示。

（2）在选择查询设计视图中直接单击工具栏上的“视图”按钮，Access 运行该选择查询。需要注意的是：这种方法仅适用于选择查询。

（3）在“数据库”窗口中，首先选择要运行的查询，然后单击“打开”按钮，Access 运行该查询。

学号	课程编号	考试成绩	考试日期
05611103	3101	100	2007年01月12日
05611103	3103	98	2006年07月02日
05611204	3101	100	2007年01月12日
05611102	3101	92	2007年01月12日
05611204	3103	96	2006年07月02日
05611202	3101	98	2007年01月12日
05611202	3103	100	2006年07月02日
05611102	3103	100	2006年07月02日
05611204	3206	98	2008年01月06日
05615104	3101	98	2007年01月12日
05615105	3101	98	2007年01月12日
05615106	3101	87	2007年01月12日
05770106	3101	88	2007年01月12日
05770107	3102	98	2007年07月12日
05770108	3101	59	2007年01月12日
*		0	

记录: 1 共有记录数: 15

图 5-7 选择查询的结果——动态集

上述 3 种运行查询的方法可以视情况选用。当用户正在查询设计视图中设计查询时，若要浏览查询的结果，可以采用前两种方法切换到查询的数据表视图中去。在查询的数据表视图中，用户可以看到查询的结果——动态集。在查询的数据表视图中，若要返回到查询设计视图，可以再次单击工具栏上的“视图”按钮。

5.2.4 输入查询条件

在 QBE 设计网格中设置有一个“条件”行和多个“或”行。在“条件”行和多个“或”行中，用户可以设置记录的筛选条件。在运行查询时，Access 将从指定的表中筛选出符合条件的记录并将其组成动态集。由此可见，在查询设计视图中设置筛选条件，是用户获得有用信息的重要手段。

为了在某一字段中寻找符合单一给定值的记录，只要把该值键入到要搜寻的字段下方的“条件”行或者“或”行中就可以了。

如果要在某一字段中寻找符合几个给定值的记录，可以在“条件”行中输入每一个值，使它们被逻辑或运算符分隔开即可；也可以在“条件”行和多个“或”行中分别输入每一个值。

【例 5-2】 若要在 Student 表中筛选学号为“05611101”、“05611201”和“05611202”的 3 条记录，可以在 Student ID 字段的“条件”行中输入筛选条件：="05611101" Or ="05611201" Or ="05611202"。也可以将上述筛选条件输入到“条件”行和“或”行中去。即将= “05611101”输入到“条件”行，= “05611201”输入到“或”行（第 1 个“或”行），= “05611202”输入到“或”行下面的第 2 个“或”行，如图 5-8 所示。

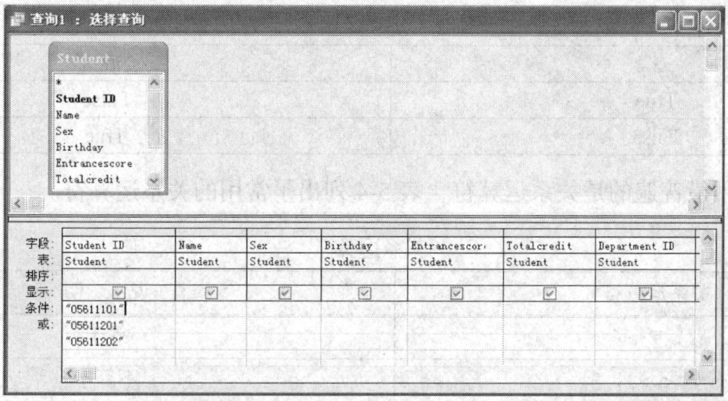

图 5-8　在“条件”行和“或”行中设置筛选条件

从图 5-8 可以看到，在“条件”行和“或”行中设置筛选条件时，如果涉及到关系运算符“=”，可以将其省略。如果要搜寻的字段是“文本”数据类型的字段，则应为要搜寻的文本数据添加引号。如果没有这样做，Access 会自动为文本数据添加引号。

从【例 5-1】和【例 5-2】可以看到，在“条件”行和“或”行中（“或”行以多行形式出现），相邻行中设置的筛选条件彼此之间存在逻辑或（OR）的关系。但是在同一“条件”行或“或”行的不同列中输入的多个筛选条件，它们彼此之间存在逻辑与（AND）的关系。例如，在“条件”行的 Subject ID 字段列中输入：“3101”，在 Score 字段列中输入：>85 Or <60，则筛选条件为：Subject ID="3101" AND （Score>85 Or Score <60），即将课程代码为“3101”并且成绩大于 85 分或小于 60 分的记录筛选出来。

通过上述实例可以看出：Access 从指定的表中将那些使得筛选条件为真（即查询条件成立）的记录置于动态集中，这恰恰满足了用户查询、筛选数据的要求。

表 5-1 描述了在筛选条件中使用逻辑与（And）运算符的运算规则。从表 5-1 可以总结出只有当逻辑与运算符两边的条件都为真（成立）时，逻辑与运算结果才为真。

表 5-1　逻辑与（And）运算规则

X	*Y*	*X* And *Y*
False	False	False
False	True	False
True	False	False
True	True	True

表 5-2 描述了在筛选条件中使用逻辑或（Or）运算符的运算规则。从表 5-2 可以看出，只要逻辑或运算符两边的条件有一边为真（成立），逻辑或运算结果即为真。

表 5-2　　逻辑或（Or）运算规则

X	*Y*	*X* Or *Y*
False	False	False
False	True	True
True	False	True
True	True	True

表 5-3 描述了在筛选条件中使用逻辑非（Not）运算符的运算规则。

表 5-3　　逻辑非（Not）运算规则

X	Not *X*
True	False
False	True

在查询中运用最普遍的是关系运算符，表 5-4 列出了常用的关系运算符。

表 5-4　　关系运算符

关系运算符	说　明
=	等于
< >	不等于
<	小于
<=	小于等于
>	大于
>=	大于等于

在筛选条件中除了能够运用关系运算符和逻辑运算符来描述筛选条件以外，Access 还提供了 3 个特殊的运算符：Between、In 和 Like。

Between 用于指定一个值的范围。例如：Between 18 AND 35，等价于:> =18 AND <= 35。两个值之间要用 AND 连接，第 1 个值小，第 2 个值大。

In 用于指定一个值的列表，其中任一值都可与查找的字段匹配。例如：In ("05611101","05611201","05611202")，等价于:= “05611101” Or = “05611201” Or = “05611202”。

【例 5-3】 试建立一个选择查询，以查找计算机科学与技术专业和信息管理与信息系统专业入学成绩介于 580 到 630 分的学生记录。

在 Student 表中，计算机科学与技术专业的专业编号为“770”，信息管理与信息系统专业的专业编号为“611”。专业编号对应的字段是 Department ID，入学成绩对应的字段是 Entrancescore。若要完成上述任务，应建立图 5-9 所示的选择查询。

在图 5-9 所示的选择查询设计视图的“条件”行中，为 Department ID 字段列设置：In ("770","611")，等价于：Department ID="770" Or Department ID="611"；为 Entrancescore 字段列设置：Between 580 And 630，等价于：Entrancescore>=580 And Entrancescore<=630。

Like 用于在“文本”数据类型字段中定义数据的查找匹配模式。?表示该位置可匹配任何一个字符，*表示该位置可匹配任意个字符，# 表示该位置可匹配一个数字。方括号描述一个范围，用于确定可匹配的字符范围。例如：[0-3] 可匹配数字 0、1、2、3，[A-C] 可匹配字母 A、B、C。惊叹号（!）表示除外，例如：[!3-5] 表示可匹配除 3、4、5 之外的任何字符。

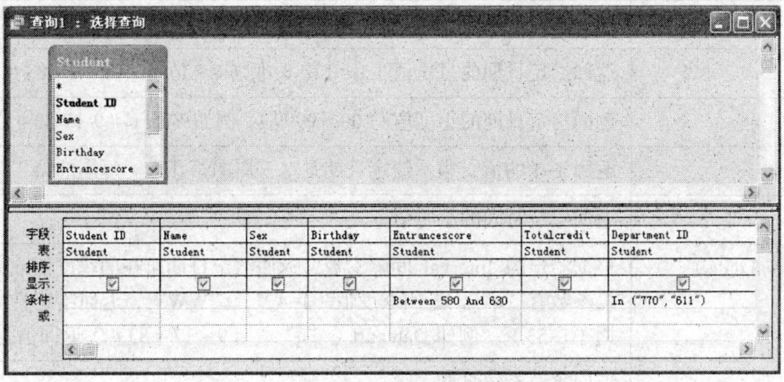

图 5-9　选择查询设计视图

【例 5-4】 在选择查询设计视图的“条件”行或者“或”行中，如果为某个“文本”数据类型的字段设置了：Like "? [B-E] A [!6-8] *"，则表示该字段可匹配这样一些字符串：第 1 个位置是任何字符，第 2 个位置可为从 B 到 E 的任何字符，第 3 个位置为 A 字符，第 4 个位置可为除数字 6 到 8 之外的任意字符，第 5 位以后可为任何长度的任何数字或字符。

【例 5-5】 试建立一个选择查询，以查找 05 级入学成绩大于等于 600 分的学生记录。

在 Student 表中，Student ID 字段保存了学生的学号。05 级学生的学号前两位均为“05”。若要完成上述任务，应建立图 5-10 所示的选择查询。

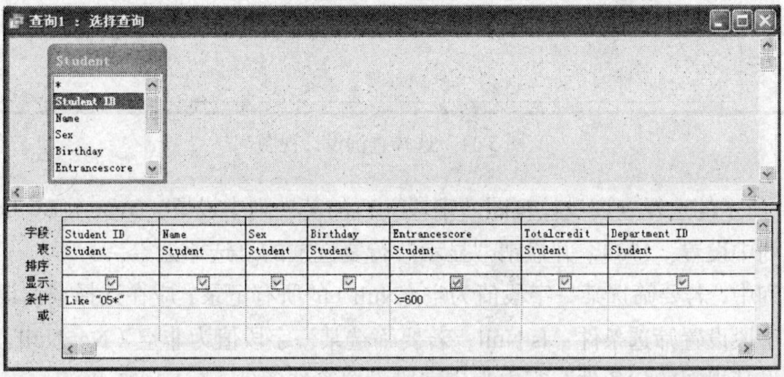

图 5-10　选择查询设计视图

在图 5-10 所示的选择查询设计视图的“条件”行中，为 Student ID 字段列设置：Like “05*”，为 Entrancescore 字段列设置：>=600。

如果在 QBE 网格中为“日期/时间”数据类型字段设置筛选条件，需要注意在日期/时间常数的两旁加上英镑（ # ）符号。例如，要使用选择查询从 Student 表中检索出 1983 年 9 月 17 日出生的学生，应在选择查询设计视图的“条件”行中，为 Birthday 字段列设置：# 9-17-1983 # 。

表 5-5 列出了 Access 提供的有关日期/时间函数，使用这些函数可以方便地为“日期/时间”数据类型字段设置筛选条件。

表 5-5　　　　　　　　　　　　　　日期/时间函数

函　　数	说　　明
Day（date）	返回给定日期的日值（1～31）。例如，Day（#9-17-83#）返回值为 17
Month（date）	返回给定日期的月份值（1～12）。例如，Month（#9-17-83#）返回值为 9
Year（date）	返回给定日期的年度值（100～9999）。例如 Year（#9-17-83#）返回值为 1983
Weekday（date）	返回 1~7 的值，表示给定日期是这一周的第几天。每周的第 1 天从星期日开始
Hour（date）	返回给定时间的小时值
Datepart（Interval,date）	根据给定的 Interval 间隔参数，返回给定日期所在的季度值或周数。可用的间隔参数有“q”，返回季度值（1~4）；“WW”，返回给定日期为当年的第几周（1~53）。例如 Datepart（“q”，#9－17－83#）返回值为 3
Date()	返回当前系统日期

【例 5-6】 试建立一个选择查询，以查找 1988 年出生的所有学生。

若要完成上述任务，应建立图 5-11 所示的选择查询。

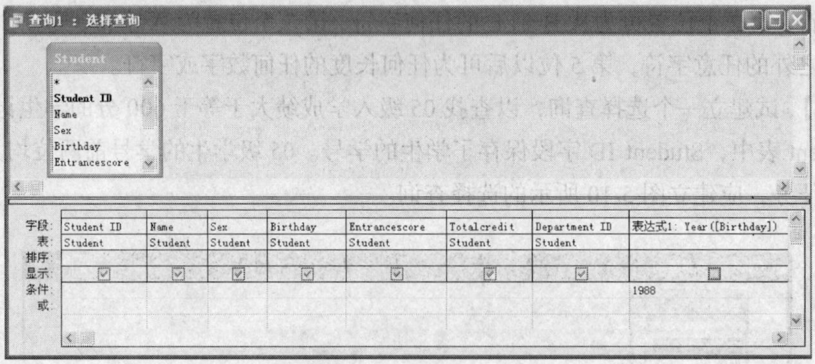

图 5-11　选择查询设计视图

在图 5-11 所示的选择查询设计视图“字段”行的某一列中设置：Year（[Birthday]）；在“条件”行的对应列中设置：1988，并撤销“显示”行复选框的复选标记。

在选择查询中，若要筛选某一字段值为空（Null）的所有记录，应在选择查询设计视图的“条件”行中为该字段设置筛选条件：Is Null；若要筛选某一字段值为非空（Not Null）的所有记录，应在选择查询设计视图的“条件”行中为该字段设置筛选条件：Is Not Null。

【例 5-7】 试建立一个选择查询，以查找 Score 表中还没有成绩的所有学生选课记录。

在 Score 表中，Score 字段存储了学生的考试成绩。如果某学生某门课还没有考试成绩，则这条记录的 Score 字段值为空（Null）。

若要完成上述任务，应建立图 5-12 所示的选择查询。

在图 5-12 所示的选择查询设计视图的“条件”行中，为 Score 字段列设置：Is Null。

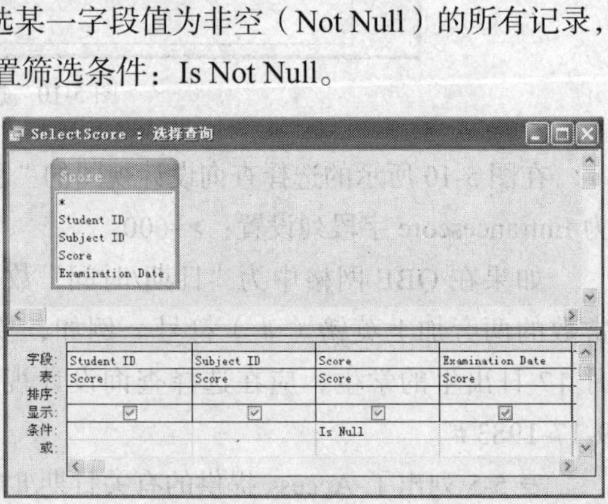

图 5-12　选择查询设计视图

5.2.5　设置字段属性

在选择查询设计视图中，表的字段属性是可继承的。也就是说，如果在表的设计视图中设置了某字段的字段属性，则为该字段设置的字段属性在查询中同样有效。如果在表的设计视图中没有设置字段属性，或者设置的字段属性不符合查询的要求，则 Access 允许用户在选择查询设计视图中重新设置字段属性。

在选择查询设计视图中设置字段属性，应按下列步骤操作。

（1）在选择查询设计视图中，首先将光标定位在“字段”行中要设置字段属性的字段列上。

（2）单击“属性”按钮，Access 弹出“字段属性”对话框，如图 5-13 所示。

（3）在“字段属性”对话框中设置字段属性。

（4）字段属性设置完毕以后单击“关闭”按钮。

在“字段属性”对话框中设置字段属性的方法与在表设计视图中设置字段属性的方法相同，详细内容请参阅“4.2 设置字段属性”一节。

【例 5-8】 图 5-14 显示了利用选择查询从 Score 表中筛选出来的课程编号为“3101”的学生选课记录。从图中可以看到，Examination Date（考试日期）字段继承了在表设计视图中为该字段设置的“格式”字段属性：YYYY“年”MM“月”DD“日”，因此 Access 将考试日期在查询的动态集中显示为：XXXX 年 XX 月 XX 日。

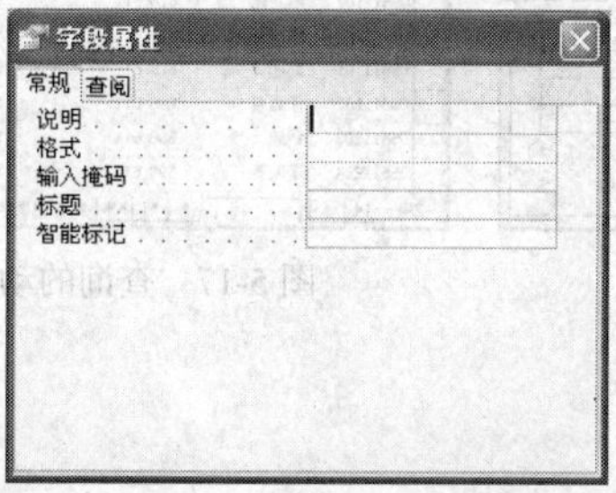

图 5-13　“字段属性”对话框

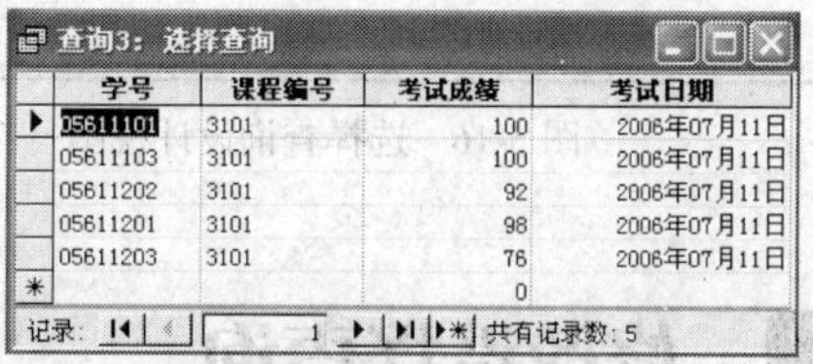

图 5-14　查询的动态集

为了清晰地显示考试在周几进行，应在选择查询设计视图中重新设置 Examination Date 字段的“格式”属性。

在选择查询设计视图中重新设置 Examination Date 字段的“格式”属性，应按下列步骤操作。

（1）在选择查询设计视图中，首先将光标定位在“字段”行的 Examination Date 字段列上。

（2）单击“属性”按钮，Access 弹出“字段属性”对话框。

（3）在“字段属性”对话框中将“格式”属性设置为：YYYY-MM-DD。

（4）单击“关闭”按钮。

运行重新设置了 Examination Date 字段的“格式”属性的选择查询，结果如图 5-15 所示。从图 5-15 可以看到，考试日期字段中不仅显示了具体的日期，还显示有星期的信息。

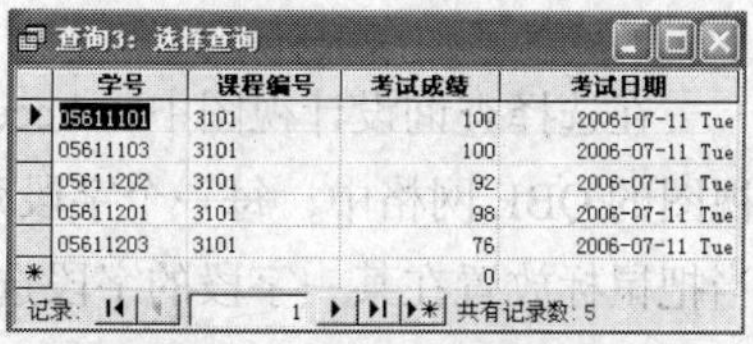

图 5-15　查询的动态集

5.2.6 建立计算表达式

在选择查询设计视图中，“字段”行除了可以设置查询所涉及的字段以外，还可以设置包含字段的计算表达式。利用计算表达式获得表中没有存储的、经过加工处理的信息。需要注意的是：在计算表达式中，字段要用方括号（[ ]）括起来。另外，在“字段”行中设置了计算表达式以后，Access 自动为该计算表达式命名，格式为：“表达式:”。用户可以更改系统命名的计算表达式名称，但其中的冒号（:）不能更改或省略。

【例 5-9】 在 Student 表中，TotalCredit 字段存储了学生的累计学分。每 1 学分对应 16 学时的课程。试建立一个选择查询以显示学生的累计学时。

若要完成上述任务，应建立图 5-16 所示的选择查询。

从图 5-16 可以看到，为了计算每位学生的累计学时，在“字段”行的第 6 列中建立了计算表达式：16*[TotalCredit]，并将其命名为“总学时”。运行该选择查询，结果如图 5-17 所示。

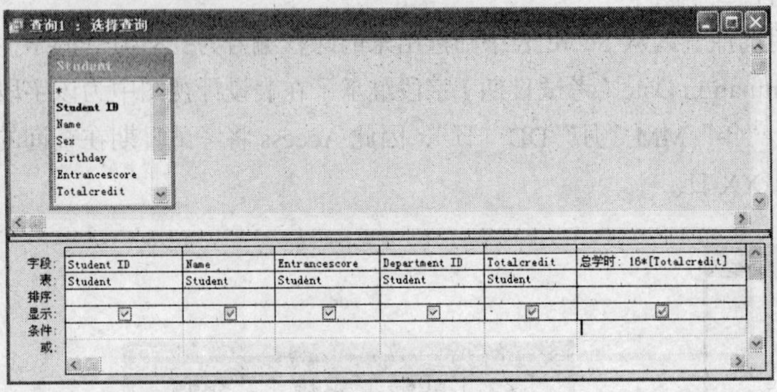

图 5-16 选择查询设计视图

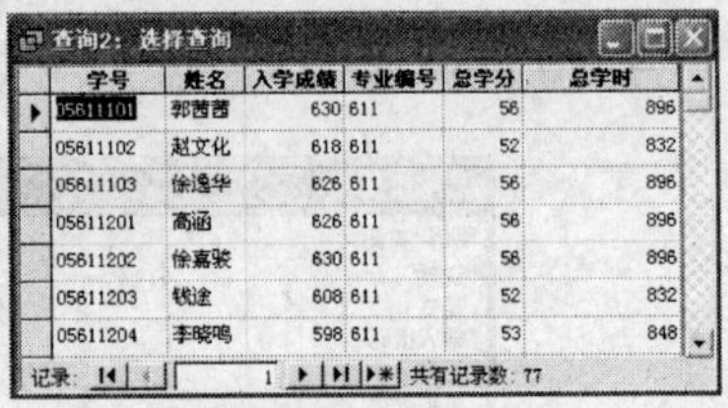

图 5-17 查询的动态集

5.3 修改选择查询

对于建立好的选择查询，Access 允许用户重新进行设计修改。如果要修改的选择查询已被关闭，应首先在“数据库”窗口中选择它，然后单击“设计”按钮，Access 打开该选择查询的设计视图；如果要修改的选择查询目前正处于查询的数据表视图中，可以单击工具栏上的“视图”按钮，返回到选择查询设计视图。选择查询设计视图打开以后，用户便可以修改或格式化选择查询了。

5.3.1 撤销字段

在选择查询设计视图中，Access 允许用户撤销在 QBE 网格中设置的字段。在选择查询设计视图的 QBE 网格中，每一个字段列都拥有自己的字段选择器。字段选择器位于“字段”行上方。当把鼠标放置在某一字段的字段选择器上时，鼠标变成一个向下的箭头，此时单击鼠标左键，即选中了该字段列，如图 5-18 所示。

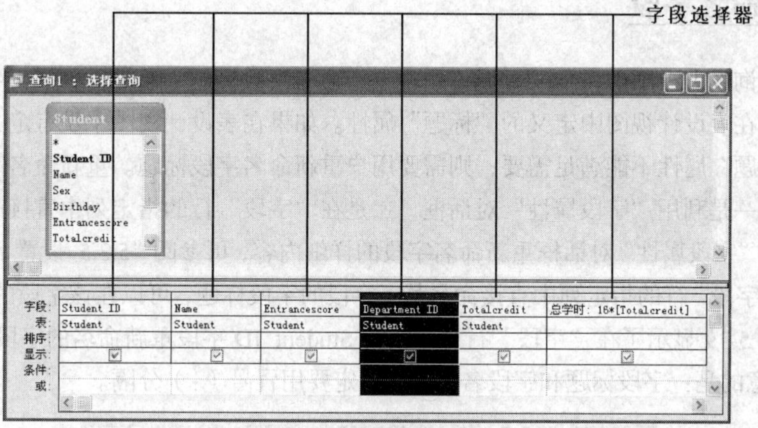

图 5-18　在 QBE 网格中选择一列

撤销在 QBE 网格中设置的字段应按下列步骤操作。

（1）在选择查询设计视图的 QBE 网格中，首先选择要撤销的字段列。

（2）按下 Delete 键，Access 撤销选择的字段。

5.3.2　插入字段

在选择查询设计视图中，Access 允许用户将指定的字段插入到 QBE 网格“字段”行中已设置的某个字段的前面。

在 QBE 网格中插入字段应按下列步骤操作。

（1）首先在表/查询输入区选择要插入的字段。

（2）拖曳选中字段到 QBE 网格“字段”行要插入的字段列上。

（3）释放鼠标左键，Access 即将该字段插入到这一列中。该列中原有的字段以及右边的字段依次右移。

如果双击表/查询输入区中的某一字段，则该字段被添加到 QBE 网格“字段”行末尾的第 1 个空列中。

5.3.3　移动字段

在选择查询设计视图中，Access 允许用户调整字段在 QBE 网格中的排列次序。改变字段在 QBE 网格中排列次序的操作与在数据表视图中移动字段的操作类似。

在 QBE 网格中调整移动字段，应按下列步骤操作。

（1）在选择查询设计视图的 QBE 网格中，首先单击要移动的字段的字段选择器，Access 选择该字段列。

（2）拖曳该字段选择器，此时鼠标变为带有方框的箭头，并且在 QBE 网格中出现一个变宽的列垂直分隔线，指示字段移动的目的地。

（3）到达目的地以后释放鼠标，Access 即将字段移动到指定的位置。

5.3.4　命名字段

在选择查询设计视图中，Access 允许用户重新命名字段标题。通常情况下，Access 的选择查询将自动继承在表设计视图中定义的“标题”属性。如果在表设计视图中没有定义“标题”属性或定义的“标题”属性不能满足需要，则需要用户重新命名字段标题。重新命名字段标题可以采用两种方式：一是利用“字段属性”对话框，二是在“字段”行的指定列中直接命名字段标题。有关如何利用“字段属性”对话框重新命名字段的详细内容，可参阅“5.2.5 设置字段属性”一节。

若要在“字段”行的指定列中直接命名某一字段的字段标题，可以在该字段的左边输入：“字段标题:”。图 5-19 显示了在“字段”行中直接为 Student ID 字段重新命名的字段标题：“学生学号”。需要注意的是：字段标题和字段名称之间一定要用冒号（:）分隔。

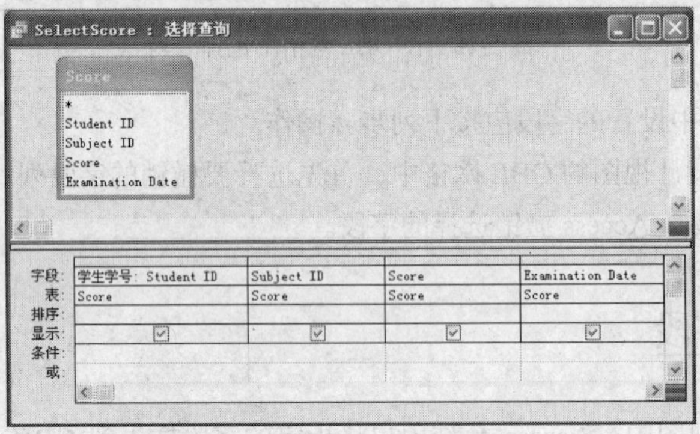

图 5-19　直接为 Student ID 字段重新命名字段标题

【例 5-10】 在选择查询设计视图中，试利用“字段属性”对话框将 Student ID 字段的标题重新命名为“学生学号”。

完成上述任务应按下列步骤操作。

（1）在选择查询设计视图中，首先将光标定位在“字段”行的 Student ID 字段列上。

（2）单击“属性”按钮，Access 弹出“字段属性”对话框。

（3）在“字段属性”对话框中将“标题”属性设置为：学生学号。

（4）单击“关闭”按钮，Access 完成为 Student ID 字段重新命名字段标题的工作。

当运行该选择查询时，在查询的数据表视图中可以看到，“学生学号”代替了 Student ID 字段名，如图 5-20 所示。从图中可以看到，字段名被对应的中文名称所取代，这样对用户来说更为直观明了。

SelectScore : 选择查询

学生学号	课程编号	考试成绩	考试日期
05611103	3101	100	2007年01月12日
05611204	3101	100	2007年01月12日
05611102	3101	92	2007年01月12日
05611202	3101	98	2007年01月12日
05611201	3101	76	2007年01月12日
05611101	3101	80	2007年01月12日
05611203	3101	65	2007年01月12日
05615101	3101	78	2007年01月12日
05615104	3101	98	2007年01月12日
05615105	3101	98	2007年01月12日
05615106	3101	87	2007年01月12日
05770106	3101	88	2007年01月12日
05770107	3101	70	2007年01月12日
05770108	3101	59	2007年01月12日
05770109	3101	78	2007年01月12日
05611103	3102	85	2007年07月12日
05611101	3102	88	2007年07月12日

记录: 1 共有记录数: 74

图 5-20　重新命名字段标题

5.4　建立汇总查询

有时，用户可能并不十分关心表中的每一条记录，而关心记录的汇总结果。例如，用户可能并不关心学生的具体选课情况及其成绩，而更关心每一个学生的总成绩、平均成绩等汇总结果。

为了获得这些汇总数据，需要建立汇总查询。

汇总查询也是一种选择查询，因此建立汇总查询的方法与前面介绍的如何建立选择查询基本上是相同的。唯一不同的是：若要建立汇总查询，应首先在打开的选择查询设计视图中单击工具栏上的“总计”按钮，Access 在 QBE 设计网格中增加“总计”行。

“总计”行用于为参与汇总计算的所有字段设置汇总选项。要进行汇总查询，就必须为查询中使用的每个字段从“总计”行的下拉列表中选择一个选项。“总计”行共有 12 个选项，分别介绍如下。

“分组”（Group By）选项：用以指定分组汇总字段。例如，若在汇总查询设计视图中为 Student ID 字段设置了“分组”选项，Access 将根据 Student ID 字段进行分组汇总，即汇总计算每个学生的成绩。

“总计”（Sum）选项：为每一组中指定的字段进行求和运算。

“平均值”（Avg）选项：为每一组中指定的字段进行求平均值运算。

“最小值”（Min）选项：为每一组中指定的字段进行求最小值运算。

“最大值”（Max）选项：为每一组中指定的字段进行求最大值运算。

“计数”（Count）选项：根据指定的字段计算每一组中记录的个数。

“标准差”（StDev）选项：根据指定的字段计算每一组的统计标准差。

“方差”（Var）选项：根据指定的字段计算每一组的统计方差。

“第一条记录”（First）选项：根据指定的字段获取每一组中首条记录该字段的值。

“最后一条记录”（Last）选项：根据指定字段获取每一组中最后一条记录该字段的值。

“表达式”（Expression）选项：用以在 QBE 设计网格的“字段”行中建立计算表达式。

“条件”（Where）选项：限定表中的哪些记录可以参加分组汇总。

建立一个汇总查询应按下列步骤操作。

（1）创建一个新的选择查询设计视图，并在表/查询输入区添加汇总查询所涉及的表或查询。

（2）单击工具栏上的“总计”按钮，Access 在 QBE 设计网格中添加“总计”行。

（3）在 QBE 设计网格中设置汇总查询的结构。

（4）单击“保存”按钮，Access 保存该汇总查询。

【例 5-11】 试统计 Score 表中每一位学生的总成绩、平均成绩、最高分、最低分以及选课数目。

若要完成上述任务，应根据 Student ID 字段建立汇总查询，具体操作步骤如下。

（1）创建一个新的选择查询设计视图，并在表/查询输入区添加汇总查询所涉及的 Score 表。

（2）单击工具栏上的“总计”按钮，Access 在 QBE 设计网格中添加“总计”行。

（3）在汇总查询设计视图的 QBE 设计网格中设置汇总查询的结构，如图 5-21 所示。

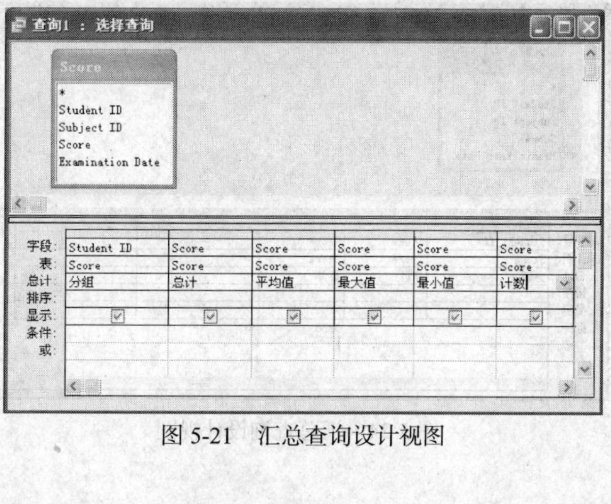

图 5-21　汇总查询设计视图

（4）单击“视图”或“运行”按钮，Access 显示汇总查询的结果，如图 5-22 所示。

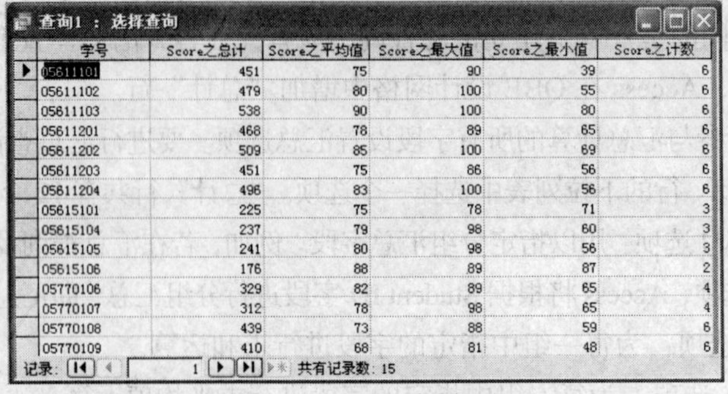

学号	Score之总计	Score之平均值	Score之最大值	Score之最小值	Score之计数
05611101	451	75	90	39	6
05611102	479	80	100	55	6
05611103	538	90	100	80	6
05611201	468	78	89	65	6
05611202	509	85	100	69	6
05611203	451	75	86	56	6
05611204	496	83	100	56	6
05615101	225	75	78	71	3
05615104	237	79	98	60	3
05615105	241	80	98	56	3
05615106	176	88	89	87	2
05770106	329	82	89	65	4
05770107	312	78	98	65	4
05770108	439	73	88	59	6
05770109	410	68	81	48	6

图 5-22　汇总查询的结果

【**例 5-12**】试统计 Score 表中每一位学生的总成绩、平均成绩、最高分、最低分以及选课数目，但仅显示总成绩大于 400 分的汇总数据。

若要完成上述任务，应建立图 5-23 所示的汇总查询。

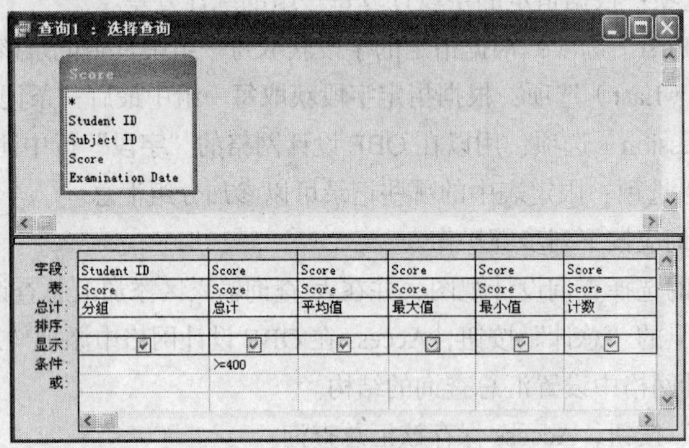

图 5-23　汇总查询设计视图

【**例 5-13**】在统计 Score 表中每一名学生的总成绩时，如果学生某门课程的考试成绩小于 60 分，则要求该门课程的成绩不计入该学生的总成绩中。

若要完成上述任务，应建立图 5-24 所示的汇总查询。

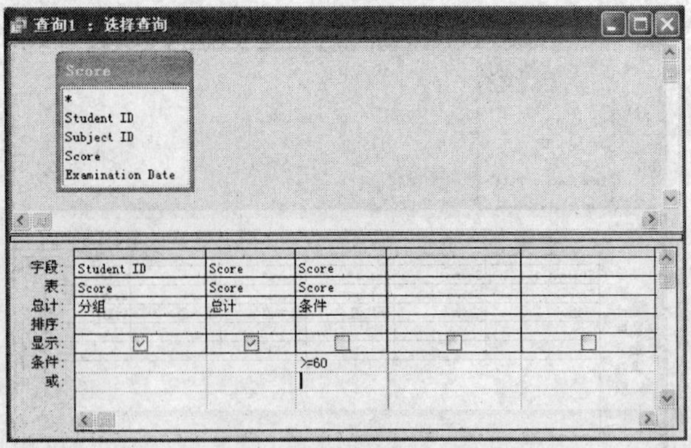

图 5-24　汇总查询设计视图

从图 5-24 可以看到，在“字段”行中设置了两个 Score 字段列。其中的第一个 Score 字段列用于计算学生的总成绩，因此将该字段的“总计”行设置为：总计。第二个 Score 字段列用于设置记录的筛选条件，禁止将小于 60 分的考试成绩计入总分。因此将该字段的“总计”行设置为：条件，并在“条件”行设置筛选条件：>=60。

5.5 建立交叉表查询

Access 支持一种特殊类型的汇总查询——交叉表查询。交叉表查询生成的动态集看起来像一个二维表格，在表格中生成汇总计算值。

建立一个交叉表查询，应按下列步骤操作。

（1）创建一个新的选择查询设计视图，并在表/查询输入区添加交叉表查询涉及到的表或查询。

（2）从“查询”菜单中选择“交叉表查询”命令，Access 在 QBE 设计网格中显示“交叉表”行和“总计”行。“交叉表”行用于确定作为二维表格行头和列头的字段以及汇总字段。

（3）指定一个字段或字段表达式作为行标题（至少指定一个字段作为行标题），在作为行标题字段的“总计”行选择“分组”选项，在“交叉表”行选择“行标题”选项。

（4）指定一个字段或字段表达式作为列标题（至少指定一个字段作为列标题），在作为列标题字段的“总计”行选择“分组”选项，在“交叉表”行选择“列标题”选项。

（5）指定一个字段或字段表达式作为汇总计算值。在该字段的“总计”行选择相应的“汇总计算”选项（例如“平均值”），在“交叉表”行选择“值”选项。

（6）单击“保存”按钮，Access 保存该交叉表查询。

【例 5-14】 试建立一个交叉表查询，以二维表的形式显示某专业某个学生的入学成绩。Student ID 字段作为行头，Department ID 字段作为列头，Entrancescore 字段作为汇总值。

完成上述任务应按下列步骤操作。

（1）创建一个新的选择查询设计视图，并在表/查询输入区添加交叉表查询涉及到的 Student 表。

（2）从“查询”菜单中选择“交叉表查询”命令，Access 在 QBE 设计网格中显示“交叉表”行和“总计”行。

（3）指定 Student ID 字段作为行标题，在该字段列的“总计”行中选择“分组”选项，在“交叉表”行中选择“行标题”选项。

（4）指定 Department ID 字段作为列标题，在该字段列的“总计”行中选择“分组”选项，在“交叉表”行中选择“列标题”选项。

（5）指定 Entrancescore 字段作为汇总计算值。在该字段列的“总计”行中选择“第一条记录”选项，在“交叉表”行中选择“值”选项，如图 5-25 所示。

（6）单击“运行”按钮，Access 显示类似于二维表格的动态集，如图 5-26 所示。

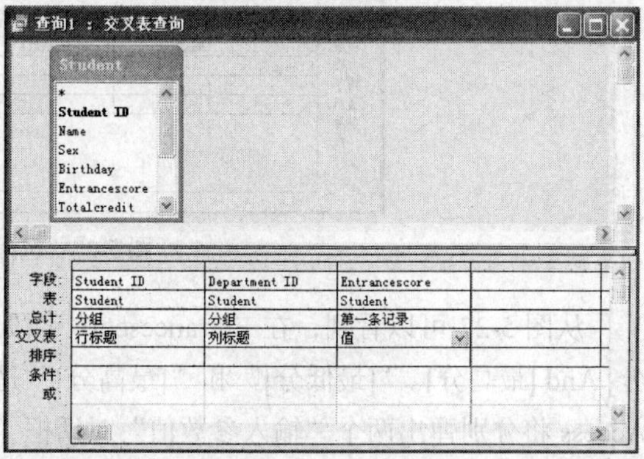

图 5-25　交叉表查询设计视图

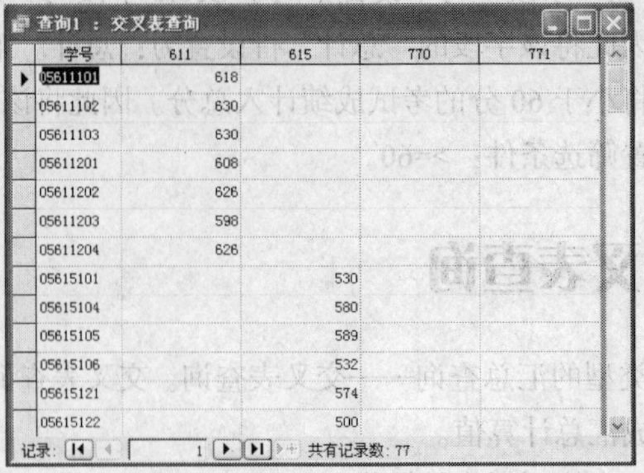

图 5-26　交叉表查询的动态集

5.6 建立参数查询

在选择查询设计视图的 QBE 设计网格中，“条件”行和“或”行用以输入筛选条件，但有时筛选条件的具体值可能只有在运行查询时才能确定，这样用户就无法在查询设计视图中输入。为了解决这一问题，Access 允许用户在查询设计视图中先输入一个参数，然后当查询运行时，再提示输入筛选条件的具体值。包含有参数的查询称为参数查询。

在选择查询设计视图中输入参数的方法是：在“条件”行或“或”行的关系表达式中输入一个放在方括号中的短语。例如，在 Entrancescore 字段的“条件”行中输入：>=[请输入入学成绩]。这样，当运行这个选择查询时，Access 将弹出“输入参数值”对话框，要求用户输入要筛选的入学成绩。

【例 5-15】 试建立一个选择查询，以查询入学成绩在任一给定值范围内的学生基本情况。

若要完成上述任务，应建立图 5-27 所示的选择查询。

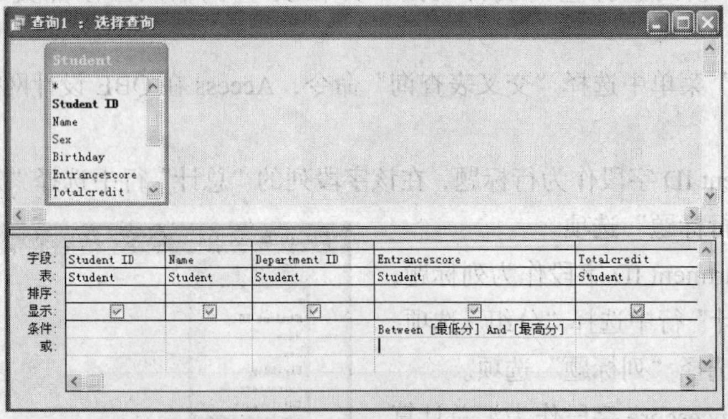

图 5-27　选择查询设计视图

从图 5-27 可以看到，在 Entrancescore 字段的“条件”行中输入了筛选条件：Between [最低分] And [最高分]。“[最低分]”和“[最高分]”是两个查询参数。这样当运行该选择查询的时候，Access 将分别弹出两个“输入参数值”对话框，要求用户输入入学成绩的最低分和最高分，如图 5-28 所示。

在弹出的两个“输入参数值”对话框中输入完入学成绩的最低分和最高分以后，Access 将根据给定的参数值筛选记录。图 5-29 显示了当输入最低分为 580、最高分为 630 后的查询结果。

图 5-28　“输入参数值”对话框

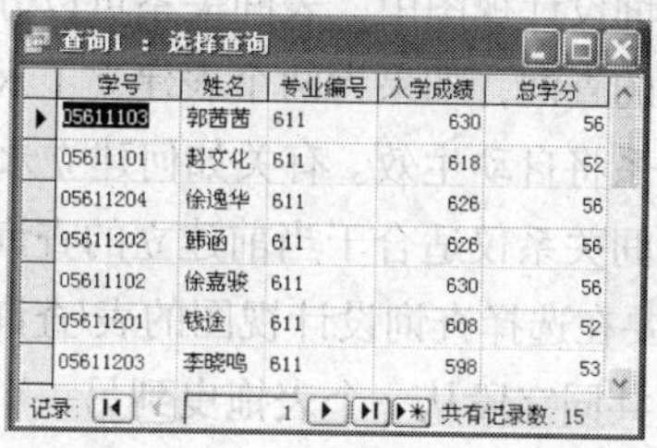

图 5-29　当输入最低分为 580、最高分为 630 后的查询结果

在选择查询中使用查询参数增加了查询的灵活性和适应性。用户可以在选择查询运行时输入不同的筛选参数值，以完成不同的查询任务。

5.7　建立多表查询

到目前为止，本章主要介绍了对一个表如何建立选择查询的方法，这主要是出于简化问题的考虑。实际上，对一个表如何建立选择查询的方法同样适合于对多表的查询。Access 对多表的查询与对单表的查询一样方便快捷，可以通过选择查询从多表中筛选记录，并将其组成为一个完整统一的动态集。

在创建新的选择查询时，用户可以在弹出的“显示表”对话框中选择查询所涉及的表或其他查询，也可以随时单击“显示表”按钮，在弹出的“显示表”对话框中为选择查询增加查询涉及的表或其他查询。在“显示表”对话框中，若要将某个表或查询添加到查询设计视图的表/查询输入区，应首先选择该表或查询，然后单击“添加”按钮。图 5-30 显示了选择查询涉及到的 3 个表：Student、Score 和 Subject 表。

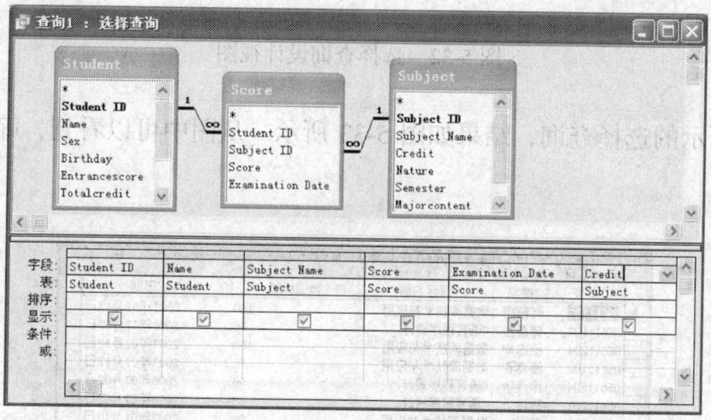

图 5-30　显示有多表的选择查询设计视图

在图 5-30 显示的选择查询设计视图中，Student、Score 和 Subject 表之间有一条连线，直观形象地反映了 Student 和 Score 表建立的一对多表间关系以及 Subject 和 Score 表建立的一对多表间关系。从图中可以看到，Student 和 Score 表是根据 Student ID 字段建立的一对多表间关系；Subject 和 Score 表是根据 Subject ID 字段建立的一对多表间关系。需要注意的是：在选择查询设计视图

中，如果要对多表进行查询，则这些表之间应建立表间关系。如果还没有为这些表建立表间关系，应立即着手建立。

在选择查询设计视图中，表间关系可以分为永久表间关系和临时表间关系两种。永久表间关系适合于所有的查询，如果为两个表建立了永久表间关系，那么在选择查询设计视图中这两个表的永久表间关系将自动生效。有关如何建立永久表间关系的详细内容可参阅“4.5 建立表间关系”一节。临时表间关系仅适合于当前建立的查询，并且要由用户自己动手建立。若要为表建立临时表间关系，只要在选择查询设计视图的表/查询输入区中将两个表拥有的共同字段从一个表拖曳到另一个表即可。

查询3: 选择查询

学号	课程编号	考试成绩	考试日期
05611101	3101	100	2006年07月11日
05611101	3103	98	2006年07月15日
05611103	3101	100	2006年07月11日
05611202	3101	92	2006年07月11日
05611103	3103	96	2006年07月15日
05611203	3103	88	2006年07月15日
05611201	3101	98	2006年07月11日
05611201	3103	100	2006年07月15日
05611202	3103	100	2006年07月15日
*		0	

记录: 1 共有记录数: 9

图 5-31　从 Score 表中筛选出来的记录

【例 5-16】 图 5-31 显示了从 Score 表中筛选出来的成绩大于等于 85 分的学生选课记录。

由于选择查询仅从 Score 表中获取记录，因此仅能显示学生的学号和课程代码这种不太直观明晰的数据。为了解决这一问题，选择查询可以从 Student、Score 和 Subject 表中获取记录，明确地显示学生的姓名和课程名称。图 5-32 显示了在上述 3 个表的基础上建立的选择查询。

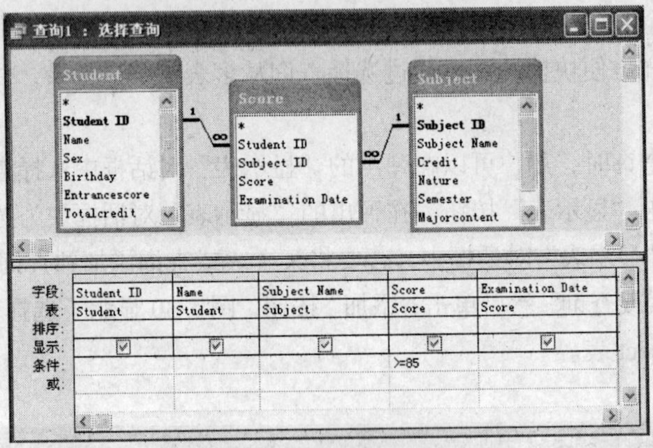

图 5-32　选择查询设计视图

运行图 5-32 所示的选择查询，结果如图 5-33 所示。从图中可以看到，筛选的记录更直观、可读性更强。

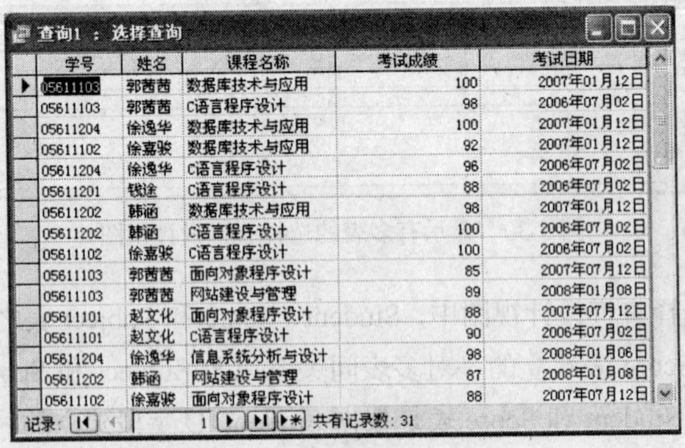
查询1 : 选择查询

学号	姓名	课程名称	考试成绩	考试日期
05611103	郭茜茜	数据库技术与应用	100	2007年01月12日
05611103	郭茜茜	C语言程序设计	98	2006年07月02日
05611204	徐逸华	数据库技术与应用	100	2007年01月12日
05611102	徐嘉骏	数据库技术与应用	92	2007年01月12日
05611204	徐逸华	C语言程序设计	96	2006年07月02日
05611201	钱途	C语言程序设计	88	2006年07月02日
05611202	韩涵	数据库技术与应用	98	2007年01月12日
05611202	韩涵	C语言程序设计	100	2006年07月02日
05611102	徐嘉骏	C语言程序设计	100	2006年07月02日
05611103	郭茜茜	面向对象程序设计	85	2007年07月12日
05611103	郭茜茜	网站建设与管理	89	2008年01月08日
05611101	赵文化	面向对象程序设计	88	2007年07月12日
05611101	赵文化	C语言程序设计	90	2006年07月02日
05611204	徐逸华	信息系统分析与设计	98	2008年01月06日
05611202	韩涵	网站建设与管理	87	2008年01月08日
05611102	徐嘉骏	面向对象程序设计	88	2007年07月12日

记录: 1 共有记录数: 31

图 5-33　选择查询的运行结果

【例 5-17】 在【例 5-14】建立的交叉表查询中，Access 以二维表的形式显示了 Student 表中某专业某个学生的入学成绩。其中 Student ID 字段作为行头，Department ID 字段作为列头，Entrancescore 字段作为汇总值，这样的设计同样不太直观明晰。为了解决这一问题，交叉表查询可以从 Student 和 Department 表中获取记录，明确地显示学生姓名和专业名称。图 5-34 显示了在上述两个表的基础上建立的交叉表查询。

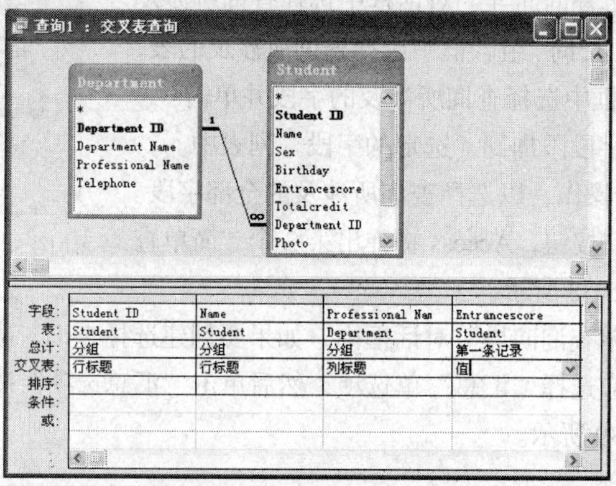

图 5-34　交叉表查询设计视图

运行图 5-34 所示的交叉表查询，结果如图 5-35 所示。从图中可以看到，交叉表查询的结果更直观、可读性更强。

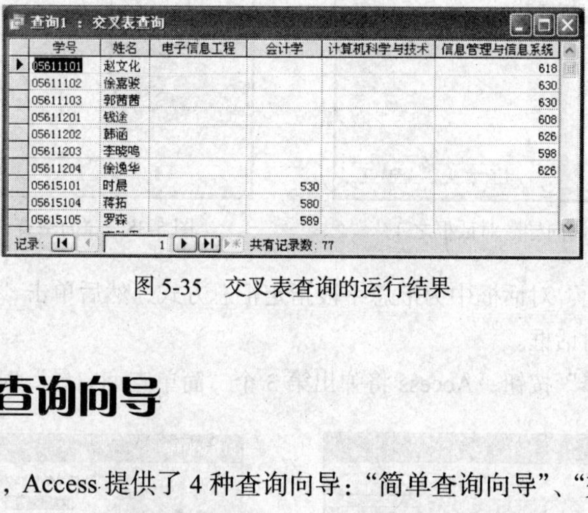

图 5-35　交叉表查询的运行结果

5.8 使用查询向导

在创建选择查询时，Access 提供了 4 种查询向导："简单查询向导"、"交叉表查询向导"、"查找重复项查询向导"和"查找不匹配项查询向导"。这些查询向导采用交互问答方式引导用户创建选择查询，使得创建选择查询工作更加简便易行。特别是"查找重复项查询向导"和"查找不匹配项查询向导"，可以创建两种特殊的选择查询，具有很高的实用价值。

5.8.1 简单查询向导

在创建选择查询时，可以首先利用"简单查询向导"创建选择查询，然后在选择查询设计视图中进一步完善修改。

利用“简单查询向导”创建选择查询应按下列步骤操作。

（1）在“数据库”窗口中单击“查询”对象。

（2）单击“新建”按钮，Access 弹出“新建查询”对话框，如图 5-36 所示。

（3）在“新建查询”对话框中选择“简单查询向导”选项，然后单击“确定”按钮，Access 将弹出第 1 个“简单查询向导”对话框，如图 5-37 所示。

（4）在第 1 个“简单查询向导”对话框中选择查询所涉及的表和字段。首先在“表/查询”组合框中选择查询所涉及的表，然后在“可用字段”列表框中选择查询所涉及的字段并单击“>”按钮，Access 将选择的字段添加到“选定的字段”列表中。

（5）重复第（4）步操作，以选择查询所涉及的全部字段。

（6）单击“下一步”按钮，Access 将弹出第 2 个“简单查询向导”对话框，如图 5-38 所示。

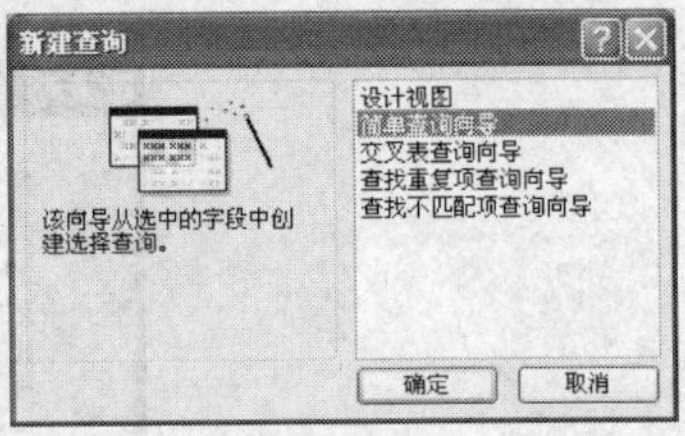

图 5-36 “新建查询”对话框

（7）在第 2 个“简单查询向导”对话框中，如果要创建选择查询，应选择“明细”单选项；如果要创建汇总查询，应选择“汇总”单选项，然后单击“汇总选项”按钮，Access 弹出“汇总选项”对话框，如图 5-39 所示。

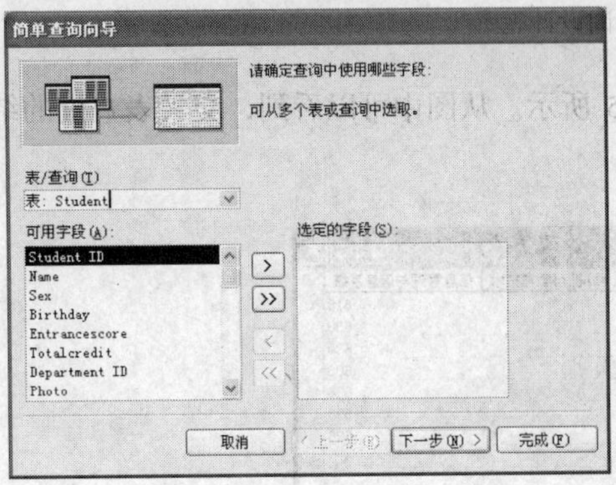

图 5-37 “简单查询向导”对话框之 1

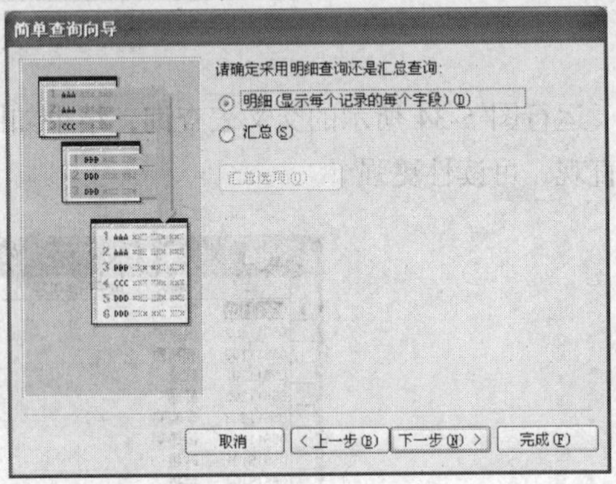

图 5-38 “简单查询向导”对话框之 2

（8）在“汇总选项”对话框中为汇总字段指定汇总方式，然后单击“确定”按钮，返回第 2 个“简单查询向导”对话框。

（9）单击“下一步”按钮，Access 将弹出第 3 个“简单查询向导”对话框，如图 5-40 所示。

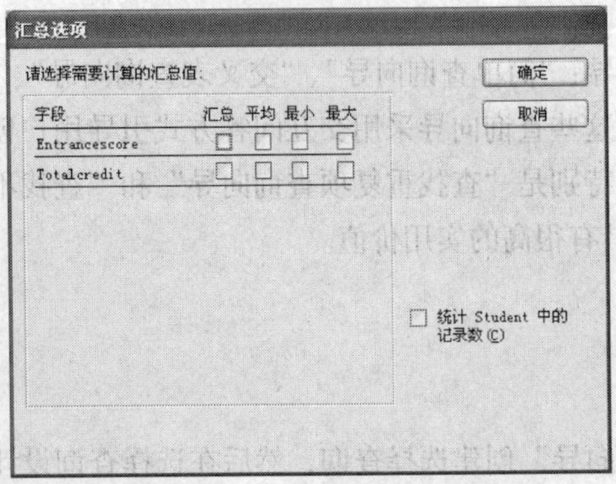

图 5-39 “汇总选项”对话框

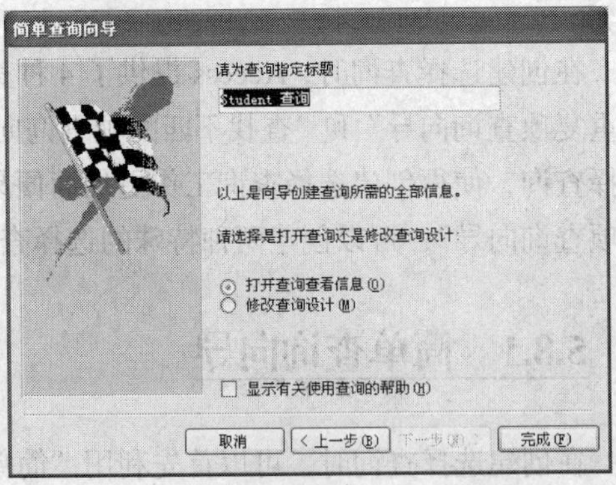

图 5-40 “简单查询向导”对话框之 3

（10）在第 3 个“简单查询向导”对话框中，可以在“请为查询指定标题”文本框中为查询命名。如果要运行查询，应选择“打开查询查看信息”单选项；如果要进一步修改查询，应选择“修改查询设计”单选项。

（11）单击“完成”按钮，Access 生成查询。

5.8.2　交叉表查询向导

“交叉表查询向导”可以引导用户通过交互问答的方式创建交叉表查询。但是“交叉表查询向导”只能创建标准规范的交叉表查询。如果用户有特殊的要求，可以在交叉表查询设计视图中对其进行再设置和完善修改。有关这方面的详细内容可参阅“5.5 建立交叉表查询”一节。

利用“交叉表查询向导”创建交叉表查询应按下列步骤操作。

（1）在“数据库”窗口中单击“查询”对象。

（2）单击“新建”按钮，Access 弹出“新建查询”对话框。

（3）在“新建查询”对话框中选择“交叉表查询向导”选项，然后单击“确定”按钮，Access 将弹出第 1 个“交叉表查询向导”对话框，如图 5-41 所示。

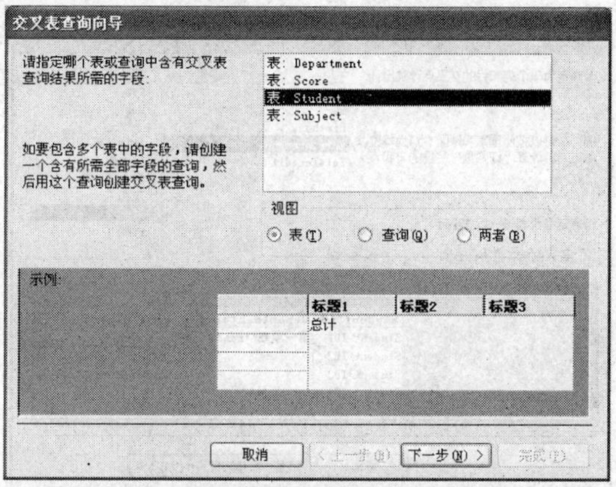

图 5-41　“交叉表查询向导”对话框之 1

（4）在第 1 个“交叉表查询向导”对话框中，选择查询所涉及的表。

（5）单击“下一步”按钮，Access 将弹出第 2 个“交叉表查询向导”对话框，如图 5-42 所示。

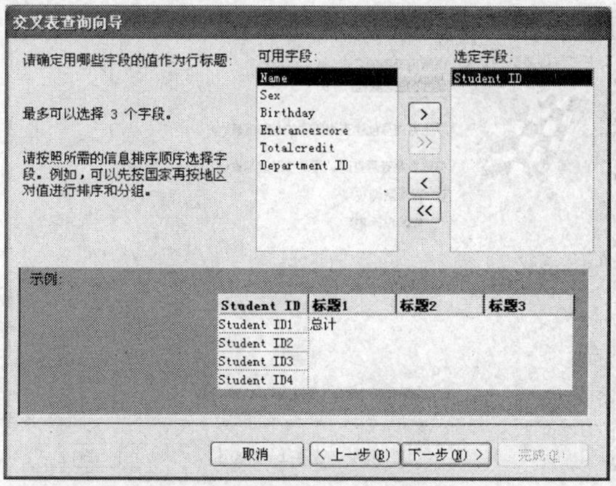

图 5-42　“交叉表查询向导”对话框之 2

（6）在第 2 个“交叉表查询向导”对话框中，选择交叉表查询的行标题。

（7）单击“下一步”按钮，Access 将弹出第 3 个“交叉表查询向导”对话框，如图 5-43 所示。

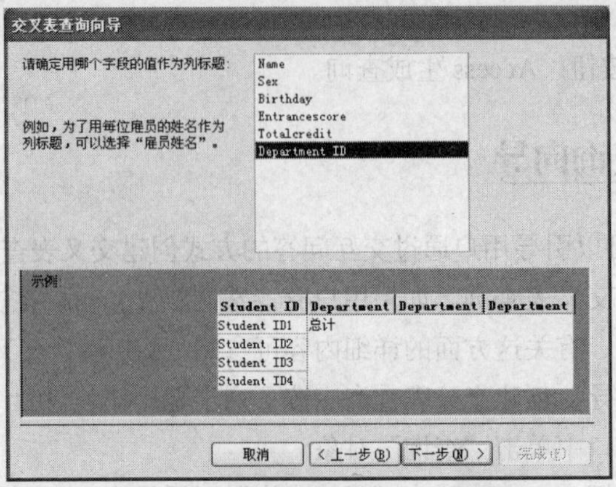

图 5-43 “交叉表查询向导”对话框之 3

（8）在第 3 个“交叉表查询向导”对话框中，选择交叉表查询的列标题。

（9）单击“下一步”按钮，Access 将弹出第 4 个“交叉表查询向导”对话框，如图 5-44 所示。

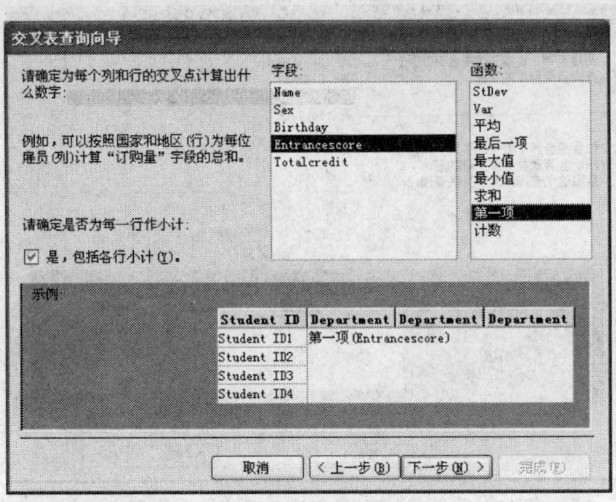

图 5-44 “交叉表查询向导”对话框之 4

（10）在第 4 个“交叉表查询向导”对话框中，选择交叉表查询的汇总字段及汇总方式。

（11）单击“下一步”按钮，Access 将弹出第 5 个“交叉表查询向导”对话框，如图 5-45 所示。

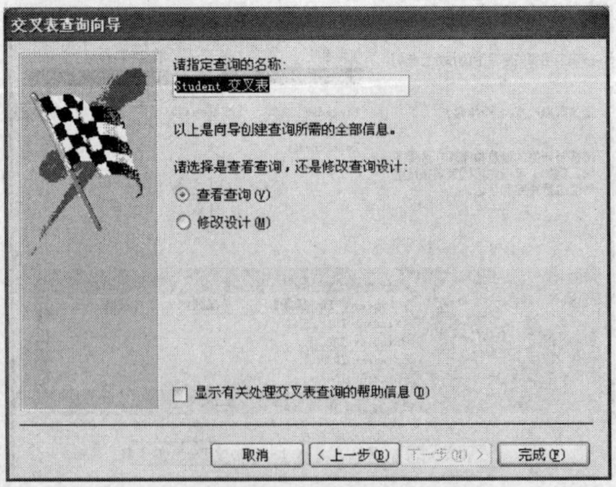

图 5-45 “交叉表查询向导”对话框之 5

（12）在第 5 个“交叉表查询向导”对话框中，可以在“请指定查询的名称”文本框中为查询命名。如果要运行查询，应选择“查看查询”单选项；如果要进一步修改查询，应选择“修改设计”单选项。

（13）单击“完成”按钮，Access 生成交叉表查询。

5.8.3　查找重复项查询向导

“查找重复项查询向导”可以创建一个特殊的选择查询，用以在同一个表中查找指定字段具有相同值的记录。

利用“查找重复项查询向导”创建选择查询应按下列步骤操作。

（1）在“数据库”窗口中单击“查询”对象。

（2）单击“新建”按钮，Access 弹出“新建查询”对话框。

（3）在“新建查询”对话框中选择“查找重复项查询向导”选项，然后单击“确定”按钮，Access 弹出第 1 个“查找重复项查询向导”对话框，如图 5-46 所示。

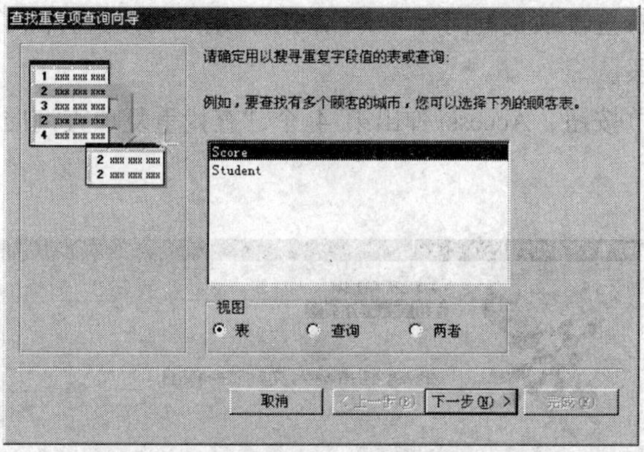

图 5-46　“查找重复项查询向导”对话框之 1

（4）在第 1 个“查找重复项查询向导”对话框中，选择要搜寻重复字段值的表。

（5）单击“下一步”按钮，Access 弹出第 2 个“查找重复项查询向导”对话框，如图 5-47 所示。

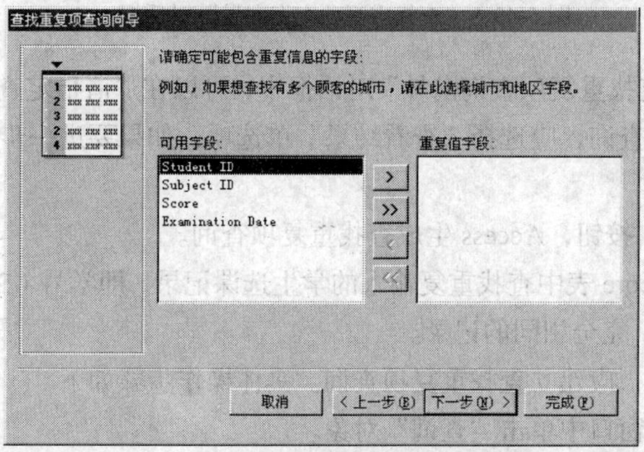

图 5-47　“查找重复项查询向导”对话框之 2

（6）在第 2 个“查找重复项查询向导”对话框中，选择可能包含重复值的字段。

（7）单击“下一步”按钮，Access 弹出第 3 个“查找重复项查询向导”对话框，如图 5-48 所示。

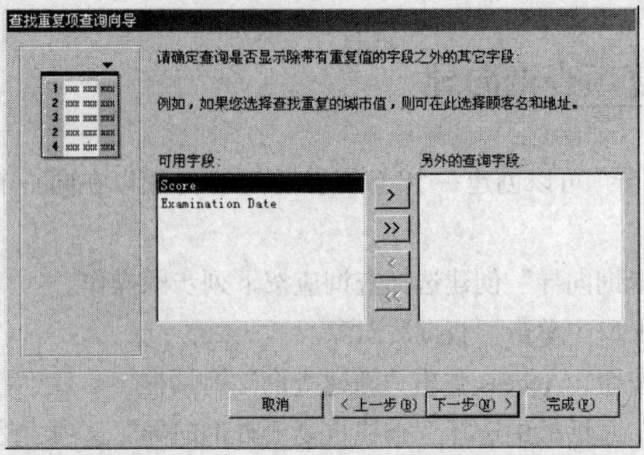

图 5-48　“查找重复项查询向导”对话框之 3

（8）在第 3 个“查找重复项查询向导”对话框中，用户可以选择除了包含有重复值字段之外的其他要显示信息的字段。

（9）单击“下一步”按钮，Access 弹出第 4 个“查找重复项查询向导”对话框，如图 5-49 所示。

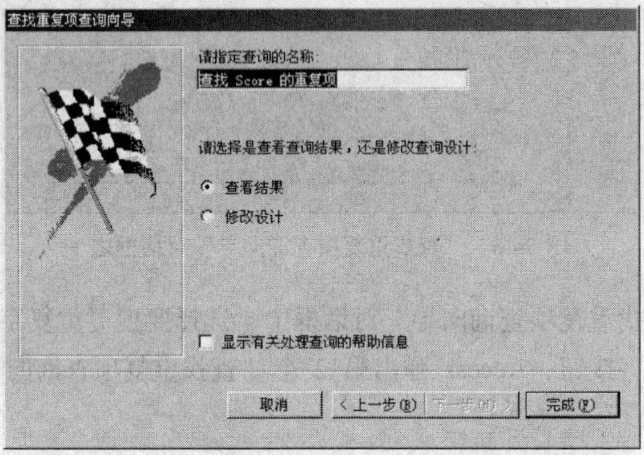

图 5-49　“查找重复项查询向导”对话框之 4

（10）在第 4 个“查找重复项查询向导”对话框中，可以在“请指定查询的名称”文本框中为查询命名。如果要运行查询，应选择“查看结果”单选项；如果要进一步修改查询，应选择“修改设计”单选项。

（11）单击“完成”按钮，Access 生成查找重复项查询。

【例 5-18】 试在 Score 表中查找重复输入的学生选课记录，即学号（Student ID 字段）和课程代码（Subject ID 字段）完全相同的记录。

若要完成上述任务，应建立查找重复项查询。具体操作步骤如下。

（1）在“数据库”窗口中单击“查询”对象。

（2）单击“新建”按钮，Access 弹出“新建查询”对话框。

（3）在“新建查询”对话框中选择“查找重复项查询向导”选项，然后单击“确定”按钮，Access 弹出第一个“查找重复项查询向导”对话框。

（4）在第 1 个“查找重复项查询向导”对话框中，选择 Score 表。

（5）单击“下一步”按钮，Access 弹出第 2 个“查找重复项查询向导”对话框。

（6）在第 2 个“查找重复项查询向导”对话框中，选择可能包含重复值的 Student ID 字段和 Subject ID 字段。

（7）单击“下一步”按钮，Access 弹出第 3 个“查找重复项查询向导”对话框。

（8）在第 3 个“查找重复项查询向导”对话框中，选择 Score 字段和 Examination Date 字段。

（9）单击“下一步”按钮，Access 弹出第 4 个“查找重复项查询向导”对话框。

（10）在第 4 个“查找重复项查询向导”对话框中，选择“查看结果”单选项。

（11）单击“完成”按钮，Access 生成查找重复项查询并显示查询的结果，如图 5-50 所示。

图 5-50 显示查找重复项查询的结果

从图 5-50 中可以看到，Score 表中有两个学生选择的某门课程出现了重复现象。

5.8.4 查找不匹配项查询向导

“查找不匹配项查询向导”可以创建一个特殊的选择查询，用以在两个表中查找不匹配的记录。所谓不匹配记录是指在两个表中根据共同拥有的指定字段筛选出来的，一个表有而另一个表没有相同字段值的记录。

利用“查找不匹配项查询向导”创建选择查询应按下列步骤操作。

（1）在“数据库”窗口中单击“查询”对象。

（2）单击“新建”按钮，Access 弹出“新建查询”对话框。

（3）在“新建查询”对话框中选择“查找不匹配项查询向导”选项，然后单击“确定”按钮，Access 弹出第 1 个“查找不匹配项查询向导”对话框，如图 5-51 所示。

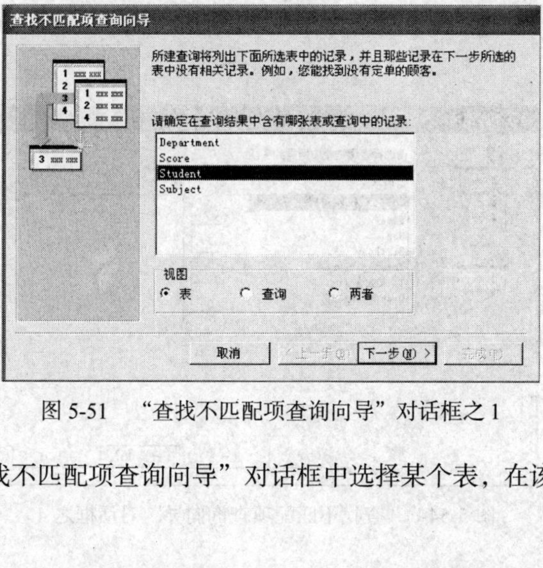

图 5-51 “查找不匹配项查询向导”对话框之 1

（4）在第 1 个“查找不匹配项查询向导”对话框中选择某个表，在该表中查找是否存在不能与相关的表匹配的记录。

（5）单击“下一步”按钮，Access 弹出第 2 个“查找不匹配项查询向导”对话框，如图 5-52 所示。

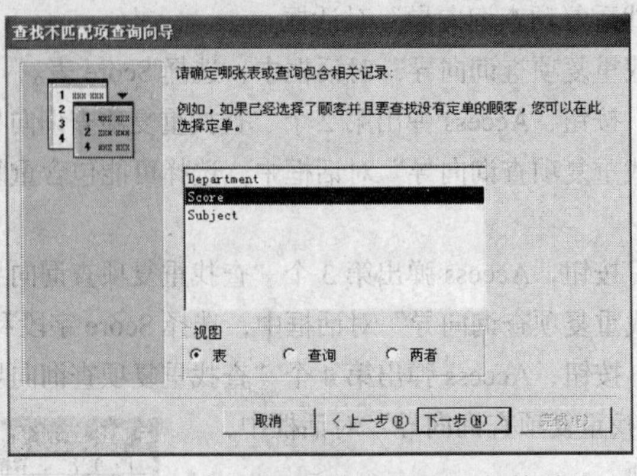

图 5-52　“查找不匹配项查询向导”对话框之 2

（6）在第 2 个“查找不匹配项查询向导”对话框中，选择相关的表。

（7）单击“下一步”按钮，Access 弹出第 3 个“查找不匹配项查询向导”对话框，如图 5-53 所示。

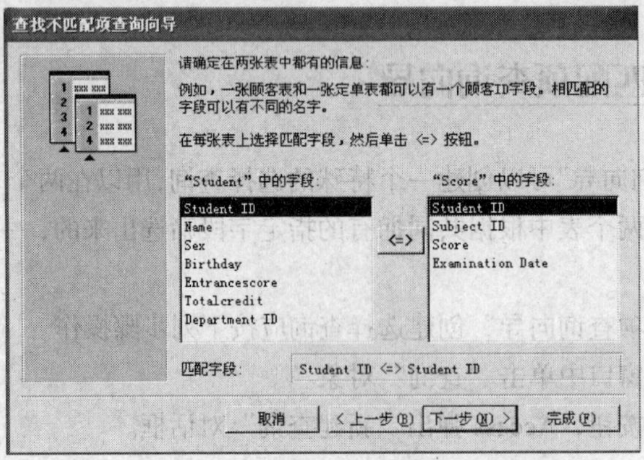

图 5-53　“查找不匹配项查询向导”对话框之 3

（8）在第 3 个“查找不匹配项查询向导”对话框中，选择匹配的字段。

（9）单击“下一步”按钮，Access 弹出第 4 个“查找不匹配项查询向导”对话框，如图 5-54 所示。

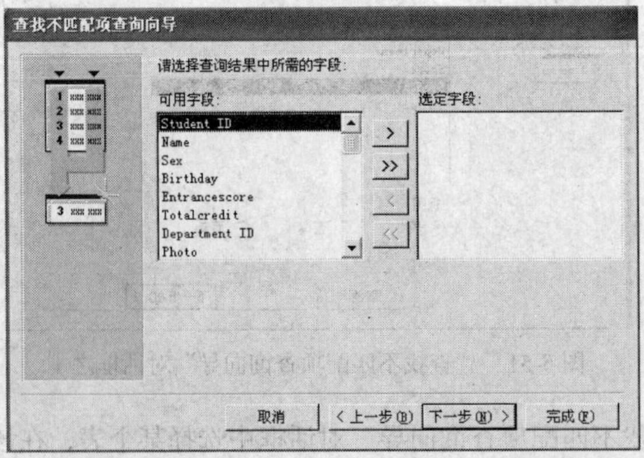

图 5-54　“查找不匹配项查询向导”对话框之 4

（10）在第 4 个“查找不匹配项查询向导”对话框中，选择要显示的其他字段。

（11）单击“下一步”按钮，Access 弹出第 5 个“查找不匹配项查询向导”对话框，如图 5-55 所示。

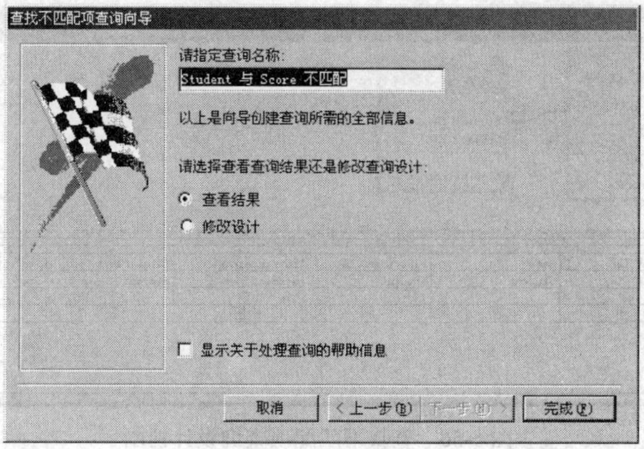

图 5-55 “查找不匹配项查询向导”对话框之 5

（12）在第 5 个“查找不匹配项查询向导”对话框中，可以在“请指定查询的名称”文本框中为查询命名。如果要运行查询，应选择“查看结果”单选项；如果要进一步修改查询，应选择“修改设计”单选项。

（13）单击“完成”按钮，Access 生成查找不匹配项查询。

【例 5-19】 试在 Student 表和 Score 表中查找未选任何课程的学生记录。如果某个学生未选任何课程，那么在 Score 表中就不会存在与 Student 表保存的该学生记录相匹配的记录。

若要完成上述任务，应建立查找不匹配项查询。具体操作步骤如下。

（1）在“数据库”窗口中单击“查询”对象。

（2）单击“新建”按钮，Access 弹出“新建查询”对话框。

（3）在“新建查询”对话框中选择“查找不匹配项查询向导”选项，然后单击“确定”按钮，Access 弹出第 1 个“查找不匹配项查询向导”对话框。

（4）在第 1 个“查找不匹配项查询向导”对话框中选择 Student 表，在该表中查找是否存在不能与相关的 Score 表相匹配的记录。

（5）单击“下一步”按钮，Access 弹出第 2 个“查找不匹配项查询向导”对话框。

（6）在第 2 个“查找不匹配项查询向导”对话框中，选择相关的 Score 表。

（7）单击“下一步”按钮，Access 弹出第 3 个“查找不匹配项查询向导”对话框。

（8）在第 3 个“查找不匹配项查询向导”对话框中，选择匹配的字段。这里选择“Student ID 字段”。

（9）单击“下一步”按钮，Access 弹出第 4 个“查找不匹配项查询向导”对话框。

（10）在第 4 个“查找不匹配项查询向导”对话框中，选择要显示的其他字段。例如，选择 Name、Department ID、Entrancescore 和 Totalcredit 字段。

（11）单击“下一步”按钮，Access 弹出第 5 个“查找不匹配项查询向导”对话框。

（12）在第 5 个“查找不匹配项查询向导”对话框中，可以在“请指定查询的名称”文本框中为查询命名。如果要运行查询，应选择“查看结果”单选项；如果要进一步修改查询，应选择“修改设计”单选项。这里选择“修改设计”单选项。

（13）单击“完成”按钮，Access 生成查找不匹配项查询并打开该查询的设计视图，如图 5-56 所示。

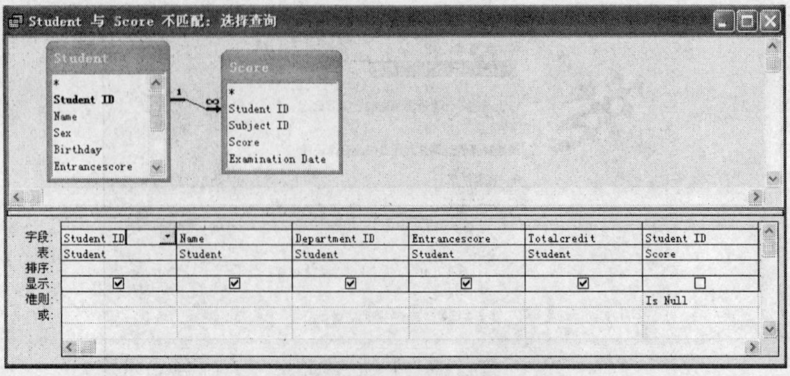

图 5-56 查找不匹配项查询设计视图

（14）单击“运行”按钮，Access 显示查找到的未选任何课程的学生记录。

5.9 了解操作查询

相对于选择查询而言，操作查询不只是从指定的表或查询中根据用户给定的条件筛选记录以形成动态集，还要对动态集进行某种操作，并将操作结果返回到指定的表中。操作查询可以被认为是能够在动态集中对一组指定记录执行某种操作的特殊的选择查询。

Access 提供了 4 种操作查询：更新查询、生成表查询、追加查询和删除查询。更新查询是在指定的表中对筛选出来的记录进行更新操作，生成表查询是把从指定的表或查询中筛选出来的记录集生成一个新表，追加查询是将从表或查询中筛选出来的记录添加到另一个表中，删除查询是在指定的表中删除筛选出来的记录。

操作查询是建立在选择查询基础之上的查询。在建立操作查询时，Access 首先打开选择查询设计视图。用户可以随后从“查询”菜单中选择相应的命令以生成操作查询。在“查询”菜单中，提供了 4 种操作查询：更新查询、生成表查询、追加查询和删除查询。也可以单击工具栏上的“查询类型”按钮右边的下拉箭头，然后从列表中选择所需的操作查询选项。

图 5-57 左边显示的是“查询”菜单，右边显示的是“查询类型”按钮下拉列表中的选项。

一般来说，在建立操作查询之前可以首先建立对应的选择查询，这样可以通过单击工具栏上的“视图”按钮或“运行”按钮查看动态集。如果动态集符合用户的要求，再从“查询”菜单中执行相应的操作查询命令，将选择查询转换为操作查询。和选择查询不一样，若要在查询设计视图中执行操作查询，只能单击工具栏上的“运行”按钮，而不能单击“视图”按钮。

在“数据库”窗口中，用户可以看到每一个查询名称的左边都设置有一个图标。操作查询名称左边的图标都带有感叹号，并且 4 种操作查询的图标各不相同，类似于它们各自对应的命令按钮图标。图 5-58 显示了“数据库”窗口中查询对象所拥有的各种查询，用户可以从中很快辨认出哪些是操作查询是什么类型的操作查询。

由于操作查询执行以后将改变指定表的记录，并且操作查询执行以后不可逆转，因此，当使用操作查询时，建议应当考虑首先建立选择查询以为操作查询验证设置的查询条件以及选项的正确性。另外，也可以考虑在执行操作查询前，为要更改的表做一个备份。

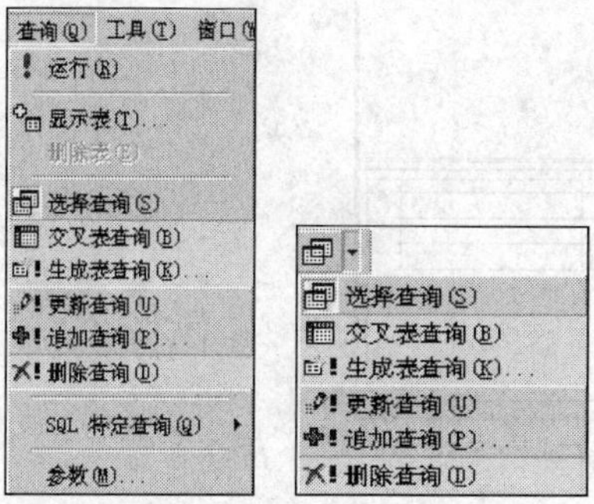

图 5-57　“查询”菜单和“查询类型”按钮

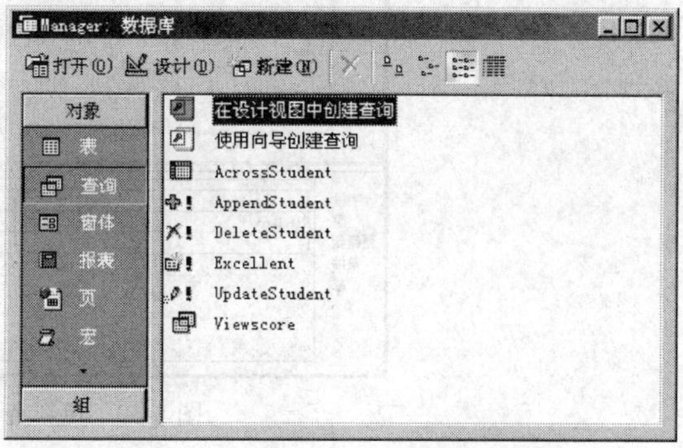

图 5-58　“数据库”窗口中显示的查询对象

5.10 建立更新查询

更新查询是在指定的表中对筛选出来的记录进行更新操作。这种对表中记录进行更新操作的工作也可以在数据表视图中由人逐条地进行更新修改，但是这种方法不仅消耗时间、效率低下，而且也容易出现更新修改错误，特别是要更新修改的记录很多时更是如此。由人逐条地对大批记录进行相同的更新修改也是很枯燥乏味的。要解决这个问题，可使用更新查询。

建立更新查询应按下列步骤操作。

（1）在“数据库”窗口中选择“查询”对象。

（2）单击“新建”按钮，Access 弹出“新建查询”对话框。

（3）在“新建查询”对话框中选择“设计视图”选项并单击“确定”按钮，Access 打开选择查询设计视图，同时弹出“显示表”对话框。

（4）在“显示表”对话框中选择更新查询所涉及到的表，然后单击“添加”按钮。

（5）选择完查询所涉及到的表以后单击“关闭”按钮，Access 关闭“显示表”对话框并返回到选择查询设计视图。

（6）在选择查询设计视图中设置更新查询所涉及到的字段及更新条件。

（7）从“查询”菜单中选择“更新查询”命令或者单击工具栏上的“查询类型”按钮右边的下拉箭头，然后从下拉列表中选择“更新查询”选项，Access 即将查询设计视图的窗口标题从“选择查询”变更为“更新查询”，同时在 QBE 网格中增加“更新到”行，如图 5-59 所示。

“更新到”行用于为要更新的字段设置更新表达式。

（8）在要更新的字段所对应的“更新到”行中输入更新表达式。

（9）单击“保存”按钮，保存更新查询。

至此用户已经建立好了更新查询。如果要执行该更新查询，可以在更新查询设计视图中单击“运行”按钮。如果要进一步查看更新的结果，可以在数据表视图中浏览被更新的表。还有一种更快捷有效的方法是：在更新查询设计视图中单击工具栏上的“查询类型”按钮右侧的下拉箭头，然后从列表中选择“选择查询”选项；或者从“查询”菜单中选择“选择查询”命令，Access 将更新查询再次变更为选择查询。运行这个选择查询，会看到更新结果。

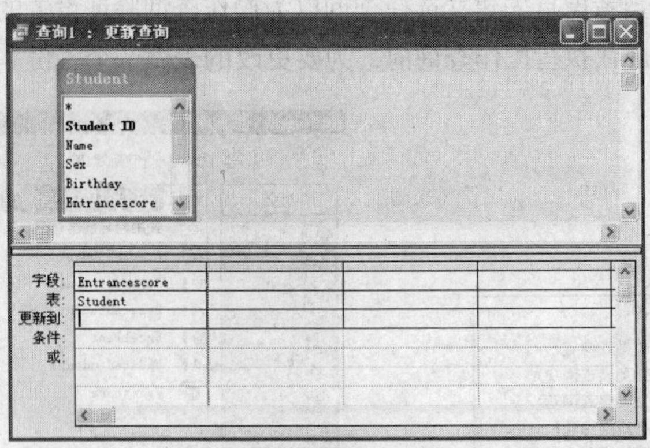

图 5-59　更新查询设计视图

需要说明的是：用户可以在更新查询设计视图的 QBE 网格的“更新到”行中，同时为几个字段输入更新表达式，这样 Access 可以同时为多个字段进行更新修改工作。

【例 5-20】 Student 表设置有 TotalCredit（总学分）字段，Subject 表设置有 Credit（学分）字段。期末考试成绩产生以后，如果某学生所选的某门课成绩合格（Score>=60），则应将 Subject 表中存储的这门课的学分（Credit）累加到 Student 表的该学生的总学分（TotalCredit）中。

完成上述任务应按下列步骤操作。

（1）在“数据库”窗口中选择“查询”对象。

（2）单击“新建”按钮，Access 弹出“新建查询”对话框。

（3）在“新建查询”对话框中选择“设计视图”选项并单击“确定”按钮，Access 打开选择查询设计视图，同时弹出“显示表”对话框。

（4）在“显示表”对话框中选择更新查询所涉及到的 Student、Score 和 Subject 表，每选择一个表后单击“添加”按钮。

（5）选择完更新查询所涉及到的表后单击“关闭”按钮，Access 关闭“显示表”对话框并返回到选择查询设计视图。

（6）在选择查询设计视图中设置更新查询所涉及到的字段以及更新条件。在 Student 表中选择 Student ID、Name 和 TotalCredit 字段，在 Score 表中选择 Score 字段，在 Subject 表中选择 Subject ID 和 Credit 字段，在 Score 字段的“条件”行中输入查询条件：>=60。如图 5-60 所示。

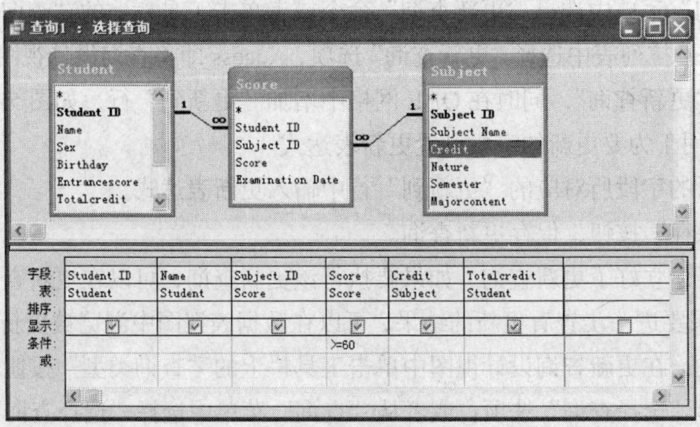

图 5-60　选择查询设计视图

图 5-60 显示了首先建立的选择查询设计视图，并调整了字段的显示顺序。单击“运行”或“视图”按钮，Access 将显示该选择查询的动态集，如图 5-61 所示。核对动态集中的记录，如果没有什么问题，就可以建立更新查询了。

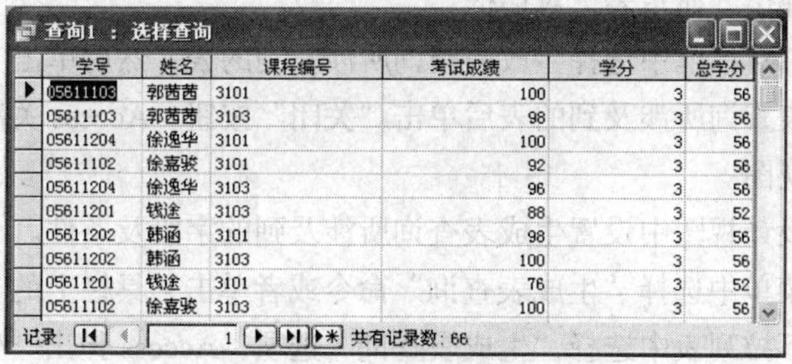

图 5-61　选择查询的动态集

（7）从“查询”菜单中选择“更新查询”命令或者单击工具栏上的“查询类型”按钮右边的下拉箭头，然后从下拉列表中选择“更新查询”选项，Access 即将查询设计视图的窗口标题从“选择查询”变更为“更新查询”，同时在 QBE 网格中增加“更新到”行。

（8）在 TotalCredit 字段所对应的“更新到”行中输入更新表达式：[TotalCredit] + [Subject] ! [Credit]，如图 5-62 所示。

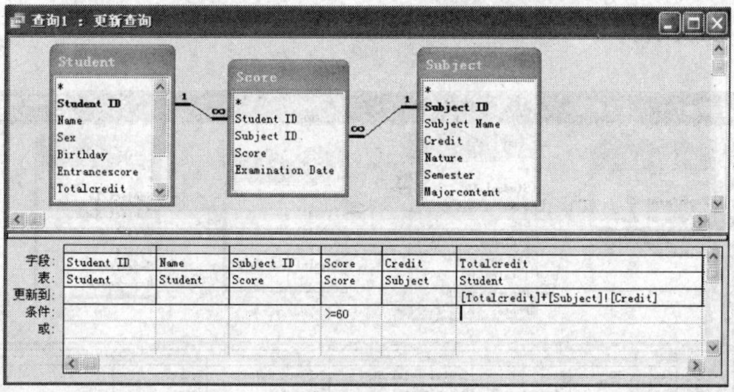

图 5-62　更新查询设计视图

（9）单击“保存”按钮，保存更新查询。

（10）单击工具栏上的“运行”按钮或从“查询”菜单中选择“运行”命令，Access 将弹出更新记录提示框，如图 5-63 所示。

（11）在更新记录提示框中，若单击“是”按钮，Access 将更新表中的记录；若单击“否”按钮，Access 将停止更新查询，指定表中的记录不被更新。

图 5-63　更新记录提示框

5.11　建立生成表查询

生成表查询是把从指定的表或查询中筛选出来的记录集生成一个新表。这对于完成从若干个表中获取数据，并需要将数据永久保留的任务是非常方便的。

建立生成表查询应按下列步骤操作。

（1）在“数据库”窗口中选择“查询”对象。

（2）单击“新建”按钮，Access 弹出“新建查询”对话框。

（3）在“新建查询”对话框中选择“设计视图”选项并单击“确定”按钮，Access 打开选择查询设计视图，同时弹出“显示表”对话框。

（4）在“显示表”对话框中选择生成表查询所涉及到的表，然后单击“添加”按钮。

（5）选择完生成表查询所涉及到的表后单击“关闭”按钮，Access 关闭“显示表”对话框并返回到选择查询设计视图。

（6）在选择查询设计视图中设置生成表查询所涉及到的字段及条件。

（7）从“查询”菜单中选择“生成表查询”命令或者单击工具栏上的“查询类型”按钮右边的下拉箭头，然后从下拉列表中选择“生成表查询”选项，Access 弹出“生成表”对话框，如图 5-64 所示。

图 5-64 “生成表”对话框

（8）在“生成表”对话框的“表名称”组合框中键入新表的名称。如果要将新表保存到当前数据库中，应选择“当前数据库”单选项；如果要将新表保存到其他数据库中，应选择“另一数据库”单选项，并在“文件名”文本框中输入数据库的名称。

（9）单击“确定”按钮，Access 即将查询设计视图的窗口标题从“选择查询”变更为“生成表查询”，如图 5-65 所示。

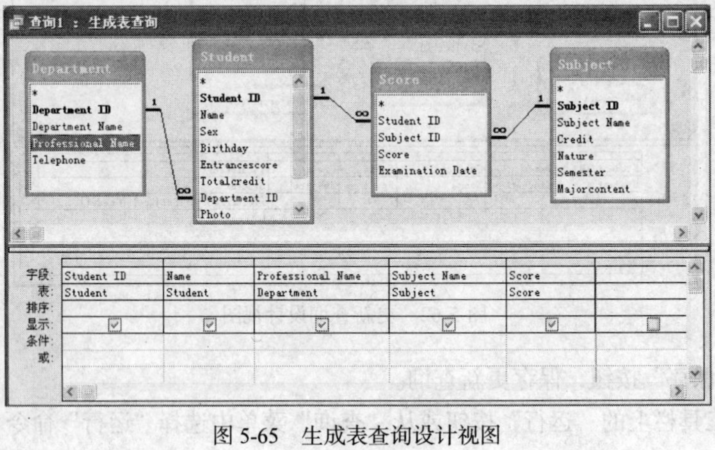

图 5-65 生成表查询设计视图

（10）单击“保存”按钮，Access 保存生成表查询。

至此，用户已经建立了一个生成表查询。如果要执行该生成表查询，可以在生成表查询设计视图中单击“运行”按钮。如果要进一步查看新表中的记录，可以打开该表的数据表视图。

需要注意的是：利用生成表查询建立新表时，新表中的字段从生成表查询的源表中继承字段名称、数据类型以及“字段大小”属性，但是不继承其他的字段属性以及表的主键。如果要定义主键或其他的字段属性，要在表设计视图中进行。

【例 5-21】 如果要将学习成绩优异（Score>=85）的学生的选课情况保存到名为 Excellent 新表中去，需要从 Student 表中获取成绩优异的学生的学号和姓名（Student ID 和 Name 字段），从 Department 表中获取学生所在专业的专业名称（Professional Name 字段），从 Subject 表中获取课程名称（Subject Name 字段），从 Score 表中获取成绩（Score 字段）。

完成上述任务应按下列步骤操作。

（1）在“数据库”窗口中选择“查询”对象。

（2）单击“新建”按钮，Access 弹出“新建查询”对话框。

（3）在“新建查询”对话框中选择“设计视图”选项并单击“确定”按钮，Access 打开选择查询设计视图，同时弹出“显示表”对话框。

（4）在“显示表”对话框中选择生成表查询所涉及到的 Student、Department、Score 和 Subject 表，每选择一个表后即单击“添加”按钮。

（5）选择完生成表查询所涉及到的表后单击“关闭”按钮，Access 关闭“显示表”对话框并返回到选择查询设计视图。

（6）在选择查询设计视图中设置生成表查询所涉及到的字段及条件。在 Student 表中选择 Student ID 和 Name 字段，在 Department 表中选择 Professional Name 字段，在 Score 表中选择 Score 字段，在 Subject 表中选择 Subject Name 字段，在 Score 字段的“条件”行中输入查询条件：>=85。

图 5-66 显示了首先建立的选择查询设计视图。单击“运行”或“视图”按钮，Access 显示这个选择查询的动态集，如图 5-67 所示。核对动态集中的记录，如果没有什么问题，就可以建立生成表查询了。

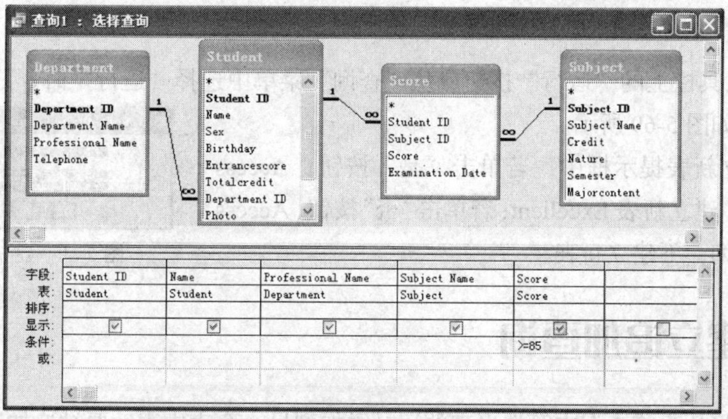

图 5-66　建立的选择查询设计视图

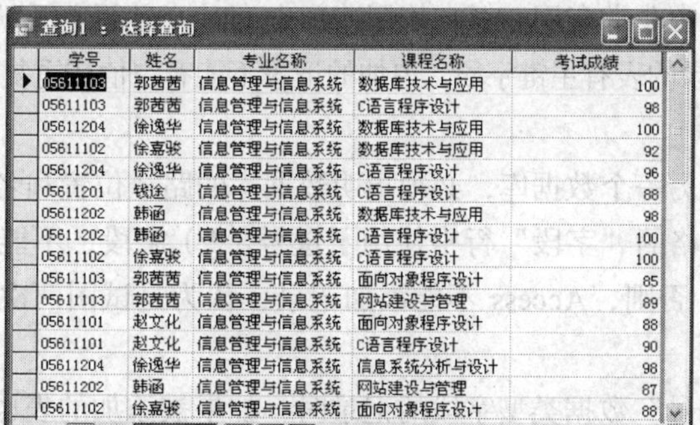

学号	姓名	专业名称	课程名称	考试成绩
05611103	郭茜茜	信息管理与信息系统	数据库技术与应用	100
05611103	郭茜茜	信息管理与信息系统	C语言程序设计	98
05611204	徐逸华	信息管理与信息系统	数据库技术与应用	100
05611102	徐嘉骏	信息管理与信息系统	数据库技术与应用	92
05611204	徐逸华	信息管理与信息系统	C语言程序设计	96
05611201	钱途	信息管理与信息系统	C语言程序设计	88
05611202	韩涵	信息管理与信息系统	数据库技术与应用	98
05611202	韩涵	信息管理与信息系统	C语言程序设计	100
05611102	徐嘉骏	信息管理与信息系统	C语言程序设计	100
05611103	郭茜茜	信息管理与信息系统	面向对象程序设计	85
05611103	郭茜茜	信息管理与信息系统	网站建设与管理	89
05611101	赵文化	信息管理与信息系统	面向对象程序设计	88
05611101	赵文化	信息管理与信息系统	C语言程序设计	90
05611204	徐逸华	信息管理与信息系统	信息系统分析与设计	98
05611202	韩涵	信息管理与信息系统	网站建设与管理	87
05611102	徐嘉骏	信息管理与信息系统	面向对象程序设计	88

图 5-67　选择查询的动态集

（7）从“查询”菜单中选择“生成表查询”命令或者单击工具栏上的“查询类型”按钮右边

的下拉箭头，然后从下拉列表中选择“生成表查询”选项，Access 弹出“生成表”对话框。

（8）在“生成表”对话框的“表名称”组合框中键入新表名称 Excellent，并选择“当前数据库”单选项。

（9）单击“确定”按钮，Access 即将查询设计视图的窗口标题从“选择查询”变更为“生成表查询”，如图 5-68 所示。

（10）单击“保存”按钮，Access 保存生成表查询。

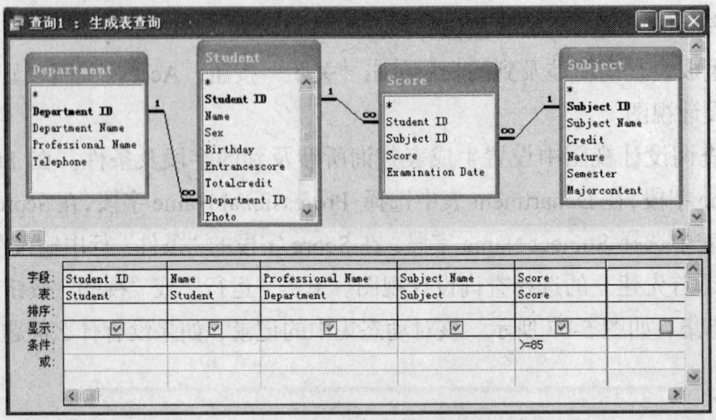

图 5-68 生成表查询设计视图

（11）单击工具栏上的“运行”按钮或从“查询”菜单中选择“运行”命令，Access 弹出建立新表提示框，如图 5-69 所示。

（12）在建立新表提示框中，若单击“是”按钮，Access 完成生成表查询，建立新表 Excellent；若单击“否”按钮，Access 将取消生成表查询，不建立新表。

图 5-69 建立新表提示框

5.12 建立追加查询

追加查询是将从表或查询中筛选出来的记录添加到另一个表中去。要被追加记录的表必须是已经存在的表，这个表可以是当前数据库的，也可以是另外一个数据库的。追加查询对于从表中筛选记录添加到另一个表中非常有用。但在使用追加查询时，必须遵循以下规则。

（1）如果要被追加记录的表有主键字段，追加的记录不能有空值或重复的主键值。否则，Access 不能追加记录。

（2）如果追加记录到另一个数据库，必须指明数据库的路径位置和名称。

（3）如果在 QBE 网格的“字段”行中使用了星号（*）字段，不能在“字段”行中再次使用同一个表的单个字段。否则，Access 不能添加记录，认为是试图两次增加同一字段内容到同一记录。

（4）添加有“自动编号”数据类型字段的记录时，如果被添加的表也有该字段和记录内容，就不要包括“自动编号”字段；如果要增加到新表并且准备让新表有基于该准则的新“自动编号”号（顺序号），也不要使用“自动编号”字段。

如果遵循了上述规则，就可以正确执行追加查询，使其成为一个很有用的工具。

建立追加查询应按下列步骤操作。

（1）在“数据库”窗口中选择“查询”对象。

（2）单击“新建”按钮，Access 弹出“新建查询”对话框。

（3）在“新建查询”对话框中选择“设计视图”选项并单击“确定”按钮，Access 打开选择查询设计视图同时弹出“显示表”对话框。

（4）在“显示表”对话框中选择追加查询所涉及到的表，然后单击“添加”按钮。

（5）选择完追加查询所涉及到的表后单击“关闭”按钮，Access 关闭“显示表”对话框并返回到选择查询设计视图。

（6）在选择查询设计视图中设置追加查询所涉及到的字段及条件。

（7）从“查询”菜单中选择“追加查询”命令或者单击工具栏上的“查询类型”按钮右边的下拉箭头，然后从下拉列表中选择“追加查询”选项，Access 弹出“追加”对话框，如图 5-70 所示。

图 5-70 “追加”对话框

（8）在“追加”对话框的“表名称”组合框中键入要被追加记录的表名，或者在组合框的下拉列表中选择要被追加记录的表名。如果要被追加记录的表在当前数据库中，则应选择“当前数据库”单选项；如果要被追加记录的表在其他数据库中，则应选择“另一数据库”单选项，并在“文件名”文本框中输入数据库的名称。

（9）单击“确定”按钮，Access 即将查询设计视图的窗口标题从“选择查询”变更为“追加查询”，并且在 QBE 网格中增加“追加到”行，如图 5-71 所示。

“追加到”行用于设置要被追加记录的表（目的表）与追加记录的表（源表）中字段的对应关系。

（10）在“追加到”行中设置要被追加记录的表的字段名。设置 Access 源表（追加记录的表）和目的表（被追加记录的表）字段之间的对应关系。源表和目的表对应字段名可以同名，也可以不同名。

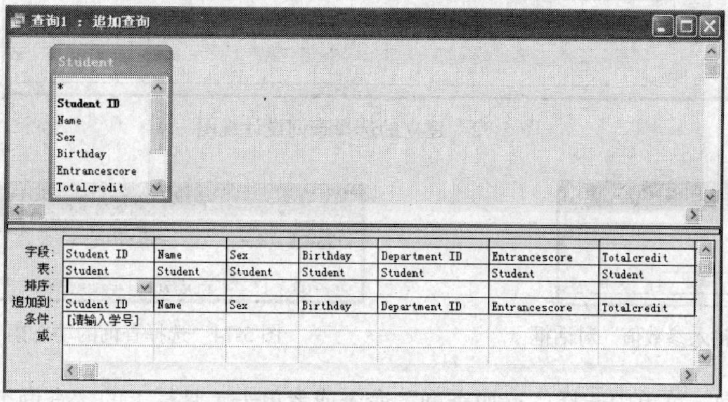

图 5-71 追加查询设计视图

（11）单击“保存”按钮，Access 保存追加查询。

至此，用户已经建立了一个追加查询。如果要执行该追加查询，可以在追加查询设计视图中单击“运行”按钮。如果要进一步查看新追加的记录，可以打开该目的表的数据表视图。

【例 5-22】 由于某种原因某学生需要休学，则应将他（她）的有关记录从 Student 表中添加到 StudentBak 备份表中。StudentBak 备份表应已存在，且与 Student 表的表结构相同。

完成上述任务应按下列步骤操作。

（1）在“数据库”窗口中选择“查询”对象。

（2）单击“新建”按钮，Access 弹出“新建查询”对话框。

（3）在“新建查询”对话框中选择“设计视图”选项并单击“确定”按钮，Access 打开选择查询设计视图，同时弹出“显示表”对话框。

（4）在“显示表”对话框中选择追加查询所涉及到的表，然后单击“添加”按钮。

（5）选择完追加查询所涉及到的表后单击“关闭”按钮，Access 关闭“显示表”对话框并返回到选择查询设计视图。

（6）在选择查询设计视图中设置追加查询所涉及到的字段及条件。双击 Student 表名，Access 高亮显示全部字段。选择并拖曳其中的任一字段到 QBE 网格的“字段”行，Access 即在 QBE 网格的“字段”行中设置 Student 表的全部字段。在 Student ID 字段的“条件”行中输入查询参数：[请输入学号]。

图 5-72 显示了首先建立的选择查询设计视图。单击“运行”或“视图”按钮，Access 弹出“输入参数值”对话框，如图 5-73 所示。在该对话框中输入查询参数值（这里输入要休学的学生学号）并单击“确定”按钮，Access 显示这个选择查询的动态集，如图 5-74 所示。核对动态集中的记录，如果没有什么问题，就可以建立追加查询了。

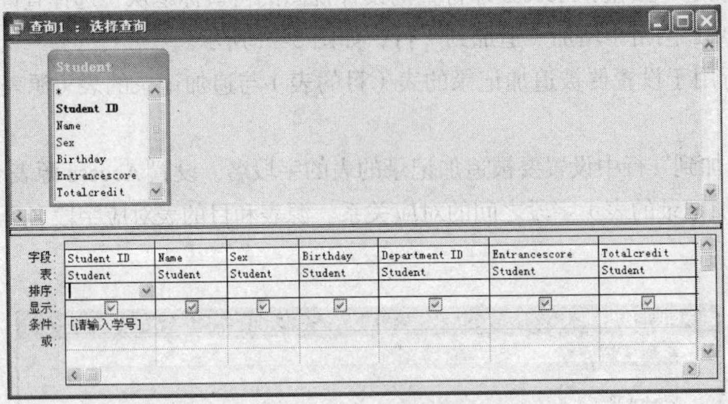

图 5-72 建立的选择查询设计视图

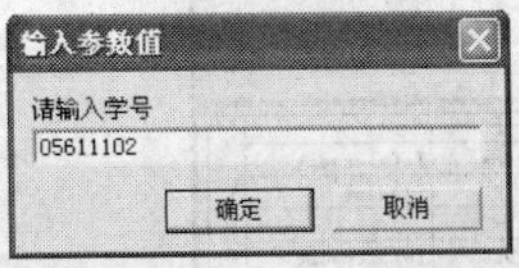

图 5-73 “输入参数值”对话框

图 5-74 选择查询的动态集

（7）从“查询”菜单中选择“追加查询”命令或者单击工具栏上的“查询类型”按钮右边的下拉箭头，然后从下拉列表中选择“追加查询”选项，Access 弹出“追加”对话框。

（8）在“追加”对话框的“表名称”组合框的下拉列表中选择要被追加记录的表名 StudentBak，并选择“当前数据库”单选项。

（9）单击“确定”按钮，Access 即将查询设计视图的窗口标题从“选择查询”变更为“追加查询”，并且在 QBE 网格中增加“追加到”行，如图 5-75 所示。

（10）在“追加到”行中设置 StudentBak 表的字段名，即设置 Access 源表（追加记录的表，这里是 Student 表）和目的表（被追加记录的表，这里是 StudentBak 表）字段之间的对应关系。

（11）单击“保存”按钮，Access 保存追加查询。

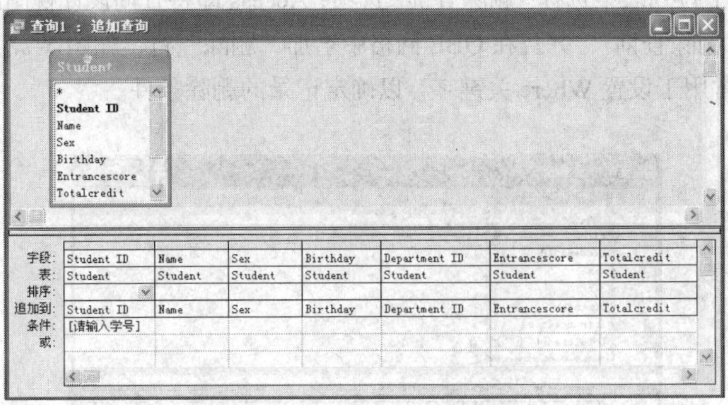

图 5-75　追加查询设计视图

（12）单击工具栏上的“运行”按钮或从“查询”菜单中选择“运行”命令，Access 弹出“输入参数值”对话框。在该对话框中输入查询参数值（这里输入要休学的学生学号）并单击“确定”按钮，Access 弹出追加记录提示框，如图 5-76 所示。

图 5-76　追加记录提示框

（13）在追加记录提示框中，若单击“是”按钮，Access 完成追加记录查询，为指定的 StudentBak 表追加记录；若单击“否”按钮，Access 将取消追加记录查询，不为指定的 StudentBak 表追加记录。

5.13 建立删除查询

删除查询是在指定的表中删除筛选出来的记录。在所有操作查询中，删除查询是最危险的。因为删除查询将永久地和不可逆地从表中删除记录。

删除查询可以从单个表中删除记录，也可以从多个相互关联的表中删除记录。要从多个表中删除相关记录必须做到以下几点。

（1）相互关联的表之间已建立了表间关系。

（2）在建立表间关系时，在“编辑关系”对话框中选择了“实施参照完整性”复选框及“级联删除相关记录”复选框。

有关建立表间关系的详细内容可参阅“4.5 建立表间关系”一节。

建立删除查询应按下列步骤操作。

（1）在“数据库”窗口中选择“查询”对象。

（2）单击“新建”按钮，Access 弹出“新建查询”对话框。

（3）在“新建查询”对话框中选择“设计视图”选项并单击“确定”按钮，Access 打开选择查询设计视图，同时弹出“显示表”对话框。

（4）在“显示表”对话框中选择删除查询所涉及到的表，然后单击“添加”按钮。

（5）选择完删除查询所涉及到的表后单击“关闭”按钮，Access 关闭“显示表”对话框并返回到选择查询设计视图。

（6）在选择查询设计视图中设置删除查询的条件。

（7）从“查询”菜单中选择“删除查询”命令或者单击工具栏上的“查询类型”按钮右边的下拉箭头，然后从下拉列表中选择“删除查询”选项，Access 即将查询设计视图的窗口标题从“选择查询”变更为“删除查询”，并且在 QBE 网格中增加“删除”行，如图 5-77 所示。

“删除”行通常用于设置 Where 关键字，以确定记录的删除条件。

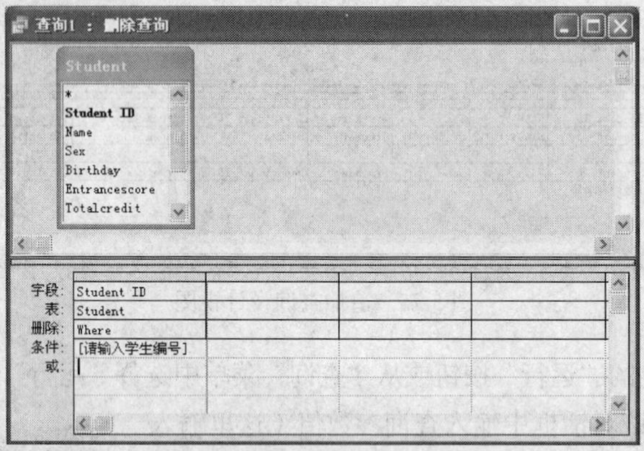

图 5-77　删除查询设计视图

（8）单击“保存”按钮，Access 保存删除查询。

至此，用户已经建立了一个删除查询。如果要执行该删除查询，可以在删除查询设计视图中单击“运行”按钮。如果删除查询正确执行完毕，在表的数据表视图中就不会再看到被删除的记录。

注意　删除查询将永久地、不可逆地从指定的表中删除记录。因此，在删除记录之前一定要慎重，或将要删除记录的表做好备份。另外，删除查询是删除整条记录，而不是指定字段中的数据。如果只删除指定字段中的数据，可以使用更新查询把该值更改为空值。

【例 5-23】 由于某种原因某学生需要休学，这就需要把他（她）的有关记录从 Student 表中添加到 StudentBak 备份表中去，然后将 Student 表和 Score 表中有关他（她）的记录删除掉。从 Student 表中添加记录到 StudentBak 表的方法已作了介绍，现在重点介绍从 Student 表和 Score 表中删除有关记录的方法。

完成上述任务应按下列步骤操作。

（1）首先确认 Student 表和 Score 表已建立了表间关系，并且在建立表间关系时，在“编辑关系”对话框中选择了“实施参照完整性”复选框以及“级联删除相关记录”复选框。否则，应为 Student 表和 Score 表建立表间关系。

（2）在“数据库”窗口中选择“查询”对象。

（3）单击“新建”按钮，Access 弹出“新建查询”对话框。

（4）在“新建查询”对话框中选择“设计视图”选项并单击“确定”按钮，Access 打开选择查询设计视图，同时弹出“显示表”对话框。

（5）在“显示表”对话框中选择删除查询所涉及到的 Student 表，然后单击“添加”按钮。

（6）选择完删除查询所涉及到的表后单击“关闭”按钮，Access 关闭“显示表”对话框并返回到选择查询设计视图。

（7）在选择查询设计视图中设置删除查询的条件。将 Student ID 字段拖曳到 QBE 网格的第 1 个空白“字段”行中，并在 Student ID 字段的“条件”行中输入查询参数：[请输入学生编号]。

图 5-78 显示了首先建立的选择查询设计视图。单击“运行”或“视图”按钮，Access 弹出“输入参数值”对话框。在该对话框中输入查询参数值（这里输入要休学的学生学号）并单击“确定”按钮，Access 显示这个选择查询的动态集。核对动态集中的记录，如果没有什么问题，就可以建立删除查询了。

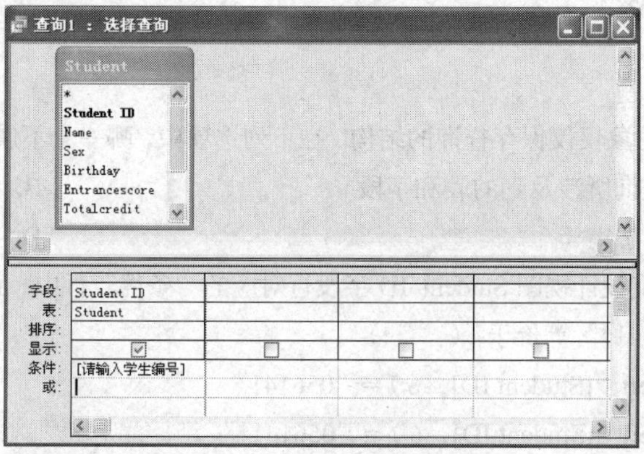

图 5-78 选择查询设计视图

（8）从“查询”菜单中选择“删除查询”命令或者单击工具栏上的“查询类型”按钮右边的下拉箭头，然后从下拉列表中选择“删除查询”选项，Access 即将查询设计视图的窗口标题从“选择查询”变更为“删除查询”，并且在 QBE 网格中增加“删除”行，如图 5-79 所示。

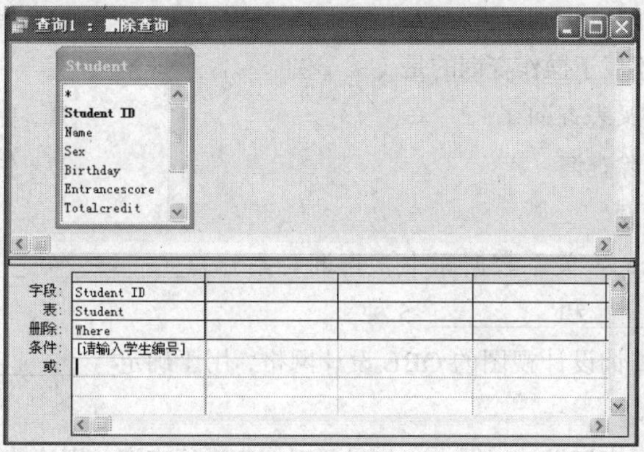

图 5-79 删除查询设计视图

（9）在“删除”行中选择“Where”选项。

（10）单击“保存”按钮，Access 保存删除查询。

（11）单击工具栏上的“运行”按钮或从“查询”菜单中选择“运行”命令，Access 弹出“输入参数值”对话框。在该对话框中输入查询参数值（这里输入要休学的学生学号）并单击“确定”按钮，Access 弹出删除记录提示框，如图 5-80 所示。

（12）在删除记录提示框中，若单击“是”按钮，Access 完成删除记录查询，在指定的 Student 表中删除指定的记录，并自动在 Score 表中删除所有相关记录；若单击“否”按钮，Access 将取消删除记录查询，不删除 Student 表中指定的记录。

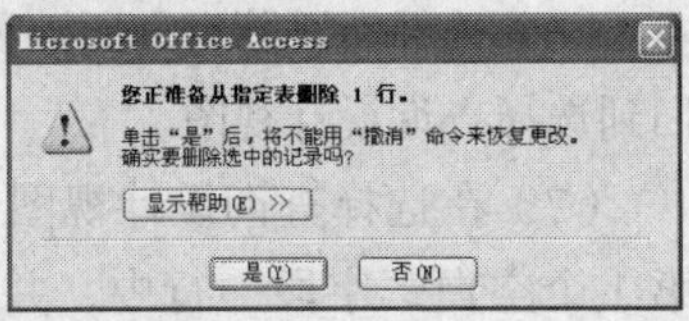

图 5-80　删除记录提示框

练习题

一、选择题

1. 查询对象仅仅保存查询的结构。在下列选项中，哪一个不属于查询的结构？（　　）

   A. 查询所涉及到的表和字段　　B. 排序准则

   C. 动态集　　D. 筛选条件

2. 在查询设计视图 Student ID 字段行对应的“条件”行中，设置的关系表达式：Like “056141*” 等价于：（　　）

   A. Left（[Student ID]，6）= “056141”

   B. Left（[Student ID]，6）= “056141*”

   C. Left（Student ID，6）= “056141”

   D. Left（Student ID，6）= “056141*”

3. 在查询设计视图的“条件”行中，设置的关系表达式：In（”3101”，”3102”）等价于：（　　）

   A. =”3101” OR =”3102”　　B. >=”3101” OR <=”3102”

   C. =”3101” AND =”3102”　　D. >=”3101” AND <=”3102”

4. 以下不属于操作查询的是（　　）。

   A. 交叉表查询　　B. 更新查询

   C. 删除查询　　D. 生成表查询

二、填空题

1. 在 Access 关系数据库中，查询对象分为______、______、______、______和______ 5 种。

2. 选择查询设计视图的 QBE 设计网格，用于确定______所拥有的字段和筛选条件等。

3. 在选择查询设计视图中，如果要对多表进行查询，则这些表之间应建立______。

4. 选择查询可以从指定的表中获取______的记录。

5. 选择查询设计视图分为上下两部分，上半部分为______，用于显示查询要使用的表或其他查询；下半部分为______，用于确定动态集所拥有的字段和筛选条件等。

6. 在选择查询设计视图的“条件”行和“或”行中，相邻行中设置的筛选条件之间存在________的关系；同一“条件”行或“或”行的不同列中设置的多个筛选条件，它们之间存在________的关系。
7. 操作查询将从指定的表或查询中根据用户给定的条件筛选记录以形成动态集，并对动态集进行某种________，并将________返回到指定的表中。
8. 操作查询可以从指定的表中筛选记录以生成一个________，或者对指定的表进行记录的________、________或________操作。
9. Access 提供了4种操作查询：________查询、________查询、________查询和________查询。

三、简答题

1. 选择查询设计视图可以大体分为几部分？各部分的作用是什么？
2. 在选择查询设计视图中，QBE 设计网格共有哪些行？结合实例详细说明各行的作用。
3. 操作查询与选择查询的区别是什么？

四、应用题

1. 试建立一个选择查询，在 Student 表中筛选满足下列给定条件的记录：
   Department ID=“611” And Entrancescore>=520 Or Entrancescore>=600
2. 试建立一个选择查询，查找选修“3101”课程且成绩大于等于 90 分的学生。要求显示学生学号、姓名、课程名称和成绩。
3. 试建立一个汇总查询，统计 Student 表中学生人数。
4. 试建立一个汇总查询，统计各专业学生的平均入学成绩。
5. 试建立一个交叉表查询，统计各专业课程编号为“1011”和“1021”两门公共基础课的平均成绩。
6. 在 Score 表中，Student ID 字段的前 6 位用以描述某年级某专业班级。试建立一个选择查询，在 Score 表中筛选指定班级的选课情况。
7. 在 Student 表中，对于同一个专业所有新入学的学生记录，通常采用一次性批量录入的方法。在录入数据时，为了加快录入速度，规定不为 Department ID（专业编号）字段输入专业编号（此时该字段值为空）。试建立一个更新查询为 Department ID 字段值为空的所有记录，填写指定的专业编号。
8. 试建立一个更新查询，将学生所获学分累加到学生各自的总学分中。
9. 试利用生成表查询，将成绩优异的学生选课情况保存到名为 Excellent 的新表中。Excellent 表应包含学号，姓名，学生所在专业名称、课程名称和成绩。
10. 试利用生成表查询生成需要补考的学生补考记录表。该表包括：Student ID、Name、Department Name、Professional Name、Subject Name 和 Score 字段。
11. 试利用追加查询将复学的学生记录从 StudentBak 表添加到 Student 表中。
12. 试利用删除查询将已办理完复学手续的学生的记录从 StudentBak 表中删除。

第6章 结构化查询语言（SQL）

SQL是IBM实验室于20世纪70年代后期开发出来的，是Structured Query Language（结构化查询语言）的缩写，它是一种非过程化的语言，具备创建、维护、检索和控制关系数据库的功能。SQL语言简洁、方便实用、功能齐全，已成为目前应用最广的关系数据库通用语言。

本章将介绍SQL的特点，学习如何在关系数据库中进行数据定义、数据更新和数据查询。

6.1 SQL概述

1974年，SQL由CHAMBERLIN和BOYEE提出，当时称为SEQUEL（Structured English Query Language）。后来IBM公司对其进行了修改，并用于其SYSTEM R关系数据库系统中。1981年，IBM推出其商用关系数据库SQL/DS，并将其名字改为SQL。由于SQL语言功能强大、简洁易用，因此得到了广泛的应用，除了应用于各种大型数据库，例如SYBASE、INFORMIX、ORACLE、DB2、INGRES外，同时也大量应用于各种小型数据库，例如Visual FoxPro、Access等。

随着关系数据库系统和SQL应用的日益广泛，SQL的标准化工作也一直在紧张进行，10多年来已制订了多个SQL标准。

1982年，美国国家标准化局（American National Standard Institute, ANSI）开始制定SQL标准。

1986年，美国国家标准化协会公布了SQL语言的第一个标准SQL86。

1987年，国际标准化组织（ISO）通过了SQL86标准。

1989年，ISO对SQL86进行了补充，推出了SQL89标准。

1992年，ISO又推出了SQL92标准，也称为SQL2。

目前SQL99（也称为SQL3）正在起草中，增加了面向对象的功能。

6.1.1　SQL 的特点

SQL 语言之所以能够为用户和业界所接受，并成为国际标准，是因为它是一个综合统一的、功能极强同时又简单易学的语言。SQL 的主要特点包括如下。

（1）综合统一。SQL 是一种一体化的语言，它包括了数据定义、数据查询、数据操纵和数据控制等方面的功能，可以完成数据库活动中的全部工作。以前的非关系模型的数据语言一般包括存储模式描述语言、概念模式描述语言、外部模式描述语言和数据操纵语言等，这种模型的数据语言，一是内容多，二是掌握和使用起来都不如 SQL 那样简单、实用。

（2）高度非过程化。SQL 是一种高度非过程化的语言，它没有必要一步步地告诉计算机"如何"去做，而只需要描述清楚用户要"做什么"。SQL 语言可以将要求交给系统，自动完成全部工作。

（3）面向集合的操作方式。非关系数据模型采用的是面向记录的操作方式，操作对象是一条记录。SQL 采用集合操作方式，操作对象、查找结果可以是元组的集合，一次插入、删除、更新操作的对象也可以是元组的集合。

（4）以同一种语法结构提供两种使用方法。SQL 既是自含式语言，又是嵌入式语言；可独立使用，也可嵌入到宿主语言中。自含式语言能够独立地用于联机交互的使用方式。嵌入式语言能够使其嵌入到高级语言（例如 C、COBOL、FORTRAN、PL/1）程序中，供程序员设计程序时使用。

在两种不同的使用方式下，SQL 语言的语法结构基本一致。

（5）语言简洁，易学易用。SQL 非常简洁。虽然 SQL 功能很强，但它只有为数不多的几条命令，表 6-1 给出了分类的命令动词。另外，SQL 的语法也非常简单，它很接近自然语言（英语），因此容易学习、掌握。

表 6-1　　SQL 的动词

SQL 功能	动　词
数据定义	CREATE、DROP、ALTER
数据查询	SELECT
数据操纵	INSERT、UPDATE、DELETE
数据控制	GRANT、REVOKE

6.1.2　SQL 的功能

SQL 语言的功能包括数据定义、数据控制、数据查询和数据操纵 4 个部分。

（1）数据定义（Data Definition）。SQL 使用数据定义语言（Data Definition Language, DDL）实现其数据定义功能，可对数据库用户、基本表、视图、索引进行定义、修改和撤销。

（2）数据操纵（Data Manipulation）。SQL 使用数据操纵语言（Data Manipulation Language, DML）实现其对数据库数据的操纵功能。数据操纵语句主要包括 INSERT（插入）、UPDATE（修改）和 DELETE（删除）。

（3）数据查询（Data Query）。建立数据库的目的是为了查询数据，数据库的查询功能是数据库的核心功能。SQL 使用 SELECT 语句进行数据库的查询，该语句具有灵活的使用方式和强大的功能。

（4）数据控制（Data Control）。数据库中的数据由多个用户共享，为保证数据库的安全，SQL 提供数据控制语句 DCL（Data Control Language, DCL）对数据库进行统一的控制管理。

下面将介绍标准 SQL 语句的基本功能和格式，各个 DBMS 产品在实现标准 SQL 语言时一般都做了扩充。因此，在使用某个 DBMS 产品时还应参阅系统提供的有关手册。

6.2 数据定义

SQL 使用 DDL 实现数据定义功能，主要包括定义表、定义视图和定义索引，如表 6-2 所示。

表 6-2 SQL 的数据定义语句

操作对象	操作方式		
	创建	删除	修改
表	CREATE TABLE	DROP TABLE	ALTER TABLE
视图	CREATE VIEW	DROP VIEW	
索引	CREATE INDEX	DROP INDEX	

视图是基于基本表的虚表，索引是依附于基本表的，因此 SQL 通常不提供修改视图定义和修改索引定义的操作。用户要修改视图定义或索引定义，只能先将它们删除掉，然后再重建。本节介绍如何定义、修改和删除表。

6.2.1 数据类型

当用 SQL 语句定义表时，需要为表中的每一个字段设置一个数据类型，用来指定字段所存放的数据，SQL 中基本数据类型有数值型、字符串型、时间型、二进制型等。不同的数据库系统支持的数据类型不完全相同。表 6-3 列出了 Access 主要支持的数据类型。

表 6-3 Access 主要支持的数据类型

设置	数据类型	大小
文本	文本或文本和数字的组合，或不需要计算的数字，例如电话号码	最多为 255 个字符或长度小于 FieldSize 属性值
备注	长文本或文本和数字的组合	最多为 65535 个字符
数字	用于数学计算的数值数据。有关如何设置特定 Number 类型的详细内容	1、2、4 或 8 个字节
日期/时间	从 100～9999 年的日期与时间值	8 个字节
货币	货币值或用于数学计算的数值数据	8 个字节
自动编号	当向表中添加一条新记录时，由 Access 指定的一个唯一的顺序号（每次加 1）或随机数。AutoNumber 字段不能更新	4 个字节
是/否	Yes 和 No 值，以及只包含两者之一的字段（Yes/No、True/False 或 On/Off）	1 位

续表

设　置	数 据 类 型	大　小
OLE 对象	Access 表中链接或嵌入的对象	最多为 1G 字节（受可用磁盘空间限制）
超级链接	文本或文本和数字的组合，以文本形式存储并用作超级链接地址	Hyperlink 数据类型的 3 个部分的每一部分最多只能包含 2048 个字符
查阅向导	创建字段，该字段可以使用列表框或组合框从另一个表或值列表中选择一个值	与用于执行查阅的主键字段大小相同，通常为 4 个字节

6.2.2　创建表

建立数据库最重要的一步就是定义一些基本表。SQL 语言使用 CREATE TABLE 定义基本表，其一般格式如下：

```
CREATE TABLE <表名>
          (<列名> <数据类型>[ <列级完整性约束条件> ]
          [，<列名> <数据类型>[ <列级完整性约束条件>] ]…
          [，<表级完整性约束条件> ] );
-<表名>：所要定义的基本表的名字。
-<列名>：组成该表的各个属性(列)。
-<列级完整性约束条件>：涉及相应属性列的完整性约束条件。
-<表级完整性约束条件>：涉及一个或多个属性列的完整性约束条件。
```

其中，表名是所要定义的表的名字，它可以由一个或多个属性（列）组成。建表的同时通常还可以定义与该表有关的完整性约束条件，这些完整性约束条件被存入系统的数据字典中，当用户操作表中数据时，由 DBMS 自动检查该操作是否违背这些完整性约束条件。如果完整性约束条件涉及该表的多个属性列，则必须定义在表级上。

常用完整性约束如下。

主码约束：PRIMARY KEY

唯一性约束：UNIQUE

非空值约束：NOT NULL

参照完整性约束

【例 6-1】 创建 Student 表，它由学号（Student ID）、姓名（Name）、性别（Sex）、年龄（Age）、专业编号（Department ID）5 个字段组成。其中学号不能为空，值是唯一的，并且姓名取值也唯一。

```
CREATE  TABLE  Student
(Student ID  CHAR(8) NOT NULL  UNIQUE,
 Name  CHAR(20)  UNIQUE,
 Sex   CHAR(1),
 Age   INT,
 Department ID  CHAR(3));
```

【例 6-2】 创建 Score 表，它由学号（Student ID）、课程编号（Subject ID）、考试成绩（Score）组成，其中（Student ID, Subject ID）为主键。

```
CREATE  TABLE  Score(
Student ID  CHAR(8),
Subject ID CHAR(4),
Score   int,
Primary key(Student ID, Subject ID));
```

6.2.3 修改表结构

随着应用环境和应用需求的变化，有时需要修改已建立好的表，包括增加新列、增加新的完整性约束条件、修改原有的列定义或删除已有的完整性约束条件等。SQL 语言用 ALTER TABLE 语句修改基本表，其一般格式为：

```
ALTER TABLE 表名
[ADD 新列名 数据类型 [完整性约束条件]]
[DROP 完整性约束名]
[MODIFY 列名 数据类型];
```

其中，表名指定需要修改的表，ADD 子句用于增加新列和新的完整性约束条件，DROP 子句用于删除指定的完整性约束条件，MODIFY 子句用于修改原有列的数据类型。

【例 6-3】 向 Student 表增加“入学时间”字段，其数据类型为日期型。

```
ALTER TABLE Student ADD Scome DATE;
```

【例 6-4】 将 Age（年龄）字段的数据类型改为长整数型。

```
ALTER TABLE Student MODIFY Age SMALLINT;
```

注意：修改原有的字段定义有可能会破坏已有数据。

【例 6-5】 删除学生姓名必须取唯一值的约束。

```
ALTER TABLE Student DROP UNIQUE(Name);
```

6.2.4 删除表

当某个基本表不再需要时，可以使用 SQL 语句 DROP TABLE 进行删除。其一般格式为：DROP TABLE 表名；

一旦删除基本表定义，表中的数据和在此表上建立的索引都将被自动删除掉，而建立在此表上的视图虽仍然保留，但已无法引用。因此执行删除操作一定要格外小心。

【例 6-6】 删除 Student 表

```
DROP TABLE Student ;
```

6.3 数据更新

SQL 中的数据更新包括插入数据、修改数据和删除数据。

6.3.1 插入数据

SQL 用 INSERT 来插入数据，通常有两种形式。

1. 插入单个元组

语句格式为：

```
INSERET
INTO 表名 [（列名1[,列名2]…）]
VALUES（常量1[,常量2] …）;
```

其功能是将新元组插入指定表中。新元组属性列 1 的值为常量 1，属性列 2 的值为常量 2，……

其中，INTO 子句指定要插入数据的表名及属性列，属性列的顺序可与表定义中的顺序不一致；如果没有指定属性列，表示要插入的是一条完整的元组，且属性列属性与表定义中的顺序一致；指定部分属性列，表示插入的元组在其余属性列上取空值。VALUES 子句提供的值的个数和类型必须与 INTO 子句匹配。

【例 6-7】 将一条新学生记录（学号：05610101；姓名：陈冬；性别：男；专业编号：610；年龄：18 岁）插入到 Student 表中。

```
    INSERT  INTO  Student
    VALUES（'05610101', '陈冬', '男', '610', 18）;
```

【例 6-8】 插入一条选课记录（'05610101', '3101 '）。

```
    INSERT
    INTO SCORE（Student ID, Subject ID）
    VALUES （'05610101', '3101'）;
```

新插入的记录在 Score 列上取空值。

2. 插入查询结果

语句格式为：

```
INSERET
INTO 表名 [（列名1[,列名2]…）]
子查询;
```

其功能是以批量插入的方式，一次将查询的结果全部插入指定表中。其中子查询是在下一节中查询的结果。

6.3.2 修改数据

修改操作用 UPDATE 实现，其语句的一般格式为：

```
UPDATE 表名
SET 列名=表达式 [,列名=表达式]…
[WHERE 条件];
```

其功能是修改指定表中满足 WHERE 条件的元组。其中，SET 子句用于指定修改值，即用表达式的值取代相应的属性列值。如果省略 WHERE 子句，则表示要修改表中的所有元组。

UPDATE 实现修改数据有 3 种方式：

修改某一个元组的值；

修改多个元组的值；

带子查询的修改语句。

【例 6-9】 将学号为'05610101'学生的年龄改为 22 岁。

```
      UPDATE  Student
      SET Age=22
      WHERE  Student ID='05610101';
```

【例 6-10】 将所有学生的年龄增加 1 岁。

```
      UPDATE Student
      SET Age= Age+1;
```

【例 6-11】 将专业编号为'610'的所有学生的年龄增加 1 岁。

```
UPDATE Student
SET Age= Age+1
WHERE Department ID='610';
```

DBMS 在执行修改语句时会检查修改操作是否破坏表上已定义的完整性规则，包括实体完整性、主码不允许修改、用户定义的完整性，以确保修改的数据符合已定义表的完整性规则。

6.3.3 删除数据

删除数据用 DELETE 语句，语句格式为：

```
DELETE
FROM 表名
[WHERE 条件];
```

功能是从指定表中删除满足 WHERE 条件的所有元组。如果省略 WHERE 子句，表示删除表中的全部元组。

DELETE 语句实现删除有 3 种方式：

删除某一个元组的值；

删除多个元组的值；

带子查询的删除语句。

【例 6-12】 删除学号为'05610101'的学生记录。

```
DELETE
FROM  Student
WHERE  Student ID='05610101';
```

【例 6-13】 删除课程编号为'3101'的所有选课记录。

```
DELETE
FROM  Score;
WHERE  Subject ID='3101';
```

【例 6-14】 删除所有的学生选课记录。

```
DELETE
FROM  Score;
```

【例 6-15】 删除学号为'05610101'学生的选课记录。

```
DELETE
FROM  Score
WHERE  Student ID='05610101';
```

DBMS 在执行插入语句时会检查所插入元组是否破坏表上已定义的完整性规则。

6.4 数据查询

数据库的查询是数据库的核心操作。SQL 语言提供了 SELECT 语句进行数据库查询，该语句具有灵活的使用方式和强大的功能。

6.4.1 SELECT 语句

SELECT 语句的一般格式如下：

```
SELECT [ALL|DISTINCT] <目标列表达式>[,<目标列表达式>] …
FROM <表名或视图名>[,<表名或视图名> ] …
 [ WHERE <条件表达式> ]
 [ GROUP BY <列名 1> [ HAVING <条件表达式> ] ]
 [ ORDER BY <列名 2> [ ASC|DESC ] ];
```

其中，

```
SELECT 子句：指定要显示的属性列；
FROM 子句：指定查询对象（基本表或视图）；
WHERE 子句：指定查询条件；
GROUP BY 子句：对查询结果按指定列的值分组，该属性列值相等的元组为一组。
HAVING 短语：筛选出满足指定条件的组；
ORDER BY 子句：对查询结果表按指定列值的升序或降序排序。
```

SELECT 语句既可以完成简单的单表查询，也可以完成复杂的连接查询和嵌套查询。下面以学生课程数据库为例，说明 SELECT 语句的各种功能。

学生课程数据库包含 3 个表。

学生表：Student（Student ID，Name，Sex，Age，Department ID）。

Student 表由学号（Student ID）、姓名（Name）、性别（Sex）、年龄（Age）、专业编号（Department ID）五个属性组成，其中 Student ID 为主键。

课程表：Subject（Subject ID，Subject Name，Credit）。

学生选课表：Score（Student ID，Subject ID，Score）。

6.4.2 简单查询

简单查询只涉及一个表的查询。

1. 选择表中的若干列

选择表中的全部列或者部分列，属于投影运算，不消除重复行。

（1）查询指定列。在很多情况下，用户只用到表中的一部分属性，这时可以通过在 SELECT 子句的<目标列表达式>中指定要查询的属性。<目标列表达式>中各个列的先后顺序可以与表中的逻辑顺序不一致，即用户可以根据应用的需要改变列的显示顺序。

【例 6-16】 查询全体学生的学号与姓名。

```
SELECT  Student ID, Name
FROM  Student;
```

【例 6-17】 查询全体学生的姓名、学号、专业编号。

```
SELECT  Student ID, Name, Department ID
FROM Student;
```

（2）查询全部列。将表中的所有属性列都列出来有两种方法，一种方法是在 SELECT 关键字后面列出所有列名，另一种方法是当列的显示顺序与其在基表中的顺序相同时，也可以简单地将<目标列表达式>指定为*。

【例 6-18】 查询全体学生的详细记录。

```
SELECT  Student ID, Name, Sex, Age, Department ID
FROM  Student;
或
SELECT  *
FROM  Student;
```

（3）查询经过计算的值。SELECT 子句的<目标列表达式>不仅可以是表中的属性列，也可以是算术表达式、字符串常量、函数、列别名等。

【例 6-19】 查询全体学生的姓名及其出生年份。

```
SELECT  Name, 2006-Age
FROM  Student;
```

2. 选择表中的若干元组

（1）消除取值重复的行。两个本来并不完全相同的元组投影到指定的某些列上后，可能变成相同的行。在结果中消除重复行的方法是在 SELECT 子句中使用 DISTINCT 短语。

假设 SCORE 表中有下列数据：

Student ID	Subject ID	Score
05001	1	92
05001	2	85
05001	3	88
05002	2	90
05002	3	80

【例 6-20】 查询选修了课程的学生学号。

① SELECT Student ID

```
    FROM  SCORE;
    或
    SELECT  ALL  Student ID
    FROM  SCORE;
结果： Student ID
      05001
      05001
      05001
      05002
      05002
```

② SELECT DISTINCT Student ID

```
        FROM Score;
结果： Student ID
      05001
      05002
```

（2）查询满足条件的元组。查询满足指定条件的元组可以通过 WHERE 子句实现，WHERE 子句中的常用运算符如表 6-4 所示。

表 6-4　　常用运算符

查 询 条 件	谓　词
比较大小	=，>，<，>=，<=，!=或<>，!>，!<，
确定范围	BETWEEN … AND … NOT BETWEEN … AND …
确定集合	IN，NOT IN
字符串匹配	LIKE，NOT LIKE
空值	IS NULL，IS NOT NUL
多重条件	NOT，AND，OR

【例 6-21】 查询所有年龄在 20 岁以下的学生姓名及其年龄。

```
SELECT  Name, Age
FROM   Student
WHERE Age < 20;
或 SELECT Name, Age
FROM    Student
WHERE  NOT Age >= 20;
```

【例 6-22】 查询年龄在 20～23 岁（包括 20 岁和 23 岁）之间的学生的姓名、专业编号和年龄。

```
SELECT  Name, Department ID, Age
FROM   Student
WHERE  Age  BETWEEN 20 AND 23;
```

【例 6-23】 查询既不是信息管理与信息系统专业（专业编号为 611）、计算机科学与技术专业（专业编号为 511），也不是通信工程专业（专业编号为 512）的学生的姓名和性别。

```
SELECT  Name, Sex
FROM  Student
WHERE  Department ID  NOT  IN('611', '511', '512');
```

【例 6-24】 查询学号为 05611 的学生的详细情况。

```
SELECT  *
FROM  Student
WHERE  Student ID  LIKE  '056111';
```

等价于：

```
SELECT  *
FROM  Student
WHERE  Student ID = '05611';
```

【例 6-25】 查询所有已有成绩的学生的学号和课程编号。

```
SELECT  Student ID, Subject ID
FROM  SCORE
WHERE  Score  IS  NOT NULL;
```

3. 对查询结果排序

用户可以使用 ORDER BY 子句对查询结果按一个或多个属性列进行升序（ASC）或降序（DESC）排序，缺省值为升序。

当排序列含空值时，ASC 指定的排序列为空值的元组最后显示，DESC 指定的排序列为空值的元组最先显示。

【例 6-26】 查询选修了课程编号为 3101 的学生的学号及其成绩，查询结果按成绩降序排列。

```
SELECT  Student ID, Score
FROM  SCORE
WHERE  Subject ID= '3101'
ORDER  BY Score DESC;
```

【例 6-27】 查询全体学生情况，查询结果按专业编号升序排列，同一专业中的学生按年龄降序排列。

```
SELECT  *
FROM  Student
ORDER BY  Department ID, Age  DESC;
```

4. 使用集函数

为了进一步方便用户，增强检索功能，SQL 语言提供了许多集函数，主要如下。

计数：COUNT（[DISTINCT|ALL] *）;

COUNT（[DISTINCT|ALL] <列名>）;

计算总和：SUM（[DISTINCT|ALL] <列名>）;

计算平均值：AVG（[DISTINCT|ALL] <列名>）;

求最大值：MAX（[DISTINCT|ALL] <列名>）;

求最小值：MIN（[DISTINCT|ALL] <列名>）;

其中，DISTINCT 短语：在计算时要取消指定列中的重复值。

–ALL 短语：不取消重复值。–ALL 为缺省值。

【例 6-28】 查询学生总人数。

```
SELECT COUNT（*）
FROM  Student;
```

【例 6-29】 查询选修了课程的学生人数。

```
SELECT  COUNT（DISTINCT  Student ID）
FROM SCORE;
```

注意：用 DISTINCT 以避免重复计算学生人数。

5. 对查询结果分组

GROUP BY 子句将查询结果按照指定的一列或多列值分组，值相等的结果为一组。

【例 6-30】 试统计每门课程的选课人数。

```
SELECT  Subject ID, COUNT（Student ID）
FROM  SCORE
GROUP  BY  Subject ID;
```

6.4.3 连接查询

前面的查询都是针对一个表进行的。若一个查询同时涉及两个以上的表，则称之为连接查询。连接查询是关系数据库中最主要的查询，包括等值连接、自然连接、非等值连接查询、自身连接查询、外连接查询和复合条件连接查询。

1. 等值与非等值连接查询

连接查询中用来连接两个表的条件称为连接条件或连接谓词，其一般格式为：

```
[<表名 1>.]<列名 1>  <比较运算符>  [<表名 2>.]<列名 2>
  比较运算符：=、>、<、>=、<=、!=
[<表名 1>.]<列名 1> BETWEEN [<表名 2>.]<列名 2> AND [<表名 2>.]<列名 3>
```

当连接运算符为=时，称为等值连接；使用其他运算符则称为非等值连接；连接谓词中的列名称为连接字段。连接条件中的各连接字段类型必须是可比的，但不必是相同的。

从概念上讲，DBMS 执行连接操作的过程是：首先在表 1 中找到第 1 个元组，然后从头开始扫描表 2，逐一查找满足连接条件的元组；找到后就将表 1 中的第 1 个元组与该元组拼接起来，形成结果表中的一个元组。表 2 全部查找完后，再找表 1 中第 2 个元组，然后再从头开始扫描表

2，逐一查找满足连接条件的元组；找到后就将表 1 中的第 2 个元组与该元组拼接起来，形成结果表中的一个元组。重复上述操作，直到表 1 中的全部元组都处理完毕为止。

【例 6-31】 查询每个学生及其选修课程的情况。

```
SELECT  Student.*, SCORE.*
FROM  Student, Score
WHERE  Student.Student ID = Score.Student ID;
```

连接运算中有两种特殊情况，一种为自然连接，另一种为广义笛卡儿积（连接）。

广义笛卡儿积是不带连接谓词的连接。两个表的广义笛卡儿积即是两表中元组的交叉乘积，其连接的结果会产生一些没有意义的元组，所以这种运算实际很少使用。

若在等值连接中把目标列中重复的属性列去掉，则为自然连接。

2. 自连接

连接操作不仅可以在两个表之间进行，也可以是一个表与其自身进行连接，称为表的自连接。自连接需要给表起别名以示区别，同时由于所有属性名都是同名属性，因此必须使用别名前缀。

【例 6-32】 查询显示选修了课程编号为“3101”、“3102”、“3103”的学生。

```
SELECT x.Student id
FROM Score x,Score y,Score z
WHERE x.Studentid=y.Studentid and x.Studentid=z.Studentid
and x.Subject id='3101' and y. Subject ID='3102' and z. Subject ID='3103';
```

3. 外连接

在通常的连接操作中只输出满足连接条件的元组，有时需要把没有满足连接条件的元组也输出出来，这时就要用到外连接。外连接操作以指定表为连接主体，将主体表中不满足连接条件的元组一并输出。

外连接操作是在表名后面加外连接操作符（*）或（+）指定非主体表。非主体表有一个“万能”的虚行，该行全部由空值组成，虚行可以和主体表中所有不满足连接条件的元组进行连接。由于虚行各列全部是空值，因此与虚行连接的结果中，来自非主体表的属性值全部是空值。

外连接操作有两种类型：左外连接和右外连接。左外连接的外连接符出现在连接条件的左边，右外连接的外连接符出现在连接条件的右边。

6.4.4 嵌套查询

在 SQL 语言中，一个 SELECT-FROM-WHERE 语句称为一个查询块。将一个查询块嵌套在另一个查询块的 WHERE 子句或 HAVING 子句的条件中的查询称为嵌套查询。例如：

```
SELECT  Name                         外层查询/父查询
FROM  Student
WHERE  Student ID  IN
   (SELECT  Student ID            内层查询/子查询
     FROM  SCORE
     WHERE  Subject ID= '3101');
```

SOL 语言允许多层嵌套查询。即一个子查询中还可以嵌套其他子查询。需要特别指出的是，子查询的 SELECT 语句中不能使用 ORDER BY 子句，ORDER BY 子句只能对最终查询结果排序。

由里向外处理。即每个子查询在上一级查询处理之前求解，子查询的结果用于建立其父查询的查找条件。

嵌套查询使用户可以用多个简单查询构成复杂的查询，从而增强 SOL 的查询能力。

1. 带有 IN 谓词的子查询

在嵌套查询中，子查询的结果往往是一个集合，所以谓词 IN 是嵌套查询中最经常用使用的谓词。

【例 6-33】 查询与“徐嘉俊”在同一个专业学习的学生。

```
SELECT  Student ID, Name, Department ID
FROM  Student
WHERE  Department ID  IN
        (SELECT  Department ID
         FROM Student
         WHERE Name= '徐嘉俊');
```

【例 6-34】 查询选修了课程名称为“信息系统分析与设计”的学生学号和姓名。

```
SELECT  Student ID, Name
FROM  Student
WHERE  Student ID  IN
    (SELECT Student ID
     FROM  SCORE
     WHERE  Subject ID IN
          (SELECT Subject ID
           FROM Subject
           WHERE Subject Name= '信息系统分析与设计'));
```

③最后在 Student 表中筛选出 Student ID 和 Name。

②然后在 Score 表中找出选修“信息系统分析与设计”课程的学生的学号。

①首先在 Subject 表中找出“信息系统分析与设计”的课程编号。

从上面的例子可以看到，当查询涉及多个表时，用嵌套查询逐步求解，层次清楚，易于构造，具有结构化程序设计的优点。

有些嵌套查询可以用连接运算替代，有些是不能替代的。到底采用哪种方法用户可以根据自己的习惯确定。

2. 带有比较运算符的子查询

带有比较运算符的子查询是指父查询与子查询之间用比较运算符进行连接。当能确切知道内层查询返回单值时，可用比较运算符（>，<，=，>=，<=，!=或<>）。

【例 6-35】 假设一个学生只可能在一个专业学习，并且必须属于一个专业，则【例 6-33】可以用=代替 IN。

```
SELECT  Student ID, Name, Department ID
FROM  Student
WHERE  Department ID=
    SELECT  Department ID
    FROM  Student
    WHERE Name= '徐嘉俊';
```

3. 带有 ANY 或 ALL 谓词的子查询

子查询返回单值时可以用比较运算符，而使用 ANY 或 ALL 谓词时则必须同时使用比较运算符。ANY 表示任意一个值，ALL 表示所有值，与比较运算符联合使用表示语意如下：

\>ANY　子查询结果中的某个值；

\>ALL　大于子查询结果中的所有值；

<ANY　小于子查询结果中的某个值；

<ALL　小于子查询结果中的所有值；

>= ANY　大于等于子查询结果中的某个值；
>= ALL　大于等于子查询结果中的所有值；
<= ANY　小于等于子查询结果中的某个值；
<= ALL　小于等于子查询结果中的所有值；
= ANY　等于子查询结果中的某个值；
=ALL　等于子查询结果中的所有值（通常没有实际意义）；
!=（或<>）ANY　不等于子查询结果中的某个值；
!=（或<>）ALL　不等于子查询结果中的任何一个值。

【例 6-36】 查询其他专业中比信息管理与信息系统专业（专业编号为 611）任意一个学生年龄小的学生的姓名和年龄。

```
SELECT  Name, Age
FROM  Student
WHERE  Age <ANY(SELECT  Age
                FROM  Student
                WHERE Department ID= '611')
AND Department ID<>'611';          /* 注意这是父查询块中的条件 */
```

执行过程是首先处理子查询，找出专业编号为 611 的所有学生的年龄，构成一个集合；然后处理父查询，找出所有专业编号不是 611 且年龄小于专业编号为 611 的任意一个学生的学生年龄。

4. 带有 EXISTS 谓词的子查询

带有 EXISTS 谓词的子查询不返回任何数据，只产生逻辑真值“True”或逻辑假值“False”。若内层查询结果非空，则返回真值；若内层查询结果为空，则返回假值。由 EXISTS 引出的子查询，其目标列表达式通常都用*，因为带 EXISTS 的子查询只返回真值或假值，给出列名无实际意义。

【例 6-37】 查询所有选修了课程编号为 3101 的学生姓名。

```
SELECT  Name
FROM  Student
WHERE  EXISTS
    (SELECT  *
     FROM  Score
     WHERE  Student ID=Student.Student ID  AND  Subject ID= '3101');
```

练习题

一、简答题

1. SQL 的特点是什么？
2. SQL 有什么功能？
3. SQL 中常用的动词有哪些？

二、应用题

假设 Manager 数据库中包括如下 3 个关系模式：

Student（Student ID，Name，Sex，Age，Department ID）

Subject（Subject ID，Subject Name，Credit）

Score（Student ID，Subject ID，Score）

试根据要求完成如下任务。

1. 试用 SQL 语句定义上述 3 个表，并说明主键。

2. 针对 Student、Subject 和 Score 表，试用 SQL 语句完成下列各项操作。

（1）在 Student 表中插入一新生信息（‘06610101’，‘刘云’，‘女’，22，‘610’）

（2）删除 Student 表中学号为“06610101”的学生的有关信息。

（3）将专业编号为“610”的学生计算机基础课成绩全部提高 5%。

（4）统计课程编号为“3101”课程学生的平均成绩。

（5）统计所有选修人数多于 20 的课程编号和选课人数，并按人数降序排列；若人数相等，则按课程编号升序排列。

3. 试用 SQL 的查询语句完成如下查询。

（1）检索专业编号为“610”的女生的学号和姓名。

（2）检索全体学生姓名、出生年份和专业编号。

（3）检索未选修任何课程的学生的学号。

（4）检索学号为“05610101”学生所选课程的课程编号、课程名称。

（5）检索所有姓李的同学的基本信息。

（6）检索选修“数据库技术与应用”课程的学生的学号。

（7）检索年龄介于“刘云”同学年龄和 28 岁之间的学生基本信息。

第7章 窗体

在 Access 中，有关数据输入、输出界面以及应用系统控制界面的设计都是通过窗体对象来实现的。窗体对象允许用户采用可视化的直观操作，设计数据输入、输出界面以及应用系统控制界面的结构和布局。

Access 为方便用户设计窗体提供了若干个控件（Control），每一个控件均被视为独立的对象。用户可以通过直观的操作在窗体中设置控件，调整控件的大小和布局。例如，可以在窗体中设置文本框控件以显示表中的数据，可以使用命令按钮控件在窗体上打开另一个窗体或报表。

本章将介绍如何使用向导创建窗体，如何使用设计视图设计窗体，如何在窗体中使用控件，如何修饰窗体的外观，并通过实例来学习窗体的设计。

7.1 了解窗体

在数据库窗口，单击“对象”列表中的“窗体”选项卡，即可显示窗体列表，如图 7-1 所示。

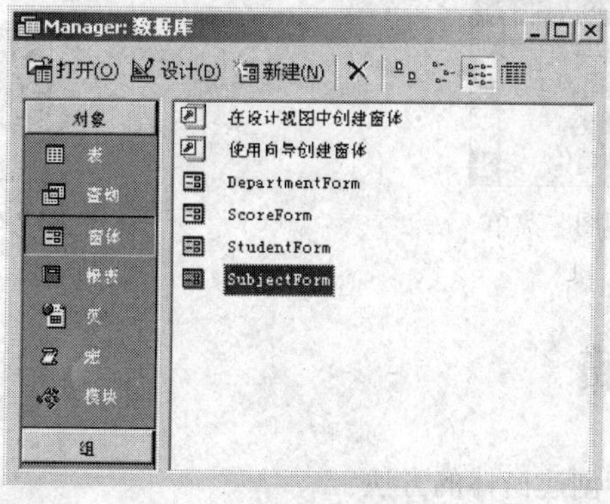

图 7-1　窗体列表

在窗体右侧的列表中列出了已经创建好的窗体和创建窗体的两种方法，即在“设计视图中创建窗体”和“使用向导创建窗体”。若创建一个新的窗体，可以使用这两种方法，或单击工具栏上的“新建”按钮。若打开一个已经存在的窗体，应选定需打开的窗体，单击“打开”按钮即可。若此时数据库中没有窗体，则“打开”和“设计”按钮呈灰色，不能使用。

窗体有 3 种视图，即设计视图、窗体视图和数据表视图。

要创建一个窗体，可在设计视图中进行，如图 7-2 所示。在设计视图中查看窗体就如同在一个四周环绕着工具的工作台上工作。可以根据用户需要，使用“控件”工具箱的控件对象和其他的工具设计出符合用户要求的窗体。

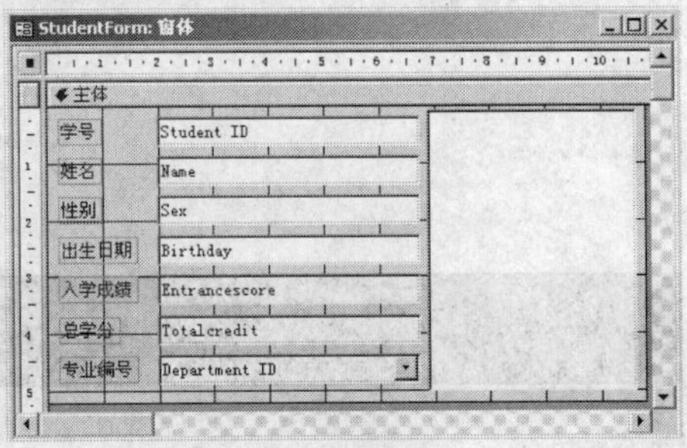

图 7-2　设计视图

在设计视图中创建窗体后，即可在窗体视图或数据表视图中进行查看。

窗体视图通常显示一个或多个整条记录的窗口，是添加和修改表中数据的主要窗口，如图 7-3 所示。

窗体的数据表视图用于显示窗体数据源中的数据，如图 7-4 所示。在数据表视图中，可以编辑、添加和删除数据以及搜索数据。

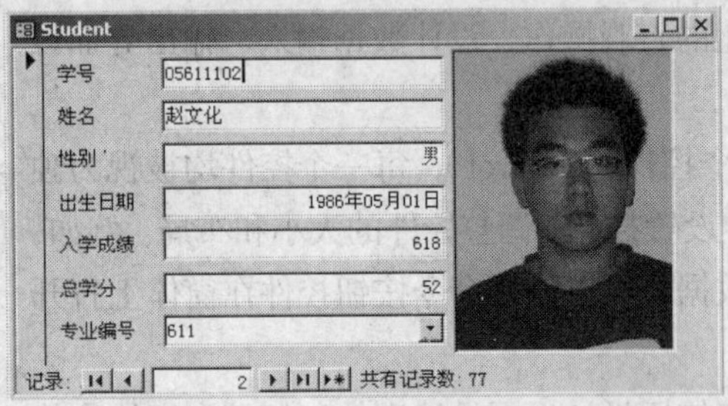

图 7-3　窗体视图

图 7-4　数据表视图

在浏览窗体时需要在不同的视图之间切换，以便观察和修改窗体的结构、外观及其所反映的数据情况。可以采用以下两种方法在不同的视图间切换。

（1）在“视图”菜单中选择所需的视图，如图 7-5 所示。

（2）在“窗体设计”工具栏中单击“视图”按钮右边的向下箭头，从下拉列表中选择所需要的视图，如图 7-6 所示。

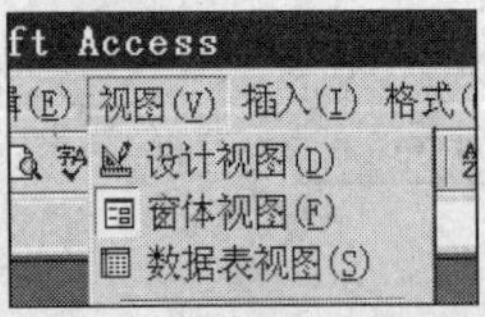

图 7-5　“视图”菜单

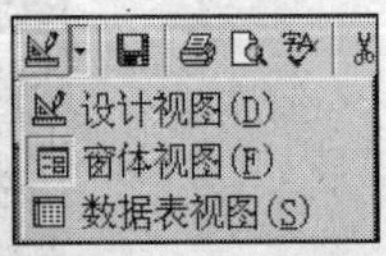

图 7-6　“视图”按钮

7.2 建立窗体

Access 提供了以下几种创建窗体的方法：

- 使用“窗体向导”创建窗体；

- 使用“设计视图”创建窗体；
- 创建基于多表的窗体。

7.2.1 使用“窗体向导”创建窗体

使用“窗体向导”创建窗体的步骤如下。

（1）打开要创建窗体的数据库，在数据库的对象列表中选择“窗体”选项。

（2）单击“窗体”窗口上的“新建”按钮，弹出“新建窗体”对话框，如图7-7所示。

（3）在“新建窗体”对话框中选择“窗体向导”，在“请选择该对象数据的来源表或查询”下拉列表中选择数据源，这里选择“student”表，然后单击“确定”按钮，系统弹出第1个“窗体向导”对话框，如图7-8所示。

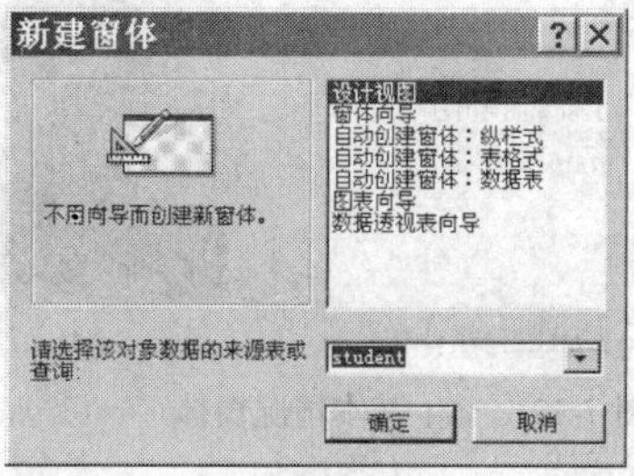

图7-7 “新建窗体”对话框

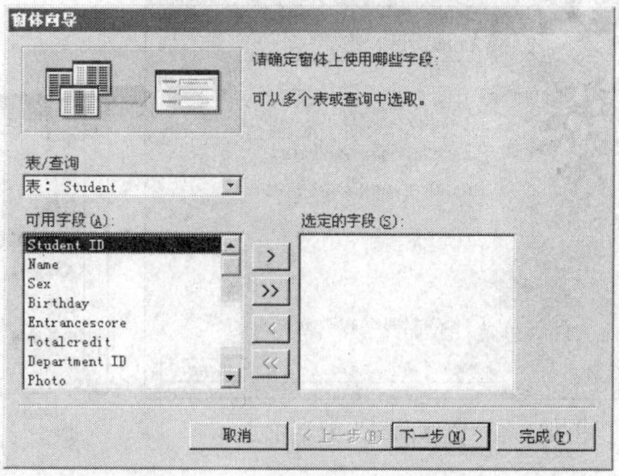

图7-8 “窗体向导”对话框之1

（4）在第1个“窗体向导”对话框中，选取所需的字段添加到“选定的字段”栏中，单击“下一步”按钮，弹出第2个“窗体向导”对话框，如图7-9所示。

（5）在第2个“窗体向导”对话框中，在布局格式选项框中选择“纵栏表”单选项。Access提供了如下4种不同的布局格式。

① 纵栏表：是Access应用程序中最常用的窗体格式，纵栏表每次在窗体上显示一条记录的内容，可以通过翻页的方式来改变所显示的不同记录。

② 表格：表格窗体格式可以在窗体中同时显示多条记录。

③ 数据表：数据表窗体格式也是常用的一种格式，它可以在窗口中以最紧凑的方式显示多条记录。

④ 调整表：调整表和纵栏表一样，也是在窗体中显示一条记录的内容；与纵栏表不同的是，它可以根据字段的长度自动调整显示的大小。

单击“下一步”按钮，弹出第3个“窗体向导”对话框，如图7-10所示。

（6）在“窗体向导”第3个对话框中，系统提供了10种不同风格的显示记录字段的背景样式，每选择一种都可以在左边看到其显示效果。本例中选择样式为“石头”，单击“下一步”按钮，弹出第4个“窗体向导”对话框，如图7-11所示。

（7）在第4个“窗体向导”对话框中，在“请为窗体指定标题：”输入窗体的标题。本例中在标题栏输入“学生情况”，选择“打开窗体查看或输入信息”单选项，单击“完成”按钮，弹出创建好的学生情况窗体，如图7-12所示。

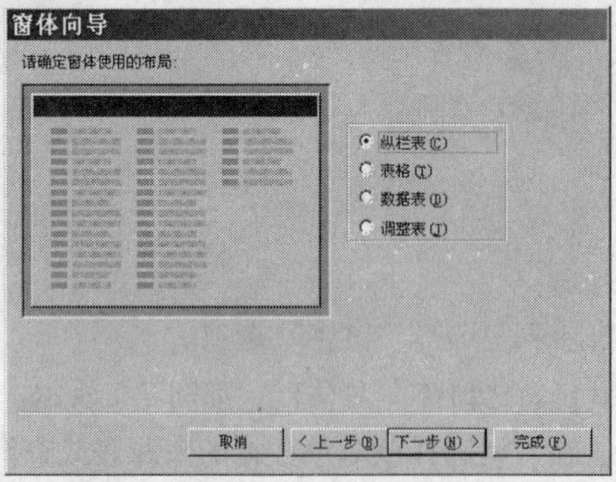

图 7-9 “窗体向导”对话框之 2

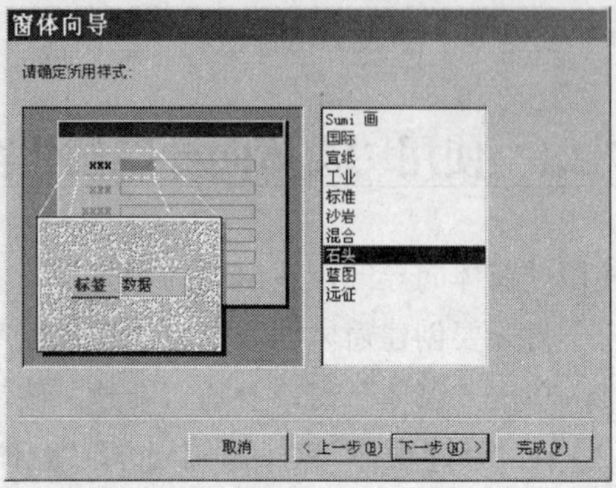

图 7-10 “窗体向导”对话框之 3

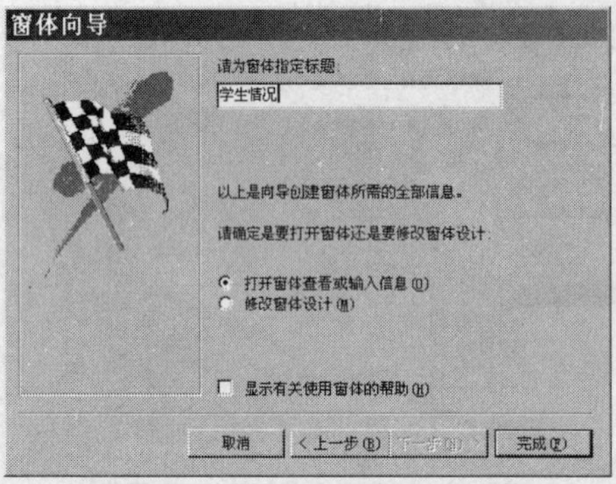

图 7-11 “窗体向导”对话框之 4

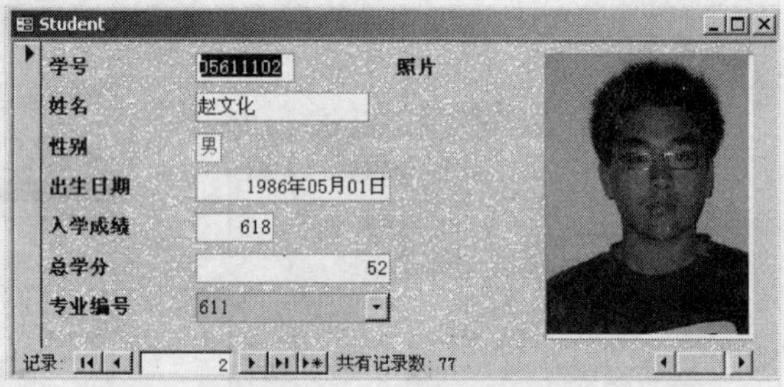

图 7-12 学生基本情况窗体

7.2.2 窗体的结构

窗体设计视图由“主体”节、“窗体页眉”节、“窗体页脚”节、“页面页眉”节和“页面页脚”节构成，如图 7-13 所示。系统总是默认显示“主体”节。如果要显示其他的节，应从“视图”菜单中选择“窗体页眉/页脚”命令或“页面页眉/页脚”命令。

图 7-13 窗体的结构

窗体页眉中显示的信息对每个记录而言都是一样的，例如显示窗体标题。在“窗体”视图中，窗体页眉出现在屏幕的顶部，而在打印的窗体中，窗体页眉出现在第 1 页的顶部。

页面页眉在每张打印页的顶部显示诸如标题或列表头的信息，页面页眉只出现在打印的窗体中。

主体节是窗体的主要组成部分，用于显示数据表的记录，或其他与数据表相关的信息或控件。主体节可以在屏幕或页面上显示一条记录，也可以根据屏幕或页面的大小显示多条记录。

页面页脚在每张打印页的底部显示诸如日期或页号等信息。页面页脚只出现在打印的窗体中。

窗体页脚中显示的信息对每个记录而言都是一样的,其中包括命令按钮或窗体的使用说明等。在“窗体”视图中，窗体页脚出现在屏幕的底部；而在打印窗体时，窗体页脚出现在最后一条主体之后。

在一个窗体中还可以包含另外一个窗体，窗体中的窗体称为子窗体，基本窗体称为主窗体。窗体/子窗体也称为阶层式窗体、主窗体/细节窗体或父窗体/子窗体。在子窗体中也包含主体节、窗体页眉和窗体页脚。在显示具有一对多关系的表或查询中的数据时，子窗体特别有效。

7.3 使用设计视图创建窗体

在创建窗体时，可以使用窗体向导，也可以使用设计视图。由于采用窗体向导创建的窗体样式比较单一，当需要设计一些复杂的、功能强大的窗体时，窗体向导就不能胜任了，此时可通过设计视图来实现。同时，使用设计视图也可以修改已经创建好的窗体。熟练掌握和使用设计视图，可以随心所欲地设计出具有 Windows 风格的各种用户界面。

7.3.1 进入设计视图

进入设计视图的步骤如下。

（1）打开要创建窗体的数据库，在“对象”列表中选择“窗体”选项，再选择“在设计视图中创建窗体”项。

（2）单击该窗口的“新建”按钮，弹出“新建窗体”对话框。

（3）在数据的来源表或查询列表中选择与窗体关联的表或查询，选择“设计视图”选项，单击“确定”按钮。

（4）弹出空白窗体，进入设计视图，如图 7-14 所示。

窗体设计视图由 5 部分组成，即主菜单、窗体设计工具栏、窗体工作区、控件工具箱、属性窗口。

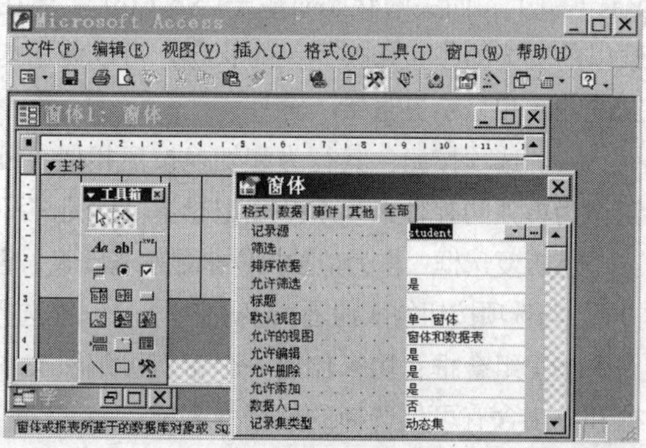

图 7-14　设计视图

7.3.2 窗体控件工具箱

在窗体的设计过程中，使用最频繁的是控件工具箱。在窗体设计视图上，挑选合适的控件、将控件放在窗体工作区上、设置参数，这些步骤都要通过控件工具箱才能完成。首次进入窗体设计视图时，工具箱将出现在窗体设计视图中。如果未出现，可从“视图”菜单中选择“工具箱”选项或单击窗体设计工具栏上的“工具箱”命令按钮，即可打开工具箱，如图 7-15 所示。

窗体的控件工具箱共有 20 种不同功能的控件工具，分别介绍如下。

（1）选择对象：用来选定一个控件，被选定的控件会变成当前工作控件。选择对象是打开工具箱时默认工具。

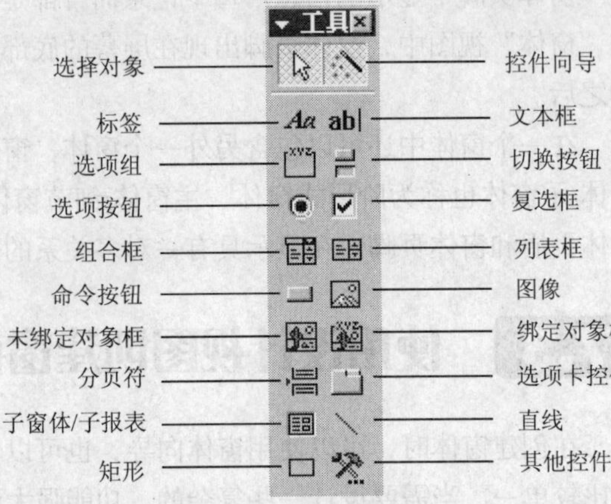

图 7-15　控件工具箱

（2）控件向导：用来关闭或者打开控件向导。控件向导可以帮助设计复杂的控件，例如选项组、列表框和组合框。按下控件向导切换按钮，使其处于打开状态，当创建一个新的复杂控件时，控件向导将帮助输入控制属性参数，完成控件的添加。

（3）标签：用来创建一个包含固定的描述性或者指导性文本的框，例如：抬头、标题或简短的提示。标签并不显示字段或表达式的数值，它显示的内容是固定不变的。

（4）文本框：用来创建一个可以显示和编辑文本数据的框。如果文本框与某个字段中的数据相绑定，这种文本框类型称为绑定文本框，反之则称为未绑定文本框。例如，可以创建一个未绑定文本框来显示计算的结果或接收用户所输入的数据。在未绑定文本框中的数据不保存。

（5）选项组：用来创建一个大小可调整的框。在这个框中可以放入切换按钮、选项按钮或者复选框。选项组分别赋予组框中每一个对象一个特定的数值内容，使用它们来显示一组限制性的选项值。选项组可以使选择值变得很容易，因为只要单击所需的值即可。

（6）切换按钮：创建一个在单击时可以在开和关两种状态之间切换的按钮。开的状态对应于 Yes（−1），而关的状态对应于 No（0）。当在一个选项组中时，切换一个按钮到开的状态将导致以前所选的按钮切换到关的状态。可以使用切换按钮让用户在一组值中选择其中的一个，使数据的输入和显示更直接、容易。

（7）选项按钮：其行为和切换按钮相似，可以利用它在一组相互排斥值中进行选择，选项按钮作为单独的控件来显示基础记录源的“是/否”值。选项按钮是选项组中最常用的一种按钮。

（8）复选框：作为单独控件来显示基础表、查询或 SQL 语句中的“是/否”值。复选框是一个小方框，与选项按钮的区别是，选项按钮一次只能选择一组中的一项，复选框一次可以选择一组中的多项。

（9）组合框：用来创建一个带有可编辑文本框的组合框。组合框包含了一个可以编辑的文本框和一个含有可供选择的数据列表框。

（10）列表框：用来创建一个下拉列表。列表框和组合框非常相似，不同的是，列表框有固定的尺寸。列表框中的列表是由数据行组成的，列表框中可以有一个或多个字段，每栏的字段标题可以有也可以没有。

（11）命令按钮：用来创建一个命令按钮。当单击这个按钮时，将触发一个事件，执行一个宏或 Access VBA 事件处理过程。例如，可以创建一个命令按钮来打开另一个窗体。

（12）图像：用来在窗体或者报表上显示一幅静态的图形。这不是一幅 OLE 图像，在将其放置在窗体上后便无法对其进行编辑。该图形对象的内容可以来自一个表对象或查询对象，也可以是其他的数据来源。

（13）未绑定对象框：利用未绑定对象可以将具有“对象链接嵌入”（OLE）功能的声音、图像或图形的数据放入当前的窗体中，且此对象只是属于窗体的一部分，并不和窗体中其他对象有所关联。

（14）绑定对象框：可以将具有“对象链接嵌入”功能的声音、图像或图形的数据放入当前的窗体中，并和窗体中某一表对象或查询对象的数据有所关联。

（15）分页符：使打印机在窗体或者报表上分页符所在的位置开始新页。在窗体或者报表的运行模式下，分页符是不显示的。

（16）选项卡：插入一个选项卡控件，将创建带选项卡的窗体（选项卡控件看上去就像在属性窗口或者对话框中看到标签页）。在一个选项卡控件的页上还可以包含其他绑定或未绑定控件。

（17）子窗体/子报表：分别用于向主窗体或报表添加子窗体或子报表。在使用该控件之前，要添加的子窗体或子报表必须已经存在。主要用来显示具有一对多关系的表或查询中的数据。

（18）直线：创建一条直线，可以重新定位和改变直线的长短。使用格式工具栏中的按钮或者属性对话框，还可以改变直线的颜色和粗细。

（19）矩形：创建一个矩形，可以改变其大小和位置。其边框颜色、宽度和矩形的填充色都可以用调色板中的选择来改变。矩形控件用于将一组相关的控件组织在一起，突出数据在窗体中的显示。

（20）其他控件：单击这个工具将打开一个可以在窗体或报表中使用的 ActiveX 控件的列表。这些 ActiveX 控件不是 Access 2000 的组成部分。

7.3.3 窗体和控件的属性窗口

设计窗体的大多数工作是在窗体或窗体控件的属性窗口中完成的，因此用户必须熟悉属性窗口的各个组成部分及其功能和设置方法。在窗体的设计视图中如果没有出现窗体的属性窗口，可以单击窗体设计工具栏上的“属性”按钮，即可出现属性窗口，如图 7-16 所示。

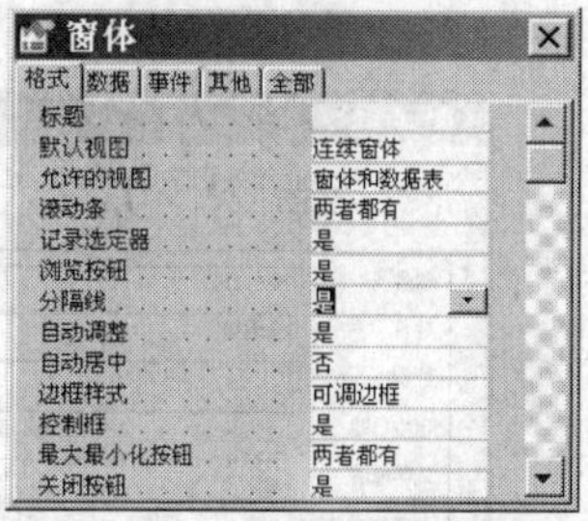

图 7-16　“窗体”的属性窗口

在属性窗口中，有 5 个选项卡，各选项卡的含义如下。

“全部”设置：显示所选对象的全部属性、事件和方法程序的名称。

“数据”设置：显示所选对象如何显示和操作数据的方法。

“事件”设置：显示所选对象的方法程序和事件过程。

“格式”设置：显示所选对象的布局格式属性。

“其他”设置：选显示与窗体相关的工具栏、菜单、帮助信息等属性。

在页框选项卡的下面有一个属性设置框，当在属性列表框选择不同的属性时，该属性的值就显示在属性设置框中，在该框中可以更改属性的值。由于每一个属性的值都不相同，用户可单击属性设置框右边的按钮，从中选择或输入一个符合要求的属性值。

对于不同的窗体和控件对象，在属性窗口将显示当前对象所有的属性值和事件的当前设置值。默认情况下事件都空白显示，如果已为事件编写了程序代码或指定了宏，则显示内容为“（事件过程）”或宏名。

7.3.4 窗体的设计实例

在设计窗体时，一般按照下面的步骤进行设计。

（1）分析窗体需要实现的功能和数据库表中的哪些数据有关系，需要使用哪些控件来实现这些功能。

（2）创建窗体，设置外观，包括窗体的背景颜色、尺寸、标题等。

（3）在窗体上添加所需要的对象，包括数据表、查询或控件等，并调整其位置、大小和整体布局。

（4）利用属性窗口设置对象的初始属性。

（5）为对象的事件编写程序代码或指定宏以完成预定的要求。

（6）保存窗体。

【例 7-1】 创建一窗体，浏览 Student 表中的内容。在窗体的下部有 4 个命令按钮："首记录"按钮、"下一记录"按钮、"上一记录"按钮和"尾记录"按钮，如图 7-17 所示。

（1）在数据库的对象列表中选择"窗体"选项。

（2）单击"新建"按钮，系统弹出"新建窗体"对话框。在"新建窗体"对话框中选择"设计视图"，并在"请选择该对象数据的来源表或查询"组合框中选择 Student 表，最后单击"确定"按钮，进入窗体设计视图。

（3）在窗体设计视图中，拖动字段列表窗口中的全部字段到窗体中，并利用"格式"菜单中的"对齐"和"大小"菜单项使其对齐并调整大小，如图 7-18 所示。

（4）在工具箱上选择"命令按钮"控件，在窗体上单击，系统弹出"命令按钮向导"的第 1 个对话框，如图 7-19 所示。在"类别"列表框中选择"记录浏览"，在"操作"列表框中选择"转至第一项记录"，单击"下一步"按钮，系统弹出"命令按钮向导"的第 2 个对话框，如图 7-20 所示。选择"文本"单选项，并在右边的文本框中输入"首记录"，最后单击"完成"按钮，在窗体上即创建"首记录"命令按钮。

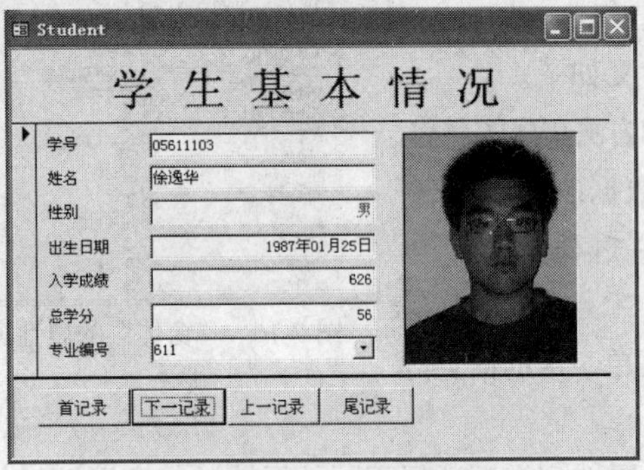

图 7-17 "Student"窗体

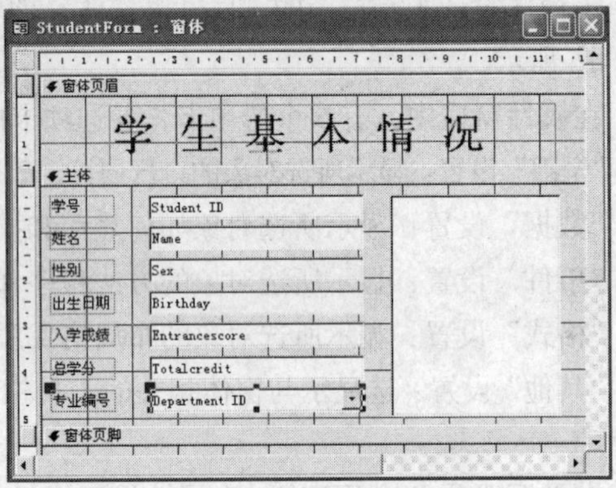

图 7-18 设计视图窗体

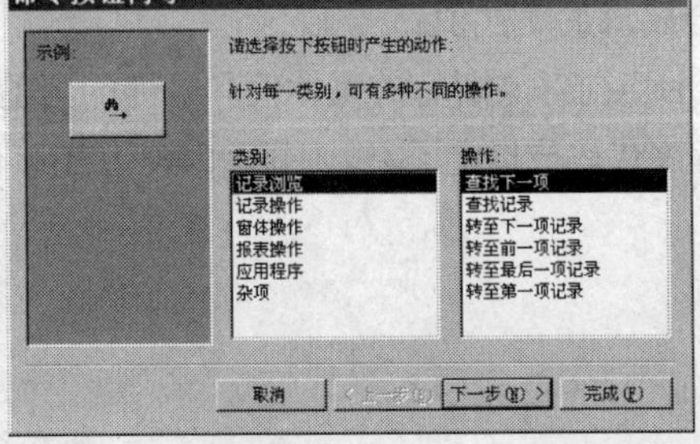

图 7-19 "命令按钮向导"对话框之 1

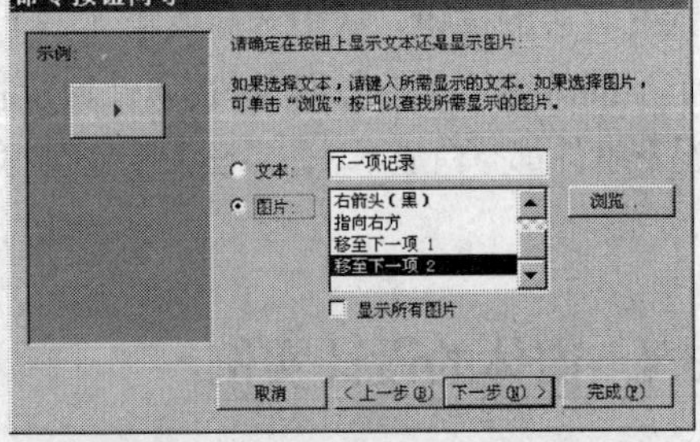

图 7-20 "命令按钮向导"对话框之 2

（5）重复步骤（4）创建"下一记录"按钮、"上一记录"按钮和"尾记录"按钮，调整其位置使它们对齐。

（6）保存该窗体为 StudentForm，并用窗体视图打开该窗体，查看设计效果。

7.4 在窗体中使用控件

7.4.1　控件的常用属性

在窗体或控件的属性窗口，有很多属性在设计窗体和创建控件时需要根据实际情况进行设置，下面介绍一些窗体和窗体控件的常用属性。

（1）控件来源。该属性告诉控件在什么地方可得到控件中显示的数据源。当从“字段列表”中把文本框控件拖到窗体中建立文本框控件时，文本框就自动建立起来。也可以直接为控件来源属性输入表达式，或右击该属性并从快捷菜单中选择“生成器”来显示出“表达式生成器”。

（2）格式。该属性用于定义显示数据的格式（使用的各种数据类型依赖于控件显示的数据类型）。单击出现在所选属性的右边指向下方的箭头，可打开显示有所用字段类型的可用的格式列表框。

（3）输入掩码。可以使用该属性确定“输入掩码”，即将数据输入到控件中时必须采用的格式。

（4）默认值。使用该属性可以定义控件的默认值。当新记录被添加到窗体时，默认值就出现在由控件使用的字段中，用户可以根据需要对它进行修改或者直接使用，也可以在表设计阶段建立默认值，这些默认值将一直有效。

（5）何时显示。该属性决定对象或整个窗体部分在何时显示或打印。可以把这些属性值设置成“两者都显示”、“只打印显示”或“只屏幕显示”。

（6）是否有效/是否锁定。可以用这些属性来决定是否接受“焦点”（就是用户可将插入点移到控件中）以及用户是否可以编辑控件中的数据。把“是否有效”属性设置为“是”，可以允许把焦点放到控件中，反之不允许把焦点放到控件中。当“是否锁定”属性被设置成“是”时，该属性就不允许在控件中编辑数据。

（7）可以扩大和可以缩小。该属性用于确定是否允许控件根据需要增大或缩小以适应控件中的数据。把“可以扩大”属性设置为“是”，可使控件增大尺寸以适应数据；把“可以缩小”属性设置成“是”，可在控件中的数据不能充满整个控件时缩小控件尺寸。

（8）标题。该属性是窗体的属性之一，它指定出现在窗体标题栏中的标题。在使用窗体向导创建窗体时，要改变窗体标题栏中的标题，必须在该属性中更改标题名。

7.4.2　在窗体中添加选项组控件

1. 选项组的功能

选项组控件是窗体中常用的控件之一，使用选项组来显示一组限制性的选项值。选项组可以使选择值变得很容易，因为只要单击所需的值。在选项组中每次只能选择一个选项。选项组控件包含一个组框和一系列复选框、选项按钮和切换按钮。

2. 选项组控件的常用属性

名称：设置选项组的名字。

控件来源：设置与选项组绑定的表字段，即数据源。只有组框架本身绑定到此字段，而不是组框架内的复选框、选项按钮或切换按数据来源。

选项值：选项组所绑定的字段的值只能为数字，因为选项组的值只能是数字，而不能是文本。

默认值：设置在缺省情况下选项组的值。

特殊效果：设置选项组的外观样式，有平面、蚀刻、凹陷、凸起和阴影 5 种效果。

3. 选项组的创建

在创建选项组控件时，只需要按照选项组向导提供的步骤进行简单的选取，即可完成参数的设置。

【例 7-2】 试创建图 7-21 所示的含有“性别”选项组控件的学生基本情况窗体。

（1）在窗体设计视图中，单击工具箱的“选项组”控件，然后在窗体中单击，系统弹出第 1 个选项组向导”对话框，如图 7-22 所示。

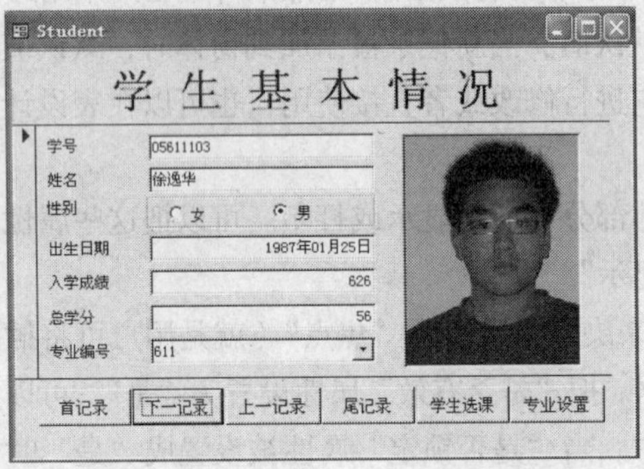

图 7-21 在窗体中应用选项组控件

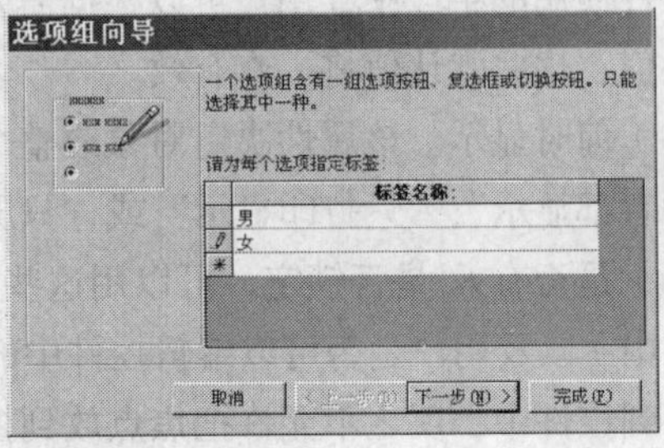

图 7-22 “选项组向导”对话框之 1

（2）在第 1 个“选项组向导”对话框中，为选项组包含的每个选项指定标签。在“标签名称”栏中输入各选项的名称，单击“下一步”按钮，系统弹出第 2 个“选项组向导”对话框。

（3）在第 2 个“选项组向导”对话框中选择默认值，单击“下一步”按钮，系统弹出第 3 个“选项组向导”对话框，如图 7-23 所示。

（4）在第 3 个“选项组向导”对话框中，给每个“标签名”输入一个值（在“Student”表中，Sex 字段用逻辑真代表女，逻辑假代表男。因此，应在“标签名”为“男”所对应的“值”文本框中输入 0，在“标签名”为“女”所对应的“值”文本框中输入-1），单击“下一步”按钮，弹出第 4 个“选项组向导”对话框，如图 7-24 所示。

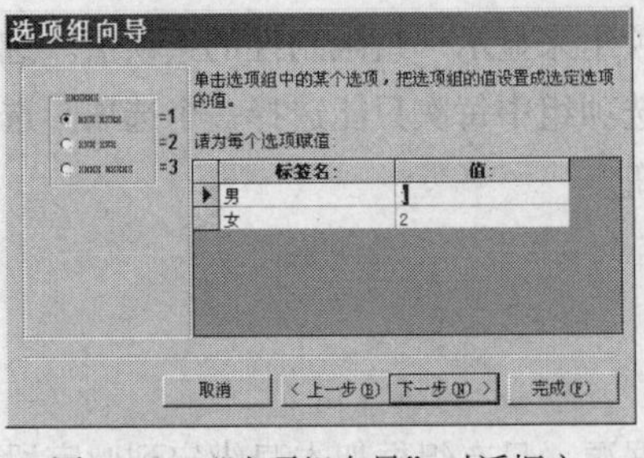

图 7-23 “选项组向导”对话框之 3

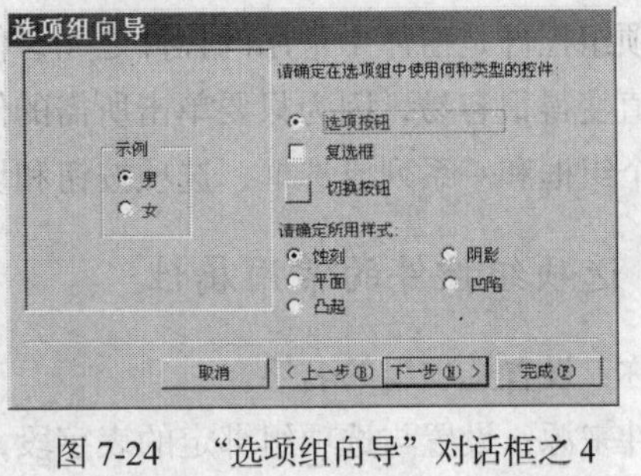

图 7-24 “选项组向导”对话框之 4

（5）在第 4 个“选项组向导”对话框中，选择控件的类型为“选项按钮”，选择控件的外观样式为“蚀刻”，单击“下一步”按钮，弹出第 5 个“选项组向导”对话框。

（6）在第 5 个“选项组向导”对话框中，在“请为选项组指定标题”栏输入选项组名为“性别”，单击“完成”按钮，即创建“性别”选项组。

7.4.3 在窗体中添加组合框控件

1. 组合框控件的功能

组合框控件也是窗体中常用的控件之一，在使用组合框时要把选择的内容列表显示出来，平时则将内容隐藏起来，不占窗体的显示空间。

2. 组合框控件的常用属性

名称：设置组合框的名字。

行来源类型：设置组合框行数据源的类型，可以是“表/查询”、“值列表”或“字段列表”。

行来源：设置组合框行数据来源，如是“表/查询”，需要给出表名或查询。

绑定列：设置组合框每行与数据源绑定的列数，即每行显示的列数。

3. 组合框的创建

在窗体中添加组合框控件一般使用组合框向导完成。

【例 7-3】 创建图 7-25 所示的包含有专业编号组合框控件的窗体，专业编号组合框控件中的数据项来自于 Department 表。

（1）在窗体设计视图中，首先单击工具箱中的组合框控件，然后在窗体上单击，系统弹出“组合框向导”的第 1 个对话框，如图 7-26 所示。

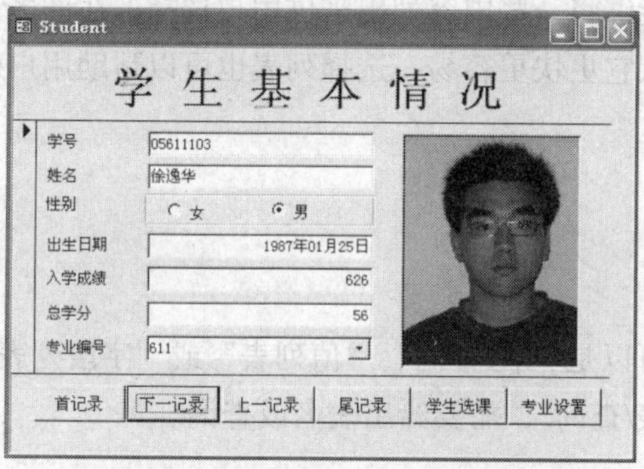

图 7-25 在窗体中应用组合框控件

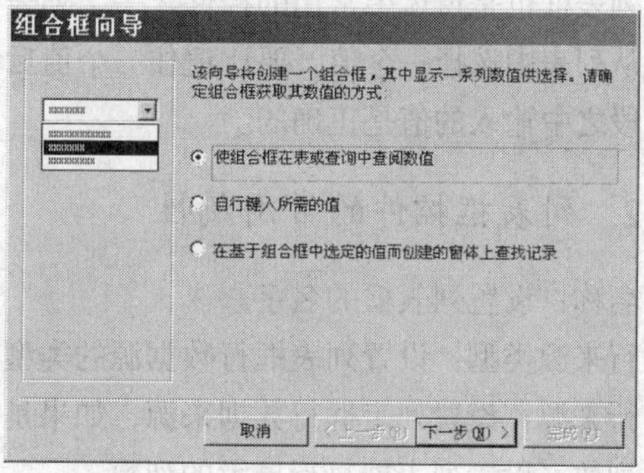

图 7-26 “组合框向导”对话框之 1

（2）在“组合框向导”的第 1 个对话框中，选择“使组合框在表或查询中查阅数值”单选项，单击“下一步”按钮，系统弹出“组合框向导”的第 2 个对话框，如图 7-27 所示。

（3）在“组合框向导”的第 2 个对话框中，单击“表”单选项，并选择为组合框提供数值的表或查询（这里选择 Department 表），单击“下一步”按钮，系统弹出“组合框向导”的第 3 个对话框，如图 7-28 所示。

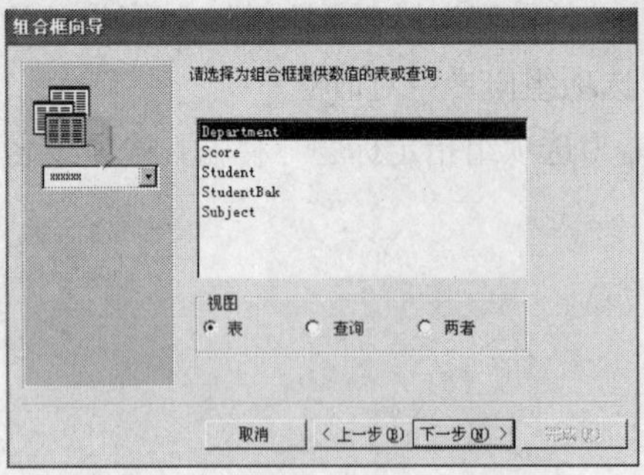

图 7-27 “组合框向导”对话框之 2

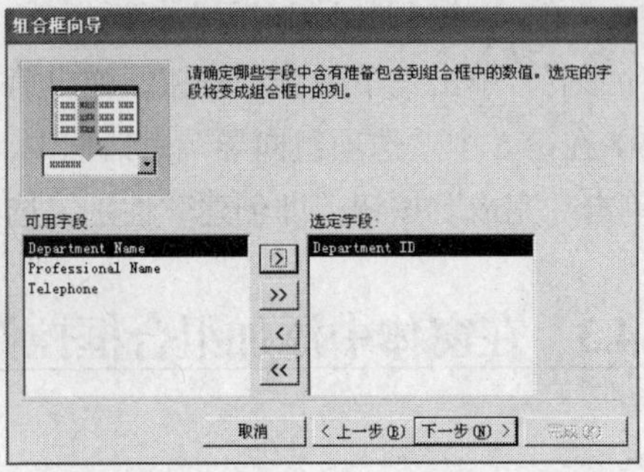

图 7-28 “组合框向导”对话框之 3

（4）在“组合框向导” 的第 3 个对话框中，将“可用字段”栏中的某一个或几个字段添加到“选定字段”栏中（这里选择 Department ID 字段），单击“下一步”按钮，系统弹出“组合框向导”的第 4 个对话框。

（5）在“组合框向导”的第 4 个对话框中，根据需要设置组合框中列的宽度，单击“下一步”按钮，系统弹出“组合框向导”的第 5 个对话框。

（6）在“组合框向导”的第 5 个对话框中，在“请为组合框指定标签”栏输入组合框的名称“专业编号”，最后单击“完成”按钮，即在窗体中创建专业编号组合框，如图 7-29 所示。

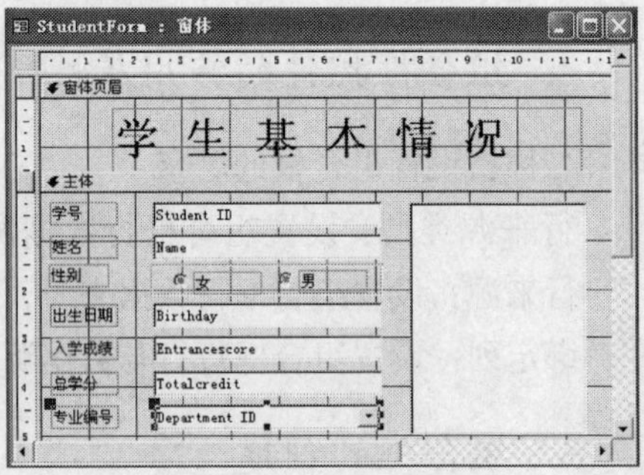

图 7-29 组合框窗体

7.4.4 在窗体中添加列表框控件

1. 列表框的功能

列表框也是窗体中常用的控件之一，列表框能够将一些内容列出来供用户选择。在许多情况下，从列表中选择一个值，要比记住一个值后键入它更快更容易。选择列表也可以帮助用户确保在字段之中输入的值是正确的。

2. 列表框控件的常用属性

名称：设置列表框的名字。

行来源类型：设置列表框行数据源的类型，可以是“表/查询”、“值列表”或“字段列表”。

行来源：设置列表框行数据来源，如果是“表/查询”，需要给出表名或查询。

列数：设置列表框每行显示的列数。

列标题：设置是否显示数据源的字段名。

3. 列表框的创建

在窗体中添加列表框控件一般使用列表框向导完成。

【例 7-4】 使用列表框向导创建图 7-30 所示的列表框。

（1）在窗体设计视图中，单击工具箱的“列表框”按钮，在窗体中单击，系统弹出“列表框向导”的第 1 个对话框 。

（2）在“列表框向导”的第 1 个对话框中，选择“使列表框在表或查询中查询数值”单选项，单击“下一步”按钮，系统弹出“列表框向导”的第 2 个对话框。

（3）在“列表框向导”的第 2 个对话框中，单击“表”单选项，选择为列表框提供数值的表为 Department 表，单击“下一步”按钮，系统弹出“列表框向导”的第 3 个对话框。

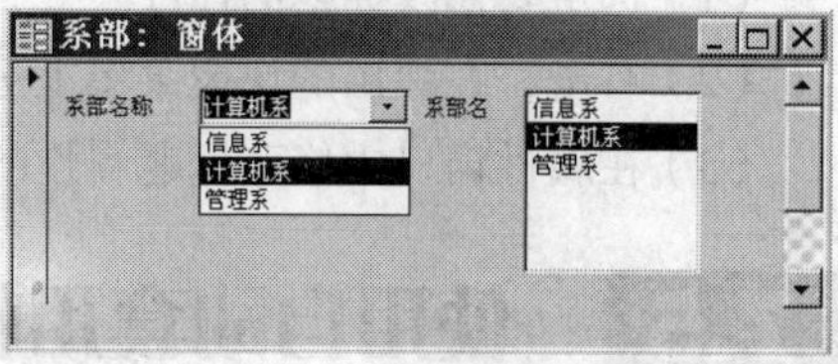

图 7-30　列表框窗体视图

（4）在“列表框向导”的第 3 个对话框中，将“可用字段”栏中的 Department Name 字段添加到“选定字段”栏中，单击“下一步”按钮，系统弹出“列表框向导”的第 4 个对话框。

（5）在“列表框向导”的第 4 个对话框中，根据需要设置列表框中列的宽度，单击“下一步”按钮，系统弹出“列表框向导”的第 5 个对话框。

（6）在“列表框向导”的第 5 个对话框中，在“请为列表框指定标签”栏输入列表框的名称“系部名称”，单击“完成”按钮，即在窗体中创建一个列表框。

7.4.5　在窗体中添加命令按钮控件

1. 命令按钮的功能

命令按钮控件是窗体中最常用的控件之一，在窗体上可以使用命令按钮来执行某个操作或某些操作。例如，可以创建一个命令按钮来打开另一个窗体。如果要使命令按钮执行窗体中的某个事件，可编写相应的宏或事件过程并将它附加在按钮的“单击”属性中。Access2000 在命令按钮向导中提供了 6 种类别 30 多种操作的命令按钮。

2. 命令按钮的常用属性

标题：设置命令按钮上的显示文本。

是否有效：命令按钮能否使用。

单击：指定单击命令按钮时应执行的事件过程或宏。

3. 命令按钮的创建

为窗体中添加命令按钮控件时，可以根据命令按钮要完成的操作使用向导添加，也可以为命令按钮根据需要指定宏或编写事件代码过程。

在窗体中添加命令按钮控件的步骤在【例 10-1】中已经讲过，在此不再赘述。

7.4.6　更改控件标题

在创建窗体和窗体控件的过程中，控件的标题都是由 Access 默认设定，这些标题是由创建表或查询时该字段所使用的控件的名称决定的，如果在创建表或查询时在字段属性的标题栏中未输入任何内容，则 Access 将使用字段名作为控件的标题。

更改控件标题的步骤如下。

（1）选定要修改标题的控件。

（2）右击，在弹出的快捷菜单上选择“属性”选项，打开属性窗口。

（3）在属性窗口中修改标题属性的值即可修改该控件的标题。

7.5 使用自动套用格式

Access 提供了 10 种窗体的主题格式，包括窗体的背景、前景颜色，控件的字体、颜色和边框。用户在创建窗体时可以直接套用某个主题的全部格式或套用某个主题的部分格式，如窗体的背景、控件的字体和边框等。为了创建统一格式的多个窗体，用户也可以自己创建一种窗体格式，在创建窗体时套用自己创建的格式，就可以把多个窗体创建成某种自定义的统一格式。

使用自动套用格式的步骤如下。

（1）用设计视图打开需要套用格式的窗体。

（2）选择“格式”菜单中的“自动套用格式”选项，弹出“自动套用格式”对话框，如图 7-31 所示。

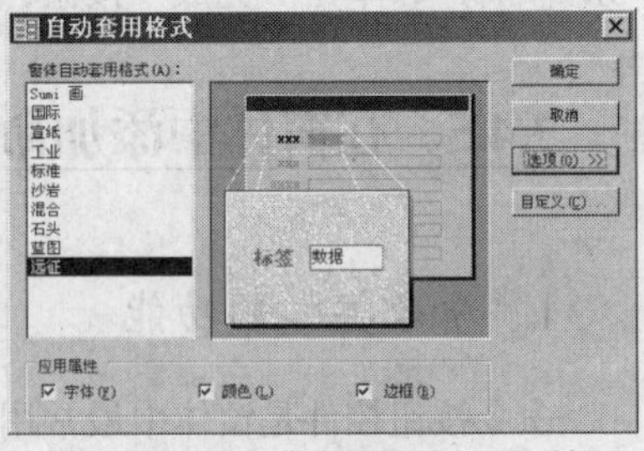

图 7-31 “自动套用格式”对话框

（3）在“窗体自动套用格式”栏选择需要套用的格式，在对话框的中间有每种格式的预览。

（4）单击“选项”按钮，在对话框的下面弹出应用属性选项组，可根据需要选择套用的格式。

（5）单击“确定”按钮，关闭“自动套用格式”对话框，所选的窗体格式已经被修改为套用的格式。

7.6 窗体外观的修饰

在使用设计视图完成窗体的初步设计后，窗体中的控件可能参差不齐，这时就需要对窗体的外观进行修饰，使其美观大方、有立体感。下面将介绍调整控件的大小、位置，设置控件的特殊效果以及文字的方法。

7.6.1 调整控件的大小和位置

调整控件的大小和位置首先需要选取控件，其次才是调整控件。选取控件可以一次选择一个控件，也可以一次选中多个相邻或不相邻的控件。

1. 选择单个控件

（1）在设计视图中打开窗体。

（2）单击控件中的任何位置，控件周围即出现 8 个黑色的控制块，表示该控件被选中。

2. 选择多个相邻的控件

（1）在设计视图中打开窗体。

（2）从控件以外的任何一点开始，按下鼠标拖动成一个矩形，使要选取的控件包含在矩形之中，多个相邻的控件即被选中。

3. 选择多个不相邻的控件

在窗体的设计视图中，按下 Shift 键，再用鼠标逐个单击需要被选中的控件，多个不相邻的控件即被选中。

4. 调整控件的大小

在窗体的设计视图中，选择要调整的控件，将鼠标指针放在 8 个控制块的某个块上，当光标变成双箭头时，拖动控制块即可以调整控件的大小。

5. 移动控件

选中控件之后，可以拖动控件调整控件的布局。拖动控件时可以将控件及其附属的标签一块移动，也可以单独移动。有以下两种移动控件的方法。

（1）选中控件，待出现 8 个控件后，将鼠标放在控件右上角的定位块上，当光标形状变成向上指的形状时，可拖动定位块来调整单个控件的位置。

（2）选中控件，待出现 8 个控制块后，将鼠标指针放在控件的边框上，当光标变成张开的手掌时，可直接拖动控件到合适的位置。

6. 对齐控件

当需要精确地调整控件之间的相对位置时，手动调整不但费时，而且也不容易调整精确，Access 提供的自动对齐控件功能可以帮助快速调整控件的位置。

（1）选中控件。

（2）单击“格式”菜单中的“对齐”选项，有 5 种对齐方式可供选择，如图 7-32 所示。

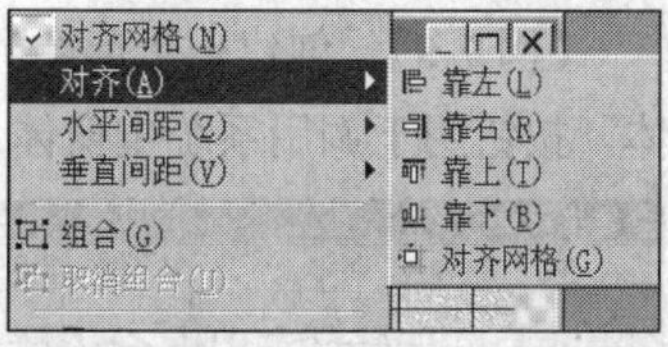

图 7-32　控件的“对齐”菜单项

此外，在“格式”菜单的“水平间距”子菜单中，Access 也提供了 3 种方式，即相同、增加或减少项来调整控件之间的水平距离。在“格式”菜单中的“垂直间距”子菜单中，Access 提供了 3 种方式，即相同、增加或减少项来调整控件之间的垂直距离。

7.6.2　修饰控件外观

1. 设置控件的特殊效果

Access 为控件提供了凹陷、凸起、平面、蚀刻、阴影和凿痕 6 种不同的特殊显示效果供用户选择。

（1）在窗体的设计视图中选中控件，单击鼠标右键。

（2）在弹出的快捷菜单中选择“特殊效果”级联菜单中的一种，如图 7-33 所示。

2. 更改控件边框的宽度

（1）在窗体的设计视图中选中控件。

（2）在“格式（窗体/报表）”工具栏中，单击“线条/边框宽度”旁的向下箭头按钮，弹出线条和边框级联菜单，如图 7-34 所示，选择一种线条宽度即可。

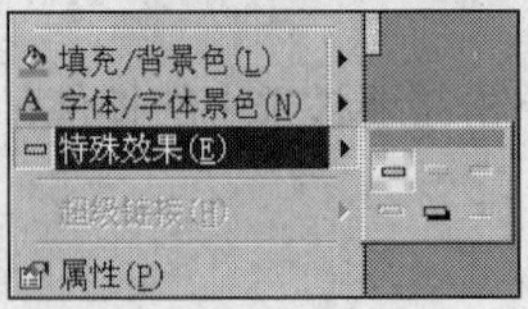

图 7-33　控件的“特殊效果”菜单项

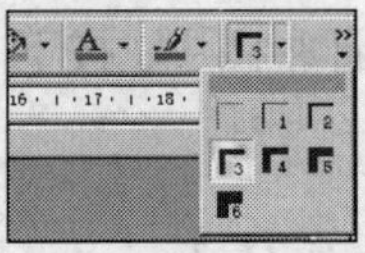

图 7-34　线条/边框宽度列表

7.6.3　美化文字

在窗体中，控件的字体、字号、颜色和对齐方式等是可以根据需要设置和改变的，其操作步骤如下。

（1）选定控件。

（2）选择“视图”菜单的“属性”选项，弹出控件的属性窗口。

（3）在属性窗口中选择“格式”选项卡，调整垂直滚动条，即可看到控件的“字体名称”、“字体大小”、“字体粗细”等属性，如图 7-35 所示，即可以根据需要设置控件的字体属性。

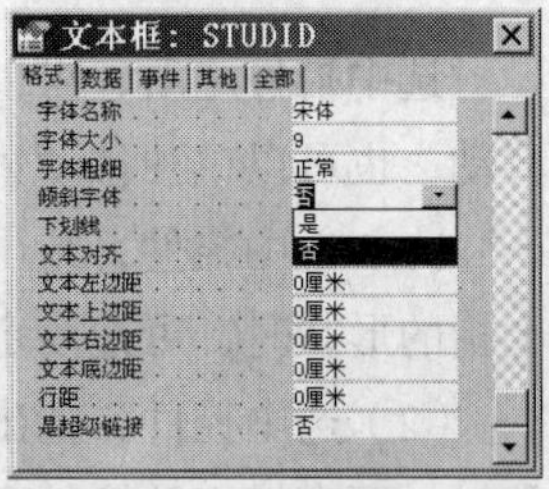

图 7-35　窗体的控件属性窗口

7.7　窗体设计实例

【例 7-5】 创建一个起始界面，如图 7-36 所示，“学生管理系统”标题由小变大，“进入主窗体”按钮用于调用系统主窗体，“退出应用程序”按钮用于退出系统。

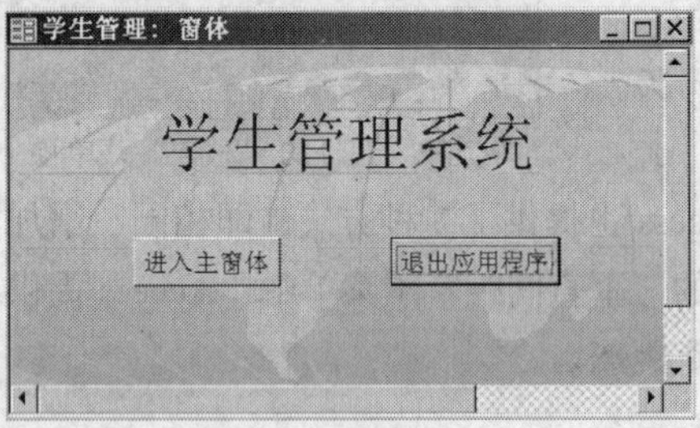

图 7-36　起始界面

（1）打开窗体设计视图创建一个新窗体。

（2）选择“格式”菜单中的“自动套用格式”命令，在“自动套用格式”对话框中选择“国际”样式，单击“确定”按钮。

（3）单击工具箱中的“标签”按钮，在窗体中创建一个标签，在属性窗口修改其“名称”属性为“Label1”，“背景样式”属性为“透明”，“文本对齐”属性为“居中”。

（4）单击工具箱中的“命令按钮”控件，在窗体上单击，利用“命令按钮向导”创建两个命令按钮，如图 7-37 和图 7-38 所示，命令按钮一的标题属性为“进入主窗体”，命令按钮二的标题属性为“退出应用程序”。

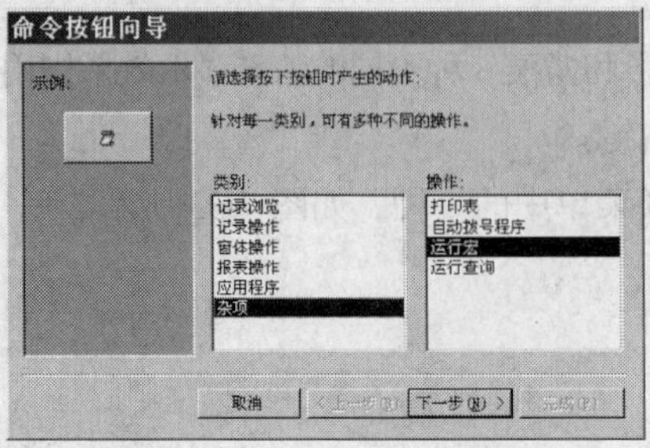

图 7-37　命令按钮一对话框

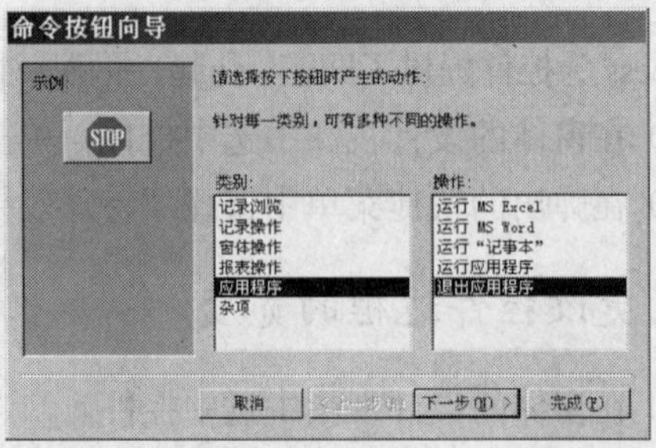

图 7-38　命令按钮二对话框

（5）打开窗体的属性窗口，修改其“浏览按钮”属性为“否”，“计时器间隔”属性为“200”，“计时器触发”属性为“事件过程”，事件过程代码为：

```
Private Sub Form_Timer()
If label1.FontSize < 36 Then
  label1.FontSize = label1.FontSize + 2
  Else
    Me.TimerInterval = 0
    End If
End Sub
```

（6）保存窗体，在窗体视图中打开窗体，看是否能完成要求的功能。

【例 7-6】 创建一个带有子窗体的窗体，如图 7-39 所示，在主窗体中显示学生的基本情况，在子窗体中显示学生的选课情况。

由于 Student 表和 Score 表存在一对多的关系，因此应首先建立两表之间的一对多关系。选择“工具”菜单中的“关系”命令，在“关系”对话框中创建“Student”表和“Score”表之间的关系，连接字段为 Student ID。

（1）进入设计视图创建一个新窗体。

（2）打开窗体的属性窗口，设置记录源属性为表“Student”，标题属性值为“学生成绩”。分别拖动 Student 表中的 Student ID、Name、Sex 等字段到窗体的主体节中。

（3）单击工具箱中的“子窗体/子报表”按钮，在主窗体中插入子窗体位置上单击，进入“子窗体向导”的第 1 个对话框，如图 7-40 所示。选择“使用现有的表和查询”单选项，单击“下一步”按钮，进入“子窗体向导”的第 2 个对话框，如图 7-41 所示。在下拉列表中选择“表：Score”，添加 Subject ID、Score 等字段到“选定字段”列表框，单击“下一步”，进入“子窗体向导”的第 3 个对话框，如图 7-42 所示。选择“从列表中选择”单选项，在列表框中选择“对 Student 中的每个记录用 Student ID 显示 Score”，单击“下一步”按钮，进入“子窗体向导”的第 4 个对话框。在“请指定子窗体或子报表名称”栏中输入“学生成绩”，单击“完成”按钮即可。

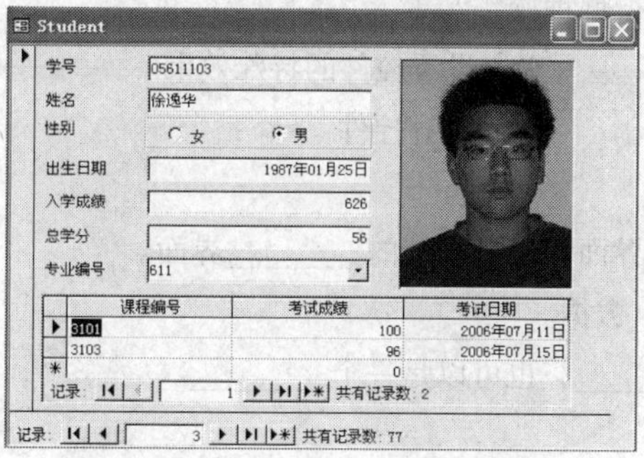

图 7-39　带有子窗体的窗体视图

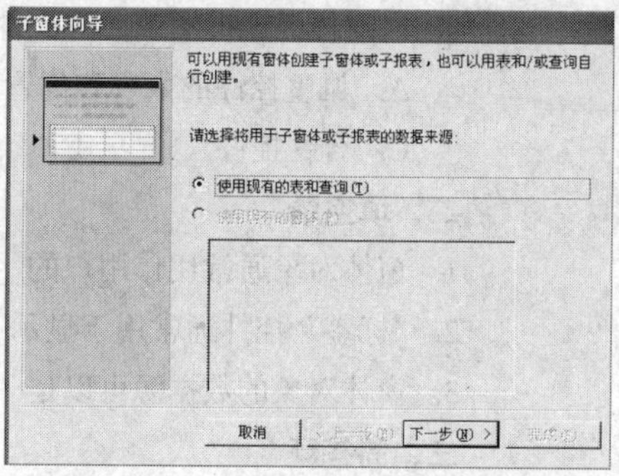

图 7-40　“子窗体向导”对话框之 1

（4）打开子窗体的属性窗口，设置其标题属性值为“成绩表”，默认视图属性值为“数据表”，允许的视图属性值为“数据表”，允许编辑属性值为“否”，允许修改属性值为“否”，允许删除属性值为“否”，浏览按钮属性值为“否”。

（5）保存窗体，在窗体视图中打开该窗体，查看设计是否符合要求。

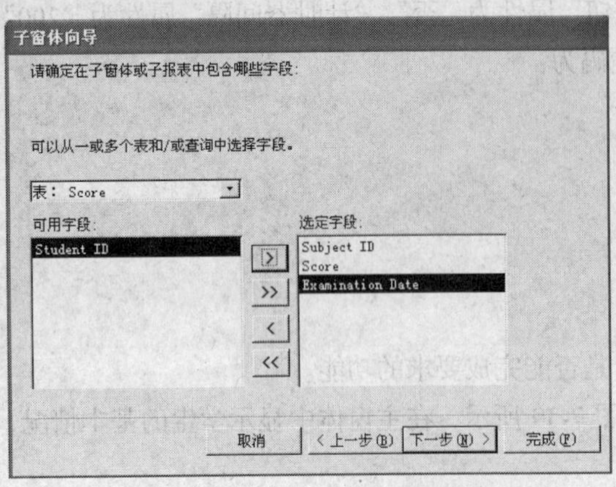

图 7-41 “子窗体向导”对话框之 2

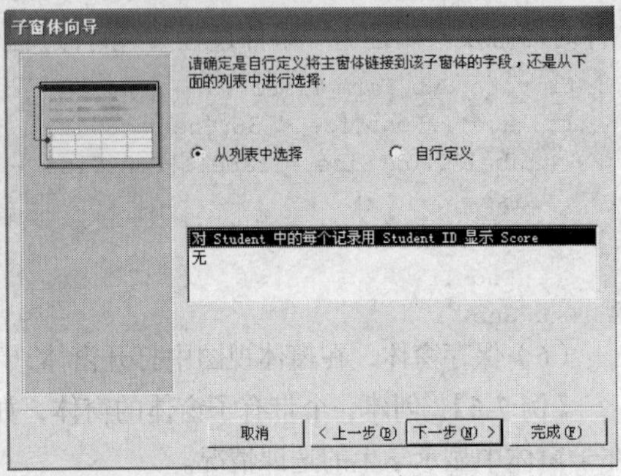

图 7-42 “子窗体向导”对话框之 3

练习题

一、选择题

1. 在窗体中，要将 Photo 字段存储的学生照片在不失真的情况下完整显示出来，应将“缩放模式”属性设置为（　　）。

   A. 放大　　B. 缩小　　C. 拉伸　　D. 缩放

2. 在下列选项中，哪一个控件能够显示与记录相关的动态数据？（　　）

   A. 标签　　B. 图像　　C. 绑定对象框　　D. 未绑定对象框

3. 在下列选项中，哪一个不是控件？（　　）

   A. 文本框　　B. 对象框　　C. 组合框　　D. 复选框

4. 在窗体设计视图中，对控件不能进行哪种操作？（　　）

   A. 调整控件的大小和位置　　B. 设置控件的特殊效果

   C. 合并控件　　D. 对齐控件

二、填空题

1. 窗体对象通常用作用户的________界面和应用系统的________界面。
2. “标签”控件通常用于显示________数据。
3. 窗体对象的数据源可以是一个________，也可以是一个________。

三、简答题

1. 窗体有几种视图，各有什么作用？
2. 如何使用窗体的设计视图创建一个窗体？
3. 窗体中常用的控件有哪些？如何使用？

四、应用题

1. 在图 7-43 所示的窗体中，Sex 字段绑定了选项组控件和 2 个选项按钮控件；Department ID 字段绑定了 1 个组合框控件。组合框中的选项值来自于 Department 表的 Department

ID 字段。试说明要实现上述任务应如何设置这些控件的属性。

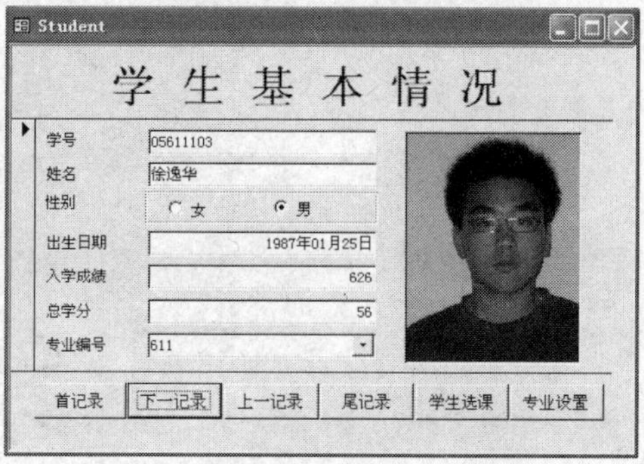

图 7-43　学生基本情况窗体

2. 在图 7-44 所示的窗体中，借贷字段为是/否数据类型字段，该字段绑定了选项组控件和 2 个选项按钮控件；科目编码字段为文本数据类型字段，该字段绑定了 1 个组合框控件。组合框中的选项值来自于科目代码表的科目代码字段。试说明要实现上述任务应如何设置这些控件的属性。

图 7-44　凭证填制窗体

3. 在图 7-45 所示的客户订单窗体中，“交货方式”字段为数字数据类型，该字段绑定了选项组控件和 4 个选项按钮控件；“客户编号”字段为文本数据类型，该字段绑定了 1 个组合框控件。组合框中的选项值来自于客户表的“客户编号”字段。试说明要实现上述任务应如何设置这些控件的属性。

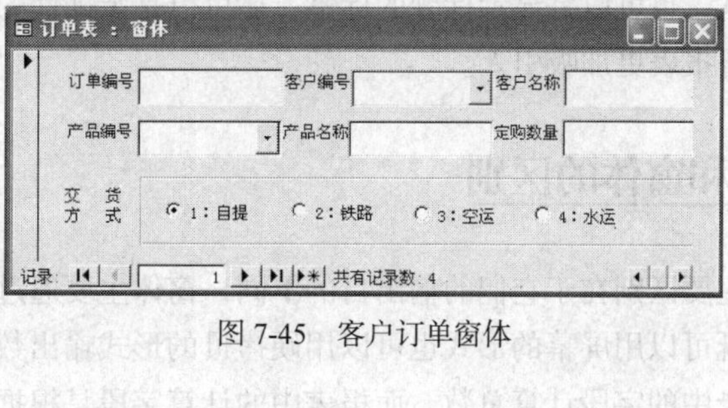

图 7-45　客户订单窗体

第8章 报表

数据库应用系统一般都应给用户配置完善的打印输出功能。在传统的关系数据库开发环境中，程序员必须通过烦琐的编程实现报表的打印。在 Access 关系数据库中，报表对象允许用户不用编程，仅通过可视化的直观操作就可以设计报表打印格式。报表对象不仅能够提供方便快捷、功能强大的报表打印格式，而且能够对数据进行分组统计和计算。

本章将学习使用向导创建报表，在设计视图中设计和修改报表，报表的数据排序与分组，如何在报表中创建表达式。

8.1 了解报表

8.1.1 什么是报表

报表是以打印的格式表现用户的数据的一种有效的方式。因为用户控制了报表上每个对象的大小和外观，所以可以按照所需的方式显示信息以方便查看。报表中大多数信息来自基础的表、查询或SQL语句（它们是报表数据的来源）。报表中的其他信息存储在报表的设计中。

在报表中，通过使用控件可以建立报表及其记录来源之间的链接。控件可以是显示名称及编号的文本框，也可以是显示标题的标签，还可以是装饰性的直线，它们可以图形化的显示数据使得报表更加吸引人。

8.1.2 报表和窗体的区别

报表和窗体的主要区别在于它们的输出目的不同，窗体主要通过屏幕进行数据的输入和输出，而报表既可以用屏幕的形式也可以用硬拷贝的形式输出数据。窗体上的计算字段通常是根据记录中的字段计算总数，而报表中的计算字段是根据记录分组形式对所有记录进行计算处理。报表除了不能进行数据的输入之外，可以完成窗体的所有工作。

8.1.3　在什么情况下使用报表

Access 为用户从数据库中获取数据提供了 3 种方法：查询、窗体和报表。

（1）浏览所有记录信息采用查询。

（2）一次浏览某条记录的全部信息使用窗体。

（3）组织和打印记录的信息采用报表。

在 Access 中，用户可以建立如下几种形式的报表。

（1）以分组的形式组织的描述数据。

（2）汇总计算（分组汇总、总计）和计算百分比。

（3）在报表中含有子窗体、子报表和图像。

（4）用图片、线和特定字体以醒目的形式来描述数据。

用户可以将设计的报表保存起来，以便反复使用。一旦用户保存了报表的设计，尽管每次运行的都是同一个报表设计，但每次用户打印报表时获得的都是当前库中的最新数据。如果用户的报表需要修改，则仅仅是调整报表的设计，或者是建立一个与原报表类似的报表。

8.1.4　报表的视图

在数据库窗口，选择“对象”列表中的“报表”选项卡，即可显示报表列表，如图 8-1 所示。

在报表右侧的列表中列出已经创建好的报表和创建报表的两种方法，即“在设计视图中创建报表”和“使用向导创建报表”。若创建一个新的报表，可以使用这两种方法，或单击工具栏上的“新建”按钮。若打开一个已经存在的报表，应选定需打开的报表，单击“打开”按钮即可。若此时数据库中没有报表，则“打开”和“设计”按钮呈灰色显示，不能使用。

每个报表均有 3 种视图：“设计视图”、“打印预览”和“版面预览”。

使用“设计视图”可以创建报表或更改已有报表的结构，如图 8-2 所示。

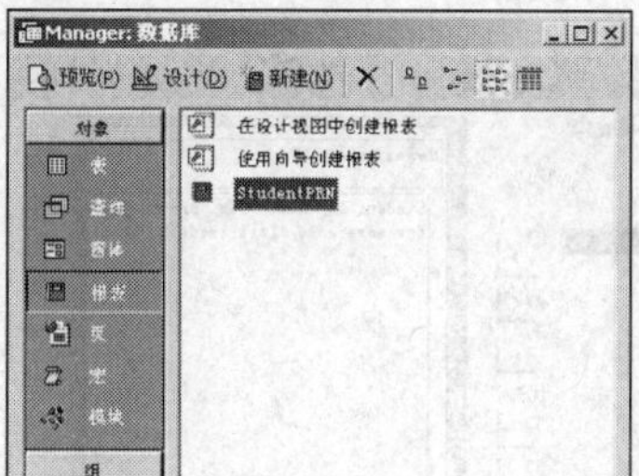

图 8-1　报表列表

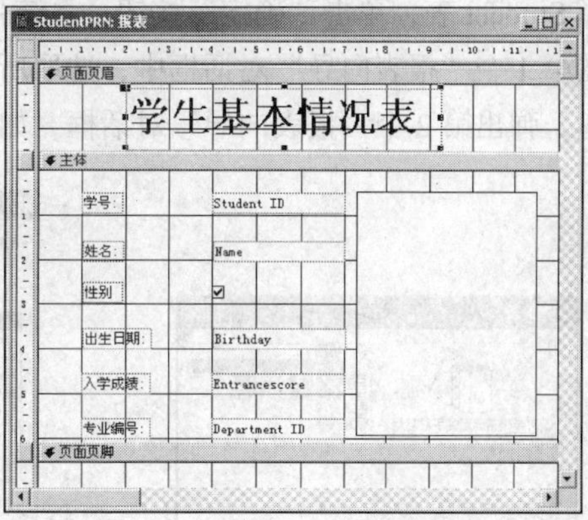

图 8-2　设计视图

使用“打印预览”可以查看将在报表的每一页上显示的数据，如图 8-3 所示。

“版面预览”提供了报表基本布局的快速查看方式，其中只包括报表中数据的示例预览，但可能会不包含报表的全部数据。

在不同的视图间切换的方法是：在“视图”菜单中选择所需的视图，如图 8-4 所示。

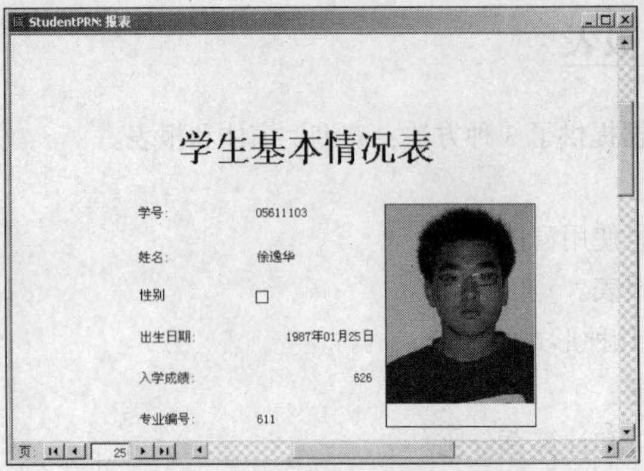

图 8-3　打印预览视图

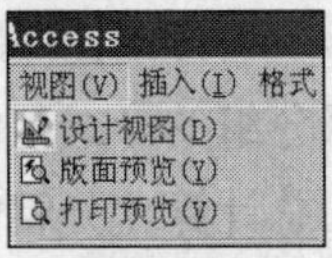

图 8-4　“视图”菜单

8.2　建立报表

Access 提供了以下两种创建报表方法：

- 使用向导创建报表；
- 在设计视图中创建报表。

8.2.1　使用向导创建报表

使用向导创建报表的步骤如下。

（1）打开要创建报表的数据库，在数据库的对象列表中选择“报表”选项。

（2）单击“报表”窗口上的“新建”按钮，弹出“新建报表”对话框，如图 8-5 所示。

（3）在“新建报表”对话框中选择“报表向导”，在“请选择该对象数据的来源表或查询”组合框中选择 Student 表，单击“确定”按钮，系统弹出第 1 个“报表向导”对话框。

（4）在第 1 个“报表向导”对话框中，选取所需的字段添加到“选定字段”栏中，单击“下一步”按钮，弹出第 2 个“报表向导”对话框，如图 8-6 所示。

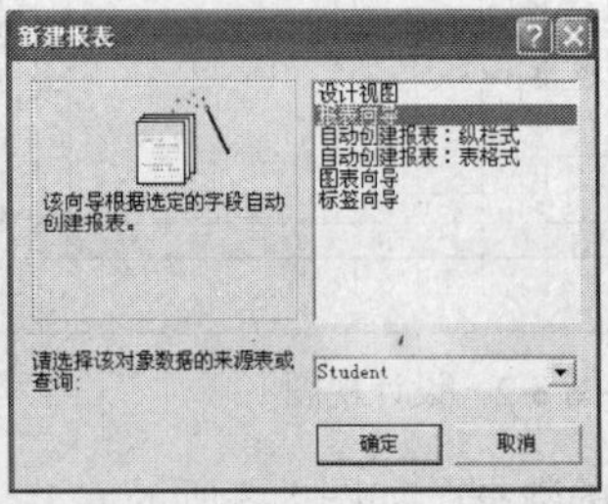

图 8-5　“新建报表”对话框

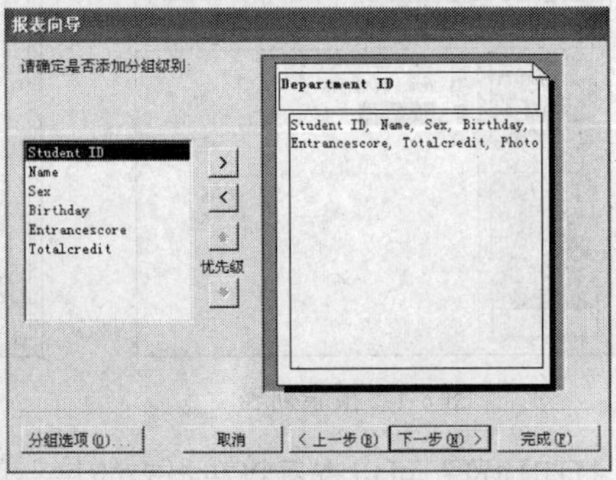

图 8-6　“报表向导”对话框之 2

（5）在第 2 个“报表向导”对话框中，选择并添加 Department ID 字段为分组字段，单击“下一步”按钮，弹出第 3 个“报表向导”对话框，如图 8-7 所示。

（6）在第 3 个“报表向导”对话框中，选择排序字段为 Entrancescore 字段，排序顺序为降序排列。单击“下一步”按钮，系统弹出第 4 个“报表向导”对话框，如图 8-8 所示。

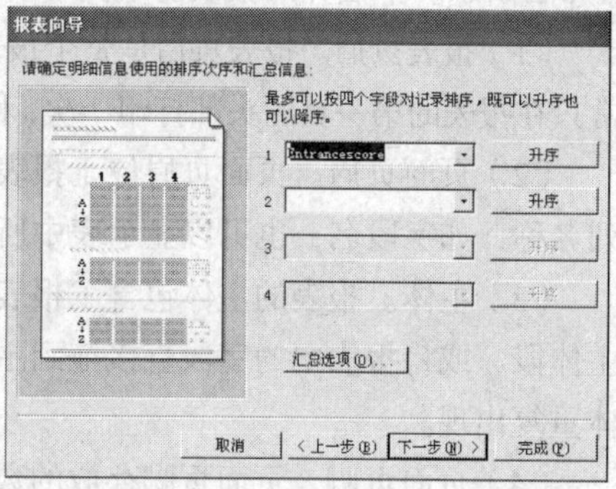

图 8-7　“报表向导”对话框之 3

（7）在第 4 个“报表向导”对话框中，Access 提供了 6 种报表的布局方式，即递阶、块、分级显示 1、分级显示 2、左对齐 1 和左对齐 2。在对话框的左边给出了每一种布局的预览，本例选择“递阶”方式。选择“纸张方向”为“纵向”。单击“下一步”按钮，弹出第 5 个“报表向导”对话框，如图 8-9 所示。

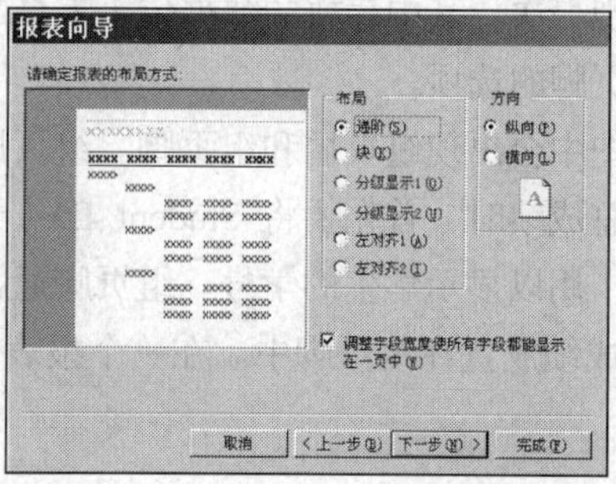

图 8-8　“报表向导”对话框之 4

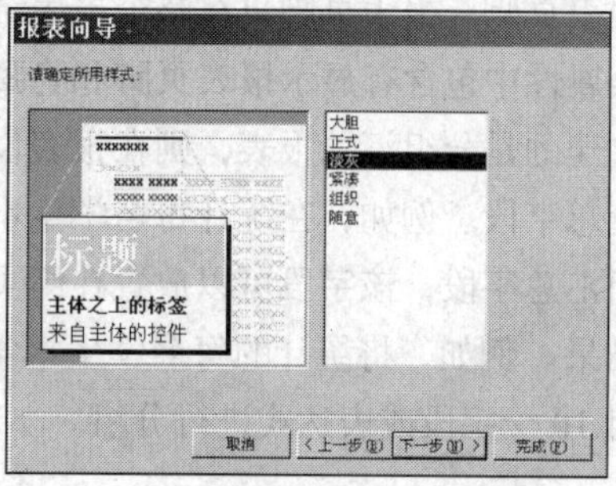

图 8-9　“报表向导”对话框之 5

（8）在第 5 个“报表向导”对话框中，Access 提供了 6 种报表的样式，即大胆、正式、淡灰、紧凑、组织和随意 6 种。在对话框的左边给出了每一种样式的预览，本例选择“淡灰”样式。单击“下一步”按钮，系统弹出第 6 个“报表向导”对话框。

（9）在第 6 个“报表向导”对话框中，在“为报表指定标题”栏输入“学生基本情况”，选择“预览报表”单选项。单击“完成”按钮，保存新建的报表，并打开预览，如图 8-10 所示。

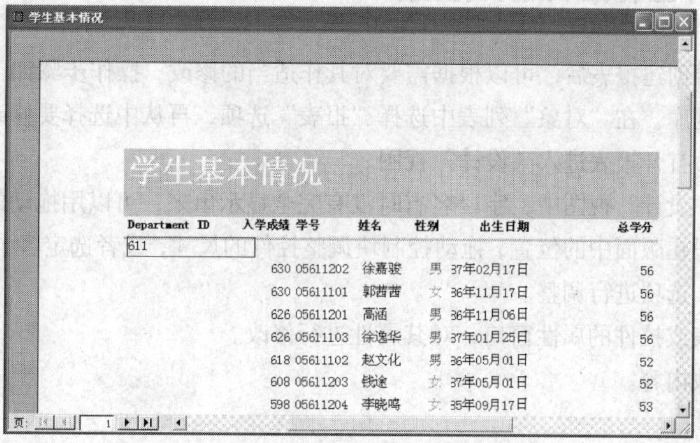

图 8-10　“学生基本情况”报表预览

8.2.2　报表的结构

报表的窗口结构包括报表页眉、页面页眉、主体、页面页脚和报表页脚等部分。如 8.1 节中

图 8-2 所示。下面介绍报表的不同节的出现位置及其使用范围。

（1）报表页眉。报表页眉是整个报表的开始部分。通常也称为页首，出现在报表的最上方。通常只在报表的第一页的头部打印一次，利用它可以显示徽标、报表标题或报表的打印日期或时间等。

（2）页面页眉。页面页眉位于报表页眉之下，出现在报表每一页的顶部，页面页眉主要显示列名称，如字段名，也可以显示表中所列的数据的单位。

（3）主体。报表的主体包含了报表数据的主体部分，可以使用工具箱放置各种控件到报表的主体段，或将报表中的字段直接拖到主体段中显示数据内容。对报表数据源的每条记录而言，主体重复出现。

（4）页面页脚。页面页脚存放的数据出现在报表的每一页的底部，主要用来显示页号、制作人员、打印日期等其他和报表相关的信息。

（5）报表页脚。报表页脚只在整个报表结尾出现一次。其中存放的数据位于末页的页面页脚之前。报表属性中包含有显示报表页脚和隐藏页眉页脚的选项。

如果创建的是分组汇总报表，则在报表设计视图中会出现组页眉和组页脚。组页眉通常用于设置分组汇总字段。例如，在统计每名学生本学期总成绩时，首先要将 Student ID（学号）字段设置为分组汇总字段，该字段可以放置在组页眉中，用以显示学生的学号。组页脚通常用于设置分组汇总结果。例如，将统计的每名学生本学期总成绩放置在组页脚中。在一个报表中，Access 最多允许对 10 个字段或表达式进行分组。

8.3 修改报表

利用报表向导创建报表，一般能定制符合自己需求的报表，但有时报表的内容和格式仍然不能满足需要，这时就需要对报表进行修改。

8.3.1 打开已有报表进行修改

利用报表向导创建报表后，可以根据需要对其作适当的修改，操作步骤如下。

（1）打开数据库，在“对象”列表中选择“报表”选项，再从中选择要修改的报表，然后单击“设计”按钮，打开报表进入“设计”视图。

（2）在报表“设计”视图中，字段名有时没有完全显示出来，可以用拖动的方法解决，如拖动定位块调整字段在版面中的位置，拖动控制块调整控件的尺寸，或者选定多个控件使用“格式”菜单中的“对齐”选项进行调整。

（3）打开报表或控件的属性窗口，对其属性进行修改。

（4）保存修改内容。

8.3.2 设计新报表

如果要创建的报表与 Access 提供的报表格式相差较大，可以先创建一个空白报表，在空白报表中添加内容。具体操作步骤如下。

（1）在数据库窗口中，选择“对象”列表中的“报表”选项，然后单击“新建”按钮，弹出

“新建报表”对话框。

（2）在“新建报表”对话框中，选择“设计视图”，再选择数据源，并单击“确定”按钮，弹出空白报表，如图8-11所示。

（3）分别从字段列表中直接拖动字段到报表的页眉、主体中。

（4）打开工具箱，向空白报表中添加标签、文本框、直线和表格等控件，在控件的属性窗口设置控件的属性。

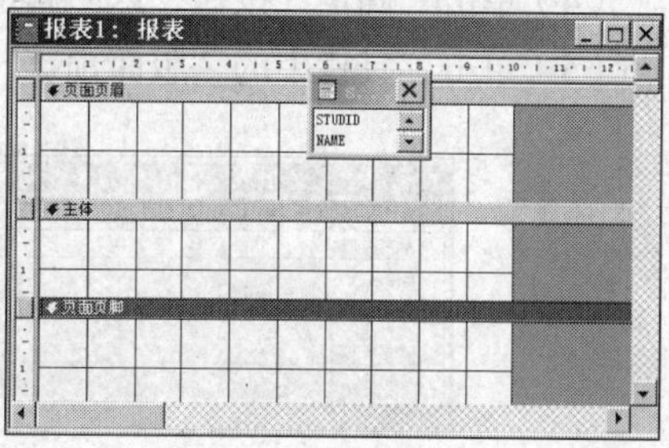

图8-11 空白报表

（5）单击“文件”菜单中“保存”命令，保存报表。

8.3.3 在报表中添加日期和时间

报表输出时，经常需要在打印的报表中加入日期和时间，具体操作步骤如下。

（1）打开已经设计好的报表，单击页面页脚。

（2）单击“插入”菜单中“日期和时间”命令，弹出“日期和时间”对话框，如图8-12所示。

（3）选择所需要的日期和时间格式的单选项，在对话框的下面有示例。单击“确定”按钮，设置的结果如图8-13所示。

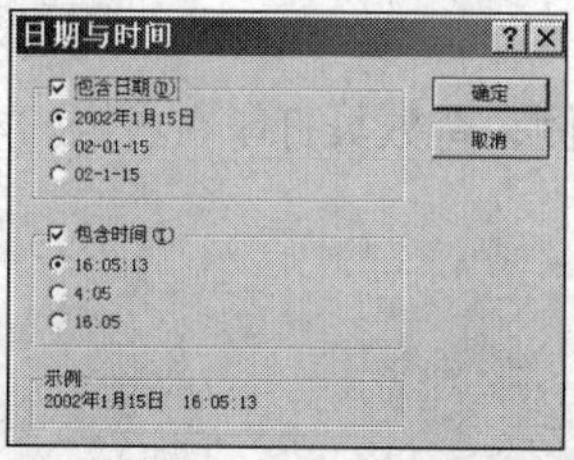

图8-12 “日期与时间”对话框

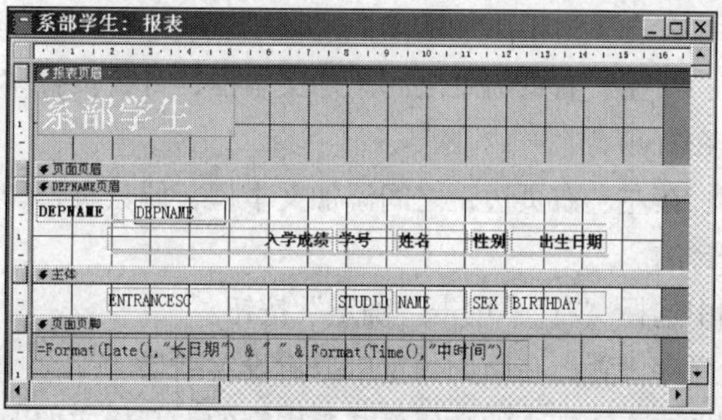

图8-13 时间与日期

使用上述方法插入的时间格式是固定的，其格式如下：

```
=Format(Date(),"长日期") & " " & Format(Time(),"中时间")
```

如果需要使用其他的时间格式，可以使用Access提供的内部日期和时间函数，如在报表中使用“Now()”函数，其操作步骤如下。

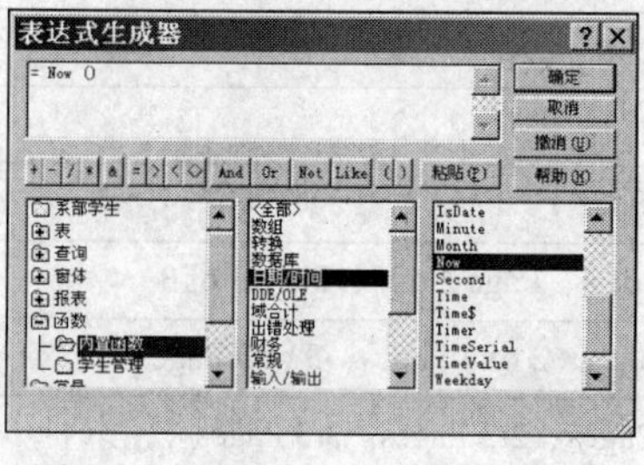

图8-14 “表达式生成器”对话框

（1）打开报表，单击工具箱的“文本框”按钮，在页面页脚画一矩形框，删除前面的标签，只留文本框。

（2）单击“视图”菜单的“属性”命令，打开该文本框的属性窗口，单击其“控件来源”属性旁的“---”按钮，弹出“表达式生成器”对话框，如图8-14所示。

（3）在“表达式生成器”对话框中，单击“=”按钮，打开“函数”下的“内置函数”，双击“日期与时间”函数组中的“Now()”函数。

（4）单击“确定”按钮，返回属性对话框，设置结果如图 8-15 所示。

（5）单击工具栏中的“版面预览”按钮，运行结果如图 8-16 所示。

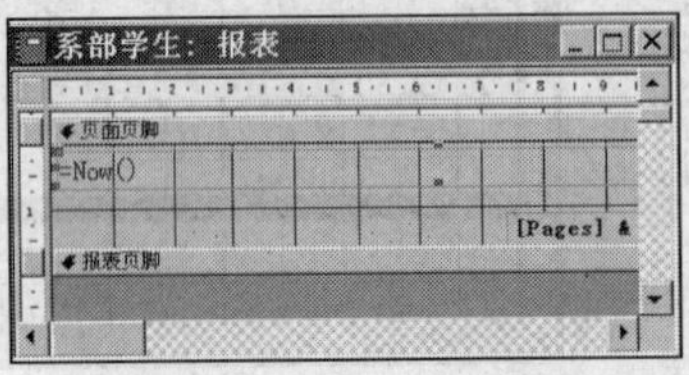

图 8-15 设置报表时间

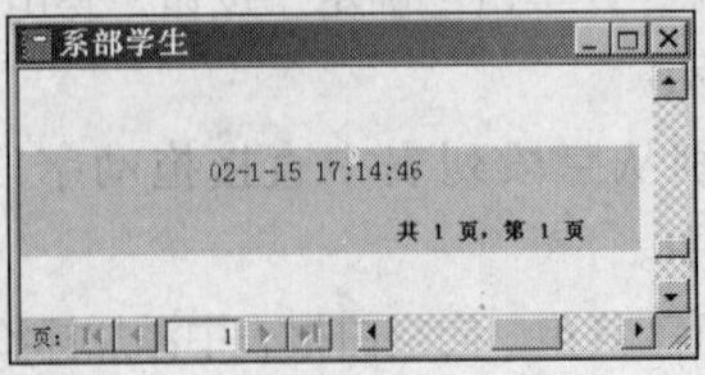

图 8-16 版面预览结果

8.3.4 在报表中添加页码

报表中的页码是必不可少的，在报表中添加页码的具体步骤如下。

（1）打开已设计好的报表，选择页面页脚节。

（2）单击“插入”菜单中的“页码”命令，弹出“页码”对话框，如图 8-17 所示。

（3）在“页码”对话框中，根据需要选择相应的页码格式、位置和对齐方式。对于对齐方式，有下列可选选项。

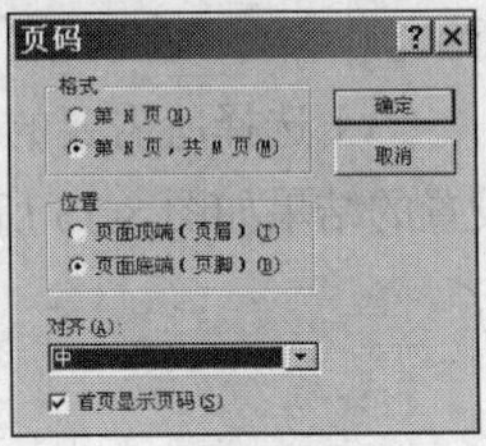

图 8-17 “页码”对话框

“左”：在左页边距添加文本框。

“中”：在左、右页边距的正中添加文本框。

“右”：在右页边距添加文本框。

“内”：在左、右页边距之间添加文本框，奇数页打印在左侧，偶数页打印在右侧。

“外”：在左、右页边距之间添加文本框，偶数页打印在左侧，奇数页打印在右侧。本教材就是这样安排的。

本例中选择“右”，单击“确定”按钮。

（4）保存设置，在版面预览中查看设置结果。

使用上述方法加入的页码格式是固定的。其格式如下：

```
="共 " & [Pages] & " 页，第 " & [Page]
```

表 8-1 列出了用户在窗体设计视图或报表设计视图中可以使用的页码表达式示例，以及在其他视图中可以见到的结果，可以将双引号的内容换成中文，结果就显示中文内容。

表 8-1 页码表达式示例

表达式	结果
=[Page]	1、2、3
="Page " & [Page]	Page 1、Page 2、Page 3
="Page " & [Page] & " of " & [Pages]	Page 1 of 3、Page 2 of 3、Page 3 of 3
=[Page] & " of " & [Pages] & " Pages"	1 of 3 Pages、2 of 3 Pages、3 of 3 Pages
=[Page] & "/"& [Pages] & " Pages"	1/3 Pages、2/3 Pages、3/3 Pages
=[Country] & " - " & [Page]	UK - 1、UK - 2、UK - 3
=Format([Page],"000")	001、002、003

8.3.5　在报表中添加线控件

线控件是一种在报表中比较常用的控件。线控件允许给报表增加直线，这些线可以是水平线、垂直线和任何角度的线。要使报表以自定义的表格输出，必须使用线控件。在报表中添加表控件的步骤如下。

（1）在报表设计视图中打开报表，在工具箱中单击“直线”按钮。

（2）将鼠标放在报表中需要添加线控件的位置，拖动鼠标到该线结束的位置。如果要强制这条线是水平线或垂直线，在拖动鼠标的同时按住 Shift 键即可。

（3）选定所画的线，单击“视图”菜单中的“属性”按钮，打开该线的属性窗口，可以通过修改其“宽度”属性来设置线的宽度。

同添加到报表中的其他控件一样，放置线控件的位置确定了线在报表中出现的位置。如果将一个线控件加到一个分组标题中，则该线出现在报表的分组标题中。

8.4　报表数据的排序与分组汇总

为了更容易在报表中找到信息和标识记录之间的关系，用户可以对报表中的数据进行排序和分组。排序是根据记录中域值的大小来决定在报表中的浏览顺序，例如可以对学生姓名按字母的顺序进行排列，这对以与输入时不同的顺序来浏览数据是很有用的。分组是根据报表中域的数据发生的变化来进行的，它可以将相关的记录放在一组里。用户可采用分组来计算每一组的摘要信息，如总计和百分比等。在分组之前，用户对报表中至少一个字段指定排序顺序。

8.4.1　数据排序

在用户打印报表时，通常希望以某个顺序来组织数据（记录）。如用户要打印一个学生入学成绩表，希望按照学生的入学成绩来排序，这时用户在创建报表时可以按学生成绩设置排序，其步骤如下。

（1）在设计视图中，将报表打开。

（2）从“视图”菜单中选择“排序与分组”命令，系统弹出“排序与分组”对话框，如图 8-18 所示。

（3）在“排序与分组”对话框中，上半部分是为报表中的记录设置排序次序，最多可指定 10 个排序字段或表达式。

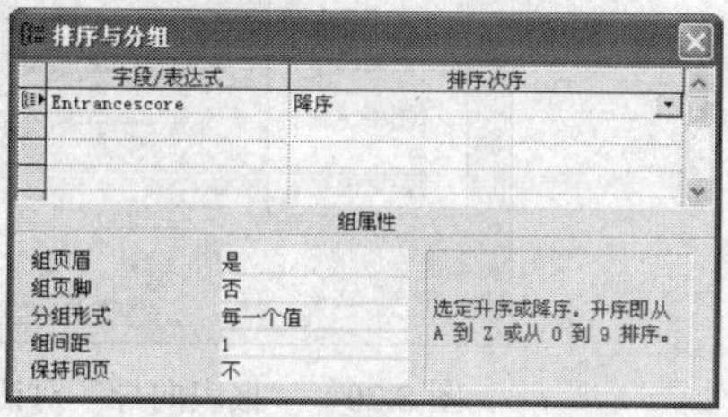

图 8-18　“排序与分组”对话框

“字段/表达式”用于指定排序的字段或表达式。第 1 行为第 1 排序次序，第 2 行为第 2 排序次序。

“排序次序”指定字段或表达式是按升序还是按降序排列。

设置“字段或表达式”为 Entrancescore 字段，“排序次序”为降序，保存设置即可。

8.4.2　数据分组汇总

一个分组是相关记录的集合。报表通过分组，通常可提高用户对报表中数据的理解，这是因为分组的报表不仅将相似的记录显示在一起，而且可以为每一个分组显示概要和记录的汇总信息。

一个组由组标头、组的文本和组脚注组成，可在创建报表时通过报表向导创建分组汇总，也可以在报表设计视图中使用报表的“排序与分组”对话框创建分组报表。

【例 8-1】 创建一个报表，打印 Score 表中的学生成绩，要求按课程分组，同一门课程成绩按从高分到低分排序，并统计每门课的平均成绩和最高成绩。

创建该报表可采用报表向导，按照课程编号进行分组。操作步骤如下。

（1）在数据库的对象列表中选择“报表”选项卡。

（2）单击“新建”按钮，系统弹出“新建报表”对话框。

（3）在“新建报表”对话框的列表中选择“报表向导”，在“请选择该对象数据的来源表或查询”组合框中选择 Score 表，单击“确定”按钮，系统弹出第 1 个“报表向导”对话框。

（4）在第 1 个“报表向导”对话框中，选取全部字段并添加到“选定字段”栏中，单击“下一步”按钮，系统弹出第 2 个“报表向导”对话框，如图 8-19 所示。

（5）在第 2 个“报表向导”对话框中，选择并添加 Subject ID 字段为分组字段，单击“下一步”按钮，系统弹出第 3 个“报表向导”对话框，如图 8-20 所示。

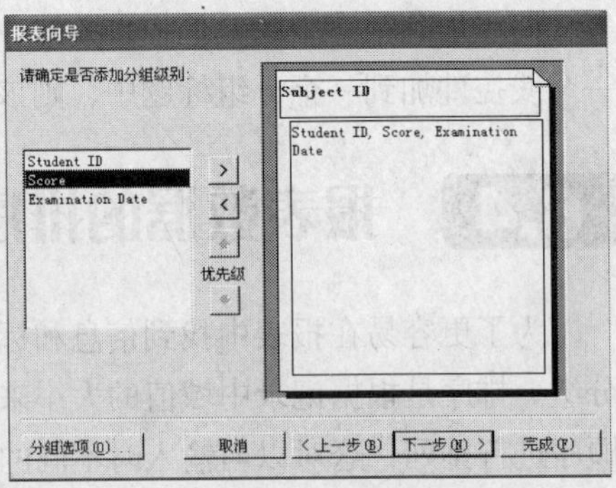

图 8-19 “报表向导”对话框之 2

（6）在第 3 个“报表向导”对话框中，选择排序字段为 SCORE 字段，排序顺序为降序排列。单击“汇总选项”按钮，系统弹出“汇总选项”对话框，如图 8-21 所示。

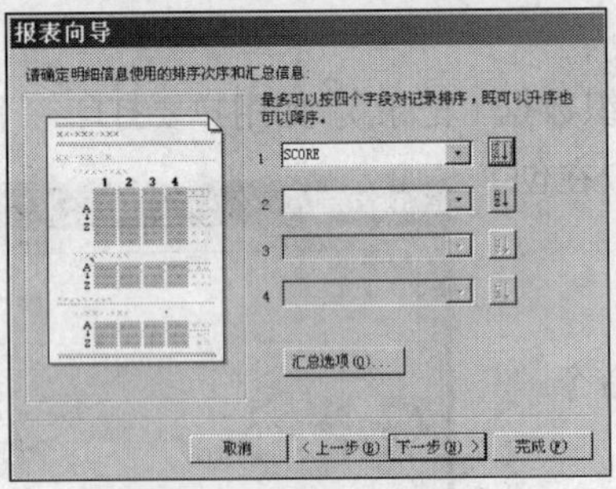

图 8-20 “报表向导”对话框之 3

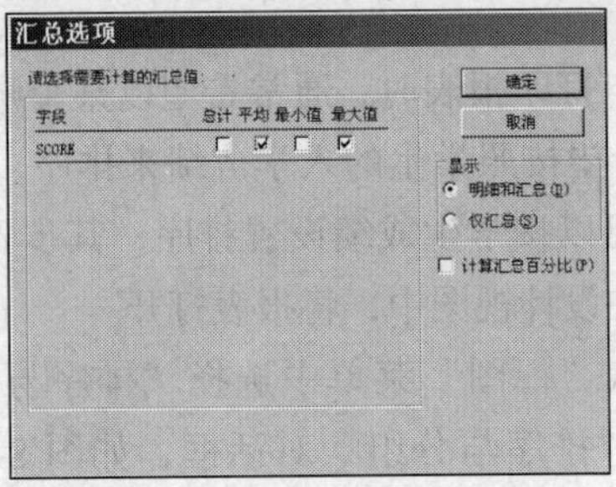

图 8-21 “汇总选项”对话框

（7）在“汇总选项”对话框中，单击“平均”和“最大值”复选按钮，在“显示”组合框中选择“明细和汇总”单选项。单击“确定”按钮，回到第 3 个“报表向导”对话框，单击“下一步”按钮，系统弹出第 4 个“报表向导”对话框。

（8）在第 4 个“报表向导”对话框中，选择“递阶”方式。选择“纸张方向”为“纵向”。单击“下一步”按钮，系统弹出第 5 个“报表向导”对话框，选择“淡灰”报表样式。单击“下一步”按钮，系统弹出第 6 个“报表向导”对话框。

（9）在第 6 个“报表向导”对话框中，在“为报表指定标题栏”输入“成绩分组”。单击“完成”按钮，保存新建的报表。打开报表预览，如图 8-22 所示。

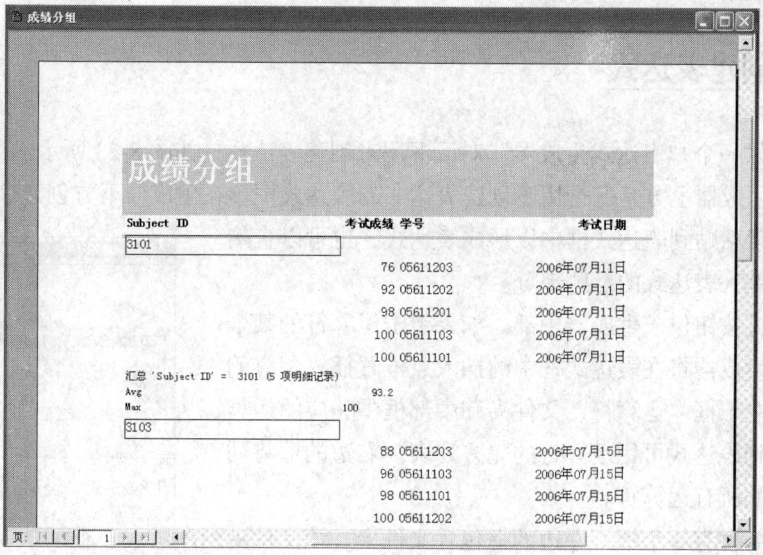

图 8-22　“成绩分组”报表预览

8.5 使用表达式

在利用 Access 完成相应的工作时，往往会用到表达式，如在报表中计算小计、总计、筛选打印记录等都会用到表达式。在 Access 中，用户可用表达式来作数字运算和统计运算。

8.5.1 什么是表达式

表达式是计算一个值的公式，一个表达式可以包括标识符、运算符、函数、字符值和常量等。标识符引用数据库中的值，如一个域、控制或属性的值。运算符指定对一个表达式的一元或多元运算，如算术运算和逻辑运算等。

用户可以使用表达式从数据库中获取信息，而这些信息通常是无法直接从数据库的表中获取。如学生的总成绩、平均成绩等，这些数据无法从数据库中直接提取，而只能通过相应的计算才能获得。

表达式的结果不在表中存储，只在用户每次浏览或打印报表时，Access 才计算表达式的值，这样可确保结果的准确性。表 8-2 列出了计算中常用表达式的例子。

表 8-2　常用表达式示例

表 达 式	意　义
=[数量]*[单价]	数量域和单价域相乘的积
=Date()	取当天的日期（计算机的系统日期）
=Page	取当前的页号
=Now()	取当前的日期和时间
=Sum[score]	求总成绩
=datepart(“yyyy”,[birthday])	取出生的年份
=[entrancescore] Between 450 And 600	取入学成绩在 450 和 600 分的记录

8.5.2 创建表达式

Access 提供一个“表达式生成器”对话框用来创建表达式，如图 8-23 所示。

在表达式生成器上方是一个用于创建表达式的表达式框。在生成器下方创建表达式的元素，然后将这些元素粘贴到表达式框中以形成表达式，也可以直接在表达式框中键入表达式的某些部分。

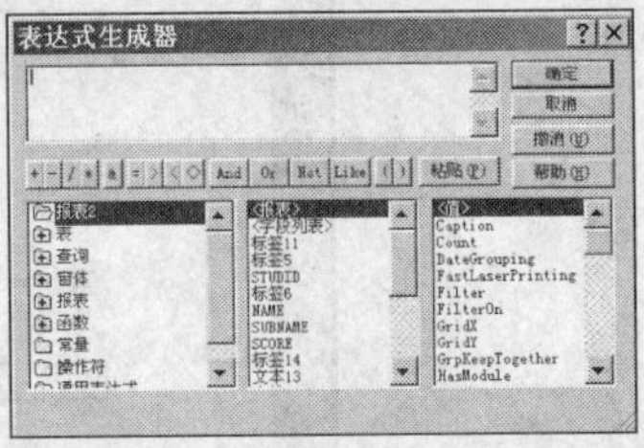

图 8-23 “表达式生成器”对话框

常用运算符按钮位于生成器中部。如果单击运算符的某个按钮，表达式生成器将在表达式框中的插入点位置插入相应的运算符。单击左下框“运算符”文件夹和中部框中相应的运算符类别，可得到表达式可用运算符的完整列表。右边的框将列出选定分类中的所有运算符。

生成器下部含有 3 个框，左边的框包含文件夹，该文件夹列出了表、查询、窗体及报表等数据库对象，以及内置和用户定义的函数、常量、运算符和常用表达式。中间的框列出了左边框中选定文件夹内指定的元素或指定元素的类别。例如，如果在左边的框中单击“报表 2”，中间的框便列出 Access 函数的类别。右边的框列出了在左边和中间框中选定元素的值。

如果要在“表达式生成器”中查看新的字段名称，首先必须保存含有新字段的表或查询。如果对象或函数在“表达式生成器”的下部的各框中没有列出，则它在启动生成器所在的环境中无效。例如，在表设计视图中，不能在字段的有效性规则中引用其他的字段和控件，因此如果在表设计视图中，从字段的“有效性规则”属性处启动“表达式生成器”，则“表”、“查询”、“窗体”和“报表”文件夹都不可用。

在报表中使用“表达式生成器”创建表达式的步骤如下。

（1）在设计视图中打开报表。

（2）在报表中选择文本框，打开其属性窗口，在“数据”选项卡中选择“控件来源”属性，单击右侧的“创建”命令按钮，即可启动表达式生成器。

（3）在“表达式生成器”左下方的框中，双击或单击含有所要元素的文件夹。

（4）在中间下方的框中，双击元素可以将其粘贴到表达式框中，或者单击元素某一类别。

（5）如果选择了位于中下方框中的类别，其值将显示在右下框中。双击这个值也可以将其粘贴到表达式框中。

（6）重复步骤（3）～（5），直到添加完表达式的所有元素，单击“确定”按钮。

这时，在“控件来源”属性框中显示创建的表达式。

【例 8-2】 创建一个报表，打印出每个学生所学课程的单科成绩、平均成绩和已修学分数。

（1）打开 Manager.mdb 数据库。

（2）使用查询向导创建“学生成绩”查询，包括 Student 表中的 Student ID 和 Name 字段，Score 表中的 Score 字段，Subject 表中的 Subject ID、Subject Name 和 Credit 字段。

（3）使用报表设计视图创建一空白报表，在属性窗口设置“记录源”属性为步骤（2）创建的“学生成绩”查询。

（4）使用控件工具箱在空白报表的页面页眉区添加标签，设置“标题”属性为“学生成绩表”，“字体大小”属性为“16”，“字体粗细”属性为“半粗”，“文本对齐”属性为“居中对齐”。

（5）选择“视图”菜单中的“排序与分组”命令，系统弹出“排序与分组”对话框，如图 8-24 所示。设置“字段/表达式”栏为 Student ID，“排序次序”为“升序”。设置“组页眉”和“组页脚”属性都为“是”，“分组形式”为“每一个值”。

（6）在空白报表中，从字段列表窗口中拖动 Student ID 和 Name 字段到“STUDID 页眉”区，并使其调整对齐，如图 8-25 所示。

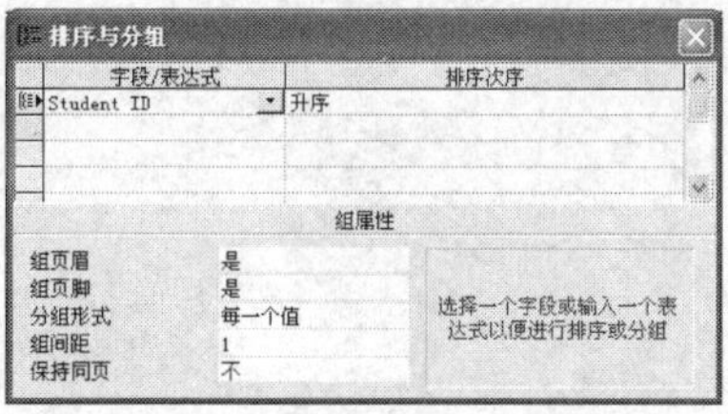

图 8-24 “排序与分组”对话框

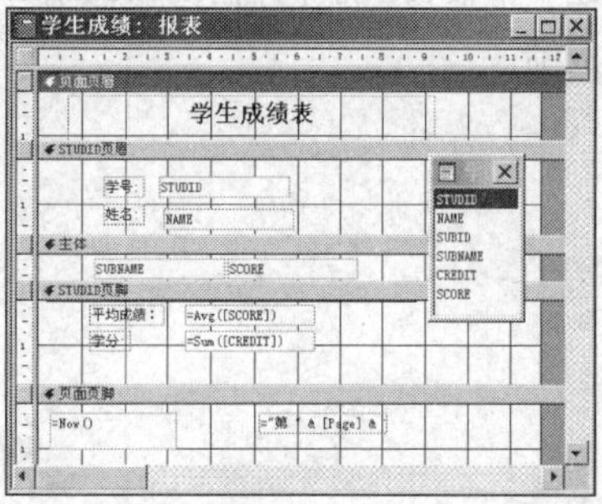

图 8-25 “学生成绩：报表”设计视图

（7）从字段列表窗口中拖动 Subject Name 和 Score 字段到报表“主体”节区，并删除其对应的标签，调整其水平对齐，如图 8-25 所示。

（8）使用控件工具箱在“STUDID 页脚区”创建两个文本框，设置文本框对应的标签的“标题”属性分别为“平均成绩”和“学分”。使用“表达式生成器”对话框设置文本框的“控件来源”属性分别为“=Avg([SCORE])”和“=Sum([CREDIT])”。

（9）在“页面页脚”区中，用“插入”菜单中的“日期和时间”和“页码”命令为报表添加时间和页码。

（10）保存报表，并在“打印报表”视图中打开报表，查看是否符合要求。

练习题

一、选择题

1. 在分组汇总报表中，分组汇总数据应在报表设计视图的哪一个区域设置？（　　）

   A. 组页眉　　B. 组页脚　　C. 报表页眉　　D. 报表页脚

2. 若要在报表的最后打印结束语，则结束语应在报表设计视图的哪一个区域设置？（　　）

   A. 页面页眉　　B. 页面页脚　　C. 报表页眉　　D. 报表页脚

二、填空题

1. 报表对象的数据源可以是一个________，也可以是一个________。
2. 在建立档案式报表时，应将________节的“强制分页”属性设置为________。

3. 报表对象通常用于设计________报表、________报表和________报表。

三、简答题

1. 报表主要有哪几部分组成?
2. 如何对报表中的数据进行分组汇总?
3. 什么是表达式? 如何在报表中使用表达式?

四、应用题

1. 创建一个报表，按专业输出入学成绩大于 500 分的学生的情况。
2. 创建一个报表，打印并输出 Manager.mdb 数据库 Score 表中各门课程的总成绩、平均成绩和最高成绩。

第9章 页

页是混合了 HTML 和 ActiveX 技术的数据网页，可以在 Web 页中插入用户所需要的各种 ActiveX 组件，还可以快速地利用浏览器查看和修改数据库中的内容，这些数据保存在 Access 数据库或 Microsoft SQL Server 数据库中。页也可以包含来自其他的源数据，例如 Microsoft Excel。

本章将学习使用向导创建页，在设计视图中设计和修改页，在页中如何排序与分组记录。

9.1 了解页

在数据库窗口中，选择“对象”列表中的“页”选项卡，即可显示页列表，如图 9-1 所示。

在页列表中列出了已经创建好的页和创建页的两种方法，即“在设计视图中创建数据访问页”和“使用向导创建数据访问页”。若创建一个新的页，可以使用这两种方法，或单击工具栏上的“新建”按钮。若打开一个已经存在的页，选定需打开的页，单击“打开”按钮即可。若此时数据库中没有页，则“打开”和“设计”按钮呈灰色显示，不能使用。

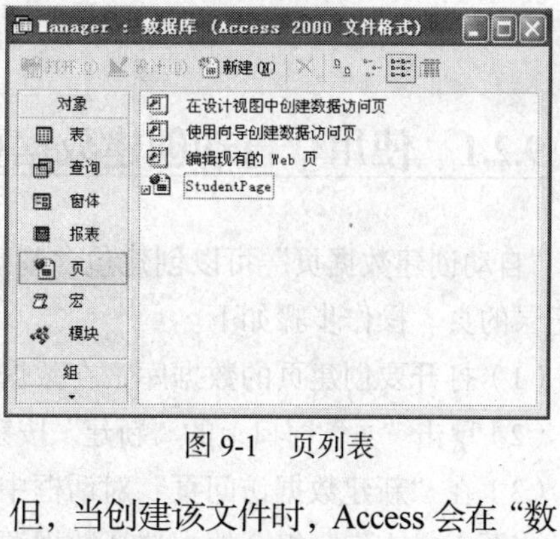

图 9-1 页列表

在 Access 的页设计视图中设计页，如图 9-2 所示。该页是一个独立的文件，保存在 Access 之外；但，当创建该文件时，Access 会在“数据库”窗口中自动为该文件添加一个快捷方式。设计页与设计窗体和报表类似，也要使用字段列表、工具箱、控件、“排序与分组”对话框等。但在设计与页的交互方式上，页与窗体和报表具有某些显著的差异。如何设计该页，取决于该页的用途。页主要有以下几种用途：

- 制作交互式报表；
- 数据输入；

- 数据分析。

页有两种视图：设计视图和页面视图。

页面视图可以在 Access 中查看和处理页中的数据，如图 9-3 所示。页在页面视图中与 Internet Explorer 5 或更高版本浏览器拥有同样的功能。

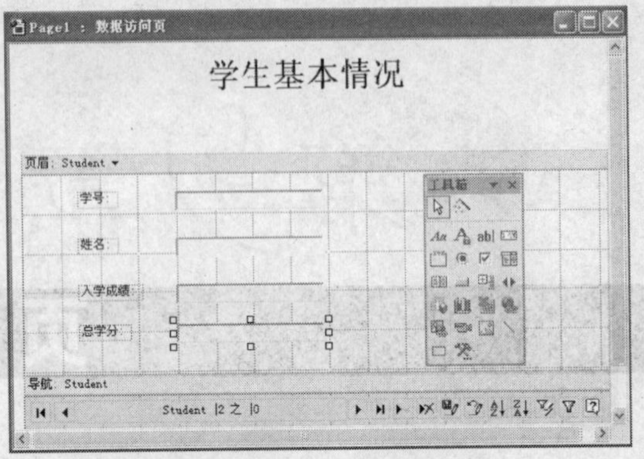

图 9-2　页的设计视图

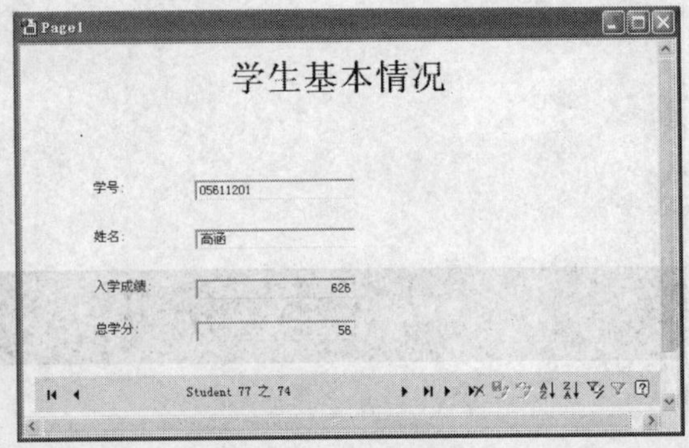

图 9-3　页的页面视图

在设计页时，需要在不同的视图之间切换，以便观察设计效果与浏览效果的差异并进修改。从“视图”菜单中选择“设计视图”或“页面视图”命令即可在两种视图之间转换，或者使用“常用”工具栏中的“视图”按钮进行转换。

9.2　使用向导创建页

创建页可以采用以下几种方法：

- 使用“自动创建数据页”创建页；
- 使用“数据页向导”创建页；
- 使用“设计视图”创建页。

9.2.1　使用“自动创建数据页”创建页

“自动创建数据页”可以创建包含基础表、查询或视图中所有字段（除存储图片的字段之外）和记录的页。操作步骤如下。

（1）打开要创建页的数据库，在数据库的对象列表中选择“页”选项。

（2）单击“页”窗口上的“新建”按钮，系统弹出“新建数据访问页”对话框，如图 9-4 所示。

（3）在“新建数据访问页”对话框中，选择“自动创建数据页”选项，在“请选择该对象数据的来源表或查询”组合框中选择数据源，最后单击“确定”按钮。

（4）系统自动创建页，并将其保存为“HTML”文件。打开并浏览该页，如图 9-5 所示。

如果自动创建的页与用户的要求有差异，可以在设计视图中进行修改。

当使用“自动创建数据页”创建页时，Access 自动在当前文件夹中将页保存为 HTML 文件，并且在“数据库”窗口中为该页添加一个快捷方式。将鼠标放置在“数据库”窗口中此快捷方式上，将显示文件的路径。

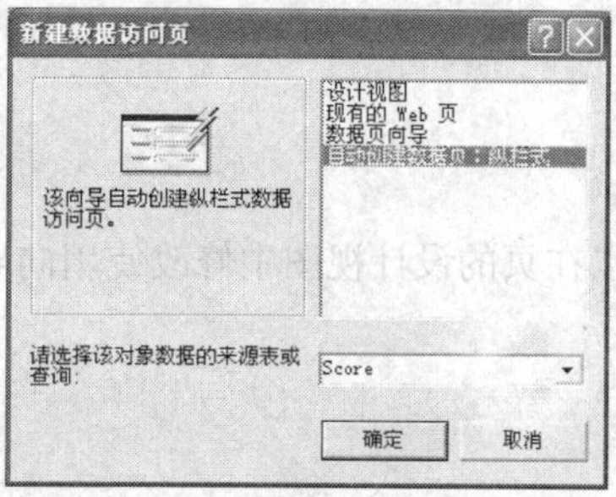

图 9-4　“新建数据访问页”对话框

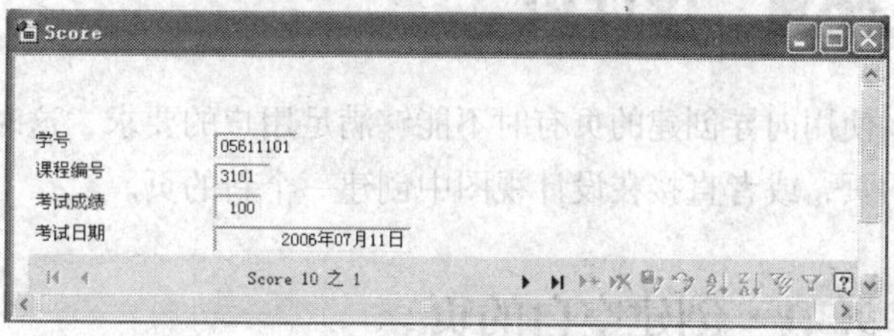

图 9-5　Score 页的页面视图

9.2.2　使用“数据页向导”创建页

使用“数据页向导”创建页的步骤如下。

（1）打开要创建页的数据库，在数据库的对象列表中选择“页”选项卡。

（2）单击“新建”按钮，系统弹出“新建数据访问页”对话框。

（3）在“新建数据访问页”对话框中，选择“数据页向导”选项，在“请选择该对象数据的来源表或查询”组合框中选择数据源表，本例中选择 Score 表。最后单击“确定”按钮。

（4）在系统弹出的第 1 个“数据页向导”对话框中，选择全部字段为可用字段。单击“下一步”按钮，系统弹出第 2 个“数据页向导”对话框，如图 9-6 所示。

（5）在第 2 个“数据页向导”对话框中，选择 Subject ID 字段为分组级别，单击“下一步”按钮，系统弹出第 3 个“数据页向导”对话框，如图 9-7 所示。

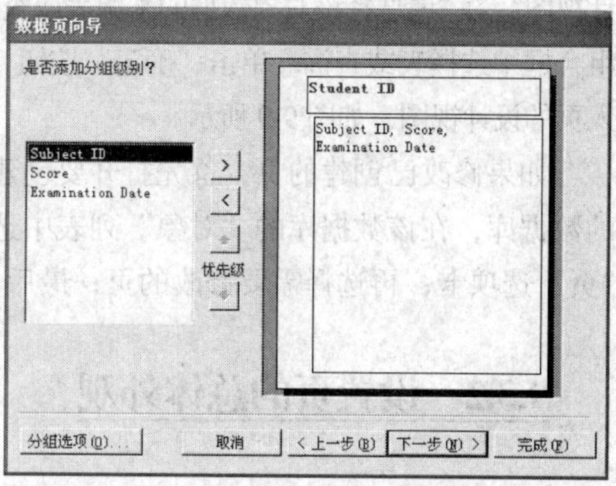

图 9-6　“数据页向导”对话框之 2

（6）在第 3 个“数据页向导”对话框中，选择 Score 字段为排序字段，按降序排列。单击“下一步”按钮，系统弹出第 4 个“数据页向导”对话框。

（7）在第 4 个“数据页向导”对话框中，指定数据页标题为“成绩”，选择“打开数据页”单选项，单击“完成”按钮即可。创建的数据页页面视图，如图 9-8 所示。

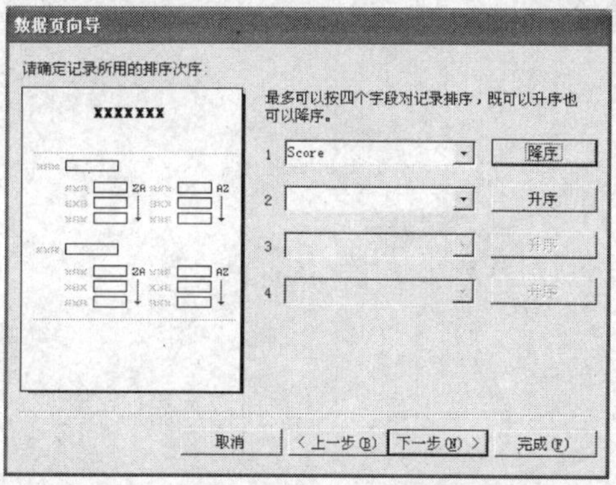

图 9-7　“数据页向导”对话框之 3

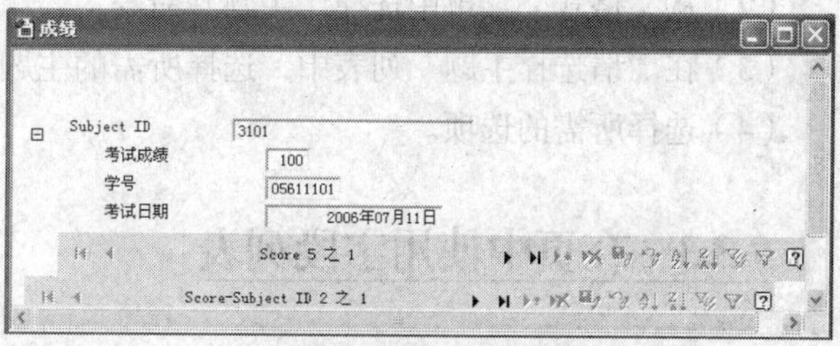

图 9-8　数据页页面视图

9.3 设计页

使用向导创建的页有时不能够满足用户的要求，这时可以在页的设计视图中修改使用向导创建的页，或者直接在设计视图中创建一个新的页。

9.3.1 创建空白的页

根据要求设计数据访问页的步骤如下。

（1）打开要创建页的数据库，在该数据库的“对象”列表中选择“页”选项卡，再选择“在设计视图中创建数据访问页”选项。

（2）单击“新建”按钮，系统弹出“新建数据访问页”对话框。

（3）在“新建数据访问页”对话框中选择“设计视图”，在“请选择该对象数据的来源表或查询”组合框中选择表或查询。单击“确定”按钮，进入页的设计视图，如图 9-9 所示。

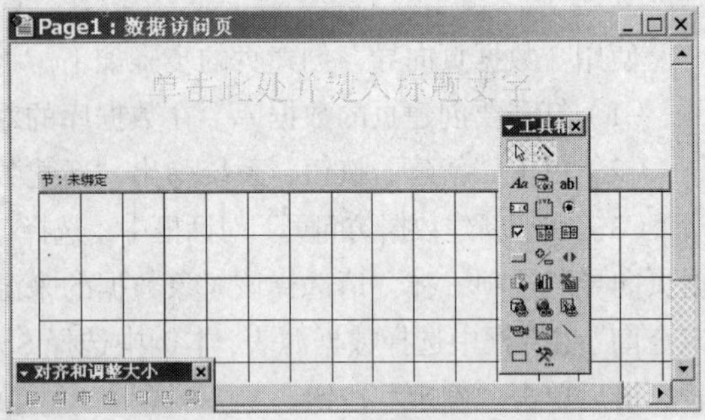

图 9-9　页的设计视图

如果修改已创建的页，首先打开要创建页的数据库，在该数据库的“对象”列表中选择“页”选项卡；再选择需要修改的页；最后单击“设计”按钮，系统打开“设计视图”。

9.3.2 设置页的总体外观

主题是项目符号、字体、水平线、背景图像和其他页元素的设计元素和颜色方案的统一体。主题有助于方便地创建专业化的页。

将主题应用于页时，将会自定义页中的以下元素：正文和标题样式、背景色彩或图形、表边框颜色、水平线、项目符号、超级链接颜色以及控件。

安装 Access 之后，硬盘上便有大量的主题可供使用。如果安装了 Microsoft FrontPage 4.0，同样还可以使用 FrontPage 的主题。此外还可以从 WWW 上得到很多附加的主题。要下载这些附加的主题，可单击“帮助”菜单的“Microsoft 的网页”命令。

对现有的页应用主题的步骤如下。

（1）在设计视图中打开要应用主题的页。

（2）从“格式”菜单中选择“主题”命令。

（3）在“请选择主题”列表中，选择所需的主题。

（4）选择所需的选项。

9.3.3 在页中使用字段列表

当使用字段列表将数据添加到页时，Access 自动创建绑定到所添加字段的控件，就像使用窗体和报表字段列表一样。然而，窗体和报表字段列表和页字段列表不一样。在可以将绑定控件添加到窗体或报表前，必须先将窗体或报表绑定到特定的记录源，之后，字段列表中仅显示该记录源中的字段。页则是直到添加了控件后才绑定，然后它就可以一次绑定到多个数据源。所以，页的字段列表显示了所有能从数据库中选取并添加到页的字段。

在页中添加字段列表的步骤如下。

（1）在设计视图打开页。

（2）选择“视图”菜单中的“字段列表”命令，系统弹出“字段列表”对话框，如图 9-10 所示。

（3）在“字段列表”对话框中，选择需要添加到页的表或表中的字段，单击“添加到页”命令按钮。

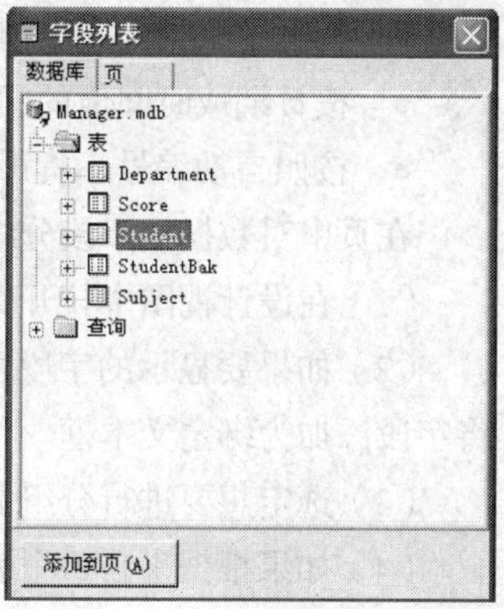

图 9-10　“字段列表”对话框

9.3.4　在页中更改 Tab 键的次序

在页中，Tab 键的次序通常是在设计视图中建立控件的次序。如果需要调整 Tab 键次序，可在设计视图中进行调整。

调整 Tab 键次序的步骤如下。

（1）在设计视图中打开页。

（2）按照 Tab 键次序选择要移动的控件，然后单击“页设计”工具栏上的“属性”按钮，显示控件的属性表窗口。

（3）在 TabIndex 属性框中，键入新的 Tab 键次序号。

（4）切换到页面视图以检验 Tab 键的次序。

9.4　在页中排序与分组记录

9.4.1　分组页的作用

在页中对记录进行分组类似于在报表中对记录进行分组。可以创建分级结构，该结构从通用类别到指定细节对记录进行分组。但是，页比打印报表又具有以下优点。

（1）由于与数据库数据绑定的页直接连接到了数据库，因此这些页显示当前数据。

（2）页是交互式的，用户可以筛选、排序并查看它们所需的数据。

（3）页可以通过使用电子邮件进行电子分发。当收件人每次打开邮件时都可以看到当前数据。

9.4.2　在页中分组记录

在页中分组记录类似在报表上分组记录：创建一个层次结构，将记录从一般类别分组为特定细节。通过分组记录，可以在页上查看数据，但是不能添加、编辑或删除数据。

在分组依据有以下几种：

- 根据分组字段中的每个值分组记录；

- 基于表达式分组记录；
- 在页中根据文字的前 n 个字符对记录进行分组；
- 按日期或时间值的间隔对记录进行分组；
- 按照自动编号、货币或数字值的间隔对记录进行分组。

在页中对数据按字段分组的步骤如下。

（1）在设计视图中打开页。

（2）如果要显示的字段还没有在页中，需将字段作为绑定 HTML 的控件添加到页中，或者将字段添加为绑定文本框。

（3）选定想要进行分组的控件。

（4）如果根据来自一个表或查询的字段进行分组，可单击工具栏上的“升级”按钮；若要对表或查询进行分组，可单击工具栏上的“按表分组”按钮。

Access 将自动添加一个组页眉，其中包含一个展开控件和一个包含记录浏览控件的记录浏览节。如果对一个字段进行分组，Access 将要分组的控件移动到组页眉上。如果想对一个表或查询进行分组，Access 将所有控件移动到组页眉中，包括与表或查询中字段绑定的控件，以及与“查阅”字段绑定的控件。

（5）重复步骤（3）和步骤（4），直到得到所需数目的组级别。

当在一个页上有两个或多个组级别时，只能在“页面视图”或 Internet Explorer 中查看数据，而不能添加、编辑或删除数据。

9.4.3 在页中设置或更改记录的排序次序

在页中设置或更改记录的排序次序的操作步骤如下。

（1）在设计视图中打开页。

（2）单击“页设计”工具栏上的“排序与分组”按钮，系统弹出“排序与分组”对话框，如图 9-11 所示。

（3）单击要设置其排序次序的组记录源。

（4）在“默认排序”属性框中，键入要根据其排序的字段名。用逗号分隔各个名称。可以在每个名字后接一个空格和 ASC 或 DESC 关键字。如果不指定次序，Access 将按照升序次序排列。

【例 9-1】 创建一个数据访问页，按专业浏览学生基本情况，如图 9-12 所示。

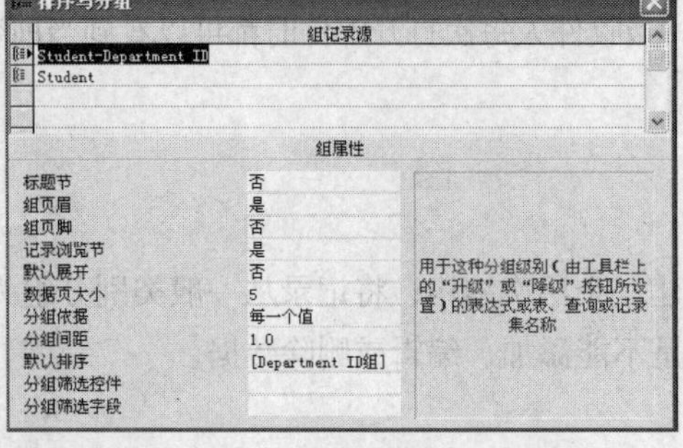

图 9-11 “排序与分组”对话框

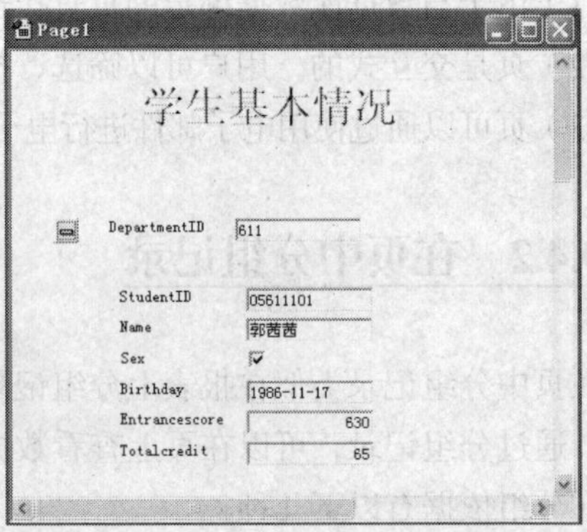

图 9-12 学生基本情况页面视图

（1）打开 Manager.mdb 数据库，在数据库的对象列表中选择“页”选项卡。

（2）单击“新建”按钮，系统弹出“新建数据访问页”对话框。

（3）在“新建数据访问页”对话框中，选择“设计视图”选项，单击“确定”按钮，创建一个空白页。

（4）在“单击此处并键入文字标题”中输入“学生基本情况”。

（5）选择“视图”菜单中的“字段列表”命令，系统弹出“字段列表”对话框，在“数据库”选项卡中选择 Student 表，单击“添加到页”按钮。在“版式向导”对话框中选择“单个控件”单选项，单击“确定”按钮。

（6）在设计视图中选择 Department ID 文本框控件，单击“页设计”工具栏上的“升级”命令按钮，如图 9-13 所示。

（7）单击“页设计”工具栏上的“排序与分组”按钮，系统弹出“排序与分组”对话框，在“组记录源”中选择 Student，在“组属性”的“默认排序”属性中键入“[Entrancescore] DESC”，如图 9-14 所示。

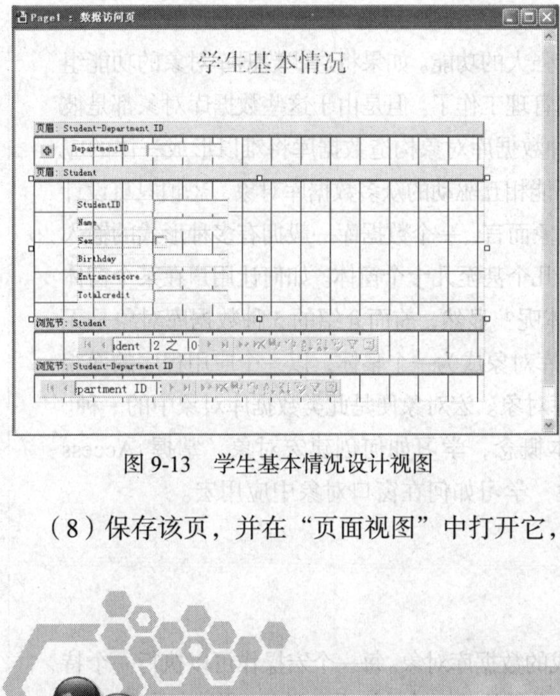

图 9-13　学生基本情况设计视图

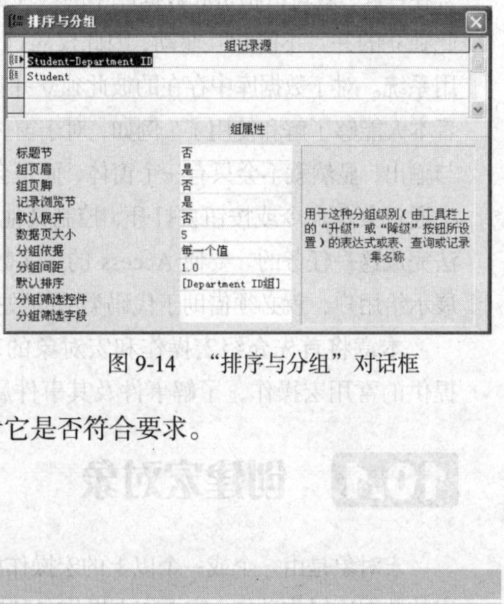

图 9-14　“排序与分组”对话框

（8）保存该页，并在“页面视图”中打开它，看它是否符合要求。

练习题

1. 什么是页？页有几种视图？
2. 创建页有几种方法？
3. 在页中对记录的分组依据有哪几种？如何对数据按字段分组？

第10章 宏

前面介绍了5种数据库对象，它们都具有强大的功能。如果将这些数据库对象的功能组合在一起，就可以担负起数据库中的各项数据管理工作了。但是由于这些数据库对象都是彼此独立的并且不能相互驱动，因此仅靠这5种数据库对象构造数据库将难以形成一体的应用系统。对于数据库中存在的彼此独立并且不能相互驱动的众多数据库对象，恐怕只有设计者本人能够了解和使用了。例如，对于窗体对象而言，一个数据库一般拥有多种形式的输入与输出，显然就不会只有一个窗体，而是会有几个甚至几十个窗体。如何让用户在某个窗体中通过菜单命令或按钮去打开、控制其他窗体呢？显然，前面介绍的5种数据库对象是无法完成这一任务的。要使Access的众多数据库对象成为一个整体，以一个应用程序的面貌展示给用户，就必须借助于代码类型的数据库对象。宏对象便是此类数据库对象中的一种。

本章将首先介绍宏操作和宏对象的基本概念，学习如何创建宏对象，掌握Access提供的常用宏操作，了解事件及其事件属性，学习如何在窗口对象中应用宏。

10.1 创建宏对象

宏对象是由一个或一个以上的宏操作构成的数据库对象。每一个宏操作可以执行一个特定的数据库操作动作。宏操作由操作名和操作参数构成，其结构有些类似于函数。但它与函数不同的是：调用函数将获得一个返回值，执行宏操作将完成一个特定的数据库操作动作。在运行宏对象时，它所包含的宏操作将被顺序地执行，不能实现跳转。宏对象是一种特殊的代码，它不具有编译特性，不能进行控制转移，也不能对变量直接进行操作。

Access提供的宏操作几乎涉及数据库的每一个操作动作。一般情况下，使用宏操作基本上能够实现数据库的各项管理工作。之所以说Access是一种不用编程的关系数据库管理系统，其原因便是它拥有一套功能完善的宏操作。

就单个宏操作而言，功能是很有限的，因为它只能完成一个特定的数据库操作动作。但是当众多的宏操作串联在一起，被依次连续地执行时，就能够执行一个较复杂的任务。

宏对象便是一种可以容纳若干个宏操作并且能够依次将这些宏操作执行的一种数据库对象。

在 Access 中，用户可以根据需要随时创建宏对象。创建宏对象的过程实际上是挑选和组织宏操作的过程。

创建一个宏对象应按下列步骤操作。

（1）在“数据库”窗口中单击“宏”对象。

（2）单击“新建”按钮，Access 弹出宏对象编辑窗口，如图 10-1 所示。

（3）在宏对象编辑窗口中选择和组织宏操作。

（4）选择和组织好宏操作以后，单击“保存”按钮，Access 弹出“另存为”对话框。

（5）在“另存为”对话框中为宏对象命名。

（6）单击“确定”按钮，Access 保存创建的宏对象。

宏对象编辑窗口分为上、下两部分。上半部分是宏操作区，它以二维表的形式显示，允许用户在二维表的每一行中选择填写一个宏操作。二维表的行数可以是任意多行，所以一个宏对象可以包含任意多个宏操作。下半部分是宏操作参数区，用以为选择的宏操作设置操作参数。

宏操作区由四列构成，分别是：“操作”、“注释”、“条件”和“宏名”列。在打开宏对象编辑窗口时，缺省情况下仅显示“操作”和“注释”列。

“操作”列用于选择要使用的宏操作名称。当用户将光标置于任一行的“操作”列时，该列将出现一个组合框。用户可以单击组合框的下拉箭头，并从下拉列表中选择需要使用的宏操作名称，如图 10-2 所示。

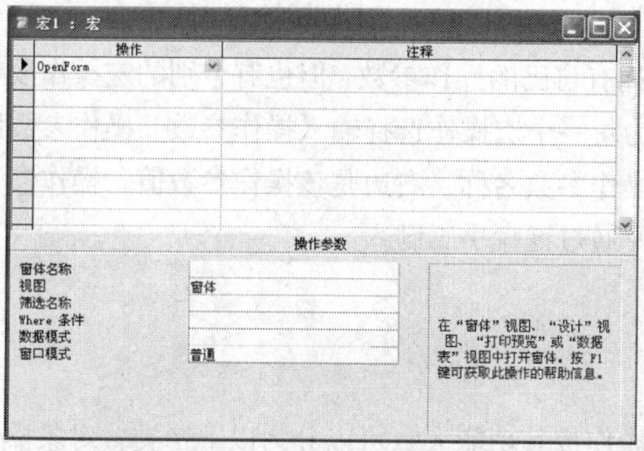

图 10-1　宏对象编辑窗口

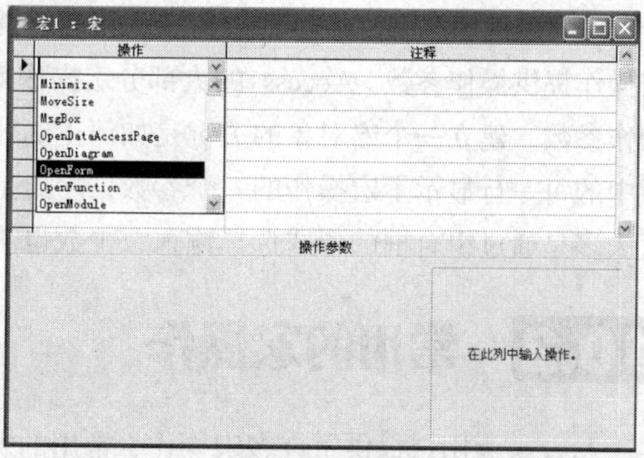

图 10-2　在“操作”列选择需要使用的宏操作

“注释”列用于对该行或以下几行的宏操作的功能、意义进行说明注释。“注释”列中的文字说明对宏的执行没有任何影响，它纯粹是为了提高宏对象的可读性而设立的。

“条件”列用于为宏操作设置执行条件。只有当“条件”列中设置的逻辑表达式结果为真时，该行的宏操作才能够执行，否则将跳过该行的宏操作往下执行。例如，在图 10-3 所示的宏对象编辑窗口中，MsgBox 宏操作只有在该行“条件”列中设置的表达式结果为真时（Student ID 字段值为 Null 值）才执行。

“宏名”列用于为某段宏操作命名。在“宏名”列中的命名称为宏组名。一个宏组名所对应的宏操作是从该宏组名所在行的宏操作开始，到下一个宏组名所在行的前一行结束。通过在“宏名”列中填写宏组名，从而将宏对象中的宏操作分成组，这样便于用户有选择地执行其中的一段宏操作。宏对象中的某一个宏组可以采用“宏对象名 · 宏组名”的形式，在相关对象的事件属性中调用。例如，在图 10-4 所示的宏对象编辑窗口中，Display Form 宏对象由 3 个相关的宏组构成：

OpenStudent、OpenScore 和 OpenSubject。这 3 个宏组都将执行 OpenForm 宏操作，以分别打开学生基本情况窗体、学生选课窗体和课程设置窗体。

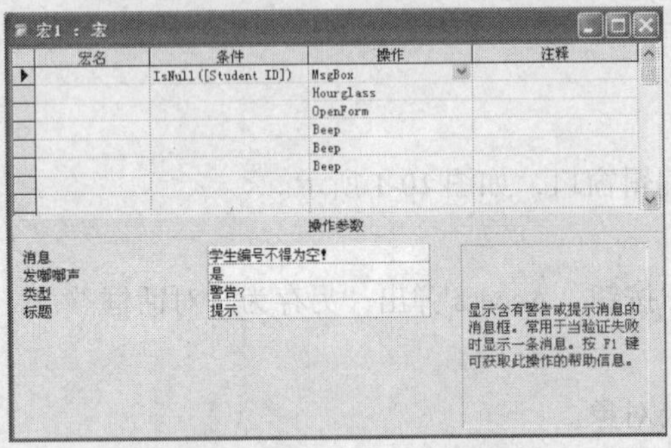

图 10-3　宏操作设置执行条件

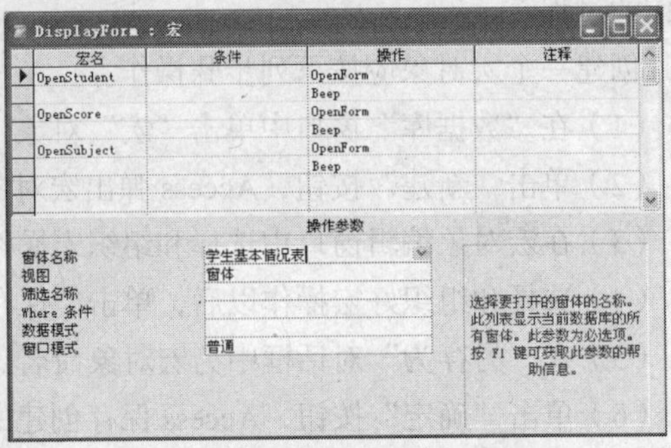

图 10-4　宏对象中的宏组

若要调用 DisplayForm 宏对象中的 OpenSubject 宏组，可以采用如下格式：

```
DisplayForm·OpenSubject
```

需要注意的是：在宏对象编辑窗口打开时，Access 仅显示“操作”和“注释”列，“宏名”和“条件”列最初是隐藏的。需要使用这两列时，可以从“视图”菜单中选择“宏名”和“条件”命令，或单击“宏设计”工具栏上的“宏名”和“条件”按钮来显示相应的列，如图 10-5 所示。

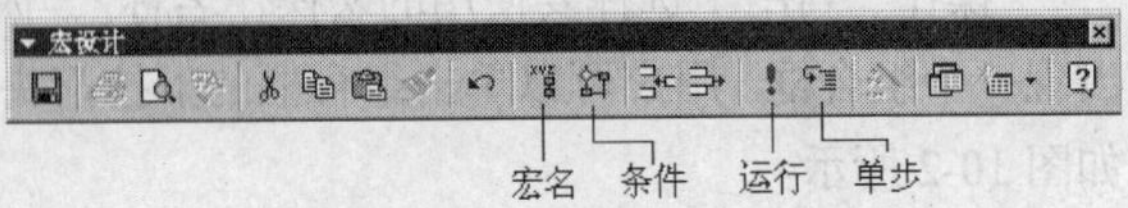

图 10-5　“宏设计”工具栏

宏对象编辑窗口的下半部分用于为当前宏操作提供操作参数。Access 的大部分宏操作都拥有自己的操作参数，但也有个别的宏操作没有操作参数。建立一个宏对象的关键是如何正确地为每一个宏操作选择输入操作参数。操作参数区域中的每一行显示了宏操作的一个参数，左边是操作参数名称，右边是该操作参数值。操作参数值大多是通过组合框的形式选择输入，少数也需要通过键盘手工键入。

10.2 常用的宏操作

Access 为用户提供了许多宏操作，常用的宏操作按其功能大致可以分为以下 7 类：对象操作类、数据导入导出类、记录操作类、数据传递类、代码执行类、提示警告类和其他类。

10.2.1 对象操作类

1. OpenForm 宏操作

使用 OpenForm 宏操作可以在窗体的窗体视图、设计视图、数据表视图或打印预览中打开一个窗体，并通过设置记录的筛选条件、数据模式和窗口模式来限制窗体所显示的记录以及操作模式。

OpenForm 宏操作具有下列操作参数。

（1）窗体名称：用于设置要打开的窗体名称。“窗体名称”组合框中包含了当前数据库中建立的全部窗体。该操作参数为必选参数。

（2）视图：用于设置采用何种视图打开窗体。在“视图”组合框中可以选择“窗体”、“设计”、

“打印预览”或“数据表”选项。“视图”操作参数的默认值为“窗体”。

（3）筛选名称：用于设置要应用的筛选。该筛选可以是一个查询或保存为查询的筛选。使用筛选可以限制或排序窗体中的记录。在“筛选名称”文本框中可以输入一个已有的查询名称或保存为查询的筛选名称。不过，这个查询必须包含打开窗体的所有字段，或者将这个查询的“输出所有字段”属性设置为“是”。

（4）Where 条件：使用 SQL WHERE 子句（不包含 WHERE 关键字）或表达式设置记录的筛选条件，以从窗体的数据源（基表或查询）中筛选记录并将其显示在窗体中。如果已使用了“筛选名称”操作参数筛选记录，则 Access 将把这个 WHERE 子句应用于筛选的结果。如果要打开某个窗体，并使用另一个窗体控件的值来限制要打开的这个窗体所能显示的记录，那么可以使用下列表达式：

```
[FieldName] = Forms![FormName]![ControlName on OtherForm]
```

FieldName 参数是要打开的窗体数据源（基表或查询）中的字段名。ControlName on OtherForm 参数是其他窗体的控件名称。

（5）数据模式：用于设置窗体的数据输入方式。该操作参数只能应用在窗体视图或数据表视图中打开的窗体上。若选择“增加”选项，用户可以在打开的窗体中添加记录，但不能编辑已经存在的记录；若选择“编辑”选项，用户可以在打开的窗体中编辑已经存在的记录，也可以添加记录；若选择“只读”选项，用户只能在打开的窗体中查看记录。“数据模式”操作参数的默认值为“编辑”。

（6）窗口模式：用于设置以何种窗口模式打开窗体。若选择“普通”选项，窗体以普通窗口模式打开；若选择“隐藏”选项，窗体在打开以后并不显示在屏幕上，而是将其隐藏起来；若选择“图标”选项，窗体以最小化窗口模式打开；若选择“对话框”选项，窗体以对话框窗口模式打开。此时，该窗体的窗口大小是不能调整的。“窗口模式”操作参数的默认值为“普通”。

【例 10-1】 在图 10-6 所示的学生基本情况窗体中，希望设置一个按钮，单击该按钮能够打开学生选课窗体。学生选课窗体名称为 ScoreForm。

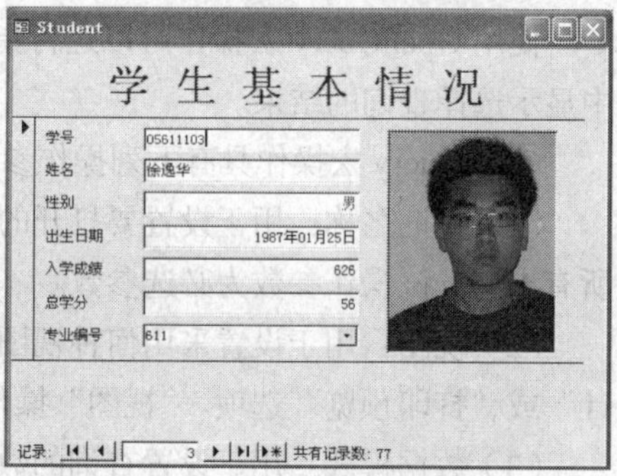

图 10-6　学生基本情况窗体

完成上述任务应按下列步骤操作。

（1）在“数据库”窗口中单击“宏”对象。

（2）单击“新建”按钮，Access 弹出宏对象编辑窗口。

（3）在宏对象编辑窗口中选择 OpenForm 宏操作并设置其操作参数，如图 10-7 所示。

（4）单击“保存”按钮，将该宏对象命名为 OpenScoreForm。

（5）打开学生基本情况窗体的设计视图，并在窗体的底部设置一个命令按钮。

（6）单击“属性”按钮，在弹出的“属性”对话框中为命令按钮设置如下属性。

①“标题”属性：学生选课。

②“单击”属性：OpenScoreForm。

图 10-8 显示了设置有命令按钮的学生基本情况窗体。当单击“学生选课”按钮时，Access 将打开学生选课窗体。

在打开的学生选课窗体中可以浏览学生的选课记录，但是在打开学生选课窗体时所显示的学生选课记录，与学生基本情况窗体所显示的学生记录并不相关。为了解决这一问题，可以在

OpenScoreForm 宏对象中进一步为 OpenForm 宏操作设置“Where 条件”操作参数：[Student ID]=[Forms]![Student]![Student ID]

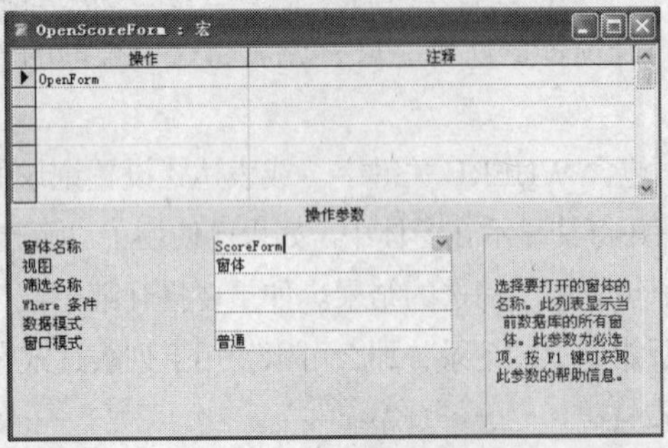

图 10-7　宏对象编辑窗口

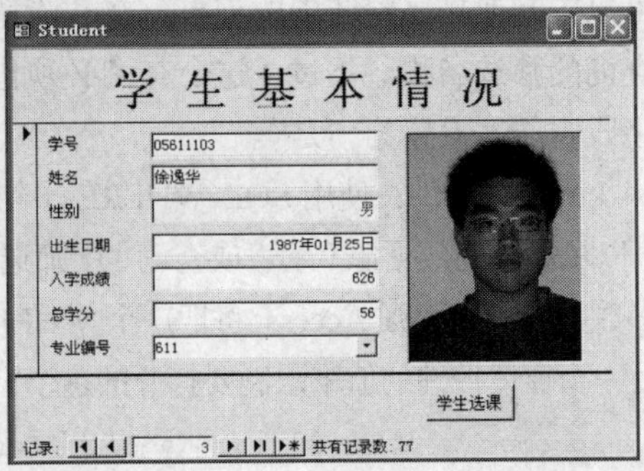

图 10-8　设置有命令按钮的学生基本情况窗体

2. OpenModule 宏操作

使用 OpenModule 宏操作可以在指定的过程中打开特定的 Visual Basic 模块。该过程可以是子程序、函数过程或事件过程。

OpenModule 宏操作具有下列操作参数。

（1）模块名称：用于指定要打开的模块名称。

（2）过程名称：用于指定要打开的过程名称。

3. OpenQuery 宏操作

使用 OpenQuery 宏操作可以运行指定的查询、打开指定查询的设计视图或者在打印预览窗口中显示选择查询的结果。

OpenQuery 宏操作具有下列操作参数。

（1）查询名称：用于设置要打开的查询名称。在“查询名称”组合框中显示了当前数据库的所有查询。该操作参数为必选参数。

（2）视图：用于设置采用何种视图打开查询。在“视图”组合框中可以选择“数据表”、“设计”或“打印预览”选项。“视图”操作参数的默认值为“数据表”。

（3）数据模式：用于设置查询的数据输入方式。该操作参数只能应用在数据表视图中打开的查询上。若选择“增加”选项，用户可以添加记录，但不能编辑已经存在的记录；若选择“编辑”选项，用户可以编辑已经存在的记录，也可以添加记录；若选择“只读”选项，用户只能查看记录。“数据模式”操作参数的默认值为“编辑”。

4. OpenReport 宏操作

使用 OpenReport 宏操作可以打印指定的报表、打开指定报表的设计视图或者在打印预览窗口中显示报表的结果，也可以限制需要在报表中打印的记录。

OpenReport 宏操作具有下列操作参数。

（1）报表名称：用于设置要打开的报表名称。在“报表名称”组合框中显示了当前数据库的所有报表。该操作参数为必选参数。

（2）视图：用于设置采用何种视图打开报表。在“视图”组合框中可以选择“打印”、“设计”

或“打印预览”选项。“视图”操作参数的默认值为“打印”。

（3）筛选名称：用于设置要应用的筛选。该筛选可以是一个查询或保存为查询的筛选。使用筛选可以限制或排序报表中的记录。在“筛选名称”文本框中可以输入一个已有的查询名称或保存为查询的筛选名称。不过，这个查询必须包含打开报表的所有字段，或者将这个查询的“输出所有字段”属性设置为“是”。

（4）Where 条件：使用 SQL WHERE 子句（不包含 WHERE 关键字）或表达式设置记录的筛选条件，以从报表的数据源（基表或查询）中筛选记录并将其显示在报表中。如果已使用了“筛选名称”操作参数筛选记录，则 Access 将把这个 WHERE 子句应用于筛选的结果。如果要打开某个报表，并使用另一个窗体控件的值来限制要打开的这个报表所能显示的记录，则可以使用下列表达式：

```
[FieldName] = Forms![FormName]![ControlName on Form]
```

FieldName 参数是要打开的报表数据源（基表或查询）中的字段名。ControlName on Form 参数是指定窗体的某个控件名称。该控件包含需要报表记录与之匹配的数值。

【例 10-2】 在图 10-8 所示的学生基本情况窗体中，希望设置一个按钮，单击该按钮能够打印在窗体中显示的学生所选择的全部课程。学生选课报表名称为 ScorePRN。

完成上述任务应按下列步骤操作。

（1）在“数据库”窗口中单击“宏”对象。

（2）单击“新建”按钮，Access 弹出宏对象编辑窗口。

（3）在宏对象编辑窗口中选择 OpenReport 宏操作并设置如下操作参数。

① 报表名称：ScorePRN。

② 视图：打印。

③ Where 条件：[Student ID]=[Forms]![Student]![Student ID]。

（4）单击“保存”按钮，将该宏对象命名为 PreScorePRN。

（5）打开学生基本情况窗体的设计视图，并在窗体的底部设置一个命令按钮。

（6）单击“属性”按钮，在弹出的“属性”对话框中为命令按钮设置如下属性。

① “标题”属性：打印选课表。

② “单击”属性：PreScorePRN。

图 10-9 显示了设置有命令按钮的学生基本情况窗体。当单击“打印选课表”按钮时，Access 将打印在窗体中显示的学生所选择的全部课程。

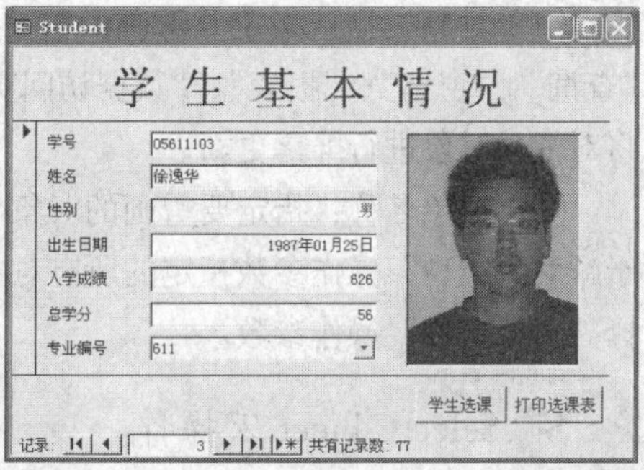

图 10-9　设置有命令按钮的学生基本情况窗体

5. OpenTable 宏操作

使用 OpenTable 宏操作可以打开指定表的数据表视图、设计视图或者在打印预览窗口中显示表中的记录，也可以选择表的数据输入模式。

OpenTable 宏操作具有下列操作参数。

（1）表名称：用于设置要打开的表名称。在“表名称”组合框中显示了当前数据库的所有表。该操作参数为必选参数。

（2）视图：用于设置采用何种视图打开表。在“视图”组合框中可以选择“数据表”、“设计”

或“打印预览”选项。“视图”操作参数的默认值为“数据表”。

（3）数据模式：用于设置表的数据输入方式。该操作参数只能应用在表的数据表视图中。若选择“增加”选项，用户可以在打开的表的数据表视图中添加记录，但不能编辑已经存在的记录；若选择“编辑”选项，用户可以在打开的表的数据表视图中编辑已经存在的记录，也可以添加记录；若选择“只读”选项，用户只能在打开的表的数据表视图中查看记录。“数据模式”操作参数的默认值为“编辑”。

6. Rename 宏操作

使用 Rename 宏操作可以重新命名指定的数据库对象。

Rename 宏操作具有下列操作参数。

（1）新名称：用于设置数据库对象的新名称。在“新名称”文本框中键入数据库对象的新名称。该操作参数为必选参数。

（2）对象类型：用于设置要重新命名的对象类型。可以在“对象类型”组合框中选择“表”、“查询”、“窗体”、“报表”、“数据访问页”、“宏”等数据库对象。

（3）旧名称：用于指定要重新命名的数据库对象名称。在“旧名称”组合框中显示了当前数据库中对应于“对象类型”操作参数所选定的所有数据库对象。如果没有选择“对象类型”操作参数，那么也无法选择“旧名称”操作参数。

7. RepaintObject 宏操作

使用 RepaintObject 宏操作可以完成指定数据库对象挂起的屏幕更新。如果没有指定数据库对象，则对活动数据库对象进行更新。更新包括对数据库对象的所有挂起控件进行重新计算。

RepaintObject 宏操作具有下列操作参数。

（1）对象类型：指定要重画的数据库对象类型。可以在“对象类型”组合框中选择“表”、“查询”、“窗体”、“报表”、“数据访问页”、“宏”等数据库对象。如果不选择该操作参数，那么将对活动对象进行屏幕更新。

（2）对象名称：指定要重画的对象名称。在“对象名称”组合框中显示了当前数据库中对应于“对象类型”操作参数指定的所有对象。如果没有选择“对象类型”操作参数，那么也无法选择“对象名称”操作参数。

8. SelectObject 宏操作

使用 SelectObject 宏操作可以选择指定的数据库对象，使其成为当前对象。

SelectObject 宏操作具有下列操作参数。

（1）对象类型：指定所要选择的数据库对象的类型。可以在“对象类型”组合框中选择“表”、“查询”、“窗体”、“报表”、“数据访问页”、“宏”等数据库对象。该操作参数为必选参数。

（2）对象名称：指定要选择的数据库对象名称。在“对象名称”组合框中显示了当前数据库中对应于“对象类型”操作参数所指定的所有对象。该操作参数为必选参数，除非将“在‘数据库’窗口中”的操作参数设置为“是”。如果将“在‘数据库’窗口中”操作参数设置为“是”并且没有指定“对象名称”操作参数，则 Access 将在“数据库”窗口中选择对应“对象类型”操作参数所指定的对象选项卡。

（3）在“数据库”窗口中：用于指定是否在“数据库”窗口中选择数据库对象。若选择“是”选项，则 Access 将在“数据库”窗口中选择数据库对象；若选择“否”选项，则 Access 将不在“数据库”窗口中选择数据库对象。该操作参数的默认值为“否”。

【例 10-3】 在图 10-10 所示的学生基本情况窗体中，单击“学生选课”按钮，Access 将打开学生选课窗体。试在学生选课窗体中设置一个“返回”按钮，单击该按钮，希望能够在不关闭学生选课窗体的情况下返回到学生基本情况窗体。

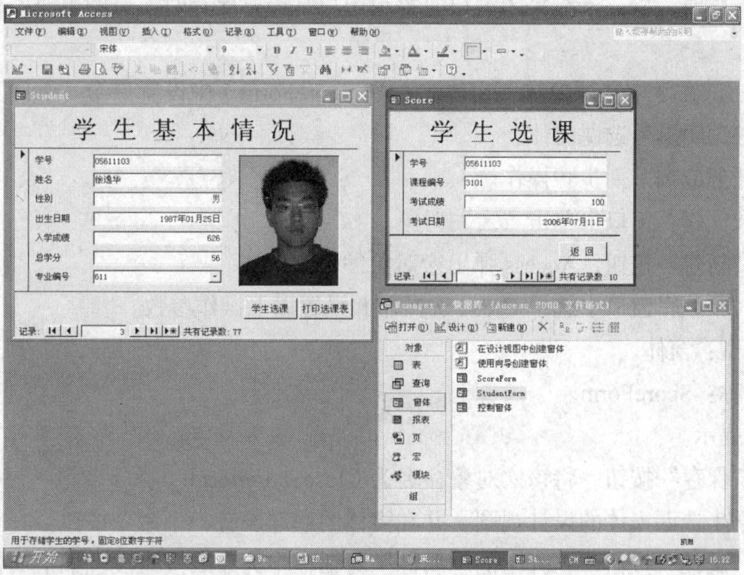

图 10-10　学生基本情况和学生选课窗体

完成上述任务应按下列步骤操作。

（1）在“数据库”窗口中单击“宏”对象。

（2）单击“新建”按钮，Access 弹出宏对象编辑窗口。

（3）在宏对象编辑窗口中选择 SelectObject 宏操作并设置以下操作参数。

① 对象类型：窗体。

② 对象名称：Student。

③ 在“数据库”窗口中：否。

（4）单击“保存”按钮，将该宏对象命名为 SelectStudentForm。

（5）打开学生选课窗体的设计视图，并在窗体的底部设置一个命令按钮。

（6）单击“属性”按钮，在弹出的“属性”对话框中为命令按钮设置如下属性。

① “标题”属性：返回。

② “单击”属性：SelectStudentForm。

9. Close 宏操作

使用 Close 宏操作可以关闭指定的窗口。如果没有指定窗口，Access 则关闭当前活动窗口。Close 宏操作具有下列操作参数。

（1）对象类型：指定要关闭的数据库对象的类型。可以在“对象类型”组合框中选择“表”、“查询”、“窗体”、“报表”、“数据访问页”、“宏”等数据库对象。如果要关闭当前活动窗口，则不要指定该操作参数。

（2）对象名称：指定要关闭的数据库对象名称。在“对象名称”组合框中显示了当前数据库中对应于“对象类型”操作参数所指定的所有对象。如果没有指定“对象类型”操作参数，也不要指定该操作参数。

（3）保存：用于确定在关闭窗口时是否要保存对窗口的更改。若选择“是”选项，Access 在关闭窗口时保存对窗口的更改；若选择“否”选项，Access 在关闭窗口时不保存对窗口的更改；若选择“提示”选项，Access 在关闭窗口时提示用户是否要保存对窗口的更改。该操作参数的默认值为“提示”。

【例 10-4】 试在学生选课窗体（窗体名称为 ScoreForm）中设置一个“关闭”按钮，单击该按钮，希望能够关闭学生选课窗体。

完成上述任务应按下列步骤操作。

（1）在“数据库”窗口中单击“宏”对象。

（2）单击“新建”按钮，Access 弹出宏对象编辑窗口。

（3）在宏对象编辑窗口中选择 Close 宏操作并设置以下操作参数。

① 对象类型：窗体。

② 对象名称：ScoreForm。

③ 保存：提示。

（4）单击“保存”按钮，将该宏对象命名为 CloseScoreForm。

（5）打开学生选课窗体的设计视图，并在窗体的底部设置一个命令按钮。

（6）单击“属性”按钮，在弹出的“属性”对话框中为命令按钮设置如下属性。

① “标题”属性：关闭。

② “单击”属性：CloseScoreForm。

在图 10-11 所示的学生选课窗体中，若单击“关闭”按钮，Access 将立即关闭学生选课窗体。

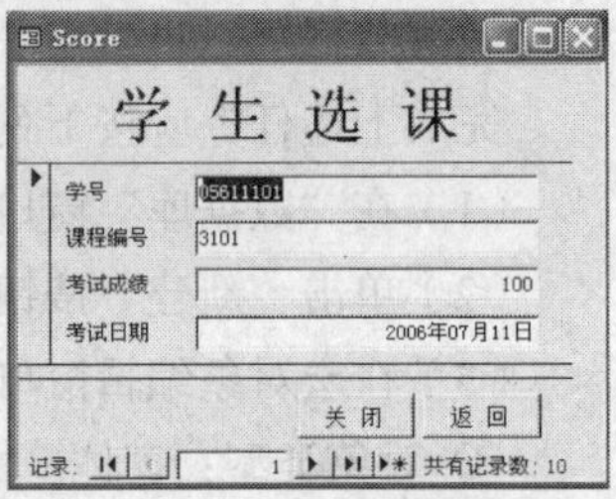

图 10-11　在学生选课窗体中设置“关闭”按钮

10. DeleteObject 宏操作

使用 DeleteObject 宏操作可以删除一个特定的数据库对象。

DeleteObject 宏操作具有下列操作参数。

（1）对象类型：指定要删除的数据库对象的类型。可以在“对象类型”组合框中选择“表”、“查询”、“窗体”、“报表”、“数据访问页”、“宏”等数据库对象。若要删除在数据库窗口中选定的对象，则不要指定该操作参数。

（2）对象名称：指定要删除的数据库对象名称。在“对象名称”组合框中显示了当前数据库中对应于“对象类型”操作参数所指定的所有对象。如果没有指定“对象类型”操作参数，也不要指定该操作参数。

11. CopyObject 宏操作

使用 CopyObject 宏操作可以将指定的数据库对象复制到不同的数据库中，或以新的名称复制到同一个数据库中。例如，可以从另一个数据库中复制或备份一个已有的数据库对象。

CopyObject 宏操作具有下列操作参数。

（1）目标数据库：用于设置目标数据库的有效路径和文件名称。在“目标数据库”文本框中输入目标数据库的路径和文件名称。如果目标数据库是当前数据库，则不要指定该操作参数。

（2）新名称：用于设置被复制的数据库对象的新名称。当将数据库对象复制到不同的数据库中时，如果不指定该操作参数，则将拥有相同的名称。

（3）源对象类型：用于设置要复制的数据库对象的对象类型。可以在“源对象类型”组合框中选择“表”、“查询”、“窗体”、“报表”、“数据访问页”、“宏”等数据库对象。如果要复制“数据库”窗口中选定的数据库对象，则不要指定该操作参数。

（4）源对象名称：用于设置要复制的数据库对象名称。在“源对象名称”组合框中显示了当前数据库中对应于“源对象类型”操作参数所指定的所有对象。在“源对象名称”组合框中选择要复制的对象。如果没有指定“源对象类型”操作参数，也不要指定该操作参数。

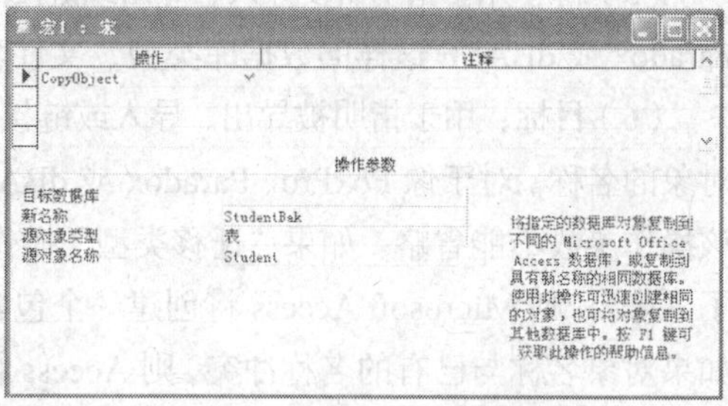

图 10-12　CopyObject 宏操作

【例 10-5】　试利用 CopyObject 宏操作在当前数据库中建立 Student 表的备份，备份表名称为 StudentBak。

若要完成上述任务，应首先建立图 10-12 所示的宏对象，然后运行该宏对象即可。

10.2.2　数据导入导出类

1. TransferDatabase 宏操作

使用 TransferDatabase 宏操作可以在 Access 数据库与其他的数据库之间导入与导出数据，还可以从其他的数据库将表链接到当前数据库中来。通过链接表，在其他的数据库中也可以访问链接中表的数据。

TransferDatabase 宏操作具有下列操作参数。

（1）迁移类型：用于指明在 Access 的当前数据库与其他的数据库之间是进行导入还是导出操作，或是将其他数据库中的表链接到当前数据库中来。可以在“迁移类型”组合框中选择“导入”、“导出”或“链接”选项。

（2）数据库类型：用于指明所要导入、导出或链接的数据库类型。可以在“数据库类型”组合框中选择 Access 或其他类型的数据库。默认值为 Access 类型。

在“数据库类型”操作参数中显示的数据库类型取决于 Access 的安装选项，默认情况下并不会安装所有的数据库类型。如果要导入、导出或链接的数据库类型不存在，那么应首先运行 Access 的安装程序：单击“添加/删除”选项，在对话框中选择“数据访问和 ActiveX 控件”选项，然后单击“更改选项”按钮，再在“数据库驱动程序”组合框中选择所要安装的数据库类型，然后再次单击“更改选项”按钮即可。

（3）数据库名称：所要导入、导出或链接的数据库名称。该名称应包含完整的路径，并且此操作参数不能省略。对于像 FoxPro、Paradox 和 dBASE 这样将每个表保存为单独文件的数据库来说，应输入包含文件的路径，然后在“源”操作参数（用于导入或链接）或“目标”操作参数（用于导出）中输入文件名。对于 ODBC 数据库，应输入完整的开放式数据库连接（ODBC）的连接字符串。若要查看连接字符串的示例，应指向“文件”菜单中的“获取外部数据”子菜单，然后选择“链接表”命令来链接一个外部表到 Access 中，完成后可以在“设计”视图中查看表属性。“说明”属性的设置值即为该表的连接字符串。

（4）对象类型：用于指明所要导入或导出的对象类型。如果选择 Access 作为“数据库类型”的操作参数，则可以在“对象类型”组合框中选择“表”、“查询”、“窗体”、“报表”、“宏”、“数据访问页”等数据库对象。如果选择了其他类型的数据库，或在“迁移类型”组合框中选择了“链接”，则将忽略此操作参数。该操作参数的默认值为“表”。

（5）源：用于指明所要导入、导出或链接的表、选择查询或 Access 对象的名称。对于像 FoxPro、Paradox 或 dBASE 这样的数据库类型，文件名应带有后缀（如.dbf）。该操作参数不能省略。

（6）目标：用于指明被导出、导入或链接到目标数据库中去的表、选择查询或 Microsoft Access 对象的名称。对于像 FoxPro、Paradox 或 dBASE 这样的数据库类型，文件名应带有后缀（如.dbf）。该操作参数不能省略。如果“迁移类型”操作参数选择了“导入”，而“对象类型”操作参数选择了“表”，则 Microsoft Access 将创建一个包含导入表数据的新表。在导入表或其他对象的时候，如果对象名称与已有的名称冲突，则 Access 将会添加一个数字到名称上。例如，如果导入一个“成绩”表，而名为“成绩”的表已存在，则 Access 会重新命名导入表为“成绩 1”。如果要导出到 Access 数据库或其他类型的数据库，则 Access 将自动替换已有的同名表或其他对象。

（7）仅结构：用于指明是否忽略数据而仅导入或导出数据库中表的结构。可为该操作参数选择“是”或“否”选项，默认值为“否”。

【例 10-6】 试利用 TransferDatabase 宏操作将保存在 E:\Student 文件夹中的 Subject.dbf 表导入到 Access 当前数据库中，并将其命名为 Subject_VFP。Subject.dbf 表是 Visual FoxPro 6.0 创建的表。

若要完成上述任务，应首先建立图 10-13 所示的宏对象，然后运行该宏对象即可。运行了该宏对象以后，用户可以在“数据库”窗口的“表”对象中看到已导入的 Subject_VFP 表。

【例 10-7】 试利用 TransferDatabase 宏操作将 Access 当前数据库中的 Student 表导出到另一个 Access 数据库中。该数据库存放在 E:\Access1 文件夹中，其名称为 Students.mdb。导出的表名称为 StudentBak。

若要完成上述任务，应首先建立图 10-14 所示的宏对象，然后运行该宏对象即可。

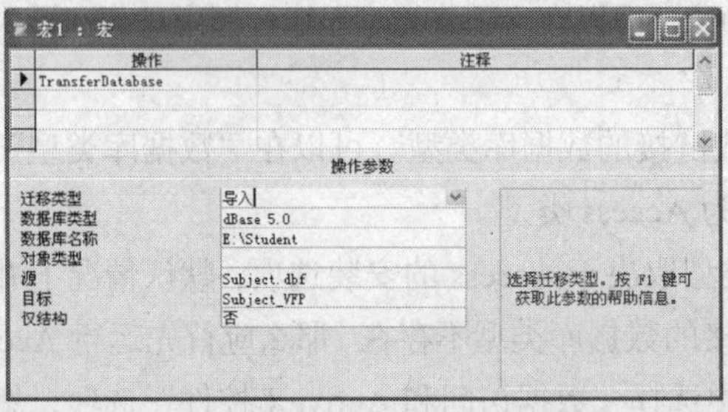

图 10-13 利用 TransferDatabase 宏操作导入表

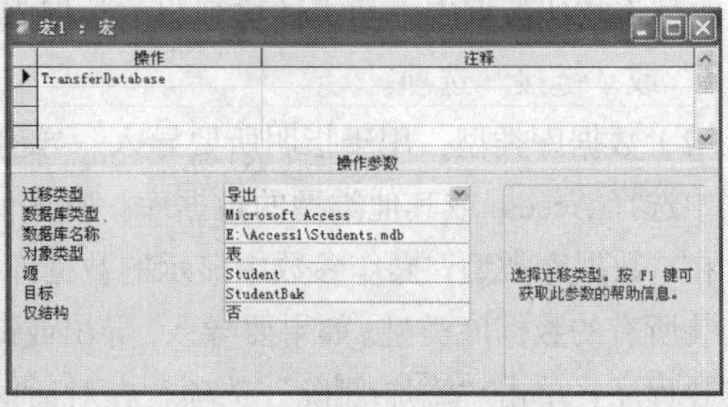

图 10-14 利用 TransferDatabase 宏操作导出表

运行了该宏对象以后，用户可以打开存放在 E:\Access1 文件夹中的 Students.mdb 数据库，在该数据库中可以看到导出的 StudentBak 表。

【例 10-8】 试利用 TransferDatabase 宏操作，将保存在 E:\Student 文件夹中的 Subject.dbf 表链接到 Access 当前数据库中，并将其命名为 Subject_VFP。Subject.dbf 表是 Visual FoxPro 6.0 创

建的表。

若要完成上述任务，应首先建立图 10-15 所示的宏对象，然后运行该宏对象即可。

运行了该宏对象以后，用户可以在“数据库”窗口的“表”对象中看到已链接的 Subject_VFP 表。对于链接的表，无论是在哪一方编辑修改记录，结果均会立即反映在另一方的表中。

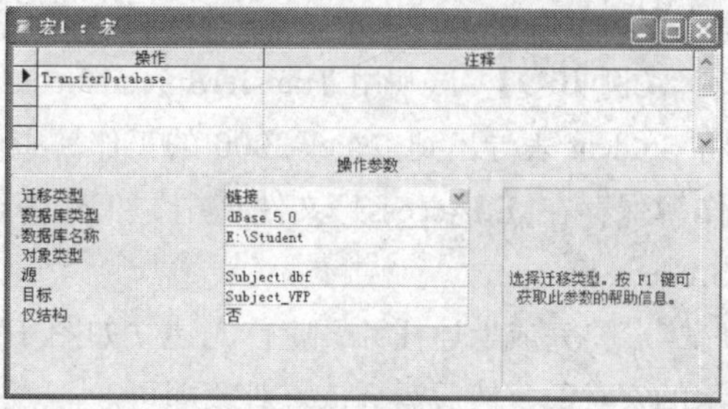

图 10-15　利用 TransferDatabase 宏操作链接表

2. TransferSpreadsheet 宏操作

使用 TransferSpreadsheet 宏操作可以在 Access 的当前数据库和电子表格文件之间导入或导出数据，还可以将 Microsoft Excel 电子表格中的数据链接到 Access 当前数据库中来。通过链接的电子表格，用户可以在 Access 中查看和编辑电子表格数据，同时还允许在 Microsoft Excel 电子表格中对数据进行访问。TransferSpreadsheet 宏操作还可以链接 Lotus 1-2-3 电子表格文件中的数据，但这些数据在 Access 中是只读的。

TransferSpreadsheet 宏操作具有下列操作参数。

（1）迁移类型：用于指明在 Access 的当前数据库与电子表格文件之间是进行导入还是导出操作，或是将电子表格文件链接到当前数据库中。可以在“迁移类型”组合框中选择“导入”、“导出”或“链接”选项。“迁移类型”操作参数的默认值为“导入”。

（2）电子表格类型：用于指明所要导入、导出或链接的电子表格类型。可以在“电子表格类型”组合框中选择 Microsoft Excel 或 Lotus 1-2-3。“电子表格类型”操作参数的默认值 为“Microsoft Excel 8-10”。

（3）表名称：用于指明 Access 的表名称。该表用于导入电子表格数据以及链接电子表格数据，或者将该表中的记录导出到电子表格。在“表名称”文本框中还可以键入用于导出数据的 Access 选择查询的名称，该操作参数不可省略。如果“迁移类型”操作参数设置为“导入”，而表已经存在，则 Access 将电子表格数据追加到该表。否则，Access 将创建一个新表来存放电子表格数据。在 Access 中，当执行 TransferSpreadsheet 操作时，不允许使用 SQL 语句来指定要导出的数据。相反，要先创建一个查询，并在“表名称”操作参数中指定查询的名称。

（4）文件名称：用于指明所要导入、导出或链接的电子表格文件名称。该文件名称应包括完整的路径，此操作参数不可缺省。当从 Access 导出数据时，Access 将创建一个新的电子表格。如果导出数据的表名与现有的电子表格同名，则 Access 将取代现有的电子表格，除非是导出到 Microsoft Excel 5.0、7.0、8.0 版本以及 Excel 2000 工作簿中。在后一种情况下，Access 将导出数据复制到工作簿中的下一个可用的新工作表中。如果从 Microsoft Excel 5.0、7.0、8.0 版本或 Excel 2000 电子表格中导出或链接数据，可以使用“范围”参数指定一个特定的工作表。

（5）带有字段名称：用于指明电子表格的第 1 行是否包含字段名。如果选择“是”，在导入或链接电子表格数据时，Access 将使用该行的名称作为 Access 表的字段名。如果选择“否”，Access 则将第 1 行作为普通的数据，该操作参数的默认值为“否”。当导出 Access 的表或选择查询到一个电子表格时，则无论是否选择了该操作参数，字段名都将被插入到电子表格的第 1 行。

（6）范围：用于指明要导入或链接的单元格区域。若要导入或链接整个电子表格中的数据，应将该操作参数设置为空。在“范围”文本框中可以键入一个电子表格的单元格区域，如 A1:E25。

如果要导入或链接 Microsoft Excel 5.0、7.0、8.0 版本或 Excel 2000 的工作表，可以在范围前加前缀，在工作表的名称加上感叹号，例如：Budget! A1:E25。

【例 10-9】 试利用 TransferSpreadsheet 宏操作将 Student 表导出到 Excel 2000 的工作簿中。该工作簿保存在 E:\Access1 文件夹中，工作簿名称为 Student.xls。

若要完成上述任务，应首先建立如图 10-16 所示的宏对象，然后运行该宏对象即可。

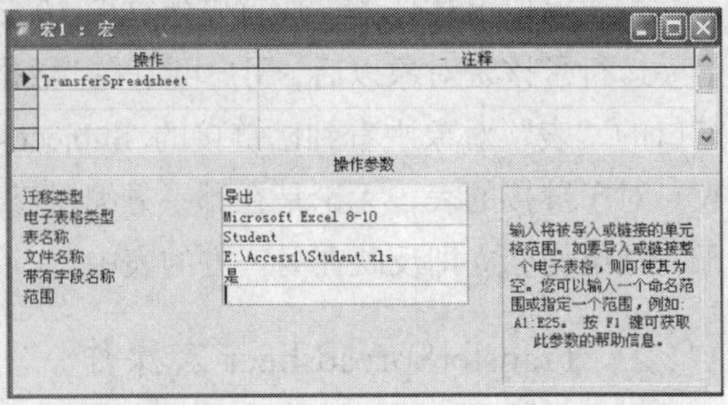

图 10-16 TransferSpreadsheet 宏操作

运行了该宏对象以后，用户可以启动 Excel 2000 并在其中打开保存在 E:\Access1 文件夹中的 Student.xls 工作簿，如图 10-17 所示。

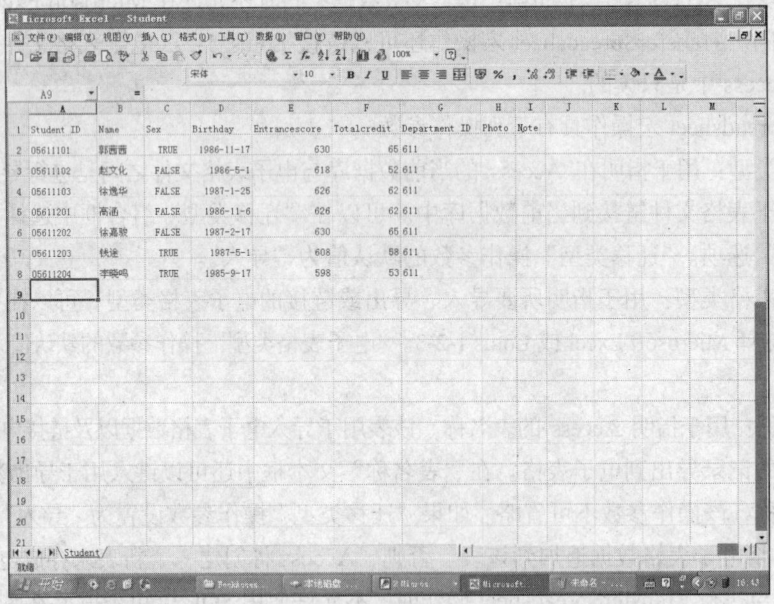

图 10-17 在 Excel 2000 中打开 Student.xls 工作簿

3. TransferText 宏操作

使用 TransferText 宏操作可以在 Access 的当前数据库与文本文件之间导入或导出数据，还可以将文本文件中的数据链接到 Access 的当前数据库中。通过链接文本文件，在允许字处理程序完全访问该文本文件的同时，还可以用 Access 查看该文本数据，还可以导入、导出或链接到 HTML 文件（*.html）中的（*.html）一个表或列表中。

TransferText 宏操作具有下列操作参数。

（1）迁移类型：用于指明所作的迁移类型。可以导入、导出或链接带分隔符或固定宽度的文本文件或 HTML 文件中的数据，还可以将数据导出到 Microsoft Word 的邮件合并文件中，从而可以利用 Microsoft Word 的邮件合并功能来创建合并文档，如套用信函和邮寄标签等。在“迁移类型”组合框中可以选择“导入分隔符号”、“导入固定宽度”、“导入 HTML”、“导出分隔符号”、“导出固定宽度”、“导出 HTML”、“导出 Word for Windows 合并文件”、“链接分隔符号”、“链接固定宽度”或者“链接 HTML”。“迁移类型”操作参数的默认值为“导入分隔符号”。

（2）规格名称：用于确定如何导入、导出或链接的文本文件的选项集。对于固定宽度的文本文件来说，该操作参数不能省略。可以从“文件”菜单的“获取外部数据”子菜单中选择“导入”或“链接表”命令，或者从“文件”菜单中选择“导出”命令来创建特定类型的文本文件（例如，使用制表符来分隔列并且日期格式为 MDY 的分隔文本文件）规格。当执行其中的一个命令并选择了一个文本文件类型用于导入、导出或链接时，Access 将运行“导入文本向导”、“导出文本向导”或“链接文本向导”。在“向导”中单击“高级”按钮，然后在出现的对话框中定义并保存一种规格。这样，当需要导入或导出相同类型的文本文件时，在此操作参数中输入相应的规格名称即可。在没有为此操作参数指定规格名称的情况下也可以导入、导出或链接一个分隔文本文件。在这种情况下，Access 将使用向导对话框的默认值。Access 对邮件合并数据文件使用一种预先设置好的格式，这样在导出这些类型的文件时就不再需要为此参数输入规格名称。对 HTML 文件可以使用导入/导出规格，但是被应用的规格中只有一部分可以用于设置数据类型格式的规格。

（3）表名称：用于指明需要导入、导出或链接的文本数据的 Access 的表名称。还可以指定用于导出数据的 Access 的选择查询名称。此操作参数不能省略。

如果在“迁移类型”组合框中选择“导入分隔符号”、“导入固定宽度”或“导入 HTML”选项，而且表已经存在，则 Access 将文本数据追加到表中。否则，Access 将创建一个新表来保存导入的文本数据。在 Access 中，当使用 TransferText 宏操作时，不能用 SQL 语句来指定导出的数据。相反，应该先创建一个查询，然后在“表名称”文本框中指定查询的名称。

（4）文件名称：用于指明所要导入、导出或链接的文本文件名称。该文件名称应包含完整的路径，此操作参数不可省略。当从 Access 导出数据的时候，Access 将创建一个新的文本文件。如果导出文件名与已有文件同名，则 Access 覆盖已有文件。若要导出或链接 HTML 文件中的一个特殊表或列表，可以使用 HTML“表名称”操作参数。

（5）带有字段名称：用于指明文本文件的第 1 行是否包含字段名称。如果选择“是”，在导入或链接文本数据时，Access 将使用该行的名称作为 Access 的表的字段名。如果选择“否”，Access 则认为第 1 行是普通数据行，该操作参数的默认值为“否”。对于 Microsoft Word 的邮件合并数据文件，Access 将忽略此操作参数，因为第 1 行必须包含字段名。如果将 Access 的表或选择查询导出到一个分隔文件或固定宽度文件中去，而此操作参数设置为“是”，则 Access 将把表或选择查询的字段名插入到文本文件的第 1 行。如果要导入或链接一个固定宽度的文本文件，而此操作参数设置为“是”，则包含字段名的第 1 行必须使用在导入/导出规格中设置的用来分隔字段的字段分隔符。如果要导出数据到一个固定宽度的文本文件中，而此操作参数设置为“是”，则 Access 将把字段名插入到包含此分隔符的文本文件的第 1 行中。

（6）HTML 表名称：用于指明所要导入或链接的 HTML 文件中的列表或表的名称。除非将“迁移类型”操作参数设置为“导入 HTML”或“链接 HTML”，否则可以忽略此操作参数。如果没有设置该操作参数，则将导入或链接 HTML 文件中的第 1 个表或列表。如果 HTML 文件中存在 <CAPTION>标记，则 HTML 文件的表或列表名称取决于该标记指定的文本。如果没有 <CAPTION>标记，则名称由<TITLE>标记决定。Access 通过给每个名称添加一个数字（例如“员工 1”和“员工 2”）来区分它们。

（7）代码页：用于设置代码页中所用的字符集名称。

10.2.3 记录操作类

1. GoToRecord 宏操作

使用 GoToRecord 宏操作可以在打开的表、窗体或查询中重新定位记录，使指定的记录成为当前记录。

GoToRecord 宏操作具有下列操作参数。

（1）对象类型：用于设置要在其中重新定位记录的对象类型。可以在“对象类型”组合框中选择“表”、“查询”、“窗体”等对象。对于活动对象则不要指定本参数。

（2）对象名称：用于设置要在其中重新定位记录的对象名称。“对象名称”组合框显示了当前数据库中由“对象类型”操作参数所选择的全部对象。如果没有指定“对象类型”操作参数，也不要指定“对象名称”操作参数。

（3）记录：用于设置要作为当前记录的记录。可以在“记录”组合框中选择“向前移动”、“向后移动”、“首记录”、“尾记录”、“定位”或“新记录”选项。“记录”操作参数的默认值为“向后移动”。

（4）偏移量：整型值或结果为整型的表达式。表达式前必须设置有等号 (=)。当“记录”操作参数为“向后移动”或“向前移动”时，Access 将把记录编号前移或后移由“偏移量”操作参数指定的值；当“记录”操作参数为“定位”时，Access 将移动到其编号与“偏移量”操作参数值相同的记录上，记录编号显示在窗口底部的记录编号框中；如果“记录”操作参数设置为“首记录”、“尾记录”或“新记录”，Access 将忽略“偏移量”操作参数。

【例 10-10】 在图 10-18 所示的学生基本情况窗体中，由于系统设置的浏览按钮太小，不便于操作，希望设置较大的浏览按钮。

若要完成上述任务，应首先撤销系统设置的浏览按钮。具体操作步骤如下。

（1）打开学生基本情况窗体的设计视图。

（2）从“编辑”菜单中选择“选择窗体”命令。

（3）单击“属性”按钮，Access 弹出“属性”对话框。

（4）在“属性”对话框中将“浏览按钮”属性设置为“否”，Access 立即撤销系统设置的浏览按钮。

然后在宏对象编辑窗口中建立图 10-19 所示的 GotoRecordForm 宏对象。在该宏对象中设置了 4 个宏组：First、Next、Previous 和 Last。每一个宏组均只有一个 GoToRecord 宏操作。

First 宏组的 GoToRecord 宏操作的操作参数如下。

- 对象类型：窗体。
- 对象名称：Student。
- 记录：首记录。
- 偏移量：无。

Next 宏组的 GoToRecord 宏操作的操作参数如下。

- 对象类型：窗体。
- 对象名称：Student。
- 记录：向后移动。

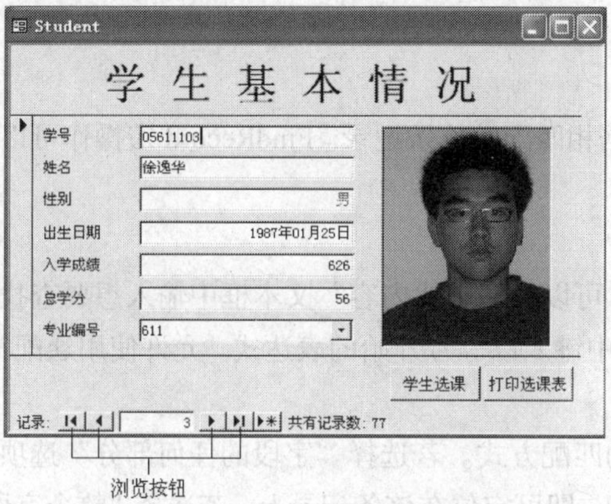

图 10-18　学生基本情况窗体

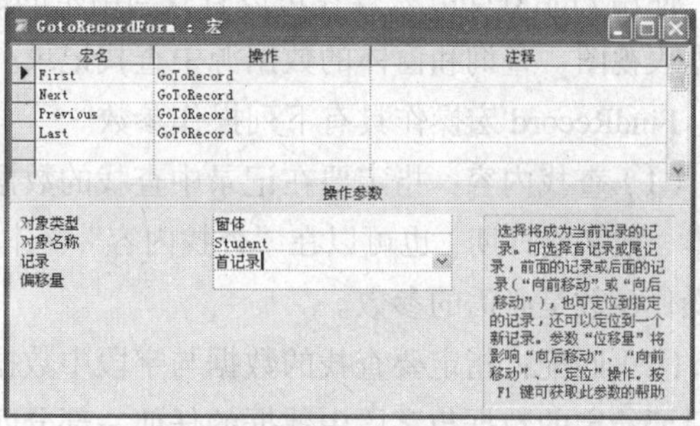

图 10-19　GotoRecordForm 宏对象

• 偏移量：无。

Previous 宏组的 GoToRecord 宏操作的操作参数如下。

• 对象类型：窗体。
• 对象名称：Student。
• 记录：向前移动。
• 偏移量：无。

Last 宏组的 GoToRecord 宏操作的操作参数如下。

• 对象类型：窗体。
• 对象名称：Student。
• 记录：尾记录。
• 偏移量：无。

最后在学生基本情况窗体中设置 4 个按钮：首记录、下一记录、上一记录和尾记录。并为这 4 个按钮设置相应的宏组：First、Next、Previous 和 Last。具体操作步骤如下。

（1）打开学生基本情况窗体的设计视图。

（2）在窗体的底部设置一个命令按钮。

（3）单击“属性”按钮，在弹出的“属性”对话框中为命令按钮设置如下属性。

①　“标题”属性：首记录。

②　“单击”属性：GotoRecordForm. First。

（4）重复第（2）步和第（3）步操作，分别设置“下一记录”、“上一记录”和“尾记录”按钮。“下一记录”按钮的“标题”属性为“下一记录”，“单击”属性为“GotoRecordForm. Next”；“上一记录”按钮的“标题”属性为“上一记录”，“单击”属性为“GotoRecordForm. Previous”；“尾记录”按钮的“标题”属性为“尾记录”，“单击”属性为“GotoRecordForm. Last”。

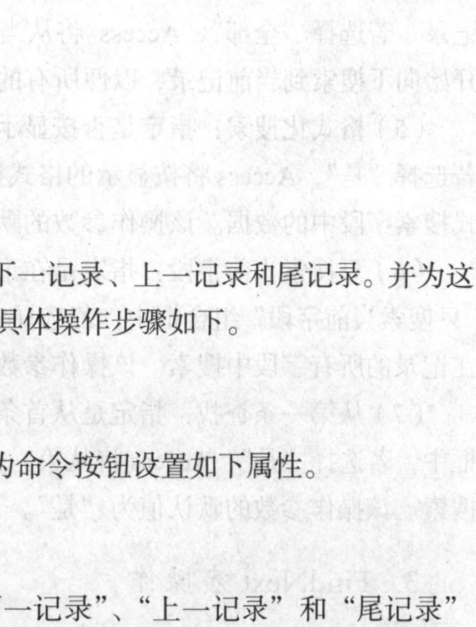

图 10-20　设置有记录定位按钮的学生基本情况窗体

图 10-20 显示了设置有上述 4 个按钮的学生基本情况窗体。单击其中的 1 个按钮，可以看到窗体中显示记录的变化。

2. FindRecord 宏操作

使用 FindRecord 宏操作可以查找与给定的数据相匹配的首条记录。FindRecord 宏操作可以在数据表视图、查询和窗体的数据源中查找记录。

FindRecord 宏操作具有下列操作参数。

（1）查找内容：指定要在记录中查找的数据。可以在“查找内容”文本框中输入想要查找的文本、数字或日期，也可以在“查找内容”文本框中键入以等号开始的表达式。允许使用通配符。该操作参数是必需的参数。

（2）匹配：指定要查找的数据与字段中数据的匹配方式。若选择“字段的任何部分”选项，则只要给定的数据与字段中数据的任何一部分匹配，即可定位在该条记录上；若选择“整个字段”选项，则只要给定的数据与字段中的数据完全匹配，即可定位在该条记录上；若选择“字段开头”选项，则只要给定的数据与字段中数据的开始部分匹配，即可定位在该条记录上。该操作参数的默认值为“整个字段”。

（3）区分大小写：指定搜索是否区分数据的大小写（大小写字母是否必须完全相符）。若选择“是”，在搜索时区分大小写；若选择“否”，在搜索时不区分大小写。该操作参数的默认值为“否”。

（4）搜索：指定搜索记录的顺序。在“搜索”组合框中，若选择“向上”，Access 将从当前记录开始向上搜索到首条记录；若选择“向下”，Access 将从当前记录开始向下搜索到最后一条记录；若选择“全部”，Access 将从当前记录开始向下搜索到最后一条记录，然后再从首条记录开始向下搜索到当前记录，以便所有的记录都被搜索到。该操作参数的默认值为“全部”。

（5）格式化搜索：指定是否按显示的格式搜索字段中的数据。在“格式化搜索”组合框中，若选择“是”，Access 将按显示的格式搜索字段中的数据；若选择“否”，Access 将不按显示的格式搜索字段中的数据。该操作参数的默认值为“否”。

（6）只搜索当前字段：指定是在记录的当前字段中进行搜索还是在所有字段中进行搜索。在“只搜索当前字段”组合框中，若选择“是”，Access 只在当前字段中搜索；若选择“否”，Access 在记录的所有字段中搜索。该操作参数的默认值为“是”。

（7）从第一条查找：指定是从首条记录还是从当前记录开始搜索。在“从第一条查找”组合框中，若选择“是”，Access 将从第一条记录开始搜索；若选择“否”，Access 将从当前记录开始搜索。该操作参数的默认值为“是”。

3. FindNext 宏操作

FindNext 宏操作通常与 FindRecord 宏操作搭配使用，以查找与给定数据相匹配的下一条记录。可以多次使用 FindNext 宏操作以查找与给定数据相匹配的记录。

FindNext 宏操作没有任何操作参数。

10.2.4 数据传递类

1. Requery 宏操作

使用 Requery 宏操作可以通过刷新控件的数据源来更新活动对象中特定控件的数据。如果不指定控件，Requery 宏操作将对对象本身的数据源进行刷新。Requery 宏操作可以保证活动对象或其所包含的控件显示的是最新的数据。

Requery 宏操作具有下列操作参数。

控件名称：指定要刷新的控件名称。可以在“控件名称”文本框中键入控件的名称。应只键入控件名称，而不是它的完整标识，如 Forms!FormName!ControlName。如果要刷新活动对象的数据源，则不要设置该操作参数；如果活动对象是数据表或动态集，也不要设置该操作参数。

2. SendKeys 宏操作

使用 SendKeys 宏操作可以把按键直接传送到 Access 或别的 Windows 应用程序。

SendKeys 宏操作具有下列操作参数。

（1）键击：指定要 Access 或其他应用程序接收的按键。可以在“键击”文本框中输入按键，最多可以键入 255 个字母。该操作参数为必选参数。

（2）等待：指定宏是否要暂停运行直到按键被接收到。在“等待”组合框中，若选择“是”，Access 将暂停运行；若选择“否”，Access 将不暂停运行。该操作参数的默认值为“否”。

3. SetValue 宏操作

使用 SetValue 宏操作可以对窗体和报表上的字段、控件或属性进行设置。

SetValue 宏操作具有下列操作参数。

（1）项目：用于指定要设置值的字段、控件或属性。可以在“项目”文本框中输入字段、控件或属性的名称。该操作参数为必选参数。

（2）表达式：使用表达式的值来对字段、控件或属性进行设置。该操作参数为必选参数。

10.2.5　代码执行类

1. RunApp 宏操作

使用 RunApp 宏操作可以在 Access 中运行一个 Windows 或 MS-DOS 应用程序，例如，启动 Microsoft Excel、Microsoft Word 或 Microsoft PowerPoint。

RunApp 宏操作具有下列操作参数。

命令行：用于设置要启动的应用程序名称。命令行中应包括要启动的应用程序所在的路径和其他参数，例如用于以特定的方式运行应用程序的开关参数。该操作参数是必选参数。

【例 10-11】 试利用 RunApp 宏操作启动 Excel 2000。假设 Excel 2000 应用程序保存在 F:\Program Files\Office 文件夹中，其名称为 Excel.exe。

若要完成上述任务，应在宏对象编辑窗口中设置 RunApp 宏操作，并将“命令行”操作参数设置为 F:\Program Files\Office\Excel.exe

运行上述宏对象，Access 将启动 Excel 2000。

2. RunCode 宏操作

使用 RunCode 宏操作可以调用 Visual Basic 的函数过程。

RunCode 宏操作具有下列操作参数。

函数名称：用于设置要调用的 Visual Basic 函数过程名称。该操作参数是必选参数。

3. RunMacro 宏操作

使用 RunMacro 宏操作可以运行一个宏对象或宏对象中的一个宏组。

可以在以下情况中使用 RunMacro 宏操作。

（1）在宏中运行另外一个宏。

（2）根据指定条件运行宏。

（3）将宏附加到自定义菜单中。

RunMacro 宏操作具有下列操作参数。

（1）宏名：用于指定要运行的宏对象名称或宏组名称。在“宏名”组合框中显示了当前数据库所拥有的全部宏对象和宏组。该操作参数是必选参数。

（2）重复次数：用于指定运行宏的次数上限。如果不指定该操作参数并且不指定“重复表达式”操作参数，则宏将只运行一次。

（3）重复表达式：用于设置一个表达式，当表达式的值为假（False）时，宏将停止运行。每次宏运行的时候都将计算该表达式的值。

4. RunSQL 宏操作

使用 RunSQL 宏操作可以运行 Access 的动作查询，还可以运行数据定义查询。

RunSQL 宏操作具有下列操作参数。

（1）SQL 语句：用于设置要运行的动作查询或数据定义查询所使用的 SQL 语句。该语句的最大长度是 256 个字符。此操作参数不能忽略。

（2）使用事务处理：用于确定是否在事务处理中包含“SQL 语句”操作参数所使用的 SQL 语句。若选择“是”，则在事务处理中包含指定的查询。如果不想使用事务处理，则选择“否”。默认值为“是”。

10.2.6 提示警告类

1. Beep 宏操作

使用 Beep 宏操作可以通过个人计算机的扬声器发出嘟嘟声。

Beep 宏操作没有任何操作参数。

2. Echo 宏操作

使用 Echo 宏操作可以指定是否打开回响。例如，可以使用 Echo 宏操作隐藏或显示宏对象执行时的结果。

Echo 宏操作具有下列操作参数。

（1）打开回响：用于确定是否打开回响。在“打开回响”组合框中，若选择“是”，Access 打开回响，在宏执行的过程中将显示其结果；若选择“否”，Access 关闭回响，在宏执行完毕以后才能显示其结果。该操作参数的默认值为“是”。

（2）状态栏文字：用于设置当关闭回响时在状态栏中所要显示的文字。例如，在回响关闭时，状态栏显示“宏正在运行”。

3. MsgBox 宏操作

使用 MsgBox 宏操作可以显示包含警告信息或其他信息的消息框。例如，可以在有效性验证的宏中使用 MsgBox 宏操作。当控件或记录不符合宏中的验证条件时，消息框将显示错误信息，并提示应该输入的正确数据。

MsgBox 宏操作具有下列操作参数。

（1）消息：用于设置消息框中所要显示的文本。可以在“消息”文本框中输入消息文本。最多可键入 255 个字符或输入一个表达式（前面必须有等号）。

（2）发嘟嘟声：指定计算机是否在显示信息时发出嘟嘟声。在“发嘟嘟声”组合框中，若选择“是”，Access 在显示消息框时将发出嘟嘟声；若选择“否”，Access 在显示消息框时将不发出嘟嘟声。该操作参数的默认值为“是”。

（3）类型：用于设置消息框的类型。消息框的每一种类型都有不同的图标。在“类型”组合框中，可以选择“无”、“重要”、“警告?”、“警告! ”或“信息”。该操作参数的默认值为“无”。

（4）标题：用于设置消息框标题栏中显示的文本。例如，可以在标题栏中显示“对客户标识符的验证”。如果不指定该操作参数，则标题栏将显示“Microsoft Access”。

10.2.7 其他类

1. Hourglass 宏操作

使用 Hourglass 宏操作可以使鼠标指针在宏执行时变成沙漏形状或其他选择的图标。Hourglass 宏操作可以提供宏执行时的视觉指针。当某个操作或宏本身需要花很长时间执行时，该功能特别有用。

Hourglass 宏操作具有下列操作参数。

显示沙漏：用于确定是否将鼠标指针显示成沙漏形状。在“显示沙漏”组合框中，若选择“是”，Access 将鼠标指针显示成沙漏形状；若选择“否”，Access 将鼠标指针显示成普通形状。该操作参数的默认值为“是”。

2. GoToControl 宏操作

使用 GoToControl 宏操作可以把焦点移到打开的窗体以及特定的字段或控件上。如果要让某一特定的字段或控件获得焦点，可以使用 GoToControl 宏操作。

GoToControl 宏操作具有下列操作参数。

控件名称：用于设置要获得焦点的字段或控件名称。可以在“控件名称”文本框中输入字段或控件的名称。这是必需的操作参数。

3. ShowToolbar 宏操作

使用 ShowToolbar 宏操作可以显示或隐藏内置工具栏或自定义工具栏。它可以在所有的窗口中显示内置工具栏，或只在通常显示某一工具栏的视图（例如，窗体视图中显示的“窗体视图”工具栏）上显示内置工具栏。

ShowToolbar 宏操作具有下列操作参数。

（1）工具栏名称：用于设置要显示或隐藏的工具栏名称。在“工具栏名称”组合框中显示了所有内置的 Access 工具栏，以及对应于当前数据库的自定义工具栏。该操作参数是必选参数。

如果在“启动”对话框（从“工具”菜单中选择“启动”命令可以打开该对话框）中没有选择“允许内置工具栏”复选框，则只能使用 ShowToolbar 宏操作显示和隐藏自定义工具栏。

（2）显示：指定是否显示或隐藏工具栏以及在何种视图中显示或隐藏它。该操作参数的默认值为“否”，即隐藏工具栏。

对于内置工具栏，可以在“显示”组合框中选择“是”，从而在所有活动的 Access 窗口中显示内置工具栏，或选择“适用时显示”，使得只在各视图中显示相应的工具栏（这是 Access 默认的方式），也可以选择“否”来隐藏所有窗口中的内置工具栏。

对于自定义的工具栏，可以选择“是”或“适用时显示”，从而在所有活动的窗口中显示自定义工具栏；可以选择“否”，从而隐藏所有窗口中的自定义工具栏。

4. Quit 宏操作

使用 Quit 宏操作可以退出 Access。Quit 宏操作还可以指定在退出 Access 之前采用何种方式保存数据库对象。

Quit 宏操作具有下列操作参数。

选项：用于指定在退出 Access 时对没有保存的对象采用何种方式处理。在“选项”组合框中，若选择“提示”，Access 将显示是否保存每一个被更改过的对象的提示框；若选择“全部保存”，Access 将不经提示即保存所有被更改过的对象；若选择“退出”，Access 在退出时不保存任何对象。该操作参数的默认值为“全部保存”。

5. CancelEvent 宏操作

使用 CancelEvent 宏操作可以终止一个事件，该事件导致 Access 执行包含此操作的宏。宏名即为事件属性的设置，例如 BeforeUpdate、OnOpen、OnUnload 或 OnPrint。CancelEvent 操作没有任何参数。

使用 CancelEvent 宏操作可以终止下列事件。

- ApplyFilter
- Delete
- MouseDown
- BeforeDelConfirm
- Exit
- NoData
- BeforeInsert
- Filter
- Open
- BeforeUpdate

- Format
- Print
- DblClick
- KeyPress
- Unload

6. Maximize 宏操作

使用 Maximize 宏操作可以最大化活动窗口，使其充满 Access 的整个窗口。Maximize 宏操作可以使用户尽可能多地看到活动窗口中的对象。

Maximize 宏操作没有任何操作参数。

7. Minimize 宏操作

使用 Minimize 宏操作可以将活动窗口最小化，使其缩小为 Access 窗口底部的小标题栏。Minimize 宏操作没有任何操作参数。

8. Restore 宏操作

使用 Restore 宏操作可以将处于最大化或最小化的窗口恢复为原来的大小。Restore 宏操作没有任何操作参数。

9. SetWarnings 宏操作

使用 SetWarnings 宏操作可以打开或关闭系统信息。

SetWarnings 宏操作具有下列操作参数。

打开警告：用于指定是否显示系统信息。在“打开警告”组合框中，若选择“是”，Access 将打开系统信息；若选择“否”，Access 将关闭系统信息。“打开警告”操作参数的默认值为“否”。

10. PrintOut 宏操作

使用 PrintOut 宏操作可以打印打开数据库中的活动对象，也可以打印数据表、报表、窗体和模块。

PrintOut 宏操作具有下列操作参数。

（1）打印范围：用于设置打印的范围。在“打印范围”组合框中，若选择“全部”，Access 将打印全部对象；若选择“选定范围”，Access 将打印选定的对象；若选择“页范围”，Access 将在“开始页码”和“结束页码”参数中指定打印页的范围。该操作参数的默认值为“全部”。

（2）开始页码：用于设置打印的起始页。如果在“打印范围”组合框中选择了“页范围”，那么该操作参数是必需的参数。

（3）结束页码：用于设置打印的终止页。如果在“打印范围”组合框中选择了“页范围”，那么该操作参数是必需的参数。

（4）打印品质：用于指定打印的品质。可以在“打印品质”组合框中选择“高品质”、“中品质”、“低品质”或“草稿”。品质越低，对象打印速度越快。该操作参数的默认值为“高品质”。

（5）份数：用于设置打印份数。该操作参数的默认值为“1”。

（6）自动分页：用于确定打印时是否自动分页。在“自动分页”组合框中，若选择“是”，

Access 将自动分页打印；若选择“否”，Access 将不自动分页打印。当该操作参数设置为“否”时，对象打印速度较快。该操作参数的默认值为“是”。

11. MoveSize 宏操作

使用 MoveSize 宏操作可以移动活动窗口或调整其大小。

MoveSize 宏操作具有下列操作参数。

（1）右：用于设置窗口左上角的新水平位置，从包含它的窗口左边开始测量。

（2）下：用于设置窗口左上角的新垂直位置，从包含它的窗口顶部开始测量。

（3）宽度：用于设置窗口的新宽度。

（4）高度：用于设置窗口的新高度。

10.3 事件属性

要了解宏对象在 Access 中的执行机制，就必须首先了解事件、消息与消息映射的概念。了解这些概念对于应用系统的开发是非常有益的。

在 Access 中，每当产生了一个事件时（例如，用户单击鼠标左键产生“单击”事件），总会有消息与之对应。消息一经产生即被送入到消息队列中并最终被窗口对象感知。但是消息的产生是随机的，怎样才能保证消息一经产生就会很快被窗口对象所感知?这将完全依靠消息的循环机制，即窗口对象总是不断地到它自己的消息队列中寻找消息。一旦某个消息到达队列，窗口对象便能立即感知到。在 Access 中，窗体对象、报表对象及其内部的控件均为窗口对象，即 Access 的窗体、报表及其内部的控件可以感知消息。

消息一旦产生并且被窗体、报表或控件感知以后，应激活一个宏对象以响应消息，这就需要依靠消息映射。消息映射是指将某一个消息与指定的宏对象建立起一一对应的关系。如果一旦消息产生，Access 立即自动执行指定的宏或模块对象。在 Access 中，消息映射是通过在窗体、报表及其内部的控件中设置事件属性来实现的。在指定的窗体、报表或控件的事件属性中填写一个宏对象名，就意味着该消息与填入的宏对象建立起了映射关系，将来一旦窗体、报表或控件感知到该消息就转去执行指定的宏对象或模块。所以，在 Access 中凡是具有事件属性的对象都可以感知消息并进行消息映射。

在 Access 关系数据库中，事件属性的使用最为频繁，也最为关键。表 10-1 列出了常用的事件属性。

表 10-1　常用的事件属性

事件属性	说明
“成为当前”（On Current）	非当前记录成为当前记录时产生的事件。首次打开窗体或非当前窗体成为当前窗体时产生的事件
“插入前”（Before Insert）	记录插入操作执行之前产生的事件
“插入后”（After Insert）	记录插入操作执行之后产生的事件
“更新前”（Before Update）	更新磁盘数据之前产生的事件
“更新后”（After Updata）	更新磁盘数据之后产生的事件
“删除”（On Delete）	删除记录操作执行之前产生的事件

续表

事件属性	说　明
“确认删除前”（Before Del Confirm）	删除操作交给用户确认之前产生的事件
“确认删除后”（After Del Confirm）	删除操作被用户确认之后产生的事件
“打开”（On Open）	窗体或报表被打开但还未显示记录之时产生的事件
“加载”（On Load）	窗体被装入内存但还未显示窗体之时产生的事件
“调整大小”（On Resize）	窗体的大小改变之后产生的事件
“卸载”（On Unload）	窗体从内存撤销之前产生的事件
“关闭”（On Close）	窗体或报表被关闭并清屏之前产生的事件
“激活”（On Activate）	窗体或报表由非活动状态变为活动状态之时产生的事件
“停用”（On Deactivate）	窗体或报表由活动状态变为非活动状态之时产生的事件
“获得焦点”（On Got Focus）	窗口对象获得焦点之后产生的事体
“失去焦点”（On Lost Focus）	窗口对象失去焦点之前产生的事件
“单击”（On Click）	在窗口对象上单击鼠标产生的事件
“双击”（On Dbl Click）	在窗口对象上双击鼠标产生的事件
“鼠标按下”（On Mouse Down）	在窗口对象上按下鼠标键产生的事件
“鼠标移动”（On Mouse Move）	在窗口对象上移动鼠标产生的事件
“鼠标释放”（On Mouse Up）	在窗口对象上鼠标键弹起产生的事件
“出错”（On Error）	在窗口对象上发生操作错误时产生的事件
“计时器触发”（On Timer）	时间中断事件。该事件产生的频率由“计时器间隔”属性决定。“计时器间隔”（Timer Interval）属性值决定了连续两个时间中断事件的间隔时间。它的值越大，时间中断事件出现的频率越低。但是当它的值为0时，时间中断事件不再出现
“进入”（On Enter）	光标进入控件之时产生的事件
“退出”（On Exit）	光标离开控件之时产生的事件

10.4 在窗口对象中应用宏

到目前为止，学习了如何创建宏对象、了解了常用的宏操作、宏的作用以及事件属性的作用。宏对象的主要执行方式就是将它置于窗口对象的事件属性中。当窗口对象投入运行时，一旦事件产生，填入该属性的宏对象就被启动执行。

在 Access 关系数据库中，用户可以在窗体、报表及其控件的事件属性中置入具有一定功能的宏对象，使得窗体、报表及其控件能够响应事件以完成特定的任务。例如，在一个窗体中打开另一个窗体或打印指定的报表。

在图 10-21 所示的学生基本情况窗体中，为方便用户查阅学生的选课情况，应在该窗体中设置“学生选课”按钮。当用户单击“学生选课”按钮时，Access 立即打开学生选课窗体并显示与学生基本情况窗体所显示的学生相关的选课记录。

完成上述任务应按下列步骤操作。

（1）在“数据库”窗口中单击“宏”对象。

（2）单击“新建”按钮，Access 弹出宏对象编辑窗口。

（3）在宏对象编辑窗口的“操作”列中选择 OpenForm 宏操作。

（4）设置 OpenForm 宏操作的操作参数，如图 10-22 所示。

图 10-21 学生基本情况窗体

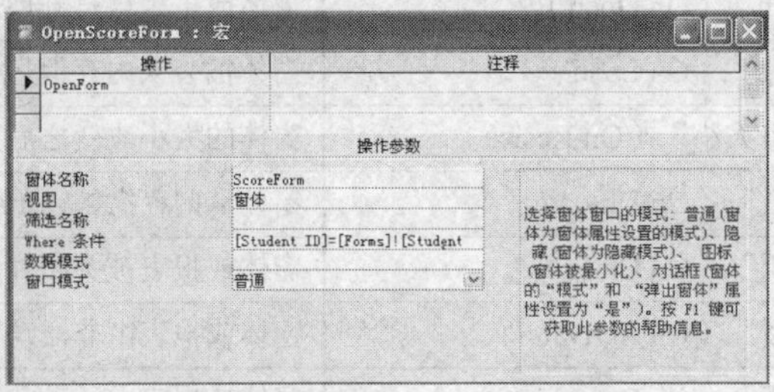

图 10-22 OpenScoreForm 宏对象

在该宏对象中仅有一个宏操作：OpenForm。其相关的宏操作参数如下。

窗体名称：ScoreForm

视图：窗体

筛选名称：

Where 条件：[Student ID] = [Forms] ! [Student] ! [Student ID]

数据模式：

窗口模式：普通

（5）单击“保存”按钮并在弹出的“另存为”对话框中键入宏对象名称：OpenScoreForm。

（6）打开学生基本情况窗体的设计视图。

（7）单击“工具箱”工具栏中的“命令按钮”按钮。

（8）在窗体设计视图的适当位置上拖曳鼠标以确定命令按钮的大小。

（9）释放鼠标，Access 立即生成一个命令按钮。

（10）单击“属性”按钮，Access 弹出“属性”对话框。

（11）在“属性”对话框的“事件”选项卡中选择“单击”事件属性，并在其下拉列表中选择 OpenScoreForm 宏对象。

（12）关闭学生基本情况窗体的设计视图。

至此完成了建立 OpenScoreForm 宏对象，并将其与“学生选课”按钮的“单击”事件建立起了消息映射的关系。当用户单击“学生选课”按钮的时候，Access 立即执行 OpenScoreForm 宏对象，从而打开学生选课窗体。

练习题

1. 试简要说明宏对象和宏操作之间的关系以及宏对象和宏组之间的关系。

2. 在图 10-23 所示的学生选课窗体中，希望设置一个“课程设置”按钮，当单击该按钮时，Access 能够打开课程设置窗体。在课程设置窗体中显示某学生选择的某门课程的课程编号所对应的课程名称。

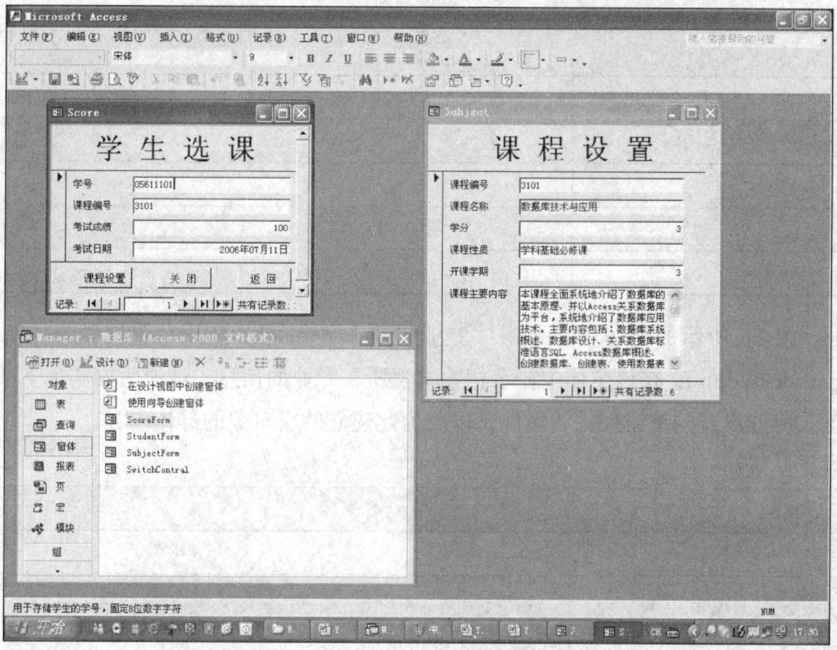

图 10-23　学生选课窗体和课程设置窗体

3. 试利用 TransferDatabase 宏操作将存放在 E:\VFP 文件夹中的 Employee.dbf 表导入到 Access 当前数据库中。

4. 试建立图 10-24 所示的学生基本情况窗体，要求撤销系统设置的浏览按钮，添加“首记录”、“下一记录”、“上一记录”、“尾记录”4 个记录定位按钮。

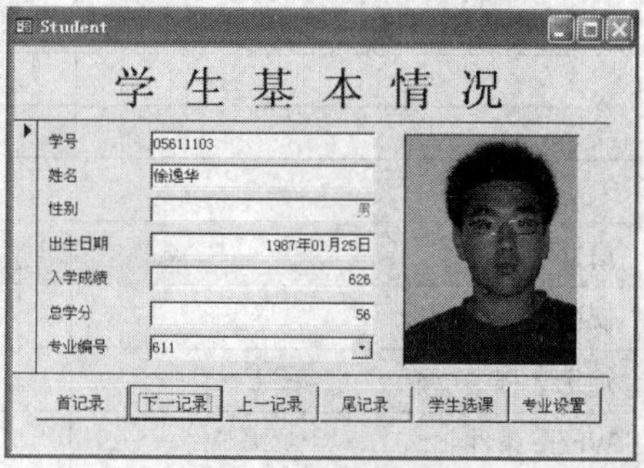

图 10-24　学生基本情况窗体

5. 在图 10-24 所示的窗体中，单击“学生选课”按钮可以打开学生选课窗体（窗体名称为 ScoreForm），在该窗体中显示相关学生的选课记录。试说明要实现上述任务应如何设置“学生选课”按钮控件的属性，以及为此建立的宏对象的具体内容。

“学生选课”按钮

名称	
标题	
图片	
图片类型	
单击	

"学生选课"按钮所对应的宏对象的具体内容

操作	注释
操作参数	
窗体名称	
视图	
筛选名称	
Where 条件	
数据模式	
窗口模式	

6. 在图 10-24 所示的窗体中，单击"专业设置"按钮可以打开专业设置窗体（窗体名称为 DepartmentForm），在该窗体中显示相关学生所在专业的信息。试说明要实现上述任务应如何设置"专业设置"按钮控件的属性，以及为此建立的宏对象的具体内容。

"专业设置"按钮

名称	
标题	
图片	
图片类型	
单击	

"专业设置"按钮所对应的宏对象的具体内容

操作	注释
操作参数	
窗体名称	
视图	
筛选名称	
Where 条件	
数据模式	
窗口模式	

第11章 模块

在 Access 中，借助宏对象可以完成事件的响应处理，例如，打开和关闭窗体、报表等。不过，宏的使用也有一定的局限性，一是它只能处理一些简单的操作，对于复杂条件和循环等结构则无能为力；二是宏对数据库对象的处理能力也很弱，例如，表对象或查询对象的处理。在这种情况下可用 Access 系统提供的"模块"数据库对象来解决一些实际开发活动中的复杂应用。

模块是一种重要的 Access 数据库对象，是用 VBA 语言的声明和过程编写的程序代码段，它们是作为一个整体被存储和使用的。利用模块可以将各种数据库对象连接起来，从而使其构成一个完整的系统。

模块有两个基本类型：类模块和标准模块。

在这一章中，将学习使模块的概念，模块的组成和创建方法，VBA 编程基础知识，以及宏与模块的转换。

11.1 了解模块和 VBA 编程

11.1.1 模块的概念

模块是一种重要的 Access 数据库对象，是用 VBA 语言的声明和过程编写的程序代码段，它们是作为一个整体被存储和使用的。利用模块可以将各种数据库对象连接起来，从而使其构成一个完整的系统。

模块有两个基本类型：类模块和标准模块。

（1）类模块：包含类定义的模块，包括属性和方法的定义。窗体和报表模块都是类模块，也可以自定义类模块。

窗体和报表模块都是类模块，而且它们各自与某一窗体或报表相关联。窗体和报表模块通常都含有事件过程，该过程用于响应窗体或报表中的事件。可以使用事件过程来控制窗体或报表的行为，以及它们对用户操作的响应。

为窗体或报表创建第 1 个事件过程时，Microsoft Access 将自动创建与之关联的窗体或报表模块。如果要查看窗体或报表的模块，请单击窗体或报表设计视图中工具栏上的“代码”。

（2）标准模块：包含在数据库窗口的模块对象列表中，是不与任何对象相关联的通用过程。这些过程可以在数据库中的任何位置被直接调用执行。

标准模块包含的是通用过程和常用过程，它们不与任何对象相关联，并且可以在数据库中的任何位置运行。单击“数据库”窗口中“对象”下的“模块”，可以查看数据库中标准模块的列表，如果要查看某标准模块，双击相应模块即可。

11.1.2 VBA 概述

Access 是一种面向对象的数据库，这是指 Access 支持面向对象的程序开发技术。Access 的编程工具是 Visual Basic for Applications（VBA）语言，实际上就是宏语言版本的 Visual Basic（VB）语言。它包含在几种 Microsoft Office 应用程序中，被用来编写 Windows 应用程序，是 Visual Basic 语言的简化子集。

VBA 采用了面向对象的程序设计方法。VBA 里有对象、属性、方法和事件。对象是代码和数据的结合，可将它看作单元。例如在 Access 中，表、窗体或文本框等都是对象，每个对象由类来定义。Access 有几十个对象，其中包括对象和对象集合。所有对象和对象集合按层次结构组织，处在最上层的是 Application 对象，即 Access 应用程序，其他对象或对象集合都处在它的下层或更下层。

属性是指定义了的对象的特性，如大小、颜色、对象状态等。方法指的是对象能执行的动作，如刷新等。事件是一个对象可以辨认的动作，如鼠标单击或双击等，可以编写某些代码针对这些动作来作出响应。

在 Access 中程序设计的核心工作就是编写模块和事件过程。通过模块和事件过程，用户不仅可以使用 Acccss2003 接口中的数据和对象（如窗体和报表），还可以使用 VBA 编写的过程来动态地创建、删除和修改数据及对象。

11.1.3 VBA 编程环境

在 Access 中提供的 VBA 开发界面称为 VBE（Visual Basic Editor），它以微软中 Visual Basic 编程环境的布局为基础，提供了集成的开发环境。所有 Office 应用程序都支持 Visual Basic 编程环境，而且其编程接口都是相同的，可以使用该编辑器创建过程，也可编辑已有的过程。

在 Access 中，可以有多种方式打开 VBE 窗口。切换到模块对象窗口，单击“新建”按钮，或打开一个已存在的模块，都会打开 VBE 窗口，如图 11-1 所示。也可以选择“工具”|“宏”|“isual Basic 编辑器”命令，或使用 Alt+F11 快捷键打开 VBE 界面，另外使用快捷键还可以在数据库窗口和 VBE 之间来回切换。

在 VBE 窗口中，除常规的菜单栏、工具栏外，还有工程管理器窗口、属性窗口、代码窗口。还可以通过视图菜单显示对象窗口、对象浏览器窗口、立即窗口、本地窗口和监视窗口。

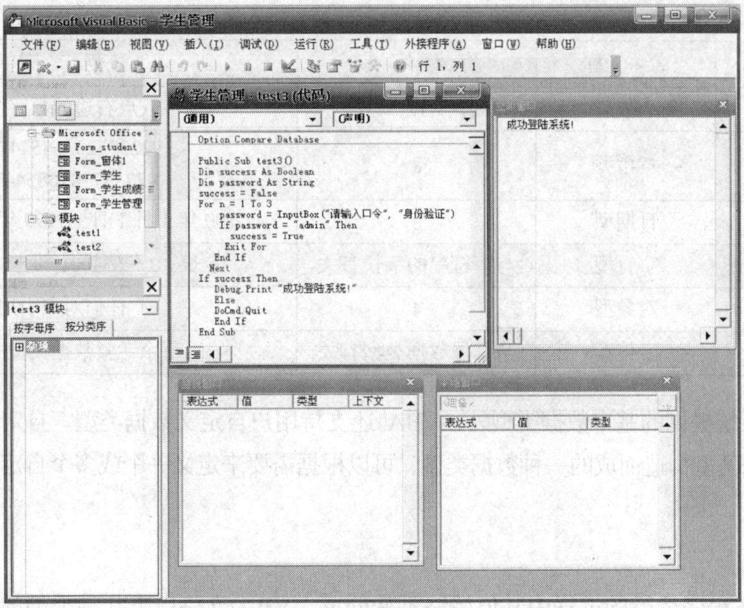

图 11-1　VBE 窗口

11.2 VBA 程序设计基础

11.2.1　数据类型

VBA 数据类型继承了传统的=Basic 语言，如 Microoft QuickBasic。在 VBA 应用程序中，也需要对变量的数据类型进行说明。

VBA 提供了较为完备的数据类型，Access 数据表中的字段使用的数据类型（OLE 对象和备注数据类型除外）在 VBA 中都有对应的类型。

VBA 数据类型、类型声明符、数据类型和取值范围如表 11-1 所示。其中，字符串类型又分为变长字符串和定长字符串。

表 11-1　　VBA 数据类型

数 据 类 型	名　　称	存 储 字 节	范　　围
Byt	字节型	1	0～255
Boolean	布尔型	2	True 或 False
Integer	整型	2	−32768～+32767
Long	长整型	4	−2147483648～2147483647
Single	单精度型	4	负数：-3.402823×10^{38}～-1.401298×10^{-45} 正数：1.401298×10^{-45}～3.402823×10^{38}
Double	双精度型	8	负数：−1.79769313486232E308～ −4.94065645841247E−324 正数：4.94065645841247E−324～ 1.79769313486232E308

续表

数据类型	名　称	存储字节	范　围
Decimal	小数型	12	与小数点右边的数字个数有关
Currency	货币型	8	−922337203685447.5808 ～922337203685447.5807
Date	日期型	8	100 年 1 月 1 日～9999 年 12 月 31 日
String	字符型	与字符串的字长有关	定长：1～65400，变长：0～20 亿
Object	对象型	4	任何对象引用
Variant	变体型	与具体数据类型有关	每个元素数据类型的范围

除了上述系统提供的基本数据类型外，VBA 还支持用户自定义数据类型。自定义数据类型实质上是由基本数据类型构造而成的一种数据类型，可以根据需要来定义一个或多个自定义数据类型。

1. 常量

常量是指在程序运行的过程中其值始终不变的量，VBA 支持以下几种类型的常量。

（1）数值常量：由数字组成，如：45.3，12345。

（2）字符常量：由定界符“和”括起来的符号串组成，如：“Access”。

（3）日期常量：由定界符#括起来，如#1/1/2008#。

（4）符号常量：用于替代数值或字符串。符号常量是需要声明定义的。使用 const 语句可以定义常量，该常量的值不能修改或重新赋值，也不能创建与固有常量同名的常量，如：const PI=3.1415926。

（5）固有常量：可以在宏或者 VB 中使用，VBA 中的固有常量以“vb”开头，例如 vbcurrency；Access 中的固有常量以“ac”开头。可以使用对象浏览器查看对象库中的固有常量。

（6）系统定义常量：True，False 和 Null。

2. 变量

变量是指在程序运行的过程中其值不断变化的量。变量作为临时存储单元，可存放文字、数值、日期和对象属性。

（1）变量的命名规则。

① 变量名是由英文字母开头的字符和数字串组成的，且字母不区分大小写，长度不超过 255 个字符。

② 变量名中不允许出现空格、$、@等符号。

③ 变量名不能用 VBA 的关键字。

（2）变量声明。

格式：

```
Dim 变量名1 as 数据类型1，变量名2 as 数据类型2，…，变量名N as 数据类型N
```

说明

如果变量不声明就使用，也是允许的，VBA 会默认该变量为 Variant 数据类型。

（3）变量的作用域。

① 局部变量：用 Dim 或 Private 声明的变量是局部变量，其作用域或者是所属的子程序范围，或者是其所属的模块的范围。

② 全局变量：如果声明变量时使用 Public，则该变量是全局变量，其作用域是数据库中的所有过程。

3. 数组变量

数组是一个由相同数据类型的变量构成的集合。数组中的变量也叫数组元素，用数字（下标）来标志它们。

（1）静态数组。数组声明格式：

```
Dim 数组名（[<下标下界> to]<下标上界 1>[，[<下标下界> to]<下标上界 2 >维数定义]）as 类型
```

如：
```
im array_a(1 to 99)as integer
Dim array_b(5,1 to 10)as double
```

注意　如果不指定下标下界，默认的缺省值下界为 0。

（2）动态数组。动态数组是指数组的长度可以改变，创建方法是：首先声明一个未指明大小及维数的数组；用 Redim 语句再次声明数组的长度，即动态数组元素的个数可以变化；若要保存原数组中的值，可以用 Redim Preserve 语句来扩充数组。

如：
```
Dim  dy_array( ) as integer
Redim dy_array (10)
Redim Preserve  dy_array (ubond(dyn)+10)
```

11.2.2　VBA 程序设计

VBA 程序是由语句组成的。VBA 中的语句是执行具体操作的指令，每个语句以 Enter 结束。程序语句是 VBA 关键字、属性、函数、运算符以及 VBE 可识别指令符号的任意组合。VBA 包含赋值语句、If 语句、Select Case 语句、Do...Loop 语句、For...Next 语句、Fox Each...Next 语句。While...Wend 语句、Exit 语句和 GoTo 语句。

书写程序语句时必须遵循的构造规则称为语法。缺省情况下，在输入语句的过程中，VBA 将自动对输入的内容进行语法检查，如果发现错误，将弹出一个信息框提示出错的原因，VBA 还会约定对语句进行简单的格式化处理。

VBA 具有结构化程序设计的 3 种结构：顺序结构、选择结构和循环结构。

1. 顺序结构

顺序结构是最简单的一种结构，程序运行时，计算机按照语句的排列顺序依次执行程序中的每一条语句。常用的顺序结构有赋值语句和数据的输入与输出。

赋值语句的一般格式为：

变量名=表达式　　或
［对象名.］属性名=表达式
功能：把表达式的值赋给变量，或把表达式的值赋给对象属性。

数据的输入与输出的格式为：

InputBox（提示［，标题］［，缺省值］［，x 坐标位置，y 坐标位置］）
InputBox()函数是输入函数，执行时产生一个对话框，等待用户输入数据，并返回所输入的内容。

【例 11-1】 设计一程序，由用户输入圆的半径，计算圆的面积和周长。

```
Public Sub ex10_1()
  Const PI  As Single = 3.1415926
  Dim  r  As Single
  Dim  l  As Single
  Dim  area  As Single
  r=InputBox("请输入 r 的值:")
  l=2*PI*r
  area = PI * r * r
  Debug.Print "l=" &l
  Debug.Print "area=" & area
End Sub
```

2. 选择结构

根据给定的条件进行判断，由判断结果来确定执行哪个分支。

（1）使用 IIf 函数。使用 IIf 函数可以实现一些简单的选择结构。

格式：

IIf（条件表达式，真部分，假部分）

（2）块结构条件语句。

格式：

```
If（表达式）Then
      语句块 1
Else
    语句块 2
End If
```

说明如下。

① <表达式>可以是任何表达式，一般为关系表达式或布尔表达式。如果是其他表达式，则将非 0 认为是 True，0 认为是 False。

② 执行时，先判断表达式的值，为 True 则执行语句块 1，否则执行语句块 2。

【例 11-2】 输入两个数并输出较大的数。

方法一

```
Public Sub ex10_2()
Dim x As Integer, y As Integer
x = InputBox("请输入 x 的值:")
y = InputBox("请输入 y 的值:")
  Debug.Print  IIf ( x>y, x, y )
End Sub
```

方法二

```
Public Sub ex10_3()
Dim x As Integer, y As Integer
x = InputBox("请输入 x 的值:")
```

```
y = InputBox("请输入 y 的值:")
Ifx>y Then
  Debug.Print x
Else
  Debug.Print y
End If
End Sub
```

（3）选择结构语句 Select Case。

格式：

```
Select  Case 表达式
Case 表达式值列表 1
    语句 1
Case 表达式值列表 2
    语句 2
Case  Else 语句 n
End Select
```

【例 11-3】 根据输入的学生成绩，编程评定其等级。标准是：90～100 分为“A”，80～89 分为“B”，70～79 分为“C”，60～69 分为“D”，60 分以下“E”。

```
Public Sub ex10_4()
Dim score As Integer
score = InputBox("请输入成绩:")
Select Case  score
   Case 90 To 100
     Debug.Print "A"
   Case 80 To 89
     Debug.Print "B"
   Case 70 To 79
     Debug.Print "C"
   Case 60 To 69
     Debug.Print "D"
   Case Else
     Debug.Print "E"
End Select
End Sub
```

3. 循环结构语句

（1）Do...Loop 循环。Do...Loop 循环主要用于重复执行一个语句块，重复次数不定。常用的格式有以下几种。

① 前测型的当型循环语句 Do While ... Loop 循环。

② 后测型的当型循环语句 Do ... Loop While 循环。

【例 11-4】 求 100 之内自然数之和。

方法一

```
Public Sub ex10_5()
    Dim sum As Integer
    Dim i  As Integer
    i=0
    sum=0
    Do While i<=10
```

```
        sum = sum + i
        i=i+1
    Loop
    Debug.Print sum
End Sub
```

方法二

```
Public Sub ex10_6()
    Dim sum As Integer
    Dim i  As Integer
    i=0
    sum=0
    Do
        sum = sum + i
        i=i+1
    Loop While i<10
    Debug.Print sum
End Sub
```

（2）For 循环。当不知道循环次数时，一般用 Do 循环，循环次数已知时用 For 循环最为方便。

格式：

```
For 循环控制变量=初值表达式 To 终值表达式 [Step 步长]
    循环体语句组
Next 循环控制变
```

【例 11-5】 求 100 之内自然数之和。

```
Public Sub  ex10_7()
    Dim sum As Integer
    Dim i  As Integer
    sum=0
    For i = 1 To 100 Step 1
        sum = sum + i
    Next i
    Debug.Print sum
End Sub
```

11.3 模块的创建

11.3.1 模块的组成

Access 模块是由一个或多个过程组成的，模块中的每一个过程都可以是一个函数过程或是一个子程序过程。

过程是用 Visual Basic 语言编写的程序代码段，由声明和一系列需要执行的操作语句组成。过程是模块的一个单元，可以被放置在标准模块或类模块中。

过程分有 Sub 过程和 function 过程两类，区别在于 Sub 过程没有返回值，function 过程有返回值。

（1）Sub 过程：执行一系列的操作或运算，但是没有返回值。

格式：

```
[Private | Public] [Static] Sub 过程名（参数列表）
        [语句组]
    End  Sub
```

参数列表格式：

```
[ByVal]　参数名 As 类型，……
```

调用格式：

```
Call　过程名（实参）
或　过程名　实参
```

（2）事件过程。是把事件和过程合为一体，利用事件驱动机制来启动执行过程。

格式：

```
Private　Sub　对象名_事件名（参数列表）
        [事件响应代码]
End Sub
```

调用方法：事件过程除了由系统自动来调用之外，也可以被看作一个普通的子程序在程序中用代码来调用，调用语法没有特殊之处。

如：Call　comadd_Click

11.3.2　模块的创建

创建新模块的基本步骤如下。

（1）打开要创建模块的数据库，在“模块”选项卡中单击“新建”按钮，出现模块编辑窗口，如图 11-2 所示。

（2）在模块的编辑窗口中输入要编辑的 VBA 代码即可。

【例 11-6】 创建一个模块，计算圆的面积。

（1）打开数据库，在“模块”选项卡中单击“新建”按钮，出现模块编辑窗口。

（2）单击“插入”菜单中的“过程”选项卡，弹出图 11-3 所示的“添加过程”对话框，在名称文本框中输入“test1”，类型选择“子程序”，范围选择“公共的”。单击“确定”按钮。

图 11-2　模块编辑窗口

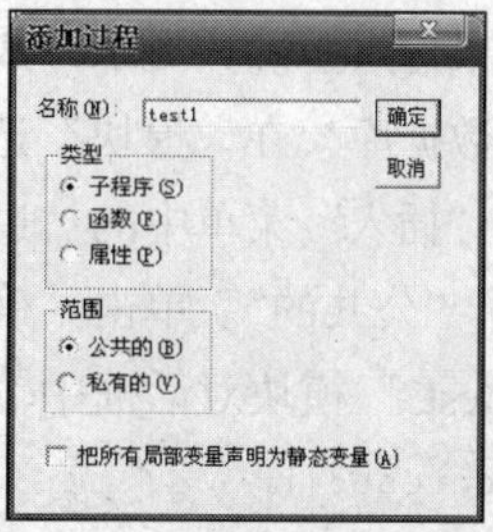

图 11-3　“添加过程”对话框

（3）在“test1”模块对话框中输入代码。

```
Public Sub test1()
Const PI As Single = 3.1415926
Dim r As Single
Dim area As Single
 r = 10
 S = 0
 area = PI * r * r
Debug.Print "area=" & area
End Sub
```

（4）单击“运行”菜单中的“运行宏”菜单项，运行该模块。单击“视图”菜单中的“立即窗口”，弹出“立即窗口”，结果如图 11-4 所示。

【例 11-7】 编写一模块，求 1+2+3+…+100。

（1）打开数据库，在“模块”选项卡中单击“新建”按钮，出现模块编辑窗口。

（2）单击“插入”菜单中的“过程”选项卡，弹出如图的对话框，在名称文本框中输入“test2”，类型选择“子程序”，范围选择“公共的”。单击“确定”按钮。

（3）在“test2”模块对话框中输入代码。

```
Public Sub test2()
   Dim n As Integer, S As Integer
   S = 0
   For n = 1 To 100 Step 1
   S = S + n
   Next
   Debug.Print "S=" & S
End Sub
```

（4）单击“运行”菜单中的“运行宏”菜单项，运行该模块。单击“视图”菜单中的“立即窗口”，弹出“立即窗口”，结果如图 11-5 所示。

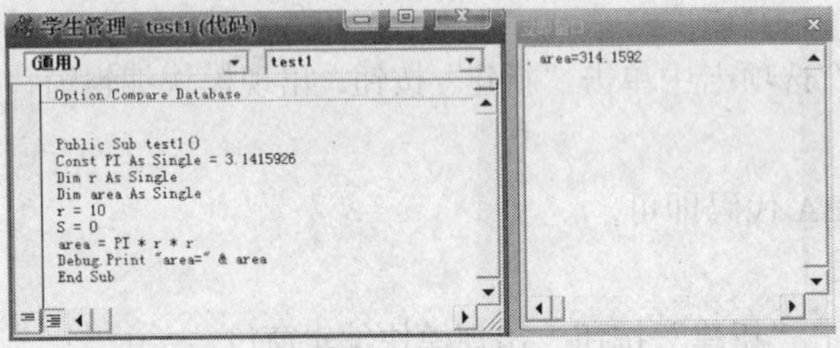

图 11-4 运行结果

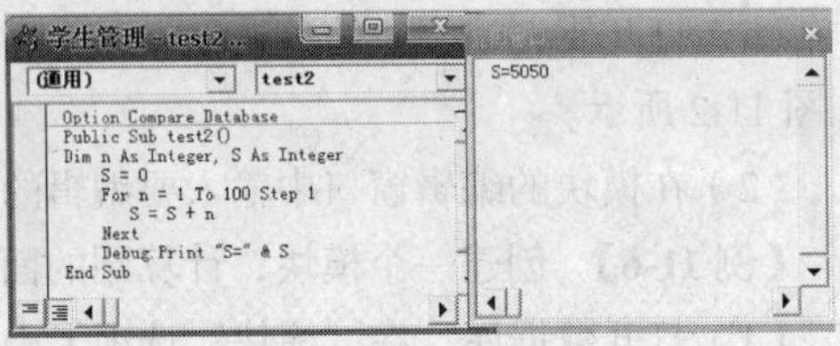

图 11-5 运行结果

【例 11-8】 编写一模块，实现模拟登录功能。从键盘输入密码“admin”，如果连续输入 3 次不对退出，如果输入正确，提示“成功登录系统”。

（1）打开数据库，在“模块”选项卡中单击“新建”按钮，出现模块编辑窗口。

（2）单击“插入”菜单中的“过程”选项卡，在名称文本框中输入“test2”，类型选择“子程序”，范围选择“公共的”。单击“确定”按钮。

（3）在“test3”模块对话框中输入代码。

```
Public Sub test3()
Dim success As Boolean
Dim password As String
success = False
 For n = 1 To 3
     password = InputBox("请输入口令", "身份验证")
     If password = "admin" Then
         success = True
        Exit For
       End If
   Next
   If success Then
       Debug.Print "成功登录系统!"
    Else
      DoCmd.Quit
```

```
    End If
End Sub
```

（4）单击“运行”菜单中的“运行宏”菜单项，运行该模块，并输入密码。在“立即窗口”中查看结果，如图 11-6 所示。

【例 11-9】 用 VBA 程序实现窗体“系统登录”功能。

（1）打开数据库，在“窗体”选项卡中单击“新建”按钮，创建图 11-7 所示的学生管理系统登录窗体。

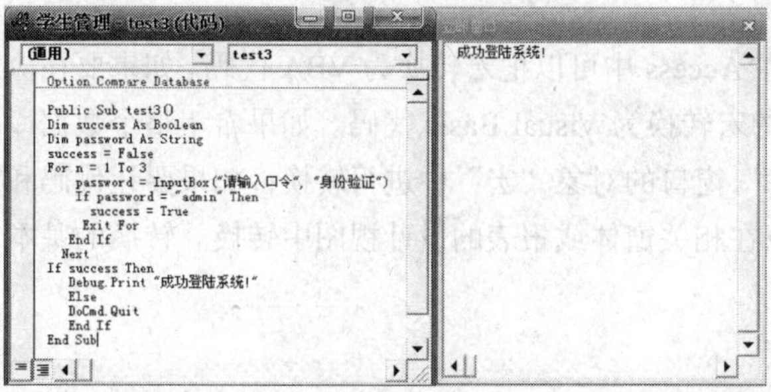

图 11-6　运行结果

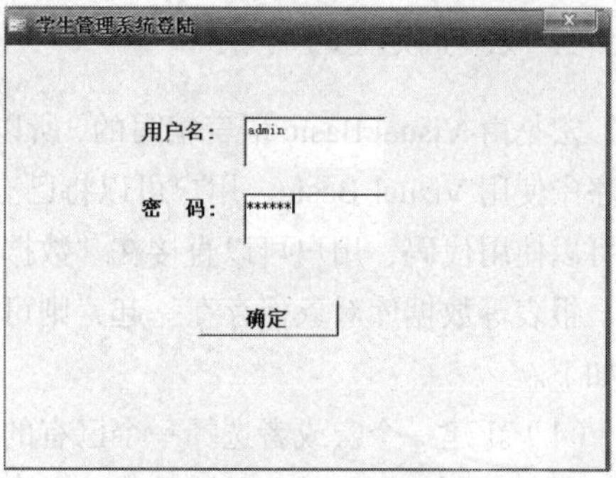

图 11-7　“学生管理系统登录”窗体

（2）在“确定”命令按钮的“Click”事件模块中输入如下代码。

```
Private Sub Command4_Click()
Dim name As String
Dim pass As String                '存放 MsgBox 消息框的返回值
    name = Me!Textname
    pass = Me!Textpass
    If pass = "123456" And name = "admin" Then
        '如果用户名和口令正确,显示消息框,运行"学生管理模块"窗体
        MsgBox "欢迎进入学生管理模块!", vbOKOnly + vbCritical, "欢迎"
    Else
        MsgBox "密码错误! ", vbOKOnly  '显示消息框
        Me!Textname = ""        '使文本框清空
        Me!textpass = ""
        Me!Textname.SetFocus        '使文本框获得焦点,准备重新输入
    End If
End Sub
```

（3）在窗体浏览视图中输入用户名“admin”，密码“123456”，单击“确定”按钮，查看运行结果。

11.4 宏与模块

宏是由 Visual Basic 语言编写的。要在应用程序中执行某种操作，既可以使用宏，也可以使用 Visual Basic。尽管宏的功能非常强大，使用也非常广泛，但有些活动必须由 Visual Basic 实现，比如当要自定义函数执行计算或替代复杂表达式时，Visual Basic 的运行速度要比相同功能的宏快得多。

1. 模块与宏的区别

模块与宏的区别如下。

（1）使用宏不需要编程，使用模块需要编程。

（2）模块的运行速度远比宏的运行速度要快。

（3）VBA 包含有宏的所有等效语句，还可以创建自己的函数。

（4）模块在数据库维护、错误信息处理、内置函数的使用及创建处理对象等方面优于宏。

2. 宏与模块的转换

宏是由 Visual Basic 语言编写的，所以在 Access 中可以把宏转换为 VBA 代码。如果要在应用程序中使用 Visual Basic，用户可以将已有的宏转换为 Visual Basic 代码。如果希望整个数据库中都可以使用代码，用户可以直接在“数据库”窗口的对象“宏”中进行转换；如果要让代码和窗体、报表等数据库对象保存在一起，则可以在相关窗体或报表的设计视图中转换。转换的基本步骤如下。

（1）新建一个宏或者选择一个已有的宏。

（2）选择“工具”菜单下“宏”命令中的“将宏转换为 VisualBasic 代码”命令。

（3）在弹出的“转换宏”对话框中，选择“给生成的函数加入错误处理”和“包含宏注释”两个复选框，单击“转换”按钮即可。

练习题

1. 请说明 VBA 程序模块的组成部分。
2. 编写一模块，求 1-2+3-4+…+99-100。
3. 请判断下面一段程序中循环执行的次数。

```
Public Sub test2()
    Dim sum As Integer
    Dim i  As Integer
    i=0
    sum=0
    Do
       sum = sum + i
       i=i+1
    Loop While i<=100
    Debug.Print sum
End Sub
```

4. 宏与模块的区别是什么？

第12章

应用系统集成

在 Access 关系数据库中，数据库对象具有各自不同的功能，用户利用 Access 提供的数据库对象可以完成彼此相对独立的任务。应用系统集成可以将彼此相对独立的任务组织成统一协调一致的整体，以形成实用的应用系统。

应用系统集成主要通过以下 3 个途径来实现。

- 建立控制型窗体；
- 为窗体定制菜单和工具栏；
- 设置应用系统的自动引导机制。

本章将学习如何建立控制型窗体，如何为窗体定制菜单和工具栏，如何操纵工具栏以及如何设置应用系统的自动引导机制。

12.1 建立控制型窗体

建立控制型窗体，主要目的不在于数据的输入与输出，而是要用其控制其他窗体或任务何时执行。所以建立控制型窗体主要应做两项工作：一是在窗体中如何控制其他窗体或任务的执行，二是如何撤销窗体中用于数据输入与输出的部件。

在窗体中如何控制其他窗体或任务的执行在第 10 章中已作过介绍，这里不再赘述。现在主要将重点放在当用户在窗体中通过设置适当的控件并使用宏对象构造一个控制型窗体以后，如何撤销窗体中用于数据输入与输出的部件。

在图 12-1 所示的控制型窗体中，主要使用了“命令按钮”控件并为其分配了相应的宏对象，另外撤销了窗体中用于数据输入与输出的部件。

若要撤销控制型窗体中用于数据输入与输出的部件，应按下列步骤操作。

（1）打开控制型窗体的设计视图。

（2）从“编辑”菜单中选择“选择窗体”命令。

（3）单击“属性”按钮，Access 弹出“窗体”属性对话框，如图 12-2 所示。

图 12-1　控制型窗体

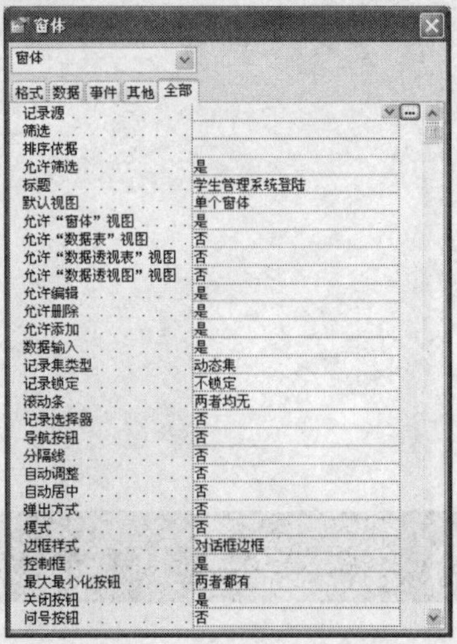

图 12-2　“窗体”属性对话框

（4）选择“全部”选项卡并设置有关的属性。

（5）单击“关闭”按钮。

用于控制窗体中的数据输入与输出部件是否显示以及其他相关设置的主要属性如下。

“滚动条”属性：这里选择“两者均无”属性值。用于隐藏窗体的水平滚动条和垂直滚动条。

“记录选择器”属性：这里选择“否”属性值。用于隐藏窗体的记录选定器。

“导航按钮”属性：这里选择“否”属性值。用于隐藏窗体的记录浏览按钮。

“边框样式”属性：这里选择“对话框边框”属性值。用于将控制型窗体设置为对话框模式，使窗体大小无法改变。

“最大最小化按钮”属性：这里选择“无”属性值。用于隐藏窗体的最大化最小化按钮。

“问号按钮”属性：这里选择“否”属性值。用于隐藏窗体的问号按钮。

12.2 为窗体定制菜单栏

在 Access 关系数据库中，当用户打开窗体的时候，Access 会自动打开系统内置的窗体菜单栏和窗体工具栏。窗体菜单栏和窗体工具栏中的某些命令和按钮对于当前打开的窗体是没有用处的。另外，在窗体中用户需要的特有功能窗体菜单栏和窗体工具栏可能又没有设置。为了解决这一问题，Access 允许用户自定义窗体菜单栏和窗体工具栏，并允许当打开该用户窗体时，Access 自动打开自定义的窗体菜单栏和窗体工具栏。

自定义窗体菜单栏应按下列步骤操作。

（1）从“视图”菜单的“工具栏”子菜单中选择“自定义”命令，Access 立即弹出“自定义”对话框，如图 12-3 所示。

（2）在“自定义”对话框中选择“工具栏”选项卡。

（3）单击“新建”按钮，Access 弹出“新建工具栏”对话框，如图 12-4 所示。

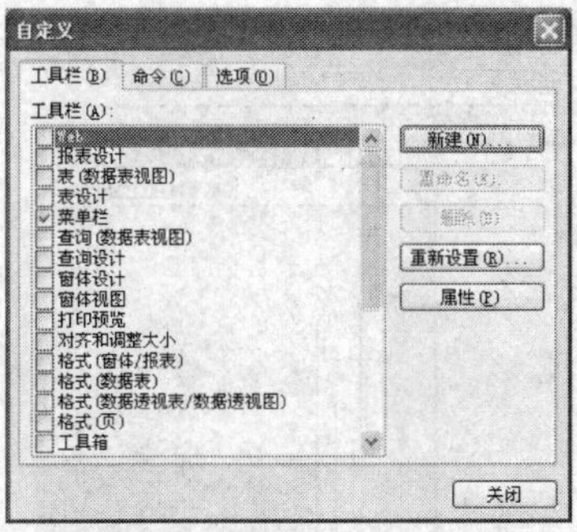

图 12-3　“自定义”对话框

图 12-4　“新建工具栏”对话框

（4）在“新建工具栏”对话框中键入自定义的窗体菜单栏名称，然后单击“确定”按钮。

（5）单击“属性”按钮，Access 弹出“工具栏属性”对话框，如图 12-5 所示。

（6）在“工具栏属性”对话框的“类型”组合框中选择“菜单栏”选项，然后单击“关闭”按钮。

（7）在“自定义”对话框中选择“命令”选项卡，如图 12-6 所示。

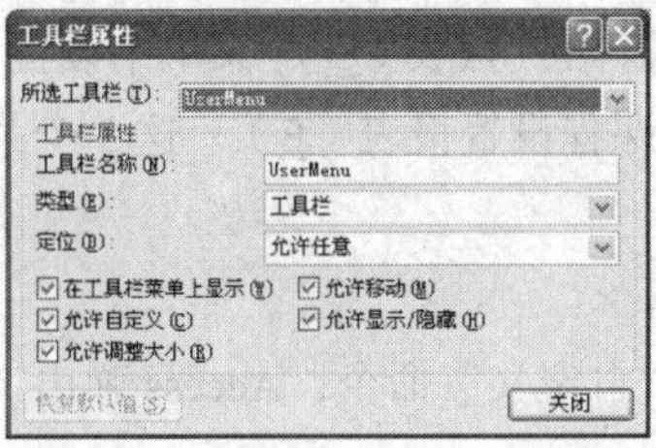

图 12-5　“工具栏属性”对话框

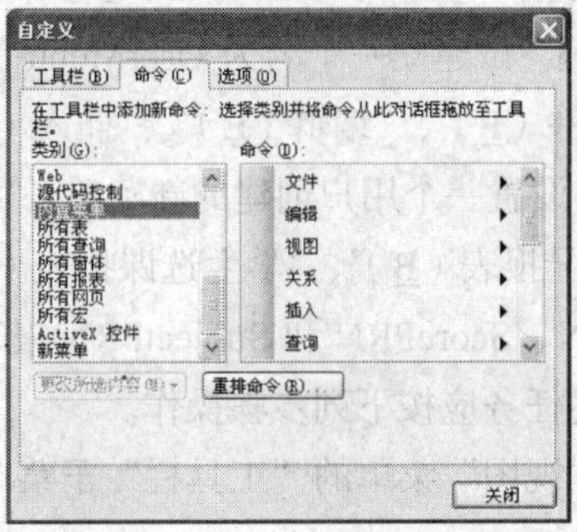

图 12-6　“命令”选项卡

（8）在“命令”选项卡中，若要为自定义的窗体菜单栏设置使用 Access 提供的内置菜单，则应在“类别”列表框中选择“内置菜单”选项并从“命令”列表框中拖曳需要使用的内置菜单到自定义窗体菜单栏中。若要为自定义的窗体菜单栏设置用户创建的新菜单，则应在“类别”列表框中选择“新菜单”选项并从“命令”列表框中拖曳“新菜单”到自定义窗体菜单栏中。

（9）如果为自定义的窗体菜单栏设置了用户创建的新菜单，则应单击“更改所选内容”按钮为新菜单重新命名。单击“更改所选内容”按钮以后，Access 弹出快捷菜单，如图 12-7 所示。

（10）在快捷菜单的“命名”文本框中输入新菜单的名称。

（11）在“命令”选项卡中，若要为新菜单添加菜单项，可以首先在“类别”列表框中选择“所有表”、“所有查询”、“所有窗体”、“所有报表”、“所有 Web 页”或“所有宏”选项，然后从“命令”列表框中拖曳需要使用的数据库对象到新菜单中。

（12）单击“更改所选内容”按钮，Access 弹出快捷菜单。在快捷菜单的“命名”文本框中输入新添加的菜单项名称。

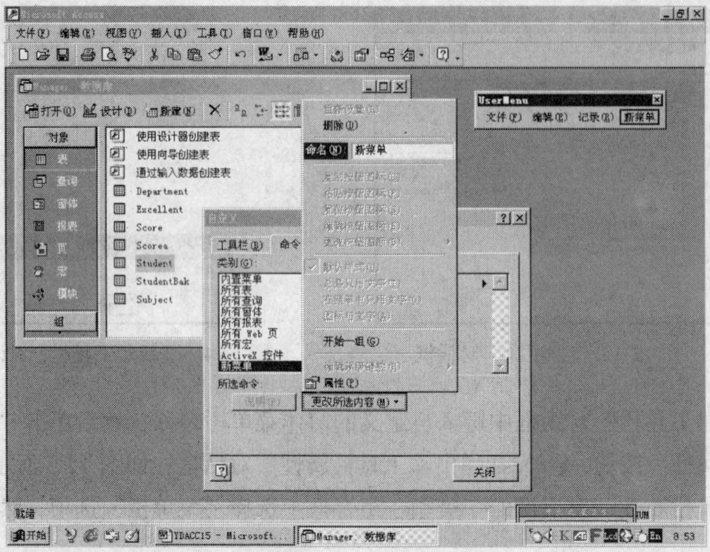

图 12-7　为新菜单重新命名

（13）重复第（11）步和第（12）步操作，可以为新菜单添加多个菜单项。

【例 12-1】 试建立一个名为 UserMenu 的自定义窗体菜单栏，要求在该菜单栏中设置系统内置菜单："文件（F）"、"编辑（E）"、"插入（I）"、"工具（T）"、"窗口（W）" 和 "帮助（H）" 菜单。另外还要设置一个用户创建的新菜单："报表（O）"。在 "报表（O）" 菜单中设置 3 个菜单项："学生基本情况报表（B）"、"学生选课报表（S）" 和 "课程设置报表（E）"。这 3 个菜单项分别对应 StudentPRN、ScorePRN 和 SubjectPRN 报表。

完成上述任务应按下列步骤操作。

（1）从 "视图" 菜单的 "工具栏" 子菜单中选择 "自定义" 命令，Access 弹出 "自定义" 对话框。

（2）在 "自定义" 对话框中选择 "工具栏" 选项卡。

（3）单击 "新建" 按钮，Access 弹出 "新建工具栏" 对话框。

（4）在 "新建工具栏" 对话框中键入自定义的窗体菜单栏名称 UserMenu，然后单击 "确定" 按钮。

（5）单击 "属性" 按钮，Access 弹出 "工具栏属性" 对话框。

（6）在 "工具栏属性" 对话框的 "类型" 组合框中选择 "菜单栏" 选项，然后单击 "关闭" 按钮。

（7）在 "自定义" 对话框中选择 "命令" 选项卡。

（8）为自定义的窗体菜单栏设置 Access 提供的内置菜单。在 "命令" 选项卡中，首先在 "类别" 列表框中选择 "内置菜单" 选项，然后分别从 "命令" 列表框中拖曳需要使用的内置菜单（"文件（F）"、"编辑（E）"、"插入（I）"、"工具（T）"、"窗口（W）" 和 "帮助（H）"）到自定义窗体菜单栏中，如图 12-8 所示。

（9）为自定义的窗体菜单栏设置用户创建的新菜单："报表（O）"。在 "命令" 选项卡中，首先在 "类别" 列表框中选择 "新菜单" 选项，然后从 "命令" 列表框中拖曳 "新菜单" 选项到自定义窗体菜单栏中，如图 12-9 所示。

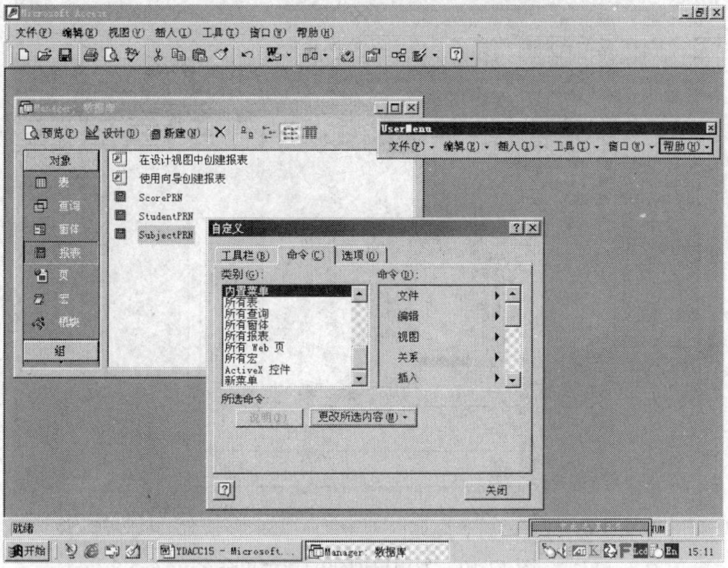

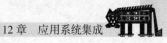

图 12-8　为自定义窗体菜单栏设置内置菜单

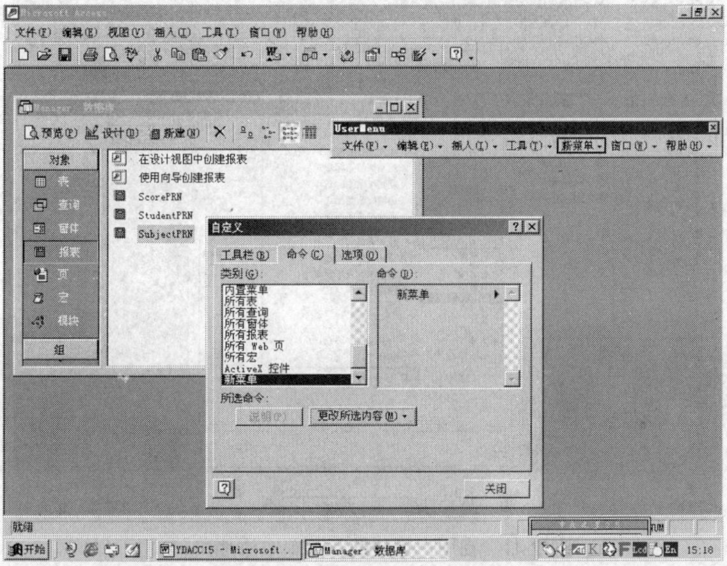

图 12-9　为自定义窗体菜单栏设置用户创建的新菜单

（10）单击“更改所选内容”按钮，Access 弹出快捷菜单。

（11）在快捷菜单的“命名”文本框中输入新菜单的名称：“报表（&O）”，如图 12-10 所示。

（12）为新创建的“报表（<u>O</u>）”菜单添加第 1 个菜单项：“学生基本情况报表（<u>B</u>）”。在“命令”选项卡中，首先在“类别”列表框中选择“所有报表”选项，然后从“命令”列表框中拖曳 StudentPRN 报表对象到新菜单中。

（13）单击“更改所选内容”按钮，Access 弹出快捷菜单。在快捷菜单的“命名”文本框中输入新添加的菜单项名称：“学生基本情况报表（&B）”，如图 12-11 所示。

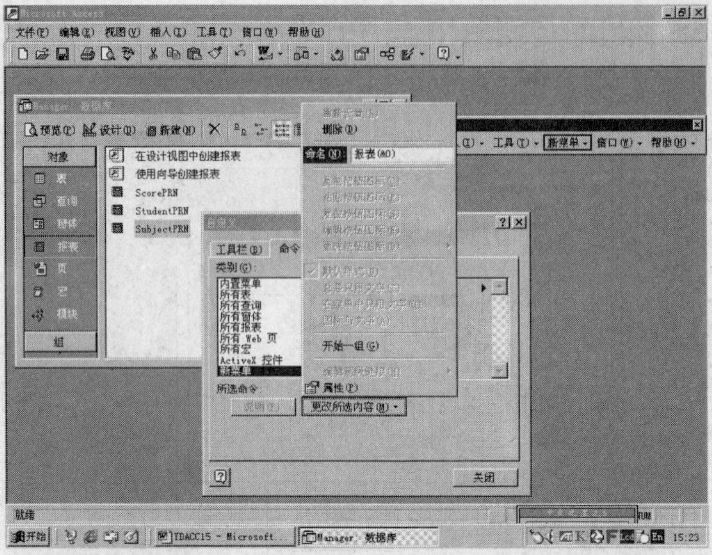

图 12-10　为用户创建的新菜单命名

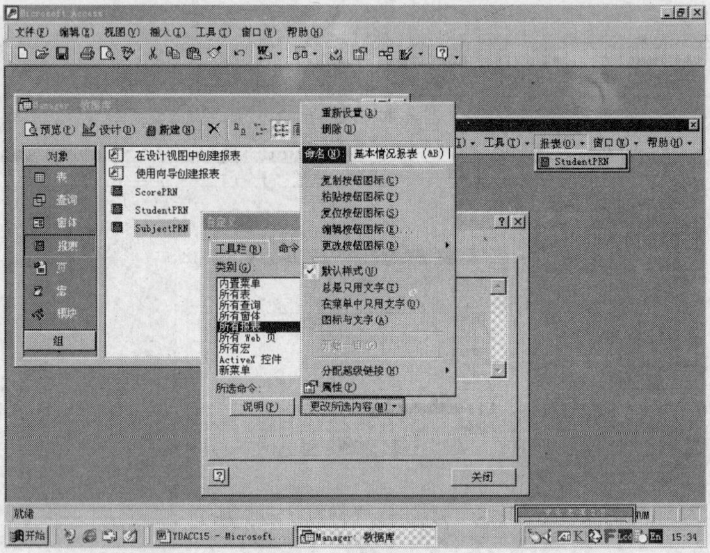

图 12-11　在用户创建的新菜单中添加菜单项

（14）重复第（12）步和第（13）步操作，为新菜单添加“学生选课报表（S）”和“课程设置报表（E）”菜单项。这两个菜单项分别对应 ScorePRN 和 SubjectPRN 报表。

图 12-12 显示了定义好的 UserMenu 自定义窗体菜单栏。如果在“报表（O）”菜单中选择“学生选课报表（S）”命令，Access 将显示学生选课报表。

若要在打开某一窗体时自动显示自定义的窗体菜单栏，应对该窗体进行如下设置。

（1）打开某一窗体的设计视图。

（2）从“编辑”菜单中选择“选择窗体”命令。

（3）单击“属性”按钮，Access 弹出“窗体”对话框。

（4）在“窗体”对话框中选择“菜单栏”属性并为其设置用户自定义的菜单栏名称。

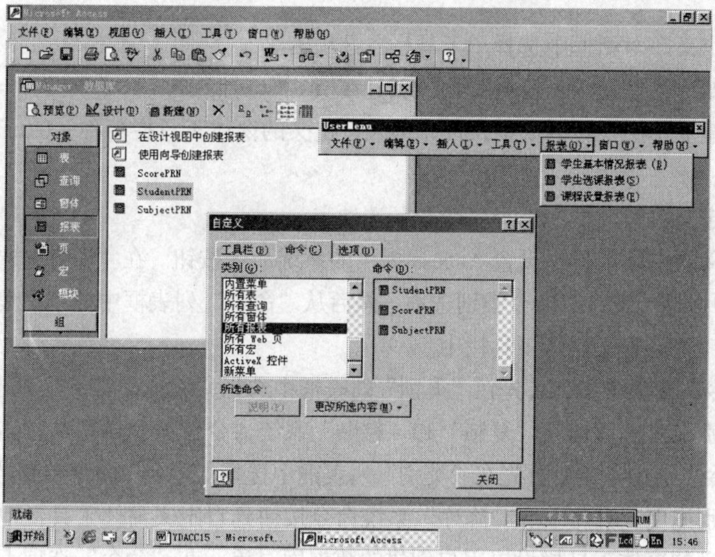

图 12-12　定义好的 UserMenu 自定义窗体菜单栏

（5）关闭“窗体”对话框。

至此，已为该用户窗体设置了自定义的窗体菜单栏。当用户打开该窗体时，Access 自动打开该自定义的窗体菜单栏。

12.3　为窗体定制工具栏

自定义窗体工具栏应按下列步骤操作。

（1）从“视图”菜单的“工具栏”子菜单中选择“自定义”命令，Access 弹出“自定义”对话框。

（2）在“自定义”对话框中选择“工具栏”选项卡。

（3）单击“新建”按钮，Access 弹出“新建工具栏”对话框。

（4）在“新建工具栏”对话框中，首先键入自定义窗体工具栏的名称，然后单击“确定”按钮。

（5）在“自定义”对话框中选择“命令”选项卡。

（6）在“命令”选项卡中，若要为自定义的窗体工具栏设置 Access 提供的系统命令按钮，应在“类别”列表框中选择适当的命令类别选项，然后从“命令”列表框中拖曳需要使用的系统命令按钮到自定义窗体工具栏中。若要为自定义的窗体工具栏设置用户创建的数据库对象，应在“类别”列表框中选择“所有表”、“所有查询”、“所有窗体”、“所有报表”、“所有 Web 页”或“所有宏”选项，然后从“命令”列表框中拖曳需要使用的数据库对象到自定义窗体工具栏中。

【例 12-2】 试建立一个名为 UserToolBar 的自定义窗体工具栏，要求在该工具栏中设置系统命令按钮：“新建”、“打开”、“剪切”、“复制”、“粘贴”、“升序”和“降序”。另外还要设置两个用户创建的表对象（Student 表和 Score 表）以及两个报表对象（StudentPRN 报表和 ScorePRN 报表）。

完成上述任务应按下列步骤操作。

（1）从“视图”菜单的“工具栏”子菜单中选择“自定义”命令，Access 弹出“自定义”对话框。

（2）在“自定义”对话框中选择“工具栏”选项卡。

（3）单击“新建”按钮，Access 弹出“新建工具栏”对话框。

（4）在“新建工具栏”对话框中，首先键入自定义的窗体工具栏名称：UserToolBar，然后单击“确定”按钮。

（5）在“自定义”对话框中选择“命令”选项卡。

（6）为自定义的窗体工具栏设置 Access 提供的系统命令按钮。在“命令”选项卡中，首先在“类别”列表框中选择“文件”命令类别选项，然后从“命令”列表框中分别拖曳“新建”和“打开”系统命令按钮到自定义窗体工具栏中。

（7）在“命令”选项卡中，首先在“类别”列表框中选择“编辑”命令类别选项，然后从“命令”列表框中分别拖曳“剪切”、“复制”和“粘贴”系统命令按钮到自定义窗体工具栏中。

（8）在“命令”选项卡中，首先在“类别”列表框中选择“记录”命令类别选项，然后从“命令”列表框中分别拖曳“升序”和“降序”系统命令按钮到自定义窗体工具栏中。

（9）为自定义的窗体工具栏设置用户创建的数据库对象。在“命令”选项卡中，首先在“类别”列表框中选择“所有表”选项，然后从“命令”列表框中分别拖曳 Student 和 Score 表对象到自定义窗体工具栏中。

（10）在“命令”选项卡中，首先在“类别”列表框中选择“所有报表”选项，然后从“命令”列表框中分别拖曳 StudentPRN 和 ScorePRN 报表对象到自定义窗体工具栏中。

图 12-13 显示了定义好的 UserToolBar 自定义窗体工具栏。如果在 UserToolBar 自定义窗体工具栏中单击 ScorePRN 报表对象按钮，Access 将显示学生选课报表。

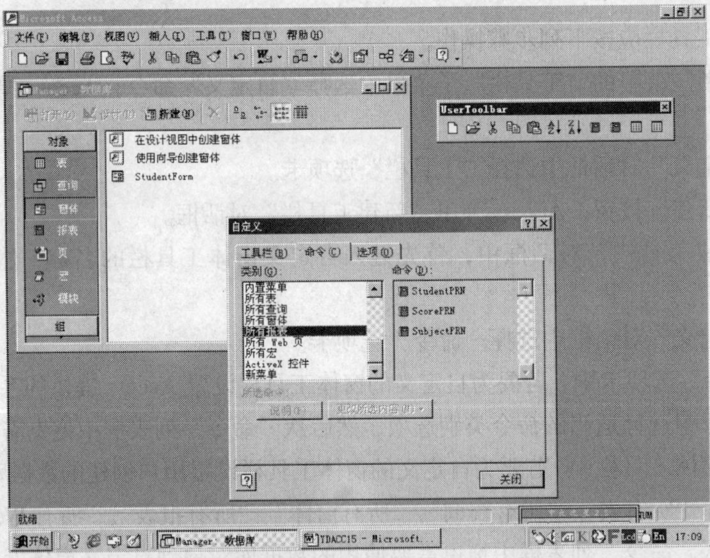

图 12-13　定义好的 UserToolBar 自定义窗体工具栏

若要在打开某一窗体时自动显示自定义的窗体工具栏，应为该窗体进行如下设置。

（1）打开某一窗体的设计视图。

（2）从“编辑”菜单中选择“选择窗体”命令。

（3）单击“属性”按钮，Access 弹出“窗体”对话框。

（4）在“窗体”对话框中选择“工具栏”属性并为其设置用户自定义的工具栏名称。

（5）关闭“窗体”对话框。

至此，已为用户窗体设置了自定义的窗体工具栏。当用户打开该窗体时，Access 自动打开该自定义的窗体工具栏。

12.4 操纵工具栏

Access 为方便用户的操作提供了许多系统工具栏，除此之外还允许用户创建自己的用户工具栏。无论是系统工具栏还是用户工具栏，都可以方便地在屏幕上显示或隐藏。对于系统工具栏，Access 还允许用户进行自定义。例如，从某一系统工具栏中删除或添加一个按钮。

12.4.1 显示与隐藏工具栏

在进入 Access 以后，Access 的工作窗口在默认状态下总是动态显示与当前数据库对象相关的某一个工具栏。但是与当前数据库对象相关的工具栏可能不止一个，这些相关的工具栏由于显示屏幕的限制被隐藏起来。要使用与当前数据库对象相关的被隐藏的工具栏，应首先将其在屏幕上显示出来，Access 提供了显示与当前数据库对象相关的工具栏的便捷操作方法。

若要显示一个与当前数据库对象相关的工具栏，可以直接从“视图”菜单的“工具栏”子菜单中选择要显示的工具栏名称，Access 即显示该工具栏。例如，在数据表视图中，可以直接从“视图”菜单的“工具栏”子菜单中选择“格式（数据表）”命令，Access 即显示“格式（数据表）”工具栏，如图 12-14 所示。

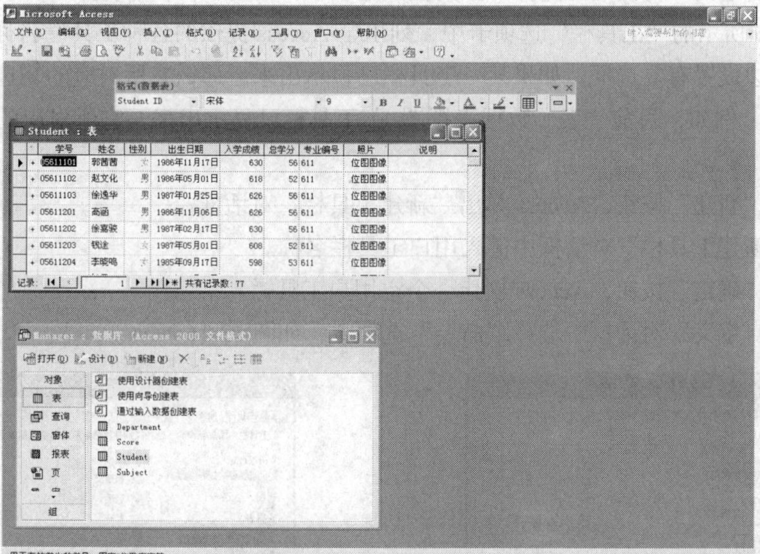

图 12-14　“格式（数据表）”工具栏

若要隐藏一个与当前数据库对象相关的工具栏，可以直接从“视图”菜单的“工具栏”子菜单中选择要隐藏的工具栏名称，Access 即隐藏该工具栏。例如，在数据表视图中，当“格式（数据表）”工具栏已经在 Access 的工作窗口中显示出来时，若要隐藏“格式（数据表）”工具栏，可以直接从“视图”菜单的“工具栏”子菜单中选择“格式（数据表）”命令，Access 即隐藏“格式（数据表）”工具栏。

12.4.2　移动工具栏

工具栏可以放置在 Access 工作窗口的任何位置上。当把一个工具栏显示在菜单栏下方的工具栏区域以外的任何位置上的时候，该工具栏形状如同一个小窗口，如图 12-14 所示。把鼠标指针放置在工具栏窗口的标题栏上拖动，可以移动该工具栏并将其放置在适当的位置。当把一个工具栏显示在菜单栏下方的工具栏区域中的时候，该工具栏窗口形状变为一个水平条，窗口标题栏消失。此时把鼠标放置在工具栏中按钮空隙的地方拖动，可以移动该工具栏并将其放置在适当的位置上。通常，Access 将工具栏放置在菜单栏下方的工具栏区域中，也可以把工具栏移动放置在 Access 工作窗口的任何位置上。

12.4.3　创建用户工具栏

尽管 Access 提供了许多预先定义好的系统工具栏，但还是允许用户创建自己的工具栏。这有利于用户根据工作需要创建组合自己的工具栏按钮，提高工作效率。

创建用户工具栏应按下列步骤操作。

（1）从“视图”菜单的“工具栏”子菜单中选择“自定义”命令，Access 弹出“自定义”对话框。

（2）在“自定义”对话框中选择“工具栏”选项卡，如图 12-15 所示。

在图 12-15 所示的“工具栏”选项卡中，列出了 Access 提供的各种工具栏名称。在每一个工具栏名称的左边设置有复选框。如果某一工具栏已显示出来，那么它所对应的复选框中将会出现复选标记“√”。例如，目前“表（数据表视图）”工具栏已显示出来，它所对应的复选框中将会出现复选标记“√”。

（3）单击“新建”按钮，Access 弹出“新建工具栏”对话框。

（4）在“新建工具栏”对话框中键入用户工具栏名称。

（5）单击“确定”按钮，Access 创建一个空用户工具栏。

（6）在“自定义”对话框中选择“命令”选项卡，如图 12-16 所示。

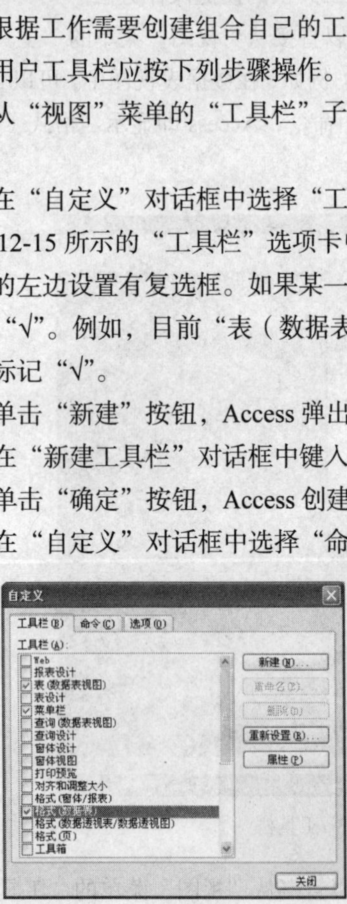

图 12-15　“自定义”对话框

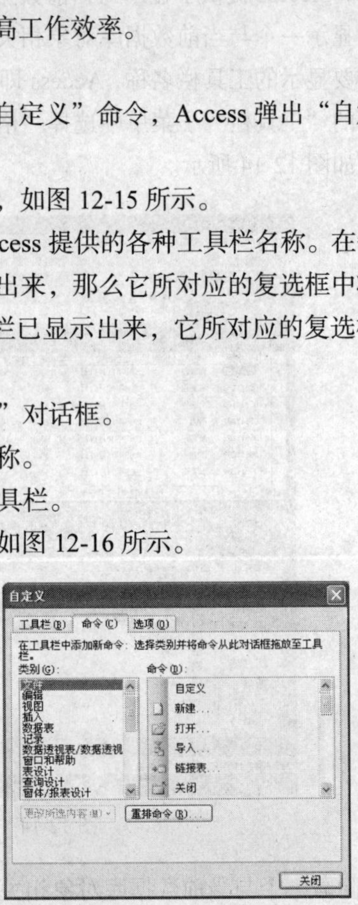

图 12-16　“命令”选项卡

（7）在“命令”选项卡中，Access 将按钮分为若干个类别放置在“类别”列表框中。选择“类别”列表框中的任何一个类别，Access 会将该类别所拥有的全部按钮显示在“命令”列表框中。

（8）将鼠标放置在“命令”列表框中显示的某个按钮上，并将其拖曳到新创建的工具栏中，即为创建的用户工具栏添加了一个按钮。

（9）重复第（7）、（8）步操作，直到添加完想要的按钮。

（10）单击“关闭”按钮，Access 完成创建用户工具栏的工作。

在“自定义”对话框的“工具栏”选项卡中，可以看到新创建的用户工具栏。对于用户自己创建的用户工具栏，Access 允许删除它。

删除用户创建的用户工具栏应按下列步骤操作。

（1）从“视图”菜单的“工具栏”子菜单中选择“自定义”命令，Access 弹出“自定义”对话框。

（2）在“自定义”对话框中选择“工具栏”选项卡。

（3）在“工具栏”选项卡的“工具栏”列表框中选择要删除的用户工具栏名称。

（4）单击“删除”按钮，Access 删除选择的用户工具栏。

（5）单击“关闭”按钮，Access 返回到工作窗口。

需要注意的是：Access 只允许删除用户工具栏，而对于 Access 预先定义的系统工具栏是无法删除的。

12.4.4 自定义工具栏

无论是 Access 预先定义的系统工具栏还是用户自己创建的用户工具栏，Access 都允许对它们进行自定义。例如，为某一工具栏添加或删除按钮或重画某一按钮上的图案。

1. 添加按钮

为指定的工具栏添加按钮应按下列步骤操作。

（1）首先显示要添加按钮的工具栏（如果该工具栏被隐藏）。

（2）从“视图”菜单的“工具栏”子菜单中选择“自定义”命令，Access 弹出“自定义”对话框。

（3）在“自定义”对话框中选择“命令”选项卡。

（4）在“命令”选项卡的“类别”列表框中选择要添加的按钮所在的类别名称，Access 在“命令”列表框中显示出该类别的全部按钮。

（5）将鼠标放置在要添加的按钮上，并将其拖动到指定的工具栏中。Access 即为该工具栏添加了一个按钮。

（6）重复第（4）、（5）步操作，直到添加完想要的按钮。

（7）单击“关闭”按钮，Access 返回到工作窗口。至此完成添加按钮的工作。

2. 删除按钮

从指定的工具栏上删除按钮应按下列步骤操作。

（1）首先显示要删除按钮的工具栏（如果该工具栏被隐藏）。

（2）从“视图”菜单的“工具栏”子菜单中选择“自定义”命令，Access 弹出“自定义”对话框。

（3）将鼠标放置在要删除的按钮上并将其拖动到工具栏外，Access 即将该按钮从工具栏中删除。

（4）重复第（3）步操作，直到删除了全部要删除的按钮。

（5）单击“关闭”按钮，Access 返回到工作窗口。至此完成删除按钮的工作。

12.4.5 自定义按钮图像

若要对 Access 提供的按钮图像进行修改，使得按钮图像更能反映按钮所代表的命令或功能，应按下列步骤操作。

（1）首先显示要修改图像的按钮所在的工具栏（如果该工具栏被隐藏）。

（2）从“视图”菜单的“工具栏”子菜单中选择“自定义”命令，Access 弹出“自定义”对话框。

（3）将鼠标放置在要修改图像的按钮上，然后单击鼠标右键，Access 弹出快捷菜单，如图 12-17 所示。

（4）从该快捷菜单中选择“编辑按钮图标”命令，Access 弹出“按钮编辑器”对话框，如图 12-18 所示。

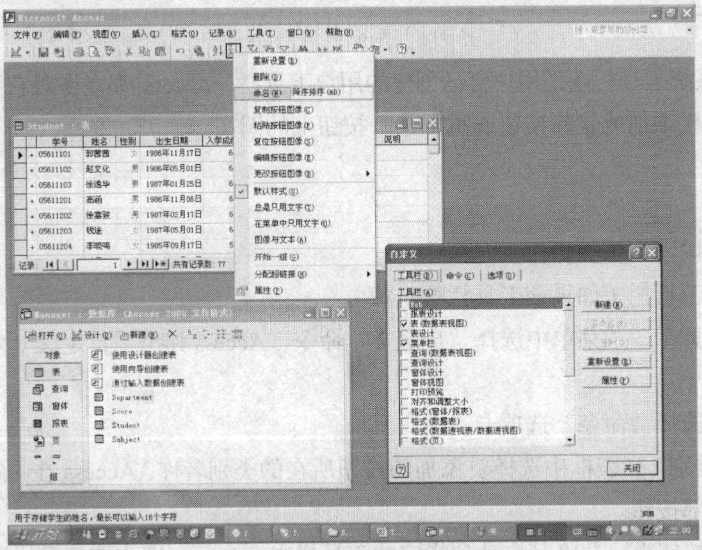

图 12-17　自定义按钮图像的快捷菜单

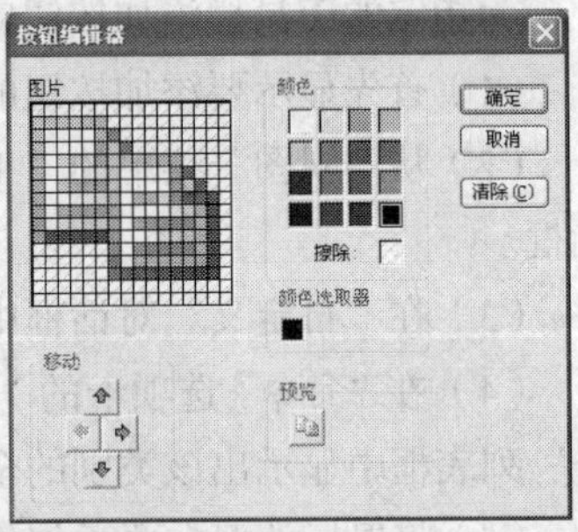

图 12-18　“按钮编辑器”对话框

（5）在“按钮编辑器”对话框中，允许用户修改按钮图象。选择“擦除”选项可以擦除已有的图像像素点；单击“清除”按钮可以擦除已有的全部图像；“颜色”面板选项用于绘制按钮图像；“移动”区域中的按钮用于调整图像在按钮中的显示位置；“预览”区域用于显示按钮的图像效果。

（6）修改完按钮图像以后单击“确定”按钮，Access 返回“自定义”对话框。

（7）单击“关闭”按钮，结束按钮图像编辑。

Access 还可以将一个按钮上的图像复制到功能相似的另一个按钮上去，然后稍加修改即可。若要这样做，应按下列步骤操作。

（1）首先显示要复制图像的按钮所在的工具栏和要将图像复制到其上的按钮所在的工具栏（如果这两个按钮所在的工具栏被隐藏）。

（2）从“视图”菜单的“工具栏”子菜单中选择“自定义”命令，Access 弹出“自定义”对话框。

（3）将鼠标放置在要复制图像的按钮上，然后单击鼠标右键，Access 弹出快捷菜单。

（4）从该快捷菜单中选择“复制按钮图标”命令，Access 将该按钮图像复制到剪贴板上。

（5）将鼠标放置在要将剪贴板中的图像复制到其上的按钮上，然后单击鼠标右键，Access 弹出快捷菜单。

（6）从该快捷菜单中选择“粘贴按钮图标”命令，Access 即将一个按钮上的图像复制到另一个按钮上。

Access 还可以将被编辑修改了的按钮图像恢复为原始状态。若要这样做，应按下列步骤操作。

（1）首先显示要将按钮图像恢复为原始状态的按钮所在的工具栏（如果该工具栏被隐藏）。

（2）从“视图”菜单的“工具栏”子菜单中选择“自定义”命令，Access 弹出“自定义”对话框。

（3）将鼠标定位在要恢复按钮图像原始状态的按钮上，然后单击鼠标右键，Access 弹出快捷菜单。

（4）从该快捷菜单中选择“复位按钮图标”命令，Access 即将该按钮被修改了的图像恢复为原始状态。

12.4.6　恢复系统工具栏

在对系统工具栏做了上述自定义工作以后，Access 允许用户恢复系统工具栏的原始状态。恢复系统工具栏的原始状态应按下列步骤操作。

（1）从“视图”菜单的“工具栏”子菜单中选择“自定义”命令，Access 弹出“自定义”对话框。

（2）在“自定义”对话框中选择“工具栏”选项卡。

（3）在“工具栏”选项卡的“工具栏”列表框中选择要恢复为原始状态的系统工具栏名称。

（4）单击“重新设置”按钮，Access 显示系统提示框。

（5）在系统提示框中单击“确定”按钮，Access 即将指定的系统工具栏恢复成原始状态。

（6）单击“关闭”按钮。

12.5　设置应用系统的自动引导机制

在 Access 关系数据库中，当用户打开数据库时，Access 通常会显示该数据库窗口。如果用户希望在打开数据库的时候，Access 能够自动打开用户创建的该数据库的主控制窗体，则应对该数据库设置应用系统的自动引导机制。

设置应用系统的自动引导机制应按下列步骤操作。

（1）打开要设置自动引导机制的数据库。

（2）在“数据库”窗口中选择“宏”对象。

（3）单击“新建”按钮，Access 打开宏对象编辑窗口。

（4）在宏对象编辑窗口中设置“OpenForm”宏操作，并在“窗体名称”操作参数中设置主控制窗体名称（这里是 Switchboard 窗体），如图 12-19 所示。

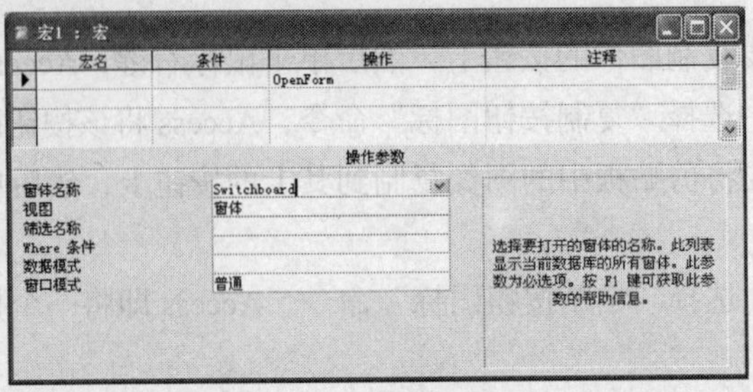

图 12-19　宏对象编辑窗口

（5）单击“保存”按钮，Access 弹出“另存为”对话框。

（6）在“另存为”对话框中键入宏对象名称：AutoExec。需要注意的是，一定要键入该宏对象名称，而不能键入其他的宏对象名称。

（7）单击“确定”按钮，至此完成设置应用系统的自动引导机制。

练习题

1. 首先为 Student 表、Score 表和 Subject 表分别建立 3 个用于数据输入与输出的窗体，然后建立 1 个控制型窗体以控制上述 3 个窗体的调用。
2. 试定制一个窗体菜单栏，在该窗体菜单栏中设置有“窗体（F）”菜单。“窗体（F）”菜单中设置有 3 个菜单项：“学生基本情况（B）”、“学生选课（S）”和“课程设置（U）”。选择这 3 个命令能够分别调用基于 Student 表、Score 表和 Subject 表建立的窗体。
3. 试定制一个窗体工具栏，希望能够利用该窗体工具栏打开在当前数据库中建立的所有窗体和报表对象。

第13章 综合应用实例

系统开发设计是用户使用数据库管理系统的根本目的。本章以“学生管理信息系统”和“人事管理系统”为综合实训示例，介绍 Access 应用系统的设计开发过程。这个两个应用系统设计开发不仅是对前面各章知识的综合运用，也是对全书学习过程的一个全面训练。

本章主要介绍如何对数据库系统进行系统分析、设计和实现，并根据系统分析、设计采用 Access 开发出实用的数据管理系统。

13.1 Access 数据库应用系统开发步骤

要开发一个数据库应用系统项目，应该首先明白这个项目应具有什么功能、需要一些什么表，有什么样的报表需要打印，数据流程如何等，这样才能使整个软件开发的过程比较顺利，否则会给后面的软件开发、修改、维护等带来麻烦。因此在开发软件之前，应该先作系统分析，使之符合软件开发的一般规律。使用 Access 开发数据库应用系统项目一般步骤如下。

- 需求分析；
- 系统结构设计；
- 系统详细设计；
- 编译应用程序。

13.1.1 需求分析

软件需求主要包括：功能需求、界面需求、性能需求、环境需求、可靠性需求、安全保密需求、资源使用需求、软件成本与开发进度需求等。要了解客户的需求，首先要对客户进行访谈和调研，充分收集相关需求信息。对每一次交流一定要有详细记录，这是进一步分析需求和编写需求说明书的原始资料。对收集到的用户需求信息作进一步的分析和整理，罗列出所有需要在程序设计中实现的功能；分析需求是否真实地反映了用户的意图；使需求符合系统的整体目标；保证需求项之间的一致性，解决需求项之间可能存在的冲突。对于用户提出的每个需求都要知道“为什么”，不要盲目接受用户或客户提出的需求，必须弄清楚用户提出需求的理由。一般来讲，用户通常不能提出隐含的需求，但它可能是实现另一用户需求的前提条件，忽略这一点往往容易因为对隐含需求考虑得不够充分而引起需求变更，延长软件的开发周期。需求分析阶段的工作成果，体现为《用户需求说明书》。需求文档可以使用自然语言或形式化语言来描述，还可以添加图形的表述方式和模型表征的方式。需求文档应该包括用户的所有需求，包括功能性需求和非功能性需求。

13.1.2 系统结构设计

系统结构设计包括数据结构和功能结构的设计，也称为数据分析和功能分析。这个阶段的任务不是编写程序，而是设计出程序的详细说明。结构设计阶段的主要任务有；

（1）考虑可能的解决方案，向客户推荐最佳方案；

（2）设计软件的结构。

13.1.3 系统详细设计

系统详细设计是在系统的模块化的基础上，把系统的功能具体化，逐步完善系统的功能需求。这个阶段要为具体的设计打好基础。

（1）把整个程序看作一个整体，先全局后局部，自顶向下，一层一层分解处理，尽可能实现程序的模块化。

（2）选择恰当的算法，尽可能使用标准模块或已经过调试的模块，以减少程序中的错误。

（3）数据和模块的细化过程。

13.1.4 编译应用程序

一个典型的数据库应用程序由数据库、用户界面和报表等几个部分组成。在设计应用程序时，应仔细考虑每个组件的功能以及该组件与其他组件之间的关系。Access 提供了对象管理器作为容纳相关组件并将其编译成单个应用程序的文件管理工具。 应用程序框架建立之后，就可以将其他文件加入到项目中，并将其功能并入到应用程序中。

13.2 学生管理信息系统设计

13.2.1 系统总体设计

学生管理信息系统一个典型的数据库应用程序，本次设计主要完成该系统中学生成绩管理功能，从用户需求的角度分析，系统应能够完成以下几个方面的功能。

（1）数据登录功能。登录功能用于把各种数据信息（学生信息、课程信息、部门信息、成绩）

及时登录到数据库系统中，并且能修改这些数据。

（2）数据浏览、查询功能。能浏览或查询学生信息、部门信息、课程信息、成绩。

（3）数据输出功能。能打印输出学生成绩单、课程成绩表。

对上述各项功能进行集中、分块，按照结构化程序设计的要求，得到图 13-1 所示的系统功能模块图。

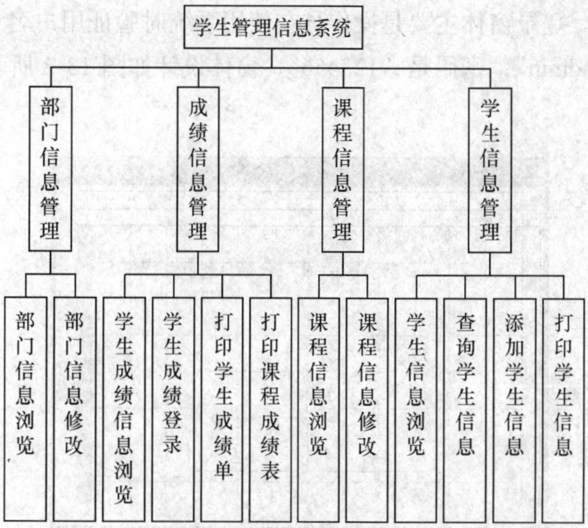

图 13-1　系统功能模块图

13.2.2　数据库设计

数据库结构设计的好坏将直接对应用系统的效率以及实现的效果产生影响。合理的数据库结构设计可以提高数据存储的效率，保证数据的完整和一致。同时，合理的数据库结构也将有利于程序的实现。

设计数据库系统时应该首先充分了解用户各个方面的需求，包括现有的以及将来可能增加的需求。

学生管理信息系统主要用于学生成绩信息管理，根据系统需要设计了 4 个数据表：学生信息表、学生成绩表、部门信息表和课程信息表。为了方便，这里需要的数据库表结构分别采用第 4 章中 Student 表、Score 表、Department 表和 Course 表的表结构。创建数据库表的步骤如下。

（1）启动 Access 后，单击文件菜单的“新建”菜单项，选择“新建数据库”。在“文件新建数据库”对话框中输入新建数据库名“Manager.mdb”，并指定保存位置。

（2）在新创建的“Manager.mdb”数据库的“数据”选项卡中展开“数据库”，选择“表”，然后单击“新建”按钮，弹出“新建表”对话框，单击“新建表”对话框按钮，弹出“创建”对话框。

（3）在“创建”对话框中输入 Studentt 后单击“保存”按钮，打开“表设计器”对话框，在该对话框中根据表 4-1 中的内容进行设置，完成后单击“确定”按钮保存并录入初始数据。

（4）用与（2）和（3）同样的方法创建数据表 Score.dbf、Department.dbf 和 Course.dbf。

13.2.3 窗体设计

根据系统功能要求，本系统需要设计的窗体包括登录窗体、学生信息浏览窗体、学生信息登录窗体、基本信息浏览窗体、成绩录入窗体、学生成绩查询窗体、课程成绩查询以及关于系统窗体。

（1）登录窗体设计。登录窗体主要是操作员在使用系统时验证用户名和密码。本系统的登录窗体使用的用户名是“admin”，密码是“123456”，窗体设计如图 13-2 所示。按照第 6 章窗体设计步骤设计该窗体。

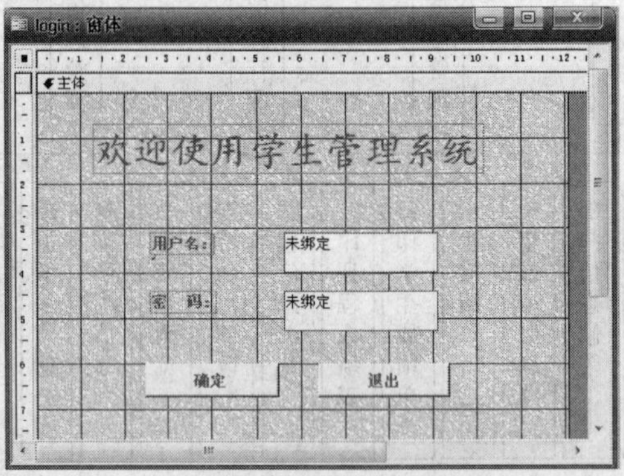

图 13-2　登录窗体

窗体中确定命令按钮的 Click 事件过程代码是：

```
Private Sub Command4_Click()
Dim Name As String
Dim pass As String                '存放 MsgBox 消息框的返回值
   Name = Me!Textname
   pass = Me!Textpass
   If pass = "123456" And Name = "admin" Then
      '如果用户名和口令正确,显示消息框,运行"学生管理模块"窗体
      MsgBox "欢迎进入学生管理模块!", vbOKOnly + vbCritical, "欢迎"
      DoCmd.Close
      DoCmd.OpenForm "switchboard"
   Else
      MsgBox "密码错误!", vbOKOnly   '显示消息框
      Me!Textname = ""          '使文本框清空
      Me!Textpass = ""
      Me!Textname.SetFocus          '使文本框获得焦点,准备重新输入
   End If
End Sub
退出按钮 Click 事件代码:
Private Sub Command6_Click()
On Error GoTo Err_Command6_Click
   DoCmd.Quit
Exit_Command6_Click:
   Exit Sub
Err_Command6_Click:
   MsgBox Err.Description
   Resume Exit_Command6_Click
End Sub
```

（2）主控面板窗体的设计。该窗体是系统功能的总控制面板，如图 13-3 所示。按照第 6 章窗体设计步骤设计该窗体。通过本窗体可以实现学生信息的浏览、查找、添加、修改和打印等功能。

（3）学生信息管理窗体设计。该窗体主要是用来浏览学生基本信息，如图 13-4 所示。按照第 6 章窗体设计步骤设计该窗体。通过本窗体可以实现学生信息的浏览、查找、添加、修改和打印等功能。

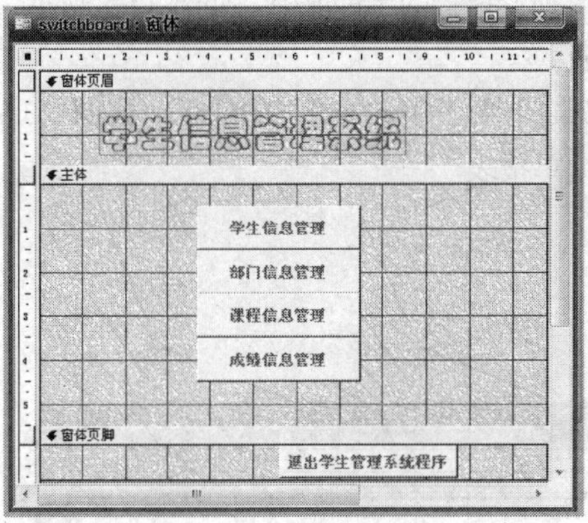

图 13-3　主控面板窗体

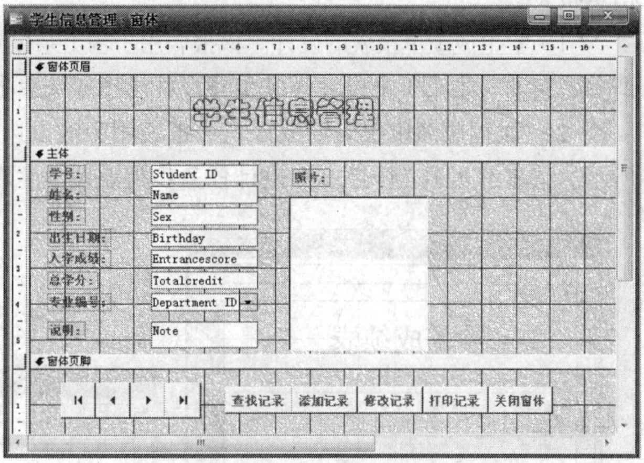

图 13-4　学生信息浏览窗体

（4）课程信息管理窗体设计。该窗体主要是用来浏览课程基本信息，如图 13-5 所示。按照第 6 章窗体设计步骤设计该窗体。通过本窗体可以实现课程信息的浏览、添加、修改等功能。

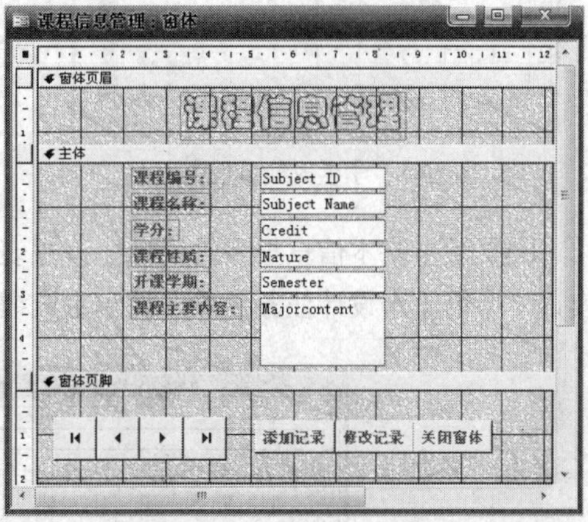

图 13-5　课程信息浏览窗体

（5）部门信息管理窗体设计。该窗体主要是用来浏览部门基本信息，如图 13-6 所示。按照第 6 章窗体设计步骤设计该窗体。通过本窗体可以实现部门信息的浏览、添加和输出等功能。

（6）成绩信息浏览窗体设计。该窗体主要是用来浏览成绩基本信息，如图 13-7 所示。按照第 6 章窗体设计步骤设计该窗体。通过该窗体可以浏览学生成绩、登录学生的成绩信息、打印学生成绩信息、打印课程成绩单信息。

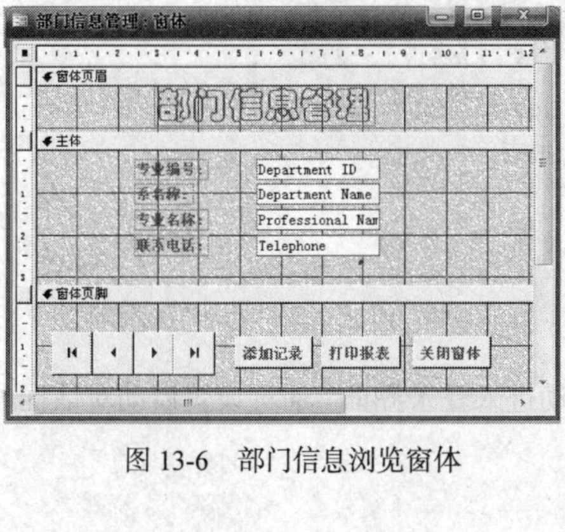

图 13-6　部门信息浏览窗体

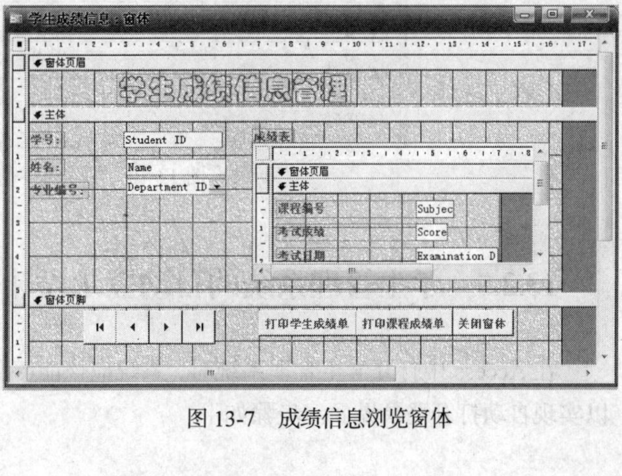

图 13-7　成绩信息浏览窗体

13.2.4 报表设计

根据系统功能要求，本系统需要设计 3 张报表，即学生成绩单报表、课程成绩单报表和学生信息报表。

（1）学生成绩单报表的设计。该报表用于输出某位同学所修课程的全部成绩，如图 13-8 所示。请参考实训 7 中第 1 个设计任务步骤设计学生成绩单报表。

（2）课程成绩单报表的设计。该报表用于输出选修某门课程的全部同学的成绩，如图 13-9 所示。请参考实训 7 中第 1 个设计任务步骤设计学生成绩单报表。

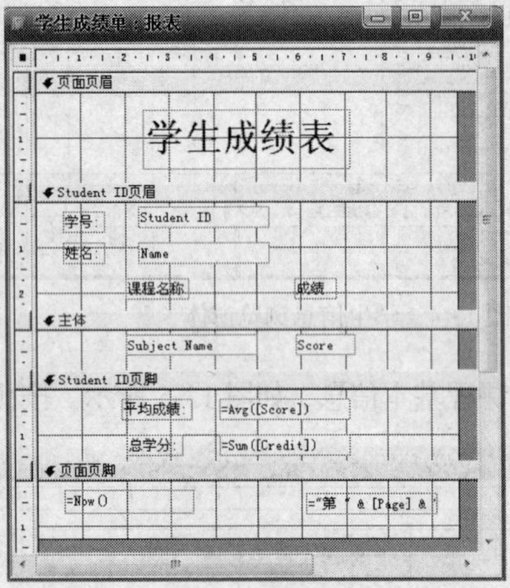

图 13-8　学生成绩单报表

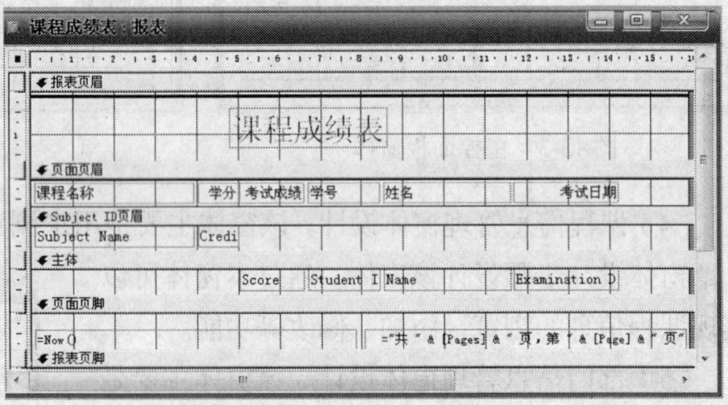

图 13-9　课程成绩单报表

（3）学生基本信息报表的设计。该报表用于全部同学的基本信息，如图 13-10 所示。请参考实训 7 中第 1 个设计任务步骤设计学生成绩单报表。

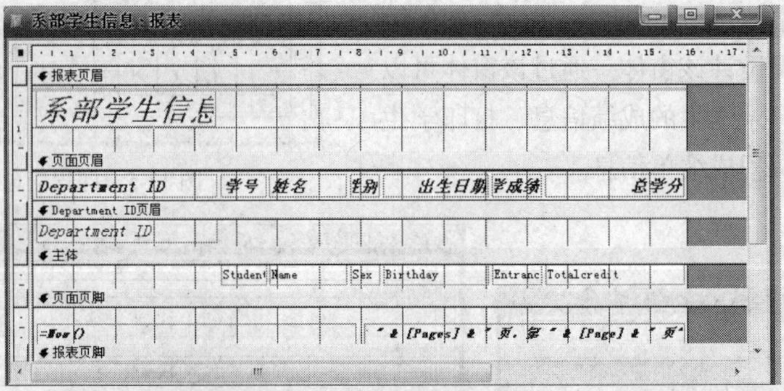

图 13-10　学生基本信息报表

13.2.5 学生管理系统的自动登录设计

在 Access 中打开学生管理系统时，系统应该能够自动进入登录界面。通过设置启动对话框可以实现自动打开登录界面。步骤如下。

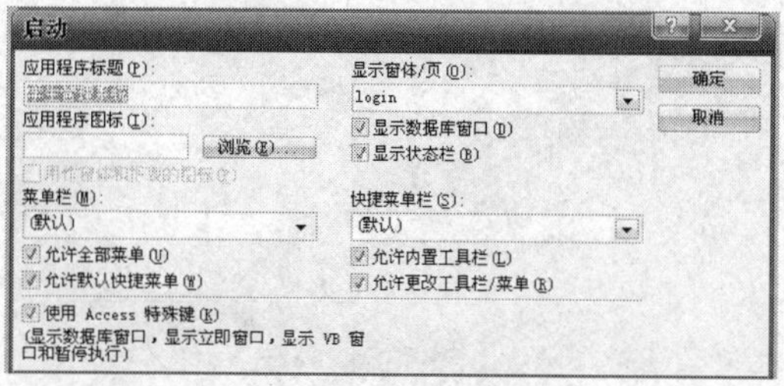

图 13-11　“启动”对话框

（1）在 Access 中打开学生管理系统。

（2）选择“工具”菜单中的“启动”菜单项，打开图 13-11 所示的对话框。

（3）在应用程序标题中填写“学生管理系统”，把显示窗体设置为登录窗体“login”，单击“确定”按钮即可。

至此，“学生管理信息系统”的开发基本完成了，涉及到系统的总体设计、数据库建立、窗体设计、报表设计和系统自动登录。

13.3 人事信息管理系统设计

人事管理系统是为减少企事业管理的巨大工作量而开发的管理软件。根据企事业管理者的要求，实现企业人事的各方面管理。

企事业管理者通过添加、删除、浏览、查询、帮助等基本信息，由系统自行生成相应的统计资料及各类统计报表以供企事业管理者查询。另外企事业管理者还可以对这些基本信息进行定期更新和删除，企业人事管理系统力求让企事业管理者通过方便快捷的途径去管理这些烦琐的资料。

本次设计主要完成该系统中工资考勤信息管理功能，从用户需求的角度分析，系统应能够完成以下几个方面的功能。

（1）有关企业员工各种信息的输入，包括员工基本信息、所在部门、工作信息和工作简历等。
（2）员工各种信息的查询。
（3）员工各种信息的修改。
（4）考勤信息的输入等。
（5）考勤信息的查询。
（6）考勤信息的修改。
（7）员工工资信息的输入。
（8）员工工资信息的查询。
（9）打印工资单。

对上述各项功能进行集中、分块，按照结构化程序设计的要求，得到如图 13-12 所示的系统功能模块图。

请参照实训 2 中的数据库和表的设计完成人事管理系统的数据库设计，各功能模块可以参照实训内容设计并实现。

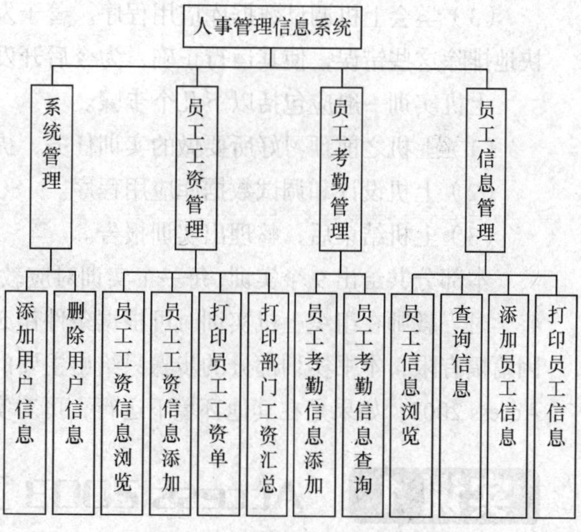

图 13-12　人事管理系统功能模块

本章以“学生管理信息系统”和“人事管理系统”为综合实训示例，介绍 Access 应用系统的设计过程。“学生管理信息系统”给出了详细的分析、设计和实现过程，“人事管理系统”给出了总体设计。由于篇幅有限，这里设计的两个系统功能比较简单，旨在抛砖引玉，帮助于同学们了解并掌握采用 Access 开发数据库系统的完整过程，并在此基础上进行一定的创新与扩展。

第14章 实训

学习 Access 2003 必须重视实践环节，即对数据库的独立设计、使用、调试和维护等。上机实训的目的，绝不仅是为了验证教材和讲课内容或者自己所设计的应用系统正确与否，而应达到如下学习目的。

（1）加深对讲授内容的理解，有些语法规定和可视化设计部分，仅靠课堂讲授是很难掌握和熟练应用的，但它们又很重要。通过多次上机，就能自然、熟练地掌握它们。

（2）了解和熟悉 Access 2003 数据库应用与开发环境。

（3）学会上机调试数据库应用程序。善于发现数据库应用程序中的错误，并且能很快地排除这些错误，使其运行正确，为今后开发大型数据库应用系统积累经验。

上机实训一般应包括以下几个步骤。

（1）上机之前预习好所要做的实训任务，提高上机效率。

（2）上机设计和调试数据库应用程序。

（3）上机结束后，整理出实训报告。

本部分共给出 9 个实训，每一个实训对应教材中一章或两章的内容，上机时间为 2～4 学时。教师在组织上机实训时可根据条件作必要的调整，增加或减少某些实训内容。因篇幅有限，本书实训部分的步骤只给出主要的操作步骤，其运行环境为 WindowsXP+Access 2003，如果是在其他环境下运行，可对实训步骤稍作调整。

实训 1　Access 2003 工作环境的认识

一、目的

（1）了解 Access 2003 运行所需的软件和硬件环境。

（2）掌握 Access 2003 的启动和退出方法。

（3）掌握 Access 2003 工作环境中各组成部分的使用方法。

（4）了解 Access 2003 提供的联机帮助功能。

二、环境

（1）Windows2000、WindowsXP 或 Windows Server 2003。

（2）Access 2003。

三、内容和主要步骤

（1）Access 2003 的启动。

① 通过 Windows“开始”菜单启动 Access 2003。

② 通过 Windows“桌面”上的“快捷方式”启动 Access 2003。

（2）Access 2003 的退出。

① 从“文件”菜单中选择“退出”命令退出 Access 2003。

② 单击 Access 2003 主窗口“标题栏”上的“关闭”按钮退出 Access 2003。

（3）在 Access 2003 的主窗口中熟悉标题栏、菜单栏、工具栏、数据库窗口、状态栏的组成部分和使用方法（详细内容请参阅“2.5 Access 的工作环境”一节）。

（4）了解 Access 2003 的联机帮助功能。

① 从“帮助”菜单中选择“Microsoft Access 帮助”命令或单击“Microsoft Access 帮助”按钮获得联机帮助信息。

② 从“帮助”菜单中选择“这是什么?”命令快速取得有关对象（例如，命令或按钮）的帮助信息。

③ 在设置有“帮助”按钮的对话框中获取有关选项的帮助信息。

④ 从状态栏中获取用户当前选择的对象的属性说明。

实训 2　创建数据库和表

一、目的

（1）熟练掌握创建数据库的方法。

（2）熟练掌握打开和关闭数据库的方法。

（3）熟练掌握表结构的设计和修改方法。

（4）掌握为字段设置字段属性的方法。

二、环境

（1）Windows 2000、Windows XP 或 Windows Server 2003。

（2）Access 2003。

三、内容和主要步骤

（1）创建一个新的数据库，并将其命名为 RSGL.mdb。

① 启动 Access 2003。

② 单击常用工具栏上的“新建”按钮。

③ 在“新建”对话框中选择“数据库”，然后单击“确定”按钮。

④ 在“文件新建数据库”对话框的“文件名”文本框中输入 RSGL.mdb，然后单击“创建”按钮。

（2）在 RSGL.mdb 数据库中添加 3 个表：RENSHI 表、GONGZI 表和 BUMEN 表。

① 打开 RSGL.mdb 数据库。

② 在“数据库”窗口中选择“表”选项卡。

③ 单击“新建”按钮，打开表的设计视图。

④ 按照表 14-1 给出的字段名、数据类型和字段大小设计 RENSHI 表的表结构。

⑤ 重复第（3）、（4）步操作，按照表 14-2 和表 14-3 给出的字段名、数据类型和字段大小等设计 GONGZI 表和 BUMEN 表的表结构。

表 14-1　RENSHI 表结构

字 段 名 称	数 据 类 型	字 段 大 小
部门号	文本	2
职工编号	文本	4
姓名	文本	8
性别	文本	2
民族	文本	10
出生日期	日期/时间	8
学历	文本	6
职务	文本	8
职称	文本	8
备注	备注	

表 14-2　GONGZI 表结构

字 段 名 称	数 据 类 型	字 段 大 小	小 数 位 数
部门号	文本	2	
职工编号	文本	4	
基本工资	数字	单精度	2
奖金	数字	单精度	2
书报费	数字	单精度	2
洗理费	数字	单精度	2
房补	数字	单精度	2
会费	数字	单精度	2
住房基金	数字	单精度	2

表 14-3　　BUMEN 表结构

字 段 名 称	数 据 类 型	字 段 大 小
部门号	文本	2
部门	文本	20

（3）为 RENSHI 表、GONGZI 表和 BUMEN 表添加记录。

① 打开 RSGL.mdb 数据库。

② 在“数据库”窗口中选择“表”选项卡，然后选择 RENSHI 表。

③ 单击“打开”按钮，Access 2003 打开数据表视图。

④ 在数据表视图中将表 14-4 给出的记录添加到 RENSHI 表中。

⑤ 重复第（2）、（3）和（4）步操作，将表 14-5 和表 14-6 给出的记录分别添加到 GONGZI 表和 BUMEN 表中。

表 14-4　　RENSHI 表

部门号	职工编号	姓名	性别	民族	出生日期	学历	职务	职称
01	0001	赵呈	男	汉族	1950-3-16	硕士	系主任	教授
01	0002	苏明	女	满族	1964-5-1	学士	教师	讲师
02	0003	武滨	男	回族	1965-8-2	硕士	教师	副教授
02	0004	程圆	女	汉族	1969-9-10	学士	教师	讲师
02	0005	刘小辰	女	汉族	1970-10-18	学士	教师	讲师
01	0006	许社功	男	回族	1965-12-25	博士	系副主任	副教授
02	0007	王晶	男	汉族	1963-1-15	硕士	系主任	教授
01	0008	陈宇	男	汉族	1972-8-13	学士	教师	实训师

表 14-5　　GONGZI 表

部门号	职工编号	基本工资	奖金	洗理费	书报费	房补	住房基金	会费
01	0001	470	360	30	30	86	78	5.3
01	0002	380	300	35	26	75	56	4.8
02	0003	420	300	30	30	80	59	5
02	0004	365	280	35	28	70	56	4.5
02	0005	380	296	35	27	75	61	4.5
01	0006	400	310	30	30	80	87	5
02	0007	410	332	30	30	82	76	5.1
01	0008	389	290	30	29	75	34	4.7

表 14-6　　BUMEN 表

部　门　号	部　　门
01	信息系
02	计算机系
03	经管系

（4）浏览 RENSHI 表、GONGZI 表和 BUMEN 表中的记录。

（5）为 GONGZI 表的“基本工资”字段设置“格式”属性。

要求将“基本工资”字段中显示的数值精确到小数点后两位，正数值显示千位分隔符，负数值同样显示千位分隔符并用红色显示，零值时显示“零”，Null 值时显示“未输入”。那么可在该字段的“格式”属性中进行如下设置：

#,##0.00；#,##0.00［红色］；“零”；“未输入”

（6）在 RENSHI 表中，为了显示定长的“出生日期”字段值，应为“出生日期”字段设置自定义的“格式”属性：YYYY“年”MM“月”DD“日”。

（7）为 GONGZI 表的“基本工资”字段设置“有效性规则”和“有效性文本”属性。

在 GONGZI 表中，职工的基本工资不会低于 800 元，否则应禁止输入。则应将“基本工资”字段的“有效性规则”属性设置为：>= 800。

如果为“基本工资”字段输入的数据未能通过有效性规则，则 Access 2003 将弹出一个系统提示框提示用户输入的数据非法。为了能够在提示框中显示简洁的提示信息，应将“基本工资”字段的“有效性文本”属性设置为：“基本工资应大于等于 800 元!”。

（8）为 RENSHI 表的“职称”字段设置“显示控件”属性，为其绑定“组合框”控件。

在 RENSHI 表中，“职称”字段用于存储职工的职称。对于职称来说，其值是相对固定的，个数是有限的。为了方便用户输入职工的职称，可以将“职称”字段与“组合框”控件绑定。

若要将“职称”字段与“组合框”控件绑定，应按下列步骤操作。

① 在 RENSHI 表的设计视图中，首先选择“职称”字段。

② 选择“查阅”选项卡，并将“显示控件”属性设置为“组合框”。

③ 将“行来源类型”属性设置为“值列表”。

④ 假设职称共有 5 个，它们是：“教授”、“副教授”、“讲师”、“助教”和“实训师”。则应将“行来源”属性设置为：“教授”；“副教授”；“讲师”；“助教”；“实训师”。

至此就完成了将“职称”字段与“组合框”控件的绑定工作。在 RENSHI 表的数据表视图中就可以使用组合框为“职称”字段选择职称了。

（9）创建一个新的数据库，并将其命名为 MANAGER.mdb。

（10）在 Manager.mdb 数据库中添加四个表：Student 表，Department 表、Score 表和 Subject 表，表结构按照教材中给出的表结构设计，并为各表添加记录。

（11）浏览 Student 表、Score 表、Subject 表和 Department 表中的记录。

实训 3 使用与维护表

一、目的

（1）熟练掌握为表定义主键的方法。

（2）熟练掌握建立表间关系的方法。

（3）熟练掌握在数据表视图中添加、修改和删除记录的方法。

（4）熟练掌握在数据表视图中排序和筛选记录的方法。

二、环境

（1）Windows2000、Windows XP 或 Windows Server 2003。

（2）Access 2003。

三、内容和主要步骤

（1）在 RSGL.mdb 数据库中，根据“职工编号”字段分别为 RENSHI 表和 GONGZI 表设置主键。

① 打开 RSGL.mdb 数据库。

② 在“数据库”窗口中选择“表”选项卡，并选择 RENSHI 表，然后单击“设计”按钮，进入表的设计视图。

③ 在表设计视图中，选择“职工编号”字段，然后从“编辑”菜单中选择“主键”命令，Access 2003 即将“职工编号”字段定义为主键。

④ 重复第（2）、（3）步操作，将 GONGZI 表的“职工编号”字段定义为主键。

（2）在 RSGL.mdb 数据库中，为 RENSHI 表、GONGZI 表、BUMEN 表创建表间关系。

① 打开 RSGL.mdb 数据库。

② 从“工具”菜单中选择“关系”命令，Access 2003 打开“关系”窗口。

③ 从“关系”菜单中选择“显示表”命令，Access 2003 打开“显示表”对话框。在该对话框中分别将 RENSHI 表、GONGZI 表和 BUMEN 表添加到“关系”窗口中。

④ 在“关系”窗口中，拖曳 RENSHI 表中的“职工编号”字段到 GONGZI 表的“职工编号”字段上，Access 2003 弹出“编辑关系”对话框。在该对话框中单击“创建”按钮，Access 2003 即为 RENSHI 表和 GONGZI 表建立了表间关系。

⑤ 在“关系”窗口中，拖曳 BUMEN 表中的“部门号”字段到 RENSHI 表的“部门号”字段上，Access 2003 弹出“编辑关系”对话框。在该对话框中单击“创建”按钮，Access 2003 即为 BUMEN 表和 RENSHI 表建立了表间关系。

⑥ 在“关系”窗口中，拖曳 GONGZI 表中的“部门号”字段到 BUMEN 表的“部门号”字段上，Access 2003 弹出“编辑关系”对话框。在该对话框中单击“创建”按钮，Access 2003 即为 GONGZI 表和 BUMEN 表建立了表间关系。

（3）在 RSGL.mdb 数据库中，将 RENSHI 表中“职称”字段值为“讲师”的数据替换为“工程师”。

① 打开 RSGL.mdb 数据库。

② 在“数据库”窗口中选择“表”选项卡，并选择 RENSHI 表，然后单击“打开”按钮，进入数据表视图。

③ 将光标放置在“职称”字段列上，从“编辑”菜单中选择“替换”命令，Access 2003 弹出“查找和替换”对话框。

④ 选择“替换”选项卡，然后在“查找内容”组合框中输入“讲师”，在“替换值” 组合框中输入“工程师”，在“查找范围”组合框中选择“职称”，最后单击“全部替换”按钮，即可完成替换。

（4）在 RSGL.mdb 数据库中，筛选出“部门号=‘01’且奖金>=300 元”的教工记录。

① 打开 RSGL.mdb 数据库。

② 在“数据库”窗口中选择“表”选项卡，并选择 RENSHI 表，然后单击“打开”按钮，进入数据表视图。

③ 从“记录”菜单的“筛选”子菜单中选择“高级筛选/排序”命令，Access 2003 弹出“筛选”窗口。

④ 在“筛选”窗口中，在“字段”行的第 1 个空列中选择“部门号”字段，在“准则”行的第 1 个空列中输入“01”；在“字段”行的第 2 个空列中选择“奖金”字段，在“准则”行的第 2 个空列中输入“>=300”。

⑤ 单击工具栏上的“应用筛选”按钮，在数据表视图中显示筛选结果。

实训 4　选择查询

一、目的

（1）熟练掌握利用向导创建查询的方法。

（2）熟练掌握使用设计视图创建查询的方法。

（3）熟练掌握多表查询的创建方法。

二、环境

（1）Windows 2000、Windows XP 或 Windows Server 2003。

（2）Access 2003。

三、内容和主要步骤

（1）在 RSGL.mdb 数据库中，创建一个查询，查询基本工资大于 400 元且民族为“回族”的教工姓名、性别、职务、职称。

① 打开 RSGL.mdb 数据库。

② 在“数据库”窗口中选择“查询”选项卡，然后单击“新建”按钮。

③ 在“新建查询”对话框中选择“设计视图”选项，并单击“确定”按钮。

④ 在“显示表”对话框中，分别将 RENSHI 表和 BUMEN 表添加到查询的设计视图中，然后关闭“显示表”对话框。

⑤ 在查询的设计视图中，在“字段”行的第 1 个空列中选择“基本工资”字段，单击“显示”行对应的显示框，取消显示，在“准则”行的第 1 个空列中输入“>400”。在“字段”行的第 2 个空列中选择“民族”字段，单击“显示”行对应的显示框，取消显示，在“准则”行的第 2 个空列中输入“like ‘回族’”。

⑥ 在“字段”行的第 3 个空列中选择“姓名”字段，在“字段”行的第 4 个空列中选择“性别”字段，在“字段”行的第 5 个空列中选择“职务”字段，在“字段”行的第 6 个空列中选择“职称”字段，如图 14-1 所示。

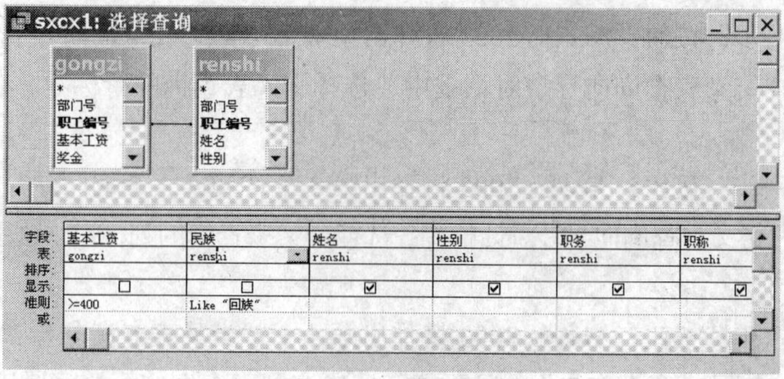

图 14-1　查询设计视图

⑦ 保存并运行该查询。

（2）在 RSGL.mdb 数据库中，创建一个名为“职工工资”的查询，列出全体教工的姓名、性别、职称、职务，并求出每个职工的实发工资，实发工资 = 基本工资 + 奖金 + 洗理费 + 书报费 + 房补 − 住房基金 − 会费。

① 打开 RSGL.mdb 数据库。

② 在“数据库”窗口中选择“查询”选项卡，然后单击“新建”按钮。

③ 在“新建查询”对话框中选择“设计视图”选项，然后单击“确定”按钮。

④ 在“显示表”对话框中，分别选择 RENSHI 表、BUMEN 表和 GONGZI 表以将其添加到查询设计视图中，最后关闭“显示表”对话框。

⑤ 在查询设计视图中，在“字段”行的第 1 个空列中选择“姓名”字段，在“字段”行的第 2 个空列中选择“性别”字段，在“字段”行的第 3 个空列中选择“部门”字段，在“字段”行的第 4 个空列中选择“职务”字段，在“字段”行的第 5 个空列中选择“职称”字段。

⑥ 将光标放置在“字段”行的第 6 个空列上，单击工具栏上的“表达式生成器”按钮，在“表达式生成器”对话框中生成表达式：“实发工资：[基本工资] + [奖金] + [洗理费] + [书报费] + [房补] − [住房基金] − [会费]”，如图 14-2 所示。

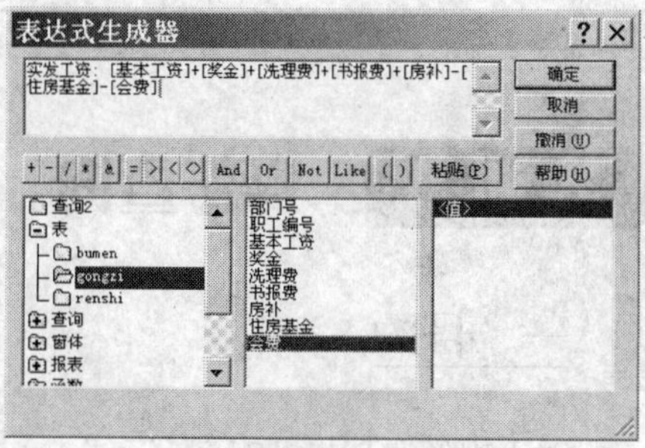

图 14-2　“表达式生成器”对话框

⑦ 将光标放置在“实发工资”字段列上，单击“属性”按钮，在弹出的“属性”窗口中设置“格式”属性为“固定”。保存并运行该查询。

（3）在 Manager.mdb 数据库，创建一个交叉表查询以浏览学生的成绩。

① 打开 Manager.mdb 数据库。

② 在“数据库”窗口中选择“查询”选项卡，然后使用查询向导创建名为“学生成绩”的多表查询。该查询包括“Student ID”、“Name”、“Subject ID”、“Subject Name”和“Score”字段。

③ 在“数据库”窗口中单击“查询”选项卡。

④ 单击“新建”按钮，Access 2003 弹出“新建查询”对话框。

⑤ 在“新建查询”对话框中选择“交叉表查询向导”选项，然后单击“确定”按钮，Access 2003 将弹出第 1 个“交叉表查询向导”对话框。

⑥ 在第 1 个“交叉表查询向导”对话框中，选择查询所涉及的表或查询。这里选择“学生成

绩”查询。

⑦ 单击“下一步”按钮，Access 2003 将弹出第 2 个“交叉表查询向导”对话框。

⑧ 在第 2 个“交叉表查询向导”对话框中，选择交叉表查询的行标题。这里选择 Student ID 和 Name 字段。

⑨ 单击“下一步”按钮，Access 2003 将弹出第 3 个“交叉表查询向导”对话框。

⑩ 在第 3 个“交叉表查询向导”对话框中，选择交叉表查询的列标题。这里选择 Subject Name 字段

⑪ 单击“下一步”按钮，Access 2003 将弹出第 4 个“交叉表查询向导”对话框。

⑫ 在第 4 个“交叉表查询向导”对话框中，选择交叉表查询的汇总字段以及汇总方式。汇总字段是 Score 字段，汇总方式为“第一项”。

⑬ 单击“下一步”按钮，Access 2003 将弹出第 5 个“交叉表查询向导”对话框。

⑭ 在第 5 个“交叉表查询向导”对话框中，可以在“请指定查询的名称”文本框中为查询命名。这里将查询命名为“学生成绩交叉表”。如果要运行该查询，应选择“查看查询”单选项；如果要进一步修改查询，应选择“修改设计”单选项。

⑮ 单击“完成”按钮，Access 2003 生成交叉表查询。结果如图 14-3 所示。

查询1_交叉表：交叉表查询

学号	姓名	C语言程序设计	操作系统	面向对象程序设计	数据库技术与应月	网站建设与管理	信息系统分析与认
05610101	郭茜茜	98	86	85	100	89	80
05610102	赵文化	90	87	88	80	39	67
05610103	徐逸华	96	68	56	100	78	98
05610201	高涵	100	69	77	98	87	78
05610202	徐嘉骏	100	78	88	92	55	66
05610203	钱途	88	69	65	76	89	81
05610204	李晓鸣	85	82	56	65	77	86
05615101	时晨				78	76	71
05615104	蒋拓				98	79	60
05615105	罗森				98	87	56
05615106	李胜男				87	89	
05770106	郝柳昕	65	89	87	88		
05770107	宋正敏	79	65	98	70		
05770108	韩菲	78	69	68	59	88	77
05770109	曹丽萍	81	77	48	78	65	61

记录：1 共有记录数：15

图 14-3 交叉表查询的运行结果

实训 5 操作查询

一、目的

（1）熟练掌握更新查询。
（2）熟练掌握生成表查询。
（3）熟练掌握追加查询。
（4）熟练掌握删除查询。

二、环境

（1）Windows 2000、Windows XP 或 Windows Server 2003。
（2）Access 2003。

三、内容和主要步骤

（1）试利用更新查询并根据 RENSHI 表将 GONGZI 表中职称为“教授”的职工基本工资提高 10%。

① 在“数据库”窗口中选择“查询”对象。

② 单击“新建”按钮，Access 2003 弹出“新建查询”对话框。

③ 在“新建查询”对话框中选择“设计视图”选项并单击“确定”按钮，Access 2003 打开选择查询设计视图，同时弹出“显示表”对话框。

④ 在“显示表”对话框中选择更新查询所涉及到的 RENSHI 表和 GONGZI 表，每选择一个表以后即单击“添加”按钮。

⑤ 选择完更新查询所涉及到的表以后单击“关闭”按钮，Access 2003 关闭“显示表”对话框并返回到选择查询设计视图。

⑥ 在选择查询设计视图中设置更新查询所涉及到的字段以及更新条件。在 RENSHI 表中选择职工编号、姓名和职称字段；在 GONGZI 表中选择基本工资字段；在职称字段的“准则”行中输入查询条件：= “教授”。

⑦ 从“查询”菜单中选择“更新查询”命令或者单击工具栏上的“查询类型”按钮右边的下拉箭头，然后从下拉列表中选择“更新查询”选项，Access 2003 即将查询设计视图的窗口标题从“选择查询”变更为“更新查询”，同时在 QBE 网格中增加“更新到”行。

⑧ 在基本工资字段所对应的“更新到”行中输入更新表达式：[基本工资]*1.1。

⑨ 单击“保存”按钮，保存更新查询。

⑩ 单击工具栏上的“运行”按钮或从“查询”菜单中选择“运行”命令，Access 2003 弹出更新记录提示框。

⑪ 在更新记录提示框中，若单击“是”按钮，Access 2003 更新表中的记录；若单击“否”按钮，Access 2003 将停止更新查询，指定表中的记录不被更新。

（2）试利用生成表查询将基本工资大于 800 元的职工记录保存到名为 RENSHIBAK 的表中，因此需要从 RENSHI 表中获取职工编号、姓名字段，从 GONGZI 表中获取基本工资字段。

完成上述任务应按下列步骤操作。

① 在“数据库”窗口中选择“查询”对象。

② 单击“新建”按钮，Access 2003 弹出“新建查询”对话框。

③ 在“新建查询”对话框中选择“设计视图”选项并单击“确定”按钮，Access 2003 打开选择查询设计视图，同时弹出“显示表”对话框。

④ 在“显示表”对话框中选择生成表查询所涉及到的 RENSHI 表和 GONGZI 表，每选择一个表后即单击“添加”按钮。

⑤ 选择完生成表查询所涉及到的表以后单击“关闭”按钮，Access 2003 关闭“显示表”对话框并返回到选择查询设计视图。

⑥ 在选择查询设计视图中设置生成表查询所涉及到的字段以及条件。在 RENSHI 表中选择职工编号和姓名字段；在 GONGZI 表中选择基本工资字段；在基本工资字段的“准则”行中输入

查询条件：>800。

⑦ 从“查询”菜单中选择“生成表查询”命令或者单击工具栏上的“查询类型”按钮右边的下拉箭头，然后从下拉列表中选择“生成表查询”选项，Access 2003 弹出“生成表”对话框。

⑧ 在“生成表”对话框的“表名称”组合框中键入新表名称 RENSHIBAK,并选择“当前数据库”单选项。

⑨ 单击“确定”按钮，Access 2003 即将查询设计视图的窗口标题从“选择查询”变更为“生成表查询”。

⑩ 单击“保存”按钮，Access 2003 保存生成表查询。

⑪ 单击工具栏上的“运行”按钮或从“查询”菜单中选择“运行”命令，Access 2003 弹出建立新表提示框。

⑫ 在建立新表提示框中，若单击“是”按钮，Access 2003 完成生成表查询，建立新表 RENSHIBAK；若单击“否”按钮，Access 2003 将取消生成表查询，不建立新表。

（3）试利用追加查询将指定的职工记录从 RENSHI 表添加到 RENSHIBAK 备份表中。

完成上述任务应按下列步骤操作。

① 在“数据库”窗口中选择“查询”对象。

② 单击“新建”按钮，Access 2003 弹出“新建查询”对话框。

③ 在“新建查询”对话框中选择“设计视图”选项并单击“确定”按钮，Access 2003 打开选择查询设计视图，同时弹出“显示表”对话框。

④ 在“显示表”对话框中选择追加查询所涉及到的 RENSHI 表，然后单击“添加”按钮。

⑤ 选择完追加查询所涉及到的表后单击“关闭”按钮，Access 2003 关闭“显示表”对话框并返回到选择查询设计视图。

⑥ 在选择查询设计视图中设置追加查询所涉及到的字段以及条件。双击 RENSHI 表名，Access 2003 高亮显示全部字段。选择并拖曳其中的任一字段到 QBE 网格的“字段”行，Access 2003 即在 QBE 网格的“字段”行中设置 RENSHI 表的全部字段。在职工编号字段的“准则”行中输入查询参数：[请输入职工编号]。

⑦ 从“查询”菜单中选择“追加查询”命令或者单击工具栏上的“查询类型”按钮右边的下拉箭头，然后从下拉列表中选择“追加查询”选项，Access 2003 弹出“追加”对话框。

⑧ 在“追加”对话框的“表名称”组合框的下拉列表中选择要被追加记录的表名 RENSHIBAK，并选择“当前数据库”单选项。

⑨ 单击“确定”按钮，Access 2003 即将查询设计视图的窗口标题从“选择查询”变更为“追加查询”，并且在 QBE 网格中增加“追加到”行。

⑩ 在“追加到”行中设置 RENSHIBAK 表的字段名，即设置 Access 2003 源表（追加记录的表，这里是 RENSHI 表）和目的表（被追加记录的表，这里是 RENSHIBAK 表）字段之间的对应关系。

⑪单击“保存”按钮，Access 2003 保存追加查询。

⑫ 单击工具栏上的“运行”按钮或从“查询”菜单中选择“运行”命令，Access 2003 弹出“输入参数值”对话框。在该对话框中输入查询参数值(这里输入职工编号)并单击“确定”按钮，Access 2003 弹出追加记录提示框。

⑬ 在追加记录提示框中，若单击“是”按钮，Access 2003 完成追加记录查询，为指定的

RENSHIBAK 表追加记录；若单击“否”按钮，Access 2003 将取消追加记录查询，不为指定的 RENSHIBAK 表追加记录。

（4）试利用删除查询将指定的职工记录从 RENSHI 表中删除。

完成上述任务应按下列步骤操作。

① 在“数据库”窗口中选择“查询”对象。

② 单击“新建”按钮，Access 2003 弹出“新建查询”对话框。

③ 在“新建查询”对话框中选择“设计视图”选项并单击“确定”按钮，Access 2003 打开选择查询设计视图，同时弹出“显示表”对话框。

④ 在“显示表”对话框中选择删除查询所涉及到的 RENSHI 表，然后单击“添加”按钮。

⑤ 选择完删除查询所涉及到的表以后单击“关闭”按钮，Access 2003 关闭“显示表”对话框并返回到选择查询设计视图。

⑥ 在选择查询设计视图中设置删除查询的条件。将职工编号字段拖曳到 QBE 网格的第 1 个空白“字段”行中，并在职工编号字段的“准则”行中输入查询参数：[请输入职工编号]。

⑦ 从“查询”菜单中选择“删除查询”命令或者单击工具栏上的“查询类型”按钮右边的下拉箭头，然后从下拉列表中选择“删除查询”选项，Access 2003 即将查询设计视图的窗口标题从“选择查询”变更为“删除查询”，并且在 QBE 网格中增加“删除”行。

⑧ 在“删除”行中选择“Where”选项。

⑨ 单击“保存”按钮，Access 2003 保存删除查询。

⑩ 单击工具栏上的“运行”按钮或从“查询”菜单中选择“运行”命令，Access 2003 弹出“输入参数值”对话框。在该对话框中输入查询参数值(这里输入要删除的职工编号)并单击“确定”按钮，Access 2003 弹出删除记录提示框。

⑪ 在删除记录提示框中，若单击“是”按钮，Access 2003 完成删除记录查询，在指定的 RENSHI 表中删除指定的记录；若单击“否”按钮，Access 2003 将取消删除记录查询，不删除 RENSHI 表中指定的记录。

实训 6　窗体设计

一、目的

（1）熟练掌握利用窗体向导创建窗体的方法。

（2）熟练掌握利用窗体设计视图创建窗体的方法。

（3）掌握窗体中常用控件的使用方法。

（4）了解窗体的事件过程。

二、环境

（1）Windows 2000、Windows XP 或 Windows Server 2003。

（2）Access 2003。

三、内容和主要步骤

（1）在 RSGL.mdb 数据库中，使用窗体向导创建一个窗体以浏览 RENSHI 表中的人员情况。

① 打开 RSGL.mdb 数据库。

② 在“数据库”窗口中选择“窗体”选项卡，然后双击窗口右侧的“使用向导创建窗体”选项。

③ 在“窗体向导”的第 1 个对话框中，在“表和查询”组合框中选择“表：RENSHI”，并将表中的全部字段添加到“选定的字段”列表框中，单击“下一步”按钮。

④ 在“窗体向导”的第 2 个对话框中，选择“纵栏表”单选项为窗体布局，单击“下一步”按钮。

⑤ 在“窗体向导”的第 3 个对话框中，选择“标准”选项为窗体样式，单击“下一步”按钮。

⑥ 在“窗体向导”的第 4 个对话框中，在“请为窗体指定标题”文本框中输入“人事情况”，单击“完成”按钮。

（2）在 RSGL.mdb 数据库中，创建一个带有子窗体的窗体，查询、浏览和删除教工及工资记录，并统计教工的实发工资，如图 14-4 所示。

① 打开 RSGL.mdb 数据库。

② 在“数据库”窗口中选择“窗体”选项卡，然后双击窗口右侧的“在设计视图中创建窗体”选项。

③ 在窗体的设计视图中，打开窗体的“属性”窗口，将“记录源”属性设置为“GONGZI”，“默认视图”属性设置为“数据表”，“允许的视图”属性设置为“数据表”，“浏览按钮”属性设置为“否”，关闭“属性”窗口。将“基本工资”、“奖金”、“洗理费”、“书报费”、“房补”、“住房基金”和“会费”字段从字段列表窗口中拖曳到窗体中，单击“保存”按钮保存该窗体并将其命名为“子窗体”。

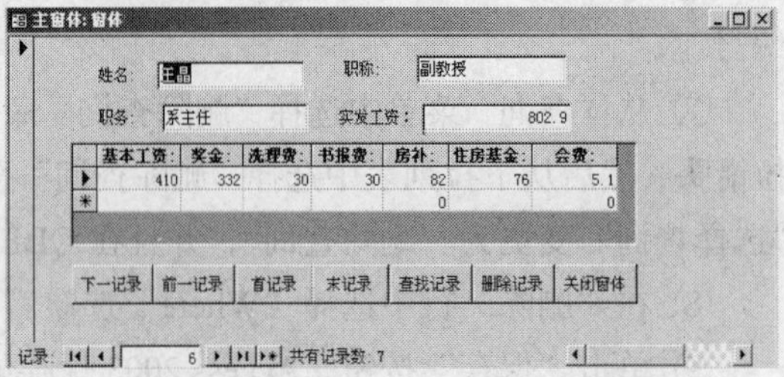

图 14-4　RENSHI 表中的人员情况

④ 在“数据库”窗口中选择“窗体”选项卡，然后双击窗口右侧的“在设计视图中创建窗体”选项，在窗体的设计视图中，打开窗体的“属性”窗口，将“记录源”属性设置为“RENSHI”，关闭“属性”窗口。将“姓名”、“职称”和“职务”字段从字段列表窗口中拖曳到窗体中，单击“保存”按钮保存该窗体并将其命名为“主窗体”。

⑤ 将“子窗体”从“数据库”窗口中拖曳到“主窗体”设计视图中，并调整其布局。在“主窗体”中添加一个文本框，将其标签的“标题”属性设置为“实发工资:”，将文本框的“控件来源”属性设置为：“=Form![子窗体]! [基本工资]+Form![子窗体]! [奖金]+Form! [子窗体]! [洗理费]+Form! [子窗体]! [书报费]+Form! [子窗体]! [房补] − Form![子窗体]! [住房基金] − Form! [子窗体]! [会费]”。

⑥ 使用命令按钮向导创建“上一记录”、“下一记录”、“首记录”、“末记录”、“查询记录”、“删除记录”和“关闭窗体”按钮，并调整其布局如图 14-4 所示。

实训 7　报表

一、目的

（1）熟练掌握利用报表向导创建报表的方法。

（2）熟练掌握在设计视图中创建报表的方法。

（3）熟练掌握分组汇总报表的创建方法。

二、环境

（1）Windows 2000、Windows XP 或 Windows Server 2003。

（2）Access 2003。

三、内容和主要步骤

（1）在 RSGL.mdb 数据库中，使用报表向导创建一报表，打印并输出各部门的人事情况。

① 打开 RSGL.mdb 数据库。

② 在“数据库”窗口中选择“报表”选项卡，然后双击窗口右侧的“使用向导创建报表”选项。

③ 在“报表向导”的第 1 个对话框中，在“表/查询”组合框中选择“表：RENSHI”，指定全部字段为选定字段。单击“下一步”按钮。

④ 在“报表向导”的第 2 个对话框中，选定“部门号”为分组级别，单击“下一步”按钮。

⑤ 在“报表向导”的第 3 个对话框中，指定“职工编号”为记录的排序依据，单击“下一步”按钮。

⑥ 在“报表向导”的第 4 个对话框中，选择报表的布局方式为“分级显示 1”，选中“调整字段宽度使所有字段都能显示在一页中”复选框。单击“下一步”按钮。

⑦ 在“报表向导”的第 5 个对话框中，选择报表的样式为“组织”，单击“下一步”按钮。

⑧ 在“报表向导”的第 6 个对话框的“请为报表指定标题”文本框中输入标题“教工基本情况表”，单击“完成”按钮。

（2）在 RSGL.mdb 数据库中，创建一个分组汇总报表，以部门为单位汇总各部门的实发工资总数和平均工资。

① 打开 RSGL.mdb 数据库。

② 在“数据库”窗口中选择“报表”选项卡，然后双击窗口右侧的“在设计视图中创建报表”选项。

③ 打开报表的“属性”窗口，将“记录源”属性设置为实训 4 创建的“职工工资”　查询。

④ 创建分组。单击“报表设计”工具栏上的“排序与分组”按钮。在“排序与分组”对话框的“字段/表达式”列中设置分组字段为“部门”，其他设置如图 14-5 所示。

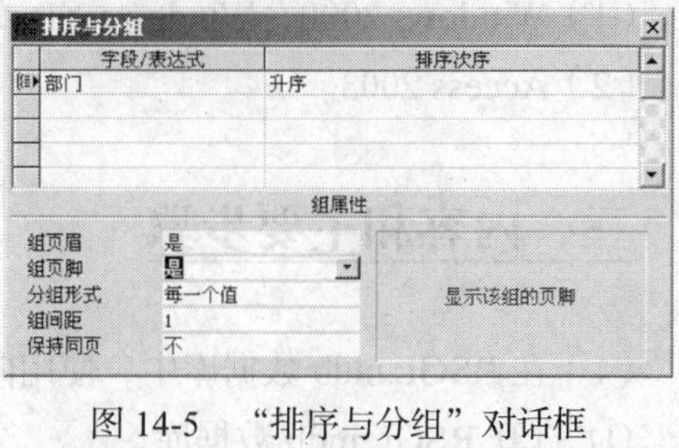

图 14-5　“排序与分组”对话框

⑤ 在报表的“页面页眉”区创建一个标签控件，设置其“标题”属性值为“职工工资汇总表”，字体为 18 号、加粗、居中对齐。

⑥ 在“部门页眉”区创建一个文本框控件，设置其“控件来源”属性值为“部门”，字体大小为 12 号、加粗；创建四个“标签”控件，设置其“标题”属性值分别为“姓名”、“职称”、“职务”、“实发工资”，调整布局如图 14-6 所示。

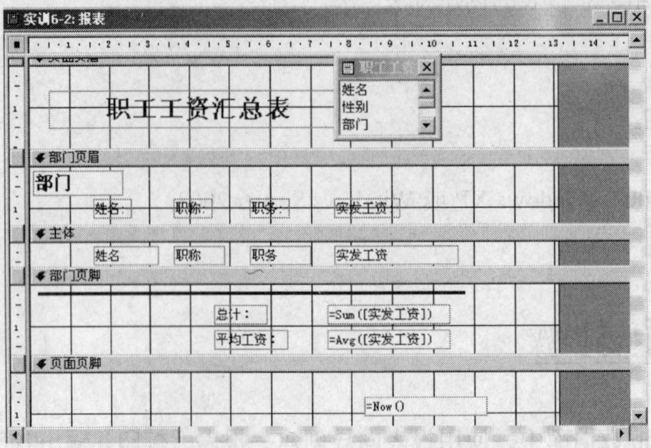

图 14-6　职工工资汇总报表设计视图

⑦ 在“主体”区创建四个文本框控件，删除其对应的标签控件，分别设置“控件来源”属性值为“姓名”、“职称”、“职务”、“实发工资”。

⑧ 在“部门页脚”区创建一个直线控件，设置“边框宽度”属性值为“2 磅”，创建两个文本框控件，将对应标签的“标题”属性值分别设置为“总计:”、“平均工资:”，“控件来源”属性值分别设置为“=Sum([实发工资])”、“=Avg([实发工资])”，调整布局如图 14-6 所示。

⑨ 在“页面页脚”区创建一个文本框控件，设置“控件来源”属性值为“=Now()”，保存并预览报表。

实训 8　数据访问页

一、目的

（1）熟练掌握利用报表向导创建数据访问页的方法。

（2）熟练掌握在设计视图中创建数据访问页的方法。

二、环境

（1）Windows 2000、Windows XP 或 Windows Server 2003。

（2）Access 2003。

三、内容和主要步骤

（1）在 RSGL.mdb 数据库中，使用向导创建一个数据访问页，如图 14-7 所示，浏览职工情况。

① 打开 RSGL.mdb 数据库。

② 在“数据库”窗口中选择“页”选项卡，然后双击窗口右侧的“使用向导创建数据访问页”选项。

③ 在“数据页向导”的第 1 个对话框的“表/查询”组合框中选择“表：RENSHI”，指定全

部字段为可用字段，单击“下一步”按钮。

④ 在“数据页向导”的第 2 个对话框中，添加“部门号”字段为分组级别，单击“下一步”按钮。

⑤ 在“数据页向导”的第 3 个对话框中，指定“职工编号”字段按升序对记录排序，单击“下一步”按钮。

⑥ 在“数据页向导”的第 4 个对话框中，指定数据页的标题为“职工浏览”，单击“完成”按钮，如 14-7 所示。

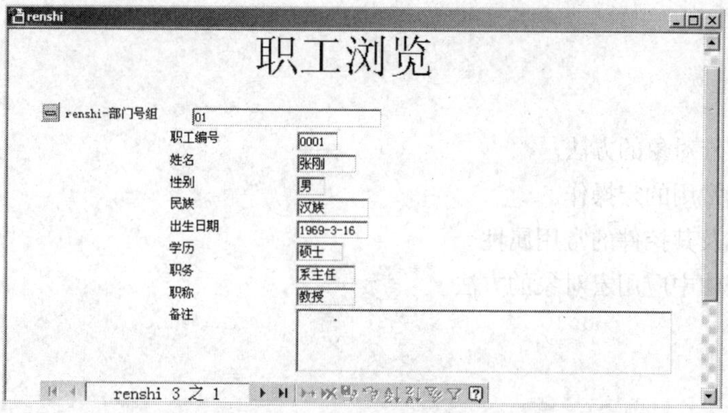

图 14-7　职工浏览数据页

（2）在 Manager.mdb 数据库，创建一个数据访问页，浏览所开课程的学生成绩。如图 14-8 所示。

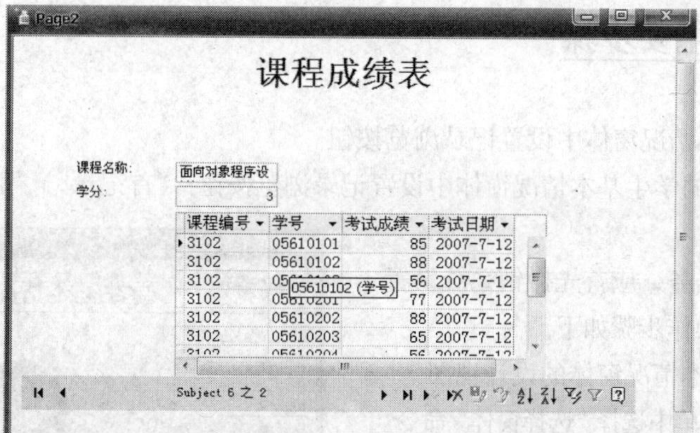

图 14-8　课程成绩数据页

① 打开 Manager.mdb 数据库。

② 在“数据库”窗口中选择“页”选项卡，然后双击窗口右侧的“在设计视图中创建数据访问页”选项。

③ 在数据访问页设计视图中，在“单击此处并键入标题文字”标题栏中键入“课程成绩表”。

④ 从“视图”菜单中选择“字段列表”命令，打开“字段列表”对话框，选择“数据库”选项卡。

⑤ 在表文件夹中打开 SUBJECT 表，选择 Subject ID 字段，然后单击“添加到页”按钮，采用同样的方法添加 Subject Name、Credit 字段到页中。

⑥ 打开 Subject 表的相关表文件夹，选择 Score 表，单击“添加到页”按钮，在弹出的“版式向导”对话框中选择“数据透视表列表”单选项，单击“确定”按钮。

⑦ 调整页的布局，保存该页。在页视图下浏览该页，检查是否符合设计要求。

实训 9 宏对象

一、目的

（1）掌握创建宏对象的方法。

（2）学会使用常用的宏操作。

（3）了解窗体及其控件的常用属性。

（4）掌握在窗体中应用宏对象的方法。

二、环境

（1）Windows 2000、Windows XP 或 Windows Server 2003。

（2）Access 2003。

三、内容和主要步骤

（1）在学生基本情况窗体中设置记录浏览按钮。

在图 14-9 所示的学生基本情况窗体中设置记录浏览按钮：“首记录”、“下一记录”、“上一记录”和“尾记录”。

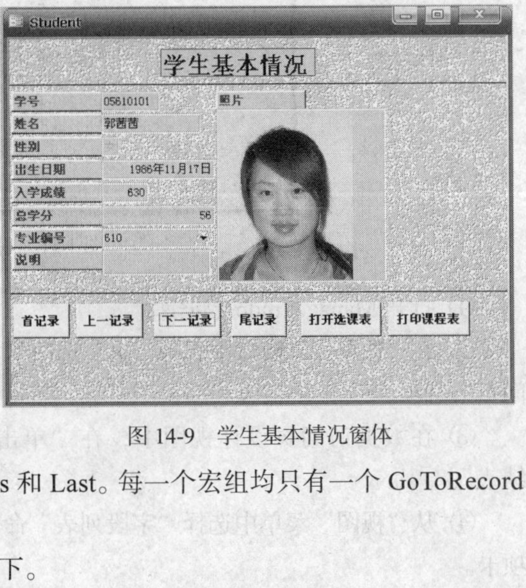

图 14-9 学生基本情况窗体

若要完成上述任务，应首先撤销系统设置的浏览按钮。具体操作步骤如下。

① 打开学生基本情况窗体的设计视图。

② 从“编辑”菜单中选择“选择窗体”命令。

③ 单击“属性”按钮，Access 2003 弹出“属性”对话框。

④ 在“属性”对话框中将“浏览按钮”属性设置为“否”，Access 2003 即撤销系统设置的浏览按钮。然后在宏对象编辑窗口中建立图 14-10 所示的 GotoRecordForm 宏对象。在该宏对象中设置了 4 个宏组：First、Next、Previous 和 Last。每一个宏组均只有一个 GoToRecord 宏操作。

First 宏组的 GoToRecord 宏操作的操作参数如下。

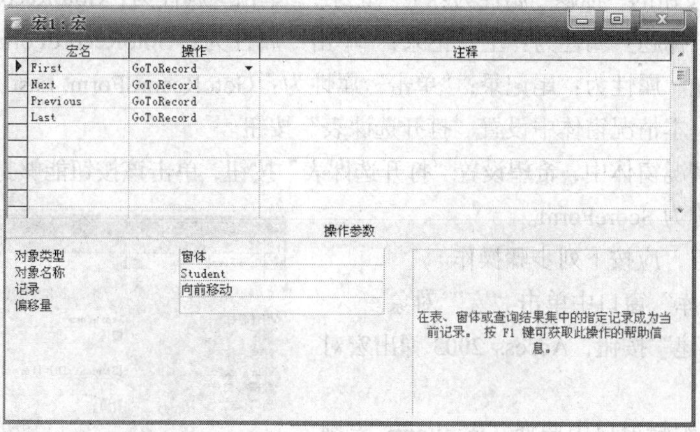

图 14-10　GotoRecordForm 宏对象

对象类型：窗体

对象名称：Student

记录：首记录

偏移量：无

Next 宏组的 GoToRecord 宏操作的操作参数如下。

对象类型：窗体

对象名称：Student

记录：向后移动

偏移量：1

Previous 宏组的 GoToRecord 宏操作的操作参数如下。

对象类型：窗体

对象名称：Student

记录：向前移动

偏移量：1

Last 宏组的 GoToRecord 宏操作的操作参数如下。

对象类型：窗体

对象名称：Student

记录：尾记录

偏移量：无

最后在学生基本情况窗体中设置四个按钮："首记录"、"下一记录"、"上一记录"和"尾记录"。并为这 4 个按钮设置相应的宏组：First、Next、Previous 和 Last。具体操作步骤如下。

① 打开学生基本情况窗体的设计视图。

② 在窗体的底部设置一个命令按钮。

③ 单击"属性"按钮，在弹出的"属性"对话框中为命令按钮设置如下属性。

"标题"属性：首记录。

"单击"属性：GotoRecordForm. First。

④ 重复第（2）步和第（3）步的操作，分别设置"下一记录"、"上一记录"和"尾记录"按

钮。“下一记录”按钮的“标题”属性为：下一记录；“单击”属性为：GotoRecordForm. Next。“上一记录”按钮的“标题”属性为：上一记录；“单击”属性为：GotoRecordForm. Previous。“尾记录”按钮的“标题”属性为：尾记录；“单击”属性为：GotoRecordForm. Last。

（2）在学生基本情况窗体中设置“打开选课表”按钮。

在学生基本情况窗体中，希望设置“打开选课表”按钮，单击该按钮能够打开学生选课窗体。学生选课窗体名称为 ScoreForm。

完成上述任务，应按下列步骤操作。

① 在“数据库”窗口中单击“宏”对象。

② 单击“新建”按钮，Access 2003 弹出宏对象编辑窗口。

③ 在宏对象编辑窗口中选择 OpenForm 宏操作并设置其操作参数，如图 14-11 所示。

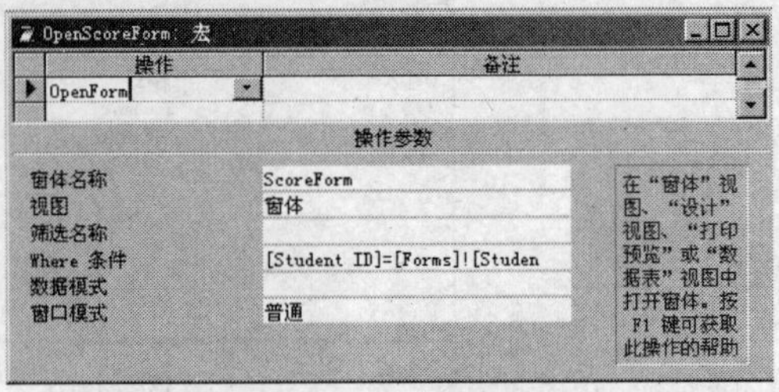

图 14-11　宏对象编辑窗口

OpenForm 宏操作的操作参数如下。

窗体名称：ScoreForm

视图：窗体

筛选名称：无

Where 条件：[Student ID]= [Forms]![Student]![Student ID]

数据模式：无

窗口模式：普通

④ 单击“保存”按钮，将该宏对象命名为 OpenScoreForm。

⑤ 打开学生基本情况窗体的设计视图，并在窗体的底部设置一个命令按钮。

⑥ 单击“属性”按钮，在弹出的“属性”对话框中为命令按钮设置如下属性。

“标题”属性：打开选课表。

“单击”属性：OpenScoreForm。

（3）在学生基本情况窗体中设置“打印选课表”按钮。

在学生基本情况窗体中，希望设置“打印选课表”按钮，单击该按钮能够打印在窗体中显示的学生所选择的全部课程。学生选课报表名称为 ScorePRN。

完成上述任务应按下列步骤操作。

① 在“数据库”窗口中单击“宏”对象。

② 单击“新建”按钮，Access 2003 弹出宏对象编辑窗口。

③ 在宏对象编辑窗口中选择 OpenReport 宏操作并设置如下操作参数。

报表名称：ScorePRN。

视图：打印。

Where 条件：[Student ID] = [Forms]![Student]![Student ID]。

④ 单击“保存”按钮，将该宏对象命名为 PreScorePRN。

⑤ 打开学生基本情况窗体的设计视图，并在窗体的底部设置一个命令按钮。

⑥ 单击“属性”按钮，在弹出的“属性”对话框中为命令按钮设置如下属性。

“标题”属性：打印选课表。

“单击”属性：PreScorePRN。

实训 10 模块

一、目的

（1）掌握创建模块的方法。

（2）学会使用 VBA 编程环境进行模块程序设计。

（3）了解常用的事件模块的编写方法。

二、环境

（1）Windows 2000、Windows XP 或 Windows Server 2003。

（2）Access 2003。

三、内容和主要步骤

（1）编写一模块，求 1 - 2 + 3 - 4 + … + 999 - 1000。

① 打开数据库，在“模块”选项卡中单击“新建”按钮，出现模块编辑窗口。

② 单击“插入”菜单中的“过程”选项卡，在“名称”文本框中输入“test2”，类型选择“子程序”，范围选择“公共的”。单击“确定”按钮。

③ 在“test10”模块对话框中输入代码：

```
Public Sub test10()
        Dim n As Integer, S As Integer, t As Integer
        S = 0
        t=--1
        For n = 1 To 1000 Step 1
        t=t*(-1)
        S = S + n*t
        Next
        Debug.Print "S=" & S
End Sub
```

④ 单击“运行”菜单中的“运行宏”菜单项，运行该模块。

（2）编写一模块，实现模拟登录功能。从键盘输入密码“system”，如果连续输入三次错误则退出；如果输入正确，则提示“成功登录系统”。

① 打开数据库，在“模块”选项卡中单击“新建”按钮，出现模块编辑窗口。

② 单击“插入”菜单中的“过程”选项卡，在“名称”文本框中输入“test2”，类型选择“子程序”，范围选择“公共的”。单击“确定”按钮。

③ 在“test11”模块对话框中输入代码：

```
Public Sub test11()
Dim success As Boolean
Dim password As String
Dim i As Integer
i = 1
```

```
success = False
Do While (i <= 3)
        password = InputBox("请输入口令", "身份验证")
        If password = "system" Then
           success = True
        Exit Do
      End If
      i = i + 1
    Loop
If success Then
        MsgBox "欢迎访问!", vbOKOnly
   Else
        MsgBox "密码错误,你被系统拒绝!", vbOKOnly
        End If
End Sub
```

④ 单击“运行”菜单中的“运行宏”菜单项，运行该模块，并输入密码。